机械 CAD/CAM 项目教程（UG 版）

编 著 李东君

北京理工大学出版社
BEIJING INSTITUTE OF TECHNOLOGY PRESS

内 容 简 介

本书以培养学生 UG NX 软件三维数字建模、创建工程图样、装配及数控自动编程等的操作应用能力为核心，依据国家相关行业的知识与技能要求，按职业岗位能力需要的原则编写。全书内容包括任务导入、知识链接、任务实施、任务延伸等，案例丰富翔实，来自企业一线，整个学习过程以优选 25 个企业经典案例为载体，涵盖应用软件 CAD 与 CAM 模块主要知识技能要求，突出强化训练学生的综合技能。

本书分实体建模、工程图设计、装配设计、UG 数控编程共 4 个项目 11 个工作任务。项目 1 主要介绍了实体建模，包括草图、曲线、实体、曲面共 4 项工作任务；项目 2 主要介绍了绘制凸台及长轴零件工程图设计共两项工作任务；项目 3 主要介绍了机械手装配与台钳装配共两项工作任务；项目 4 主要介绍了 UG 数控编程，包括平面铣、型腔铣及数控车共 3 项工作任务。

本书可作为高职高专、五年制高职、技师学院等相关职业院校机械制造及自动化、机电、模具、数控等专业的教学用书，也可作为从事机械类设计与加工制造的工程技术人员的参考用书及培训用书。

图书在版编目（CIP）数据

机械 CAD/CAM 项目教程：UG 版/李东君编著. —北京：北京理工大学出版社，2017.2（2021.7 重印）

ISBN978-7-5682-3591-4

Ⅰ. ①机…　Ⅱ. ①李…　Ⅲ. ①机械设计－计算机辅助设计－教材②机械制造－计算机辅助制造－教材　Ⅳ. ①TH122②TH164

中国版本图书馆 CIP 数据核字（2017）第 013435 号

出版发行 / 北京理工大学出版社有限责任公司
社　　址 / 北京市海淀区中关村南大街 5 号
邮　　编 / 100081
电　　话 / （010）68914775（总编室）
（010）82562903（教材售后服务热线）
（010）68948351（其他图书服务热线）
网　　址 / http://www.bitpress.com.cn
经　　销 / 全国各地新华书店
印　　刷 / 北京国马印刷厂
开　　本 / 787 毫米×1092 毫米　1/16
印　　张 / 20
字　　数 / 449 千字
版　　次 / 2017 年 2 月第 1 版　2021 年 7 月第 5 次印刷
定　　价 / 54.00 元

责任编辑 / 赵　岩
文案编辑 / 梁　潇
责任校对 / 周瑞红
责任印制 / 马振武

前言

Qianyan

本书的编写以高职高专人才培养目标为依据，结合教育部关于专业紧缺型人才培养的要求，注重教材的基础性、实践性、科学性、先进性和通用性。融理论教学、技能操作、典型项目案例为一体。本书的设计以项目引领、过程导向、典型工作任务为驱动，按照相关职业岗位（UG 三维设计与 UG 数控编程等）的工作内容及工作过程，参照相关行业职业岗位核心能力，设置了 4 大项目，11 个工作任务，进行由浅入深的设计、学习和训练。本书综合了工业产品零件的工艺设计、自动编程和仿真加工操作，直接生成了企业生产中可以直接应用的数控程序，书中案例丰富，注重直观性，具有极强的可操作性。同时，安排了大量的技能实训项目任务，方便读者实战训练，较好地符合了企业对一线设计与制造行业人员的职业素质需要。

本书具有以下突出特点：以项目为引领，以任务为驱动，工作任务优选企业典型案例并进行教学化处理，案例丰富，统领整个内容；强化职业岗位技能和综合技能的培养，方便教师在“教中做”，学生在“做中学”，符合当今职业技术教育的理念。

本书参考学时为 80 学时，建议采用“理实一体化”教学模式，各项目参考学时如下表。

项目设计	任务设计	建议学时(80)
项目 1　实体建模	任务 1.1　草图	4
	任务 1.2　曲线	4
	任务 1.3　实体建模	24
	任务 1.4　曲面	8
项目 2　工程图设计	任务 2.1　凸台零件工程图设计	6
	任务 2.2　长轴零件工程图设计	6
项目 3　装配设计	任务 3.1　机械手装配	4
	任务 3.2　台虎钳装配	6
项目 4　UG 数控编程	任务 4.1　UG 平面铣	6
	任务 4.2　UG 型腔铣	6
	任务 4.3　UG 数控车	6

本书由南京交通职业技术学院李东君编著，在编写本书的过程中，我们得到了南京乔丰汽车工装技术开发有限公司、南京伟亿精密机械制造有限公司的大力帮助，同时参考和借鉴

了诸多同行的相关资料、文献，在此一并表示诚挚的感谢！

由于编者水平、经验有限，书中难免有错误疏漏之处，敬请广大读者不吝赐教，以便修正，日臻完善。

编　者

2016.8

Contents

目 录

目 录

Contents

Contents

目 录

项目1　实体建模

任务1.1　草　　图

知识目标	能力目标
（1）熟悉草图绘图环境并熟悉其正确的设置方法； （2）掌握草图曲线绘图命令的含义及使用方法； （3）掌握几何约束命令及尺寸约束命令的含义及使用方法； （4）掌握绘制几何曲线的基本流程。	（1）能够正确设置草图环境并能熟练进入及退出； （2）能够应用各种草图绘图工具绘制草图曲线； （3）能够应用常见的尺寸约束工具及几何约束工具对草图曲线进行约束； （4）会分析曲线绘制流程，并能熟练应用草图工具绘制出各种复杂的草图曲线。

1.1.1　任务导入——创建碗形草图曲线

任务描述：绘制尺寸如图1-1所示的碗形草图曲线。

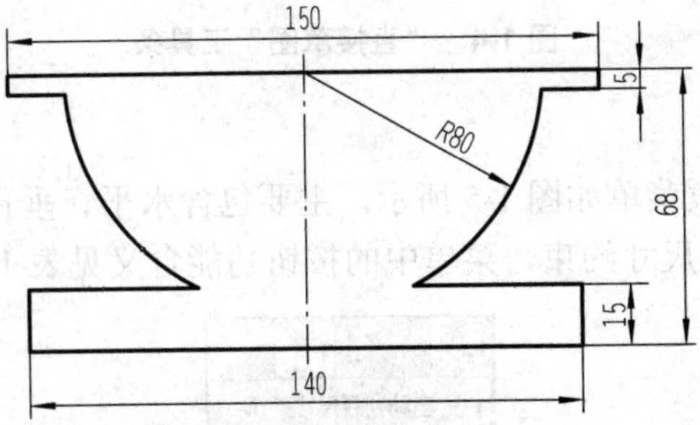

150
5
R80
68
15
140

图1-1　碗形曲线

1.1.2　知识链接

草图是建模的基础，根据草图所建的模型非常容易修改。单击“直接草图”工具条中的“草图”命令（或者单击菜单栏中的“插入”→“草图”命令、“特征”工具条上的“在任务环境下绘制草图”命令），打开如图1-2所示的“创建草图”对话框，选择合适的平面后即进入草图环境，如图1-3所示，完成草图绘制后，可单击“完成草图”命令 完成草图 ，返回到建模环境中，同时显示其绘制好的草图曲线。

创建草图
类型
在平面上
草图平面
平面方法
现有平面
* 选择平的面或平面 (0)
反向
草图方向
草图原点
设置
确定
取消

图 1-2 “创建草图”对话框

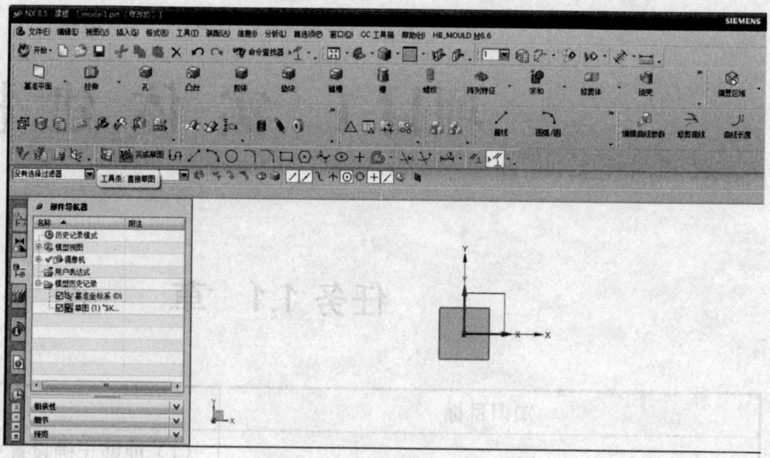

图 1-3 “创建草图”环境

1. “直接草图”工具条

“直接草图”工具条如图 1-4 所示，包含了轮廓、直线、圆弧、矩形、样条曲线等 10 余种绘图及编辑命令，以及草图尺寸约束、位置约束等命令，工具条中的按钮功能含义见表 1-1。

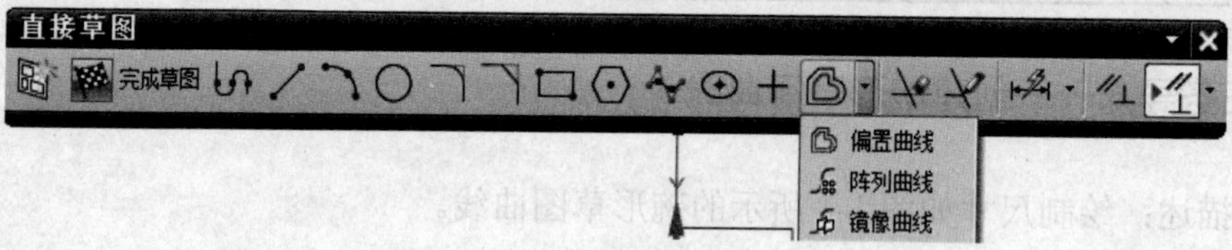
直接草图
完成草图
偏置曲线
阵列曲线
镜像曲线

图 1-4 “直接草图”工具条

2. 尺寸约束

“自动判断尺寸”下拉菜单如图 1-5 所示，主要包含水平、垂直、角度等 8 种尺寸约束，通过对选定的对象来创建尺寸约束，菜单中的按钮功能含义见表 1-1。

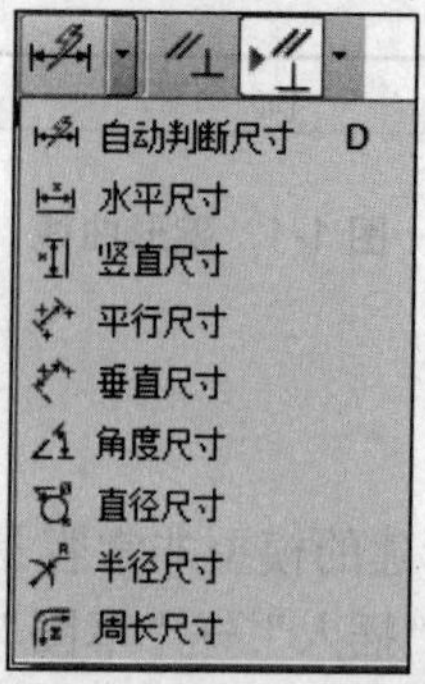
自动判断尺寸 D
水平尺寸
竖直尺寸
平行尺寸
垂直尺寸
角度尺寸
直径尺寸
半径尺寸
周长尺寸

图 1-5 “自动判断尺寸”下拉菜单

3. 几何约束

将几何约束添加到几何图形中。单击该命令后，打开如图 1-6 所示的对话框，约束主要类型有：共点、点在曲线上、相切、平行、垂直、水平、竖直、中点、共线、同心、等长、等半径、固定等，按钮功能的含义见表 1-1。进行几何约束时，首先“选择要约束的对象”，再“选择要约束到的对象”，即可完成。

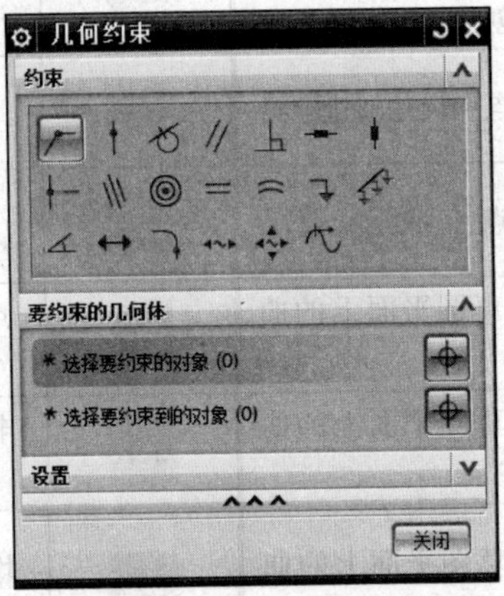
几何约束
约束
要约束的几何体
* 选择要约束的对象 (0)
* 选择要约束到的对象 (0)
设置
关闭

图 1-6 “几何约束”对话框

表 1-1 “直接草图”工具条中按钮的功能含义

按钮	命令	功能	按钮	命令	功能
	轮廓	以线串模式创建一系列连接的直线或圆弧		平行	在两点之间创建平行距离约束
	直线	用约束自动判断创建直线		垂直	通过直线和点创建垂直距离的约束
	圆弧	通过三点或通过指定其中心和端点创建圆弧		角度	在两条不平行的直线之间创建角度约束
	圆	通过三点或通过指定其中心和直径创建圆		直径	在圆上创建直径约束
	圆角	在两条或 3 条曲线之间创建圆角		半径	在圆弧或圆之间创建半径约束
	倒斜角	在两条草图线之间的尖角进行倒斜角		周长	创建周长约束来控制直线或圆弧的集体长度
	矩形	用 3 种方法的一种创建矩形		几何约束	将几何约束添加到几何图形中。这些约束指定并保持用于草图几何图形，或者草图几何图形之间的条件

续表

按钮	命令	功能	按钮	命令	功能
	多边形	创建具有指定数量的边的多边形		固定	约束 1 个或多个曲线或顶点固定
	艺术样条	通过拖放定义点或极点并在定义点指派斜率或曲率的约束动态创建和编辑样条		完全固定	约束 1 个或多个曲线和顶点固定
	椭圆	根据中心点和尺寸创建椭圆	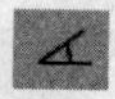	定角	约束 1 条或多条线具有定角
	点	创建草图点		定长	约束 1 条或多条线具有定长
	偏置曲线	偏置位于草图平面上的曲线链		点在线串上	约束 1 个顶点或点位于投影的曲线串上
	阵列曲线	阵列位于草图平面上的曲线链		非均匀比例	约束 1 个样条，以沿样条长度按比例缩放定义点
	镜像曲线	创建位于草图平面上的曲线链的镜像图样		均匀比例	约束 1 个样条，以两个方向缩放定义点，从而保持样条形状
	派生直线	在两条直线之间创建一条与另一直线平行的直线，或者在两条不平行直线之间创建一条平分线		曲线的斜率	在定义点约束样条的相切方向，使之与某条曲线平行
	添加现有曲线	将现有的共面曲线和点添加到草图中		显示草图约束	显示活动草图的几何约束
	交点	在曲线和草图平面之间创建一个交点		自动约束	对话框如图 1-8 所示，设置自动施加于草图的几何约束类型
	相交曲线	在面和草图平面之间创建相交曲线		显示/移出约束	对话框如图 1-9 所示，显示与选定的草图几何图形关联的几何约束，并移除所有这些约束或列出信息
	投影曲线	沿草图平面的法向将曲线、边或点（草图外部）投影到草图上		转换至/自参考对象	对话框如图 1-10 所示，将草图曲线或草图尺寸从活动转换为参考，或者反过来。下游命令（如拉伸）不使用参考曲线，并且参考尺寸不控制草图几何图形

续表

按钮	命令	功能	按钮	命令	功能
	快速修剪	以任一方向将曲线修剪到最近的交点或选定的边界		备选解	对话框如图 1-11 所示，备选尺寸或几何约束的解算方案
	快速延伸	将曲线延伸到另一相邻曲线或选定的边界		自动判断约束和尺寸	对话框如图 1-12 所示，控制那些约束或尺寸在尺寸构造过程中被自动判断
	自动判断尺寸	通过选定的对象和光标的位置自动判断尺寸类型来创建尺寸约束		创建自动判断约束	在曲线构造过程中启用自动判断约束
	水平	在两点之间创建水平约束		连续自动标注尺寸	在曲线构造过程中启用标注尺寸
	竖直	在两点之间创建竖直距离的约束			

4. “约束工具”下拉菜单

如图 1-7 所示，为“约束工具”下拉菜单，该菜单主要功能含义见表 1-1。

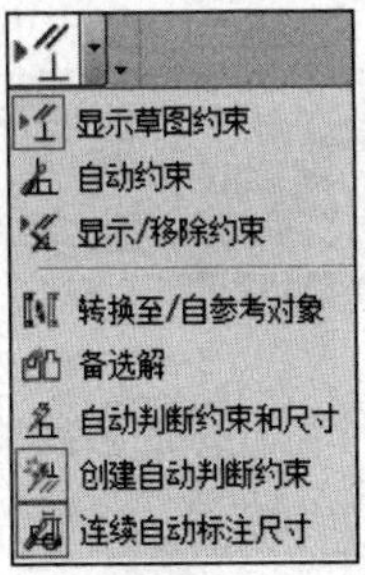
显示草图约束
自动约束
显示/移除约束
转换至/自参考对象
备选解
自动判断约束和尺寸
创建自动判断约束
连续自动标注尺寸

图 1-7 “约束工具”下拉菜单

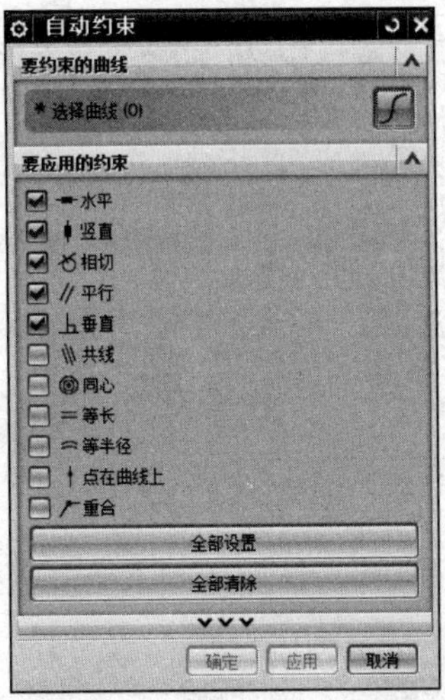
自动约束
要约束的曲线
* 选择曲线 (0)
要应用的约束
水平
竖直
相切
平行
垂直
共线
同心
等长
等半径
点在曲线上
重合
全部设置
全部清除
确定
应用
取消

图 1-8 “自动约束”对话框

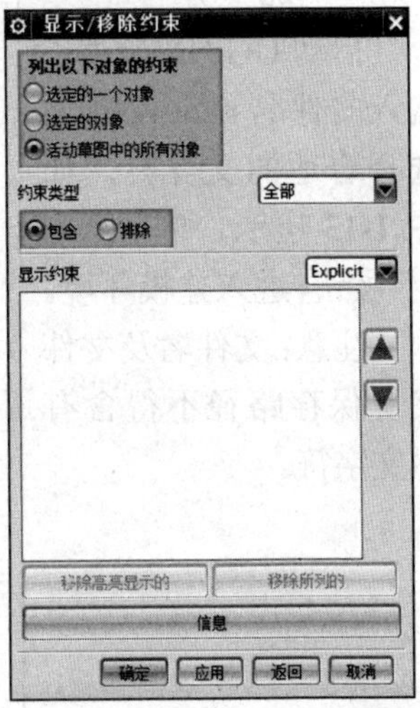
显示/移除约束
列出以下对象的约束
选定的一个对象
选定的对象
活动草图中的所有对象
约束类型
全部
包含
排除
显示约束
Explicit
移除高亮显示的
移除所列的
信息
确定
应用
返回
取消

图 1-9 “显示/移除约束”对话框

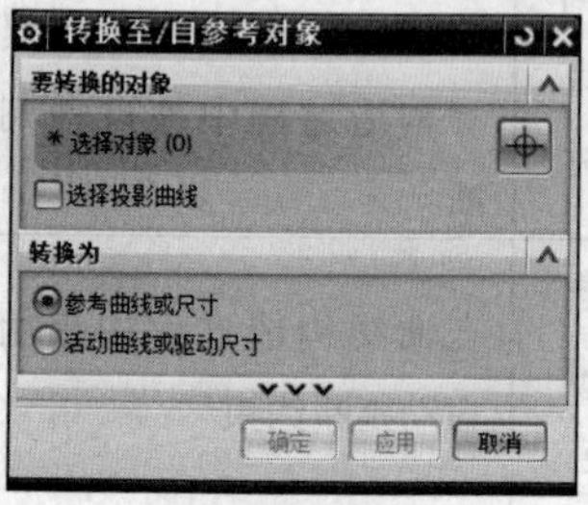
转换至/自参考对象
要转换的对象
* 选择对象 (0)
选择投影曲线
转换为
参考曲线或尺寸
活动曲线或驱动尺寸
确定
应用
取消

图 1-10 “转换至/自参考对象”对话框

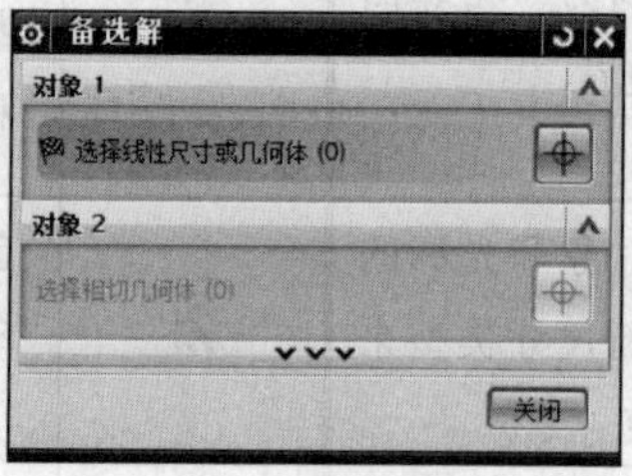
备选解
对象 1
选择线性尺寸或几何体 (0)
对象 2
选择相切几何体 (0)
关闭

图 1-11 “备选解”对话框

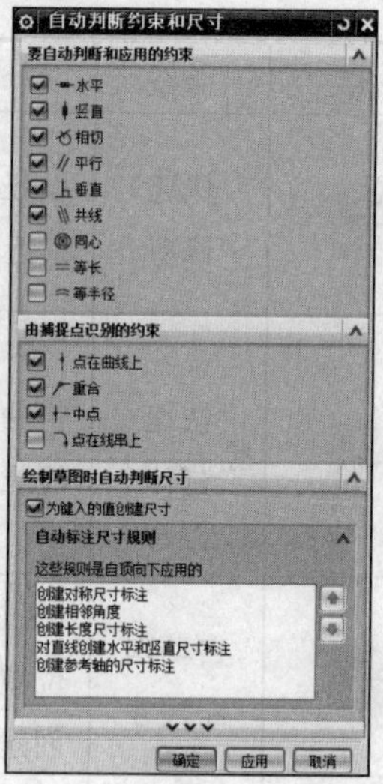
自动判断约束和尺寸
要自动判断和应用的约束
水平
竖直
相切
平行
垂直
共线
同心
等长
等半径
由捕捉点识别的约束
点在曲线上
重合
中点
点在线串上
绘制草图时自动判断尺寸
为键入的值创建尺寸
自动标注尺寸规则
这些规则是自顶向下应用的
创建对称尺寸标注
创建相邻角度
创建长度尺寸标注
对直线创建水平和竖直尺寸标注
创建参考轴的尺寸标注
确定
应用
取消

图 1-12 “自动判断约束和尺寸”对话框

1.1.3 任务实施

1. 新建文件

实施步骤 1：新建文件	
说　明	图　解
启动 UG NX 软件，输入文件名 caotu1.prt，选择合适的文件夹，如图 1-13 所示，单击“确定”按钮，进入建模环境。 注意：文件名及文件夹等保存路径不得含有中文字符。	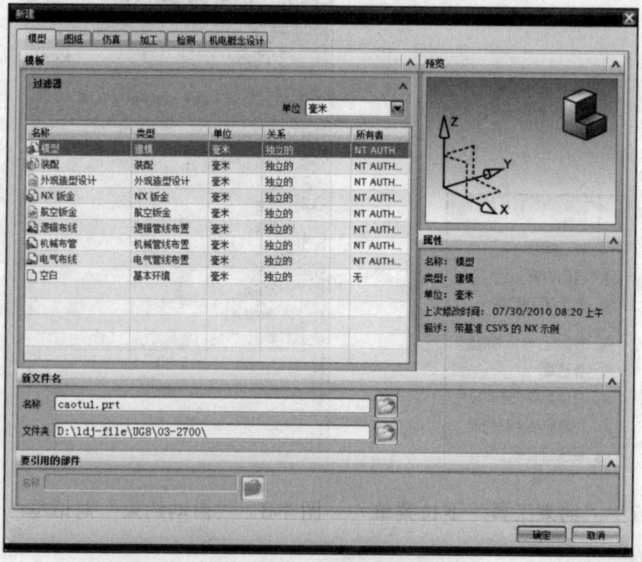 图 1-13 新建文件

2. 进入草图环境

实施步骤 2：进入草图环境	
说　明	图　解
单击“特征”工具条中的“任务环境中的草图”命令，选择基准坐标系“XOY”基准平面，进入草图环境，如图 1-14 所示。	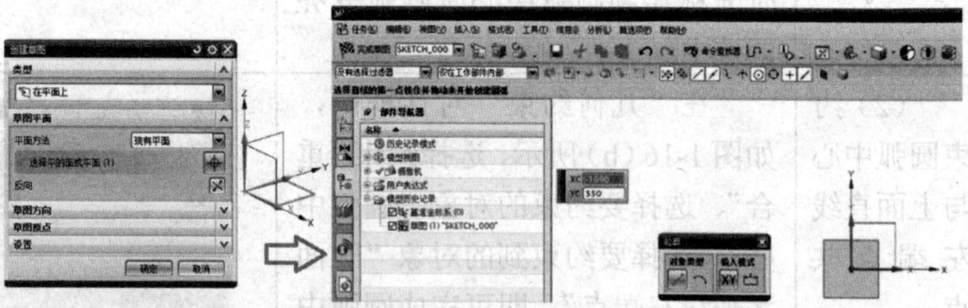 图 1-14　进入草图环境

3. 绘制一半草图曲线大致形状

实施步骤 3：绘制一半草图曲线大致形状	
说　明	图　解
进入草图环境后，默认“轮廓”命令，完成绘制如图 1-15 所示大致形状的一半草图曲线，点按鼠标滚轮 2 次即可。 注意，通常在绘制曲线时，先单击按钮，选中时，该按钮处于白亮状态，并且尽量在第一象限完成。	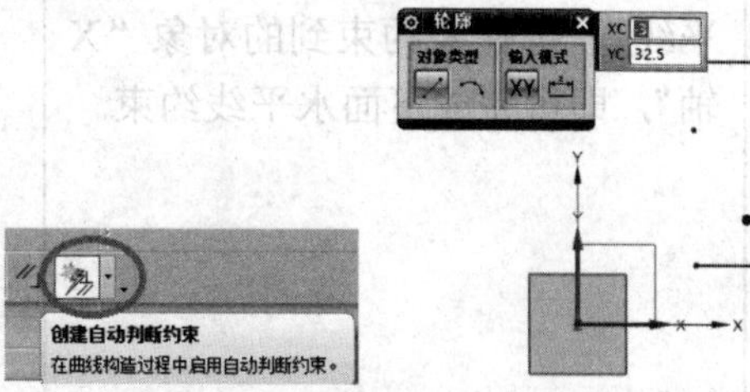 轮廓 对象类型 输入模式 XC YC 32.5 创建自动判断约束 在曲线构造过程中启用自动判断约束。 图 1-15　绘制一半草图曲线大致形状

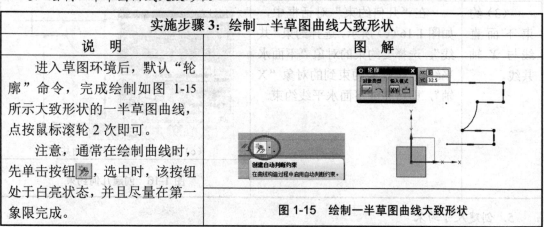

4. 创建几何约束

实施步骤 4：创建刀具		
步骤	说　明	图　解
(1) 约束上下直线左端点在 *Y* 轴上。	单击草图工具“约束”命令，打开“几何约束”对话框，如图 1-16（a）所示，选择约束“点在曲线上”，选择要约束的对象“上面水平线左端点”（选择时，光标靠近左端，使端点在光标选中范围内），选择要约束到的对象“Y 轴”，即可完成上面直线左端点约束在 Y 轴上。应用相同的办法把下面直线左端点约束在 Y 轴上。	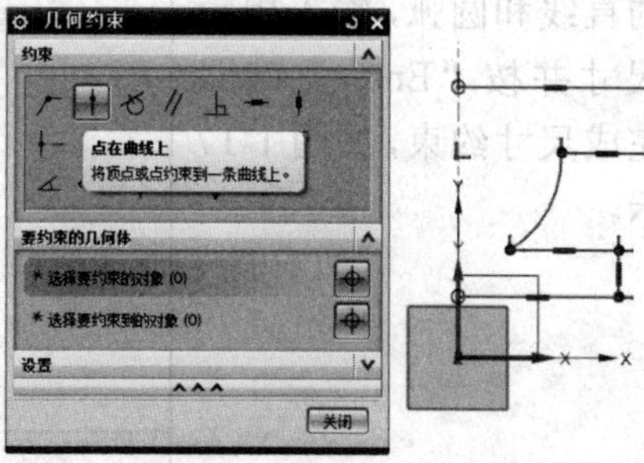 几何约束 约束 点在曲线上 将顶点或点约束到一条曲线上。 要约束的几何体 选择要约束的对象 (0) 选择要约束到的对象 (0) 设置 关闭 （a）约束上下直线左端点在 *Y* 轴上

步骤	说　明	图　解
	注意：在选择直线端点时光标靠近直线端点即可，选择圆心时光标靠到圆弧中心时圆弧变亮即选中。	
（2）约束圆弧中心与上面直线左端点共点。	在“几何约束”对话框中，如图 1-16（b）所示，选择约束“重合”、选择要约束的对象“圆弧中心”，选择要约束到的对象“上面水平线左端点”，即可完成圆弧中心约束。	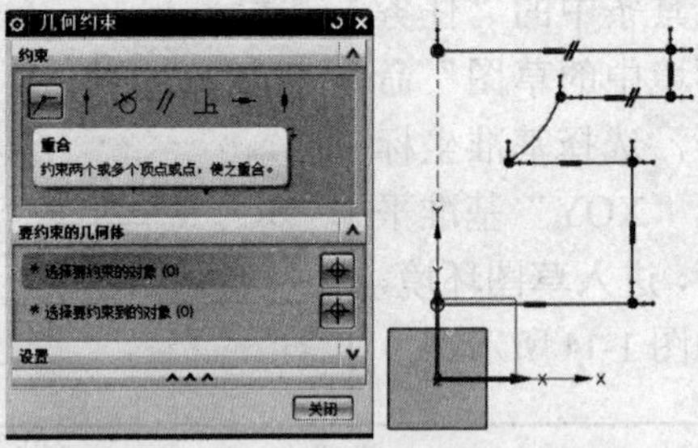几何约束 约束 重合 约束两个或多个顶点或点，使之重合。 要约束的几何体 选择要约束的对象 (0) 选择要约束到的对象 (0) 设置 关闭 （b）约束圆弧中心与上面直线左端点共点
（3）约束下面直线与 *X* 轴共线。	在“几何约束”对话框中，如图 1-16（c）所示，选择约束“共线”，选择要约束的对象“下面水平线”，选择要约束到的对象“X 轴”，即可完成下面水平线约束。	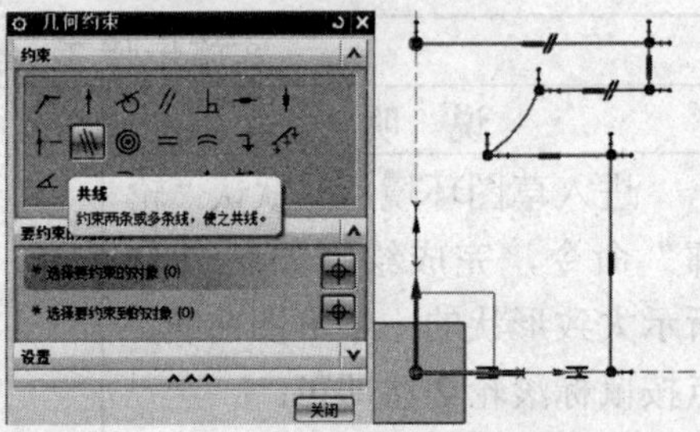几何约束 约束 共线 约束两条或多条线，使之共线。 选择要约束的对象 (0) 选择要约束到的对象 (0) 设置 关闭 （c）约束下面直线与 *X* 轴共线 **图 1-16　创建几何约束**

5. 创建尺寸约束

实施步骤 5：创建尺寸约束	
说　明	图　解
单击草图工具“自动判断尺寸”命令，分别选中不同的直线和圆弧，输入相应的尺寸并按“Enter”键即可完成尺寸约束，如图 1-17 所示。	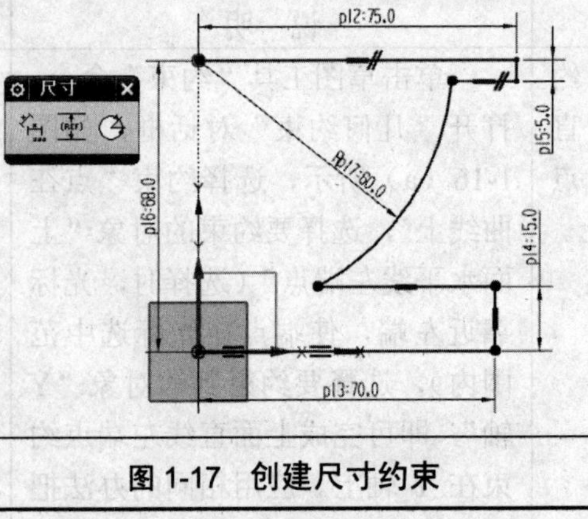尺寸 p12:75.0 p15:5.0 p17:60.0 p16:68.0 p14:15.0 p13:70.0 **图 1-17　创建尺寸约束**

6. 镜像曲线

实施步骤6：镜像曲线	
说　明	图　解
单击草图工具“镜像曲线”命令，打开其对话框，如图1-18（a）所示，选择对象为“绘制的7条草图曲线”，选择中心线“Y轴”为镜像，单击“确定”按钮完成镜像曲线，如图1-18（b）所示。	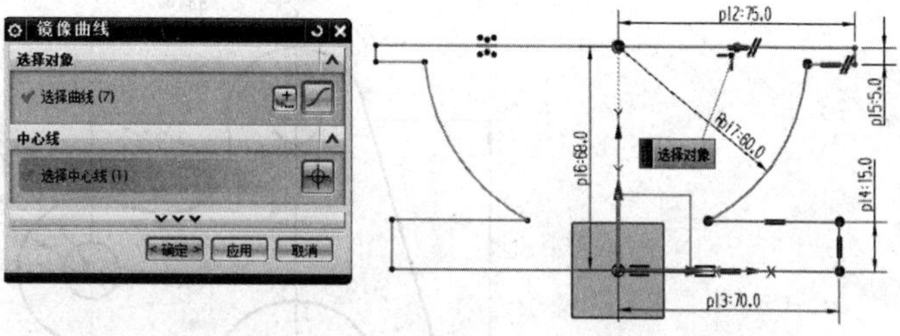 镜像曲线 选择对象 选择曲线 (7) 中心线 选择中心线 (1) 确定 应用 取消 p12:75.0 p15:5.0 R17:60.0 p16:68.0 p14:15.0 p13:70.0 选择对象 （a）选择镜像曲线与中心线 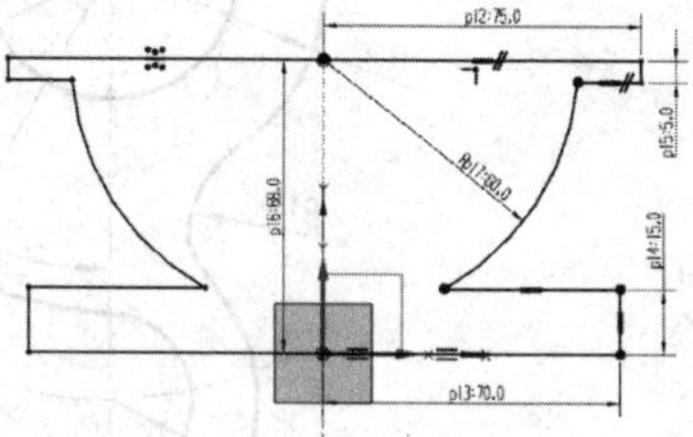 （b）完成镜像曲线 图1-18　镜像曲线

7. 完成草图曲线

实施步骤7：完成草图曲线	
说　明	图　解
单击“直接草图”工具条中的“完成草图”命令，即返回建模环境并保存文件，完成草图曲线如图1-19所示。	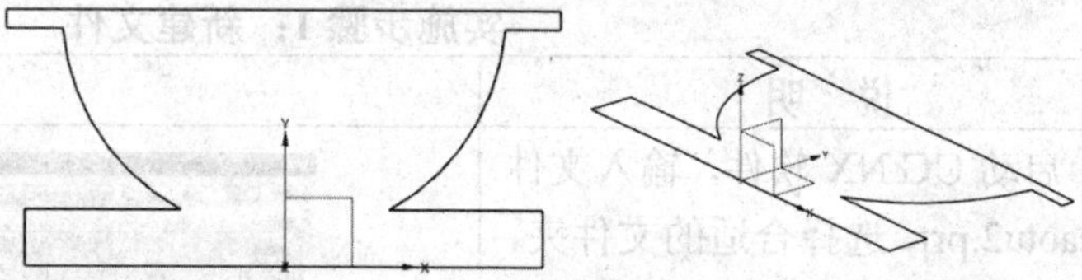 图1-19　完成草图曲线

113　碗形草图曲线

1.1.4　任务延伸——创建复杂草图曲线

任务描述：复杂草图曲线实例，创建尺寸如图 1-20 所示的复杂草图曲线。

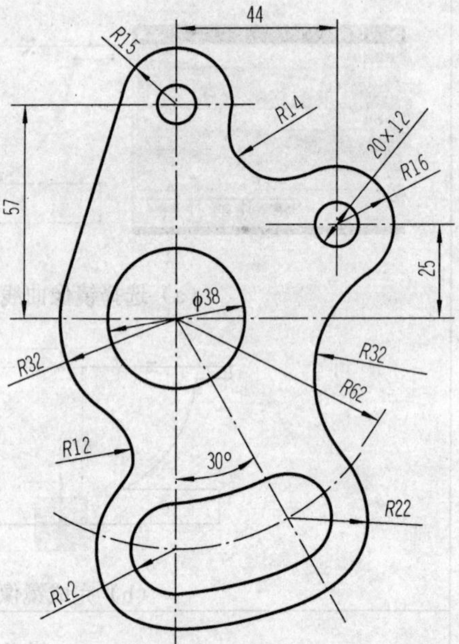

44
R15
R14
20×12
R16
57
25
ϕ38
R32
R32
R62
R12
30°
R22
R12

图 1-20　复杂草图曲线

任务实施如下：

1. 新建文件

实施步骤 1：新建文件	
说　明	图　解
启动 UG NX 软件，输入文件名 caotu2.prt，选择合适的文件夹，如图 1-21 所示，单击“确定”按钮，进入建模环境。 注意：文件名及文件夹等保存路径不可含有中文字符。	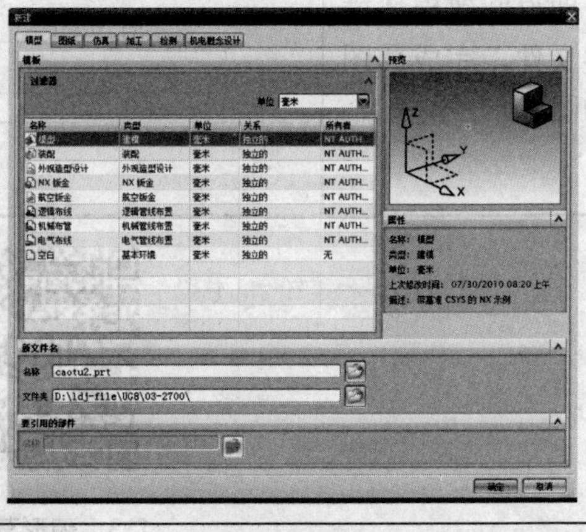 图 1-21　新建文件

caotu2.prt
D:\ldj-file\UG8\03-2700\

2. 进入草图环境

实施步骤2：进入草图环境	
说 明	图 解
单击“特征”工具条中的“任务环境中的草图”命令，选择基准坐标系“XOY”平面，进入草图环境如图 1-22 所示。	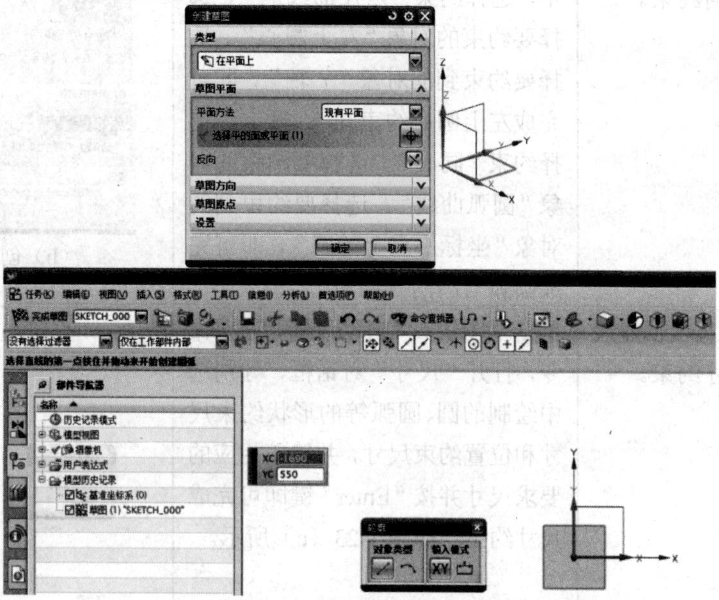 图 1-22 进入草图环境

3. 创建内部曲线

1）创建上部分曲线

实施步骤3：创建上部分曲线		
步骤	说 明	图 解
（1）创建圆及辅助线。	进入草图环境后，关闭“轮廓”命令，单击“圆”命令，打开“圆”对话框，完成绘制如图 1-23（a）所示的 3 个圆、两段辅助直线与圆弧草图曲线，点按鼠标滚轮“MB2”确认，即可完成。	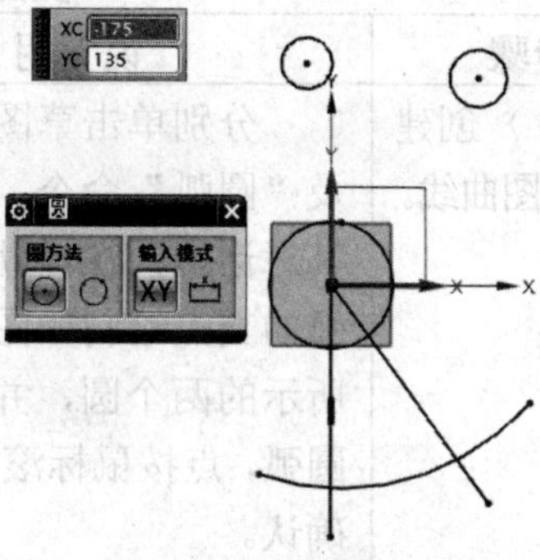 （a）创建圆及辅助线

步骤	说明	图解
（2）创建圆及辅助线几何约束。	单击草图工具“几何约束”命令，打开其对话框，如图 1-23（b）所示，选择约束“点在曲线上”，选择要约束的对象“左上圆心”，选择要约束到的对象“Y 轴”，即可完成左上圆心约束在 Y 轴上；选择约束“同心”，选择要约束的对象“圆弧曲线”，选择要约束到的对象“坐标原点上的圆”，即可完成圆弧与圆同心约束。	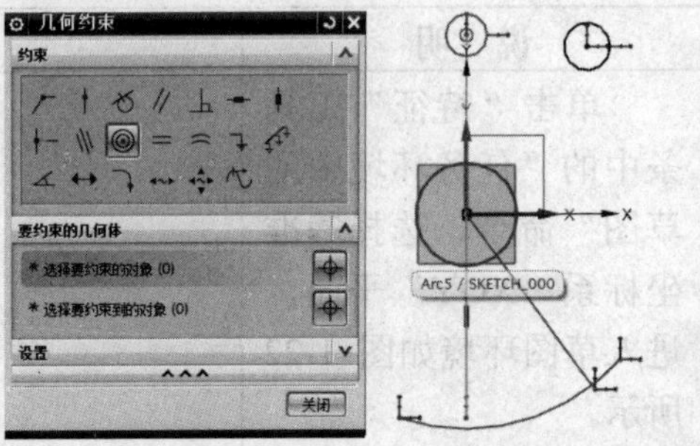几何约束 约束 要约束的几何体 设置 关闭 Arc5 / SKETCH_000 （b）创建圆及辅助线几何约束
（3）创建尺寸约束。	单击草图工具“自动判断尺寸”命令，打开“尺寸”对话框，分别选中绘制的圆、圆弧等的形状约束尺寸和位置约束尺寸，并输入相应的要求尺寸并按“Enter”键即可完成尺寸约束，如图 1-23（c）所示。	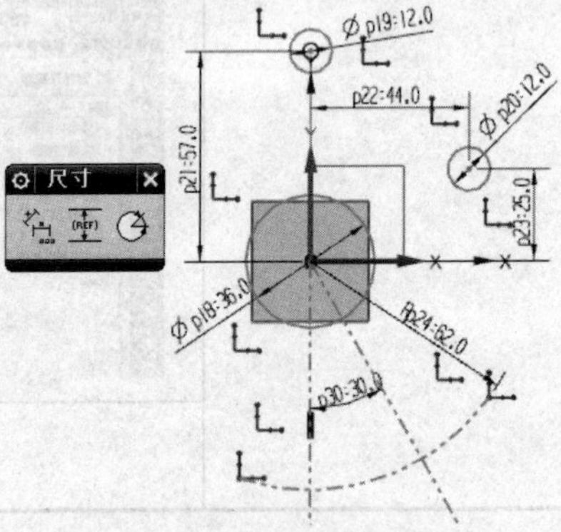尺寸 Ø p19:12.0 p22:44.0 Ø p20:12.0 p21:57.0 p23:25.0 Ø p18:36.0 Rp24:62.0 p30:30.0 （c）创建尺寸约束 **图 1-23　创建上部分曲线**

2）创建腰形曲线

实施步骤 4：创建腰形曲线		
步骤	**说　明**	**图　解**
（1）创建腰形草图曲线。	分别单击草图工具“圆”及“圆弧”命令，分别打开其对话框，在辅助直线与圆弧的交点绘制如图 1-24（a）所示的两个圆，并绘制两段圆弧，点按鼠标滚轮“MB2”确认。	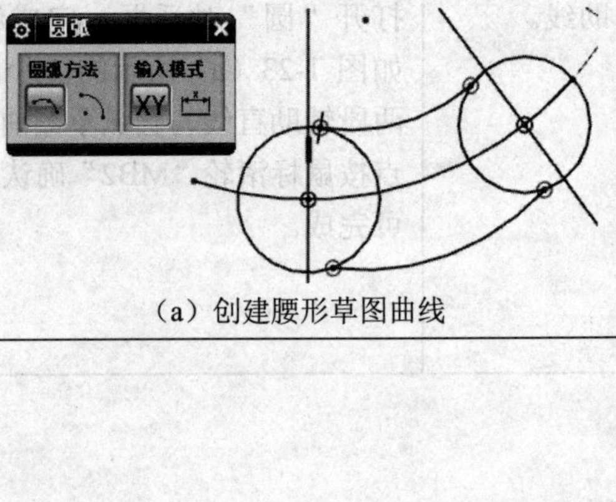圆弧 圆弧方法 输入模式 XY （a）创建腰形草图曲线

步骤	说　明	图　解
（2）创建腰形曲线几何约束。	单击草图工具“几何约束”命令，打开其对话框，分别应用相切、同心约束，完成几何约束如图 1-24（b）所示。	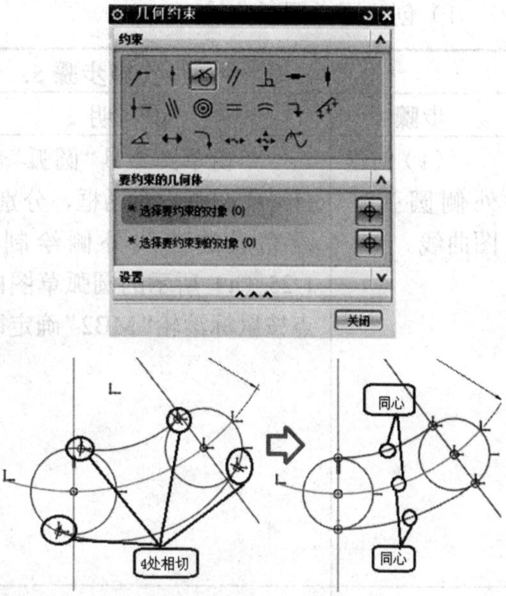 几何约束 约束 要约束的几何体 设置 关闭 4处相切 同心 同心 （b）创建腰形曲线几何约束
（3）修剪曲线。	单击草图工具“快速修剪”命令，打开其对话框，修剪曲线如图 1-24（c）所示。	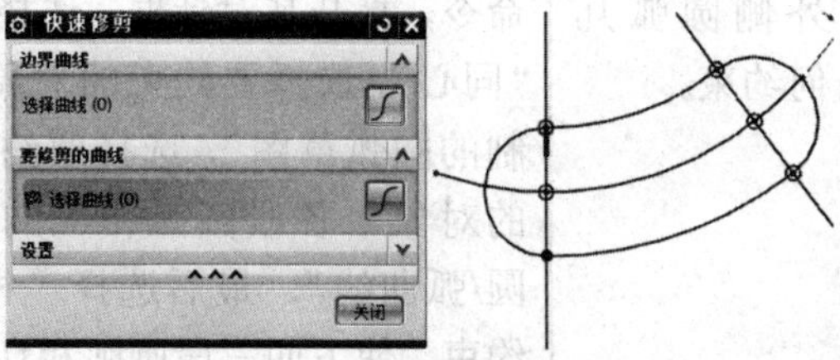 快速修剪 边界曲线 要修剪的曲线 设置 关闭 （c）修剪曲线
（4）转换参考曲线。	单击草图工具“转换至/自参考对象“命令，打开其对话框，分别选择两条直线和圆弧曲线，单击“确定”按钮即可转换成双短画线，如图 1-24（d）所示。	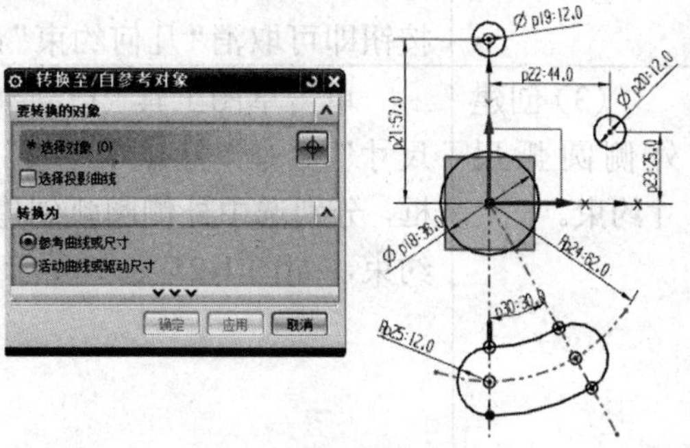 转换至/自参考对象 要转换的对象 选择投影曲线 转换为 参考曲线或尺寸 活动曲线或驱动尺寸 确定 应用 取消 （d）转换参考曲线 **图 1-24　创建腰形曲线**

4. 创建外侧曲线

1）创建同心圆弧曲线

实施步骤 5：创建同心圆弧曲线		
步骤	说　明	图　解
（1）创建外侧圆弧草图曲线。	单击草图工具“圆弧”命令，打开“圆弧”对话框，分别在已经完成的曲线外侧绘制如图 1-25（a）所示的圆弧草图曲线，点按鼠标滚轮“MB2”确定即可。	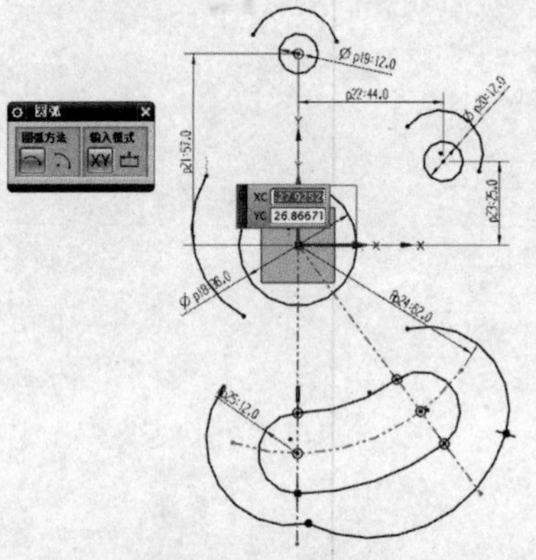 （a）创建外侧圆弧草图曲线
（2）创建外侧圆弧几何约束。	单击草图工具“几何约束”命令，打开其对话框，选择约束“同心”，选择要约束的对象“绘制的圆弧草图”，选择要约束到的对象“各段圆弧相应的内部圆/弧曲线”，最后选择“相切”约束，使下面三段圆弧相切，如图 1-25（b）所示，单击“关闭”按钮即可取消“几何约束”命令。	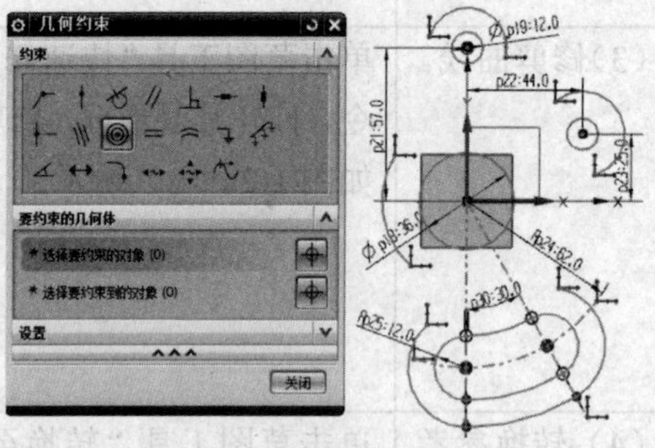 （b）创建外侧圆弧几何约束
（3）创建外侧圆弧尺寸约束。	单击草图工具“自动判断的尺寸”命令，打开“尺寸”对话框，分别选中外侧圆弧创建尺寸约束，如图 1-25（c）所示。	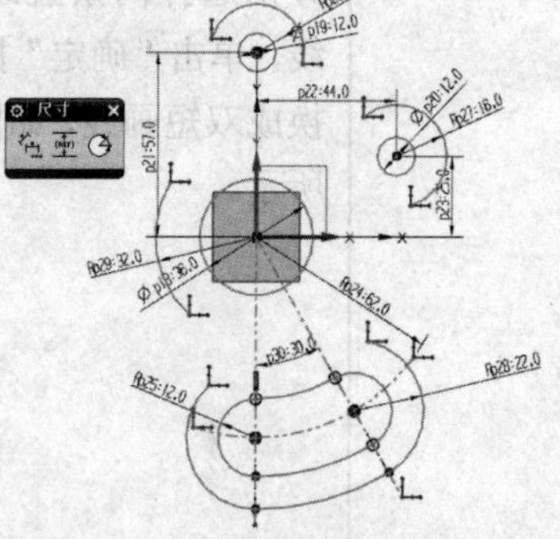 （c）创建外侧圆弧尺寸约束
		图 1-25　创建同心圆弧曲线

2）创建外侧连接曲线

实施步骤 6：创建外侧连接曲线		
步骤	说 明	图 解
（1）创建外侧连接草图曲线。	分别单击草图工具“直线”及“圆弧”命令，分别打开其对话框，顺次首尾连接草图曲线，如图 1-26（a）所示，完成后，单击鼠标滚轮“MB2”确认。	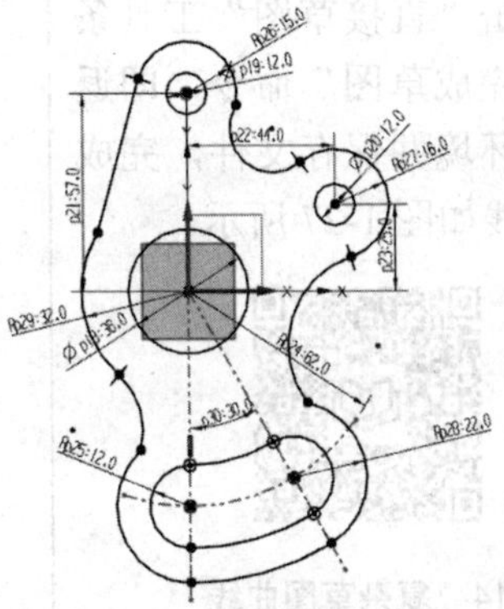 （a）创建外侧连接草图曲线
（2）创建连接曲线几何约束。	单击草图工具“几何约束”命令，打开其对话框，应用“相切”约束光滑连接所有外侧曲线，完成几何约束，如图 1-26（b）所示。	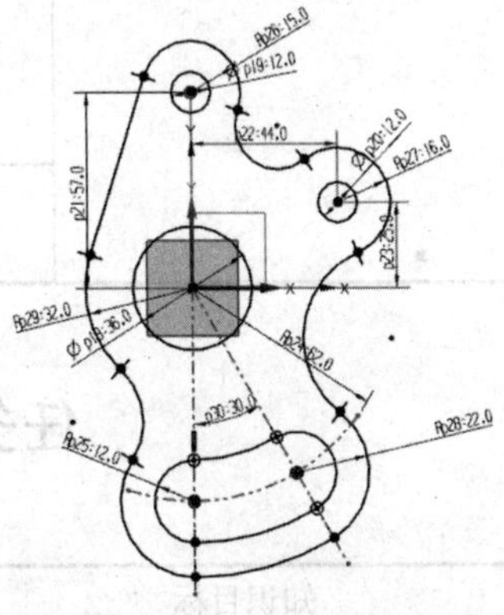 （b）创建连接曲线几何约束
（3）创建连接曲线尺寸约束。	单击草图工具“自动判断的尺寸”命令，打开“尺寸”对话框，分别选中外侧连接圆弧创建尺寸约束，如图 1-26（c）所示	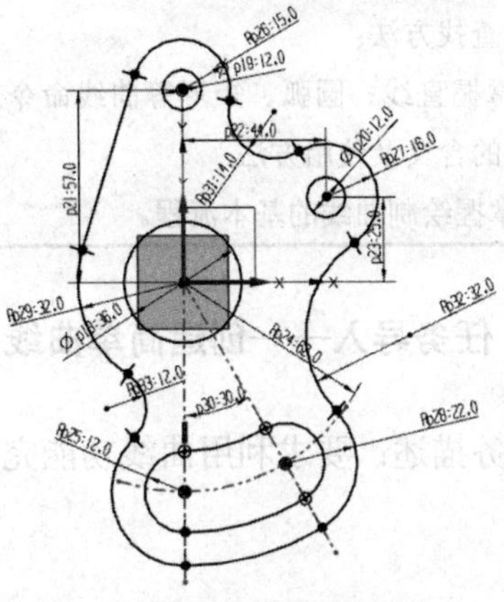 （d）创建连接曲线尺寸约束 图 1-26 创建外侧连接曲线

5. 完成草图曲线

实施步骤 7：完成草图曲线	
说　明	图　解
单击“直接草图”工具条中的“完成草图”命令，即返回建模环境并保存文件，完成草图曲线如图 1-27 所示。 114　复杂草图曲线	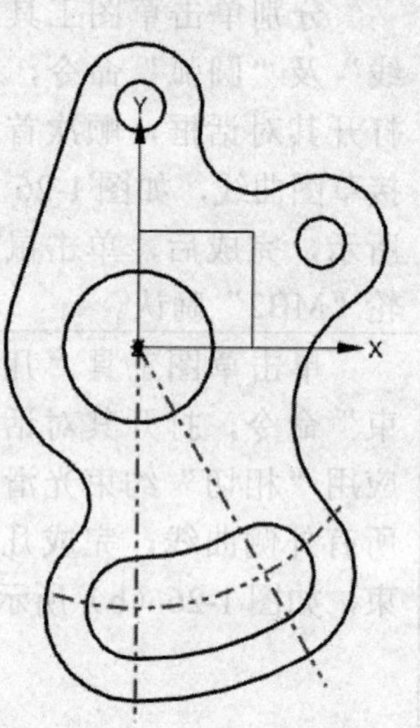Y X
	图 1-27　完成草图曲线

任务 1.2　曲　　线

知识目标	能力目标
（1）熟悉“曲线”及“曲线编辑”工具条命令的设置与查找方法； （2）掌握直线、圆弧、矩形等曲线命令及曲线编辑命令的含义及使用方法； （3）掌握绘制曲线的基本流程。	（1）能正确设置与查找曲线及曲线编辑工具命令； （3）能够熟练应用直线、圆弧、矩形等工具绘制、编辑基本几何图形； （4）会分析几何图形曲线绘制流程，并能绘制出各种复杂曲线。

1.2.1　任务导入——创建简单曲线

任务描述：要求利用曲线功能完成尺寸如图 1-28 所示的简单曲线。

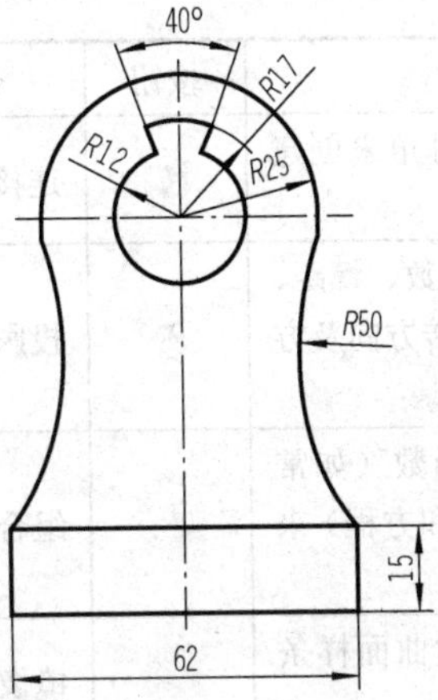
40°
R17
R12
R25
R50
15
62

图 1-28 简单曲线

1.2.2 知识链接

1. “曲线”工具条

“曲线”工具条如图 1-29（a）所示，包含了曲线下拉菜单、来自曲线集的曲线下拉菜单、来自体的曲线下拉菜单、显示“直线和圆弧工具条”等曲线绘图命令，工具条中的命令含义见表 1-2。

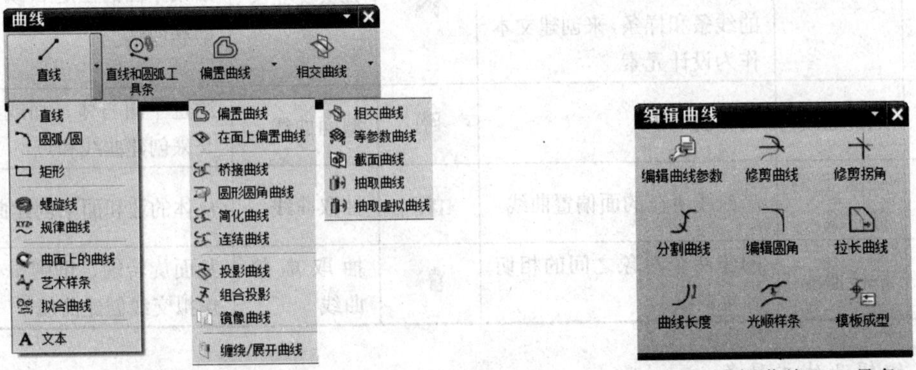
曲线
直线
直线和圆弧工具条
偏置曲线
相交曲线
直线
圆弧/圆
矩形
螺旋线
规律曲线
曲面上的曲线
艺术样条
拟合曲线
文本
偏置曲线
在面上偏置曲线
桥接曲线
圆形圆角曲线
简化曲线
连结曲线
投影曲线
组合投影
镜像曲线
缠绕/展开曲线
相交曲线
等参数曲线
截面曲线
抽取曲线
抽取虚拟曲线
编辑曲线
编辑曲线参数
修剪曲线
修剪拐角
分割曲线
编辑圆角
拉长曲线
曲线长度
光顺样条
模板成型

（a）“曲线”工具条　　（b）“编辑曲线”工具条

图 1-29 曲线工具

表 1-2 “直接草图”工具条按钮功能含义

按钮	命令	功能	按钮	命令	功能
	直线	创建直线特征		圆形圆角曲线	创建两个曲线链之间具有指定方向的圆形圆角曲线
	圆/圆弧	创建圆和圆弧特征		简化曲线	从曲线链创建一串最佳拟合直线和圆弧

续表

按钮	命令	功能	按钮	命令	功能
	矩形	通过选择两个对角来创建矩形		连接曲线	将曲线链连接在一起，以创建单个样条曲线
	螺旋线	创建具有指定圈数、螺距、半径或直径、旋转方向及方位的螺旋线		投影曲线	将曲线、边或点投影至面或平面
	规律曲线	通过使用规律函数（如常数、线性、三次和方程）来创建样条		组合曲线	组合两个现有的曲线链的投影交集以新建曲线
	曲面上的曲线	在面上直接创建曲面样条特征		镜像曲线	穿过基准平面或平的曲面创建镜像曲线
	艺术样条	通过拖放定义点或极点并在定义点指派斜率或曲率的约束，动态创建和编辑样条		缠绕/展开曲线	将曲线从平面缠绕至圆锥或圆柱面，或将曲线从圆锥或圆柱面展开至平面
	拟合曲线	创建样条、线、圆或椭圆，方法是将其拟合到指定的数据点		相交曲线	创建两个对象之间的相交曲线
	文本	通过读取文本字符串（以指定的字体）并作为字符轮廓的线条和样条，来创建文本作为设计元素		等参数曲线	沿某个面的恒定 U 或 V 参数创建曲线
	偏置曲线	偏置曲线链		截面曲线	通过平面与体、面或曲线相交来创建曲线和点
	在面上偏置曲线	沿曲线所在的面偏置曲线		抽取曲线	从体的边和面来创建曲线
	桥接曲线	创建两个对象之间的相切圆角曲线		抽取虚拟曲线	从面旋转轴、倒圆中心线和虚拟交线创建曲线

2. 编辑曲线工具条

如图 1-29（b）所示为“编辑曲线”工具条，主要包含编辑曲线参数、修剪曲线、修剪拐角、分割曲线、编辑圆角、拉长曲线、曲线长度、光顺样条、模板成形等，其功能含义见表 1-3。

表 1-3　直接草图工具条按钮功能含义

按钮	命令	功能	按钮	命令	功能
	编辑曲线参数	编辑大多数曲线类型参数		拉长曲线	拉长或收缩选定的直线同时移动几何对象

续表

按钮	命令	功能	按钮	命令	功能
	修剪曲线	修剪和延伸曲线到选定的边界对象		曲线长度	在曲线的每个端点处延伸或缩短一段长度，或使其达到一个总曲线长
	修剪拐角	修剪两个曲线至它们公共交点形成拐角		光顺样条	通过最小化曲率大小或曲率变化来移除样条中的小缺陷
	分割曲线	将曲线分为多段		模板成型	变换样条的当前形状以匹配模板中的样条特性
	编辑圆角	编辑圆角曲线			

1.2.3 任务实施

1. 新建文件

实施步骤 1：新建文件	
说 明	图 解
启动 UG NX 软件，输入文件名 quxian1.prt，选择合适的文件夹，如图 1-30 所示，单击“确定”按钮，进入建模环境。 注意：文件名及文件夹等保存路径不得含有中文字符。	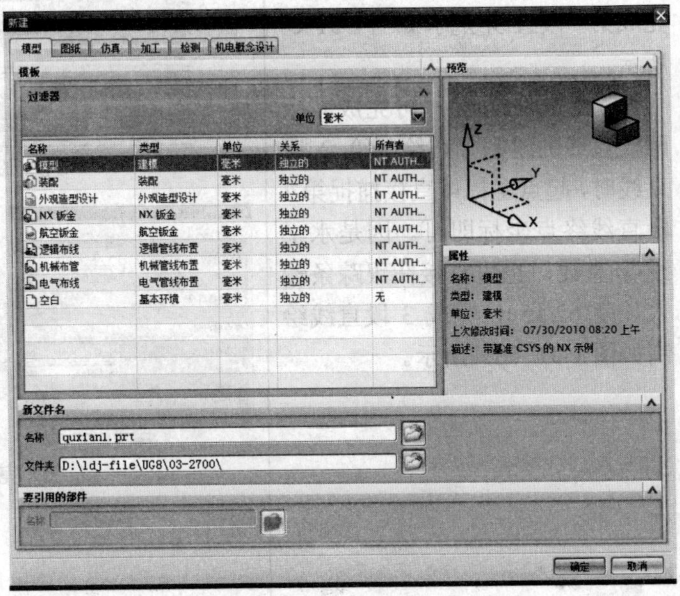 图 1-30 新建文件

新建
模型
图纸
仿真
加工
检测
机电概念设计
模板
过滤器
单位 毫米
名称
类型
单位
关系
所有者
预览
属性
新文件名
名称 quxian1.prt
文件夹 D:\ldj-file\UG8\03-2700\
要引用的部件
确定
取消

2. 绘制 3 段直线

实施步骤 2：绘制三段直线

说　明

在模型环境下，按 Ctrl+Alt+T（俯视图）快捷键，将视图转入 *XY* 工作平面。单击“曲线”工具条中的“直线”命令，打开“直线”对话框，如图 1-31（a）所示，单击“起点”区域中的“点对话框”按钮，输入起点坐标（−31,15,0），如图 1-31（b）所示，单击“确定”按钮，返回“直线”对话框。再单击“终点或方向”区域中的“点对话框”按钮，输入终点坐标（−31,0,0），如图 1-31（b）所示，单击“确定”按钮，返回“直线”对话框。最后单击“应用”按钮，完成第一段直线绘制，如图 1-31（c）所示。

用相同的办法即可完成其余两段直线的绘制（在绘制第 2 段直线时，起点坐标可直接捕捉第 1 段直线终点坐标即可。因是水平线/竖直线，也可直接在跟踪条输入长度 62/15），完成 3 段直线绘制如图 1-31（d）所示。

图　解

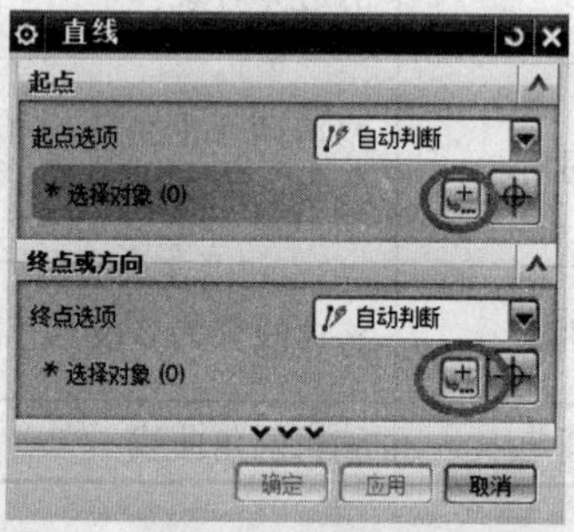

直线
起点
起点选项
自动判断
* 选择对象 (0)
终点或方向
终点选项
自动判断
* 选择对象 (0)
确定
应用
取消

（a）[直线]对话框

点
类型
光标位置
点位置
指定光标位置
坐标
参考
绝对 - 工作部件
X
-31
mm
Y
15
Z
0.000000
偏置
偏置选项
无
确定
取消
点
类型
光标位置
点位置
指定光标位置
坐标
参考
绝对 - 工作部件
X
-31
Y
0
Z
0.000000
偏置
偏置选项
无
确定
取消

（b）设置起点与终点坐标

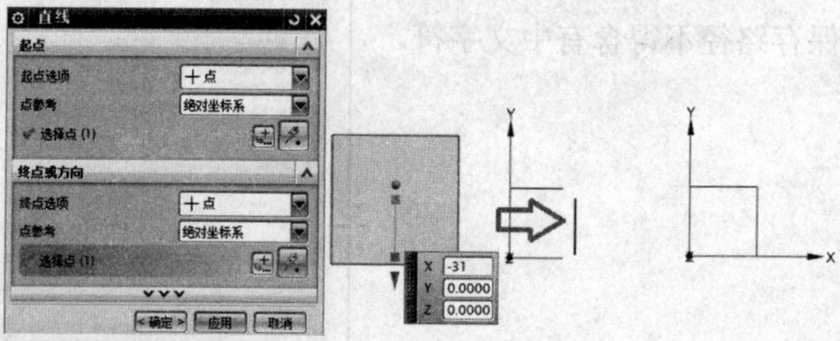

直线
起点
起点选项
点参考
绝对坐标系
选择点 (1)
终点或方向
终点选项
点参考
绝对坐标系
选择点 (1)
确定
应用
取消
X
-31
Y
0.0000
Z
0.0000
Y
X

（c）完成第 1 段直线绘制

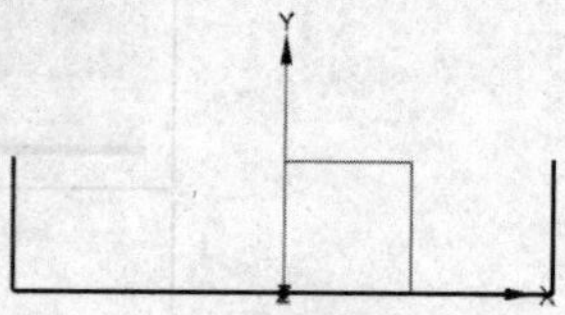

Y
X

（d）完成 3 段直线绘制

图 1-31　进入草图环境

3. 绘制3个圆

实施步骤3：绘制三个圆	
说　明	图　解
单击“曲线”工具条中的“圆弧/圆”命令，打开其对话框，如图1-32（a）所示，类型选择“从中心开始的圆弧/圆”，限制勾选“整圆”，单击中心选择点“点对话框”按钮，打开“点”对话框，输入起点坐标(0,70,0)，单击“确定”按钮，返回“圆弧/圆”对话框，输入半径大小“25”，单击“应用”按钮，完成*R*25mm圆的绘制。 继续用相同的办法绘制*R*17mm和*R*12mm的两个圆，完成3个圆绘制，如图1-32（c）所示。	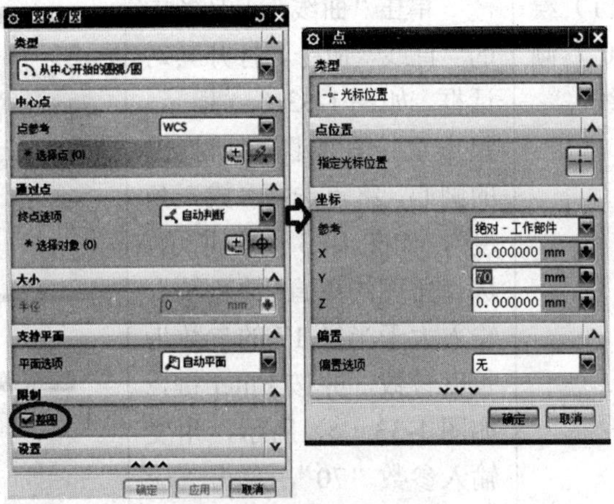 （a）确定圆弧中心点坐标 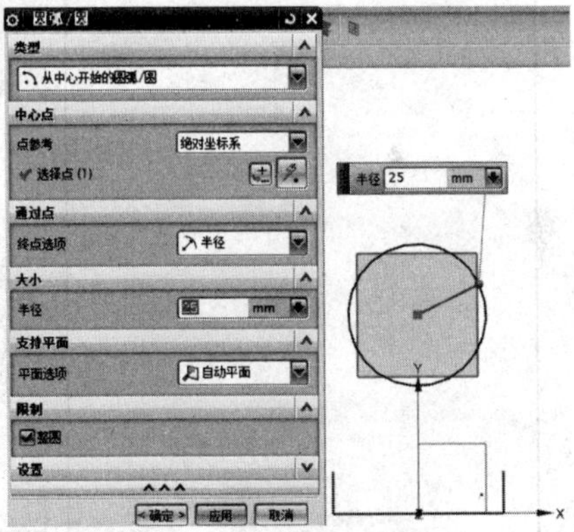 （b）绘制*R*25mm圆 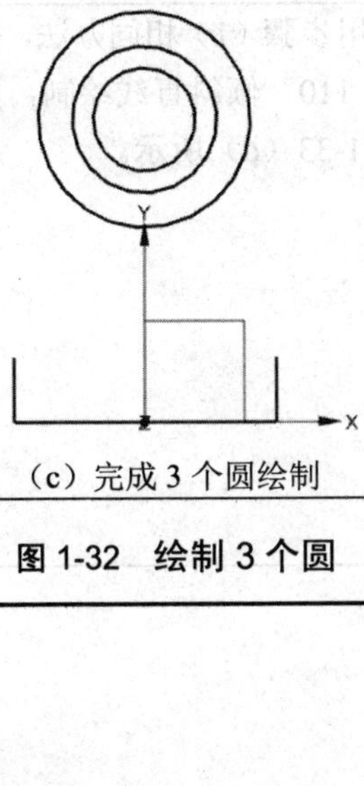 （c）完成3个圆绘制
	图1-32　绘制3个圆

4. 绘制倾斜直线

实施步骤 4：绘制倾斜直线		
步骤	说 明	图 解
（1）绘制 70° 倾斜直线。	单击“曲线”工具条中的“直线”命令，打开其对话框，如图 1-33（a）所示。起点直接在绘图区捕捉圆的圆心，终点选择“成一角度”，如图 1-33（b）所示。选择角度约束直线“X 轴”，输入大于半径 17 的参数为长度参数，并按 Enter 键，如图 1-33（c）所示，角度输入参数“70”，单击“应用”按钮，完成直线绘制。	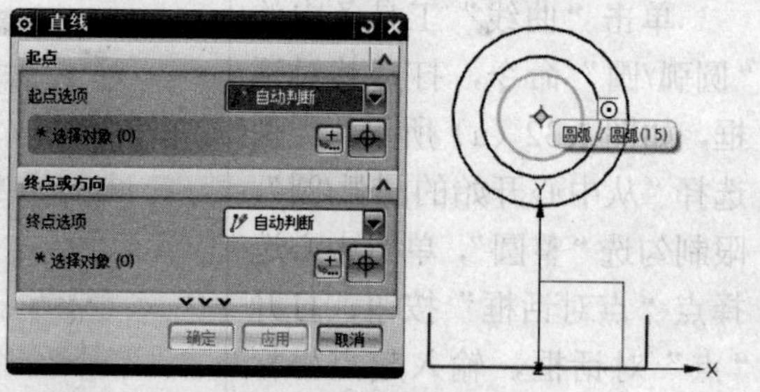直线 起点 起点选项 自动判断 * 选择对象 (0) 终点或方向 终点选项 自动判断 * 选择对象 (0) 确定 应用 取消 圆弧 / 圆弧(15) Y X （a）选择直线起点 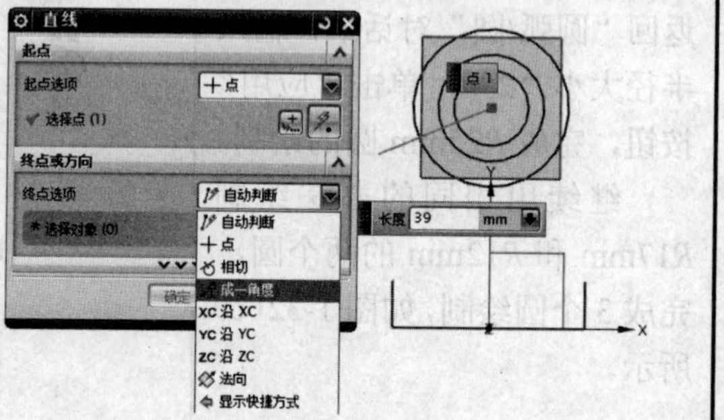直线 起点 起点选项 十点 选择点 (1) 终点或方向 终点选项 自动判断 * 选择对象 (0) 自动判断 十点 相切 成一角度 XC 沿 XC YC 沿 YC ZC 沿 ZC 法向 显示快捷方式 点 1 长度 39 mm Y （b）设置直线终点参数 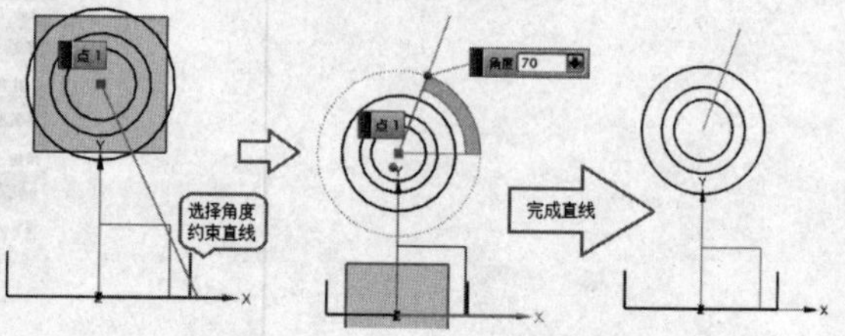点 1 选择角度约束直线 角度 70 完成直线 Y X （c）完成 70° 倾斜直线绘制
（2）绘制 110° 倾斜直线。	应用步骤（1）相同办法，完成 110° 倾斜直线绘制，如图 1-33（d）所示。	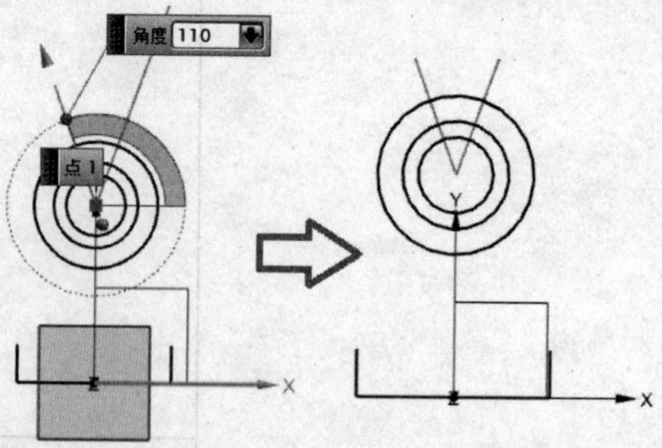角度 110 点 1 Y X （d）完成 110° 倾斜直线绘制

步骤	说　明	图　解
（3）修剪曲线。	单击“曲线”工具条中的“修剪曲线”命令，打开其对话框，如图 1-33（e）所示，输入曲线选择“隐藏”。如图 1-33（f）所示，70°直线修剪：要修剪的曲线“70°倾斜直线”（选中时，光标要靠近剪掉的一端）、边界对象 1 为“R17 的圆”、边界对象 2 为“R12 的圆”（有时只有一个边界，在选好一个边界后，单击鼠标滚轮“MB2”确认即可），单击“应用”按钮，完成两端修剪。用同样的方法修剪剩余的直线、圆弧，修剪结果如图 1-33（g）所示。	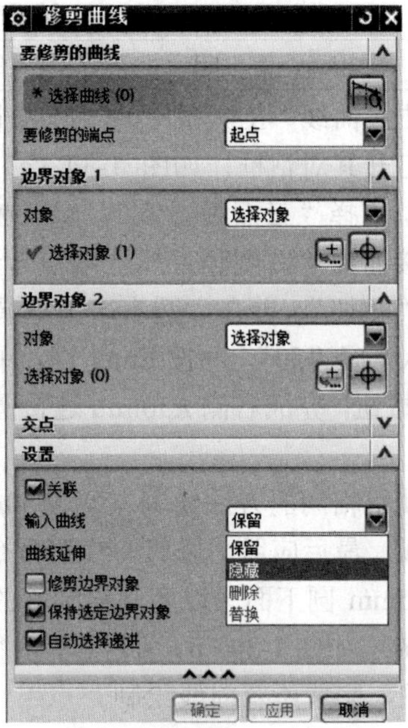修剪曲线 要修剪的曲线 * 选择曲线 (0) 要修剪的端点 起点 边界对象 1 对象 选择对象 选择对象 (1) 边界对象 2 对象 选择对象 选择对象 (0) 交点 设置 关联 输入曲线 保留 保留 隐藏 删除 替换 曲线延伸 修剪边界对象 保持选定边界对象 自动选择递进 确定 应用 取消 （e）“修剪曲线”对话框 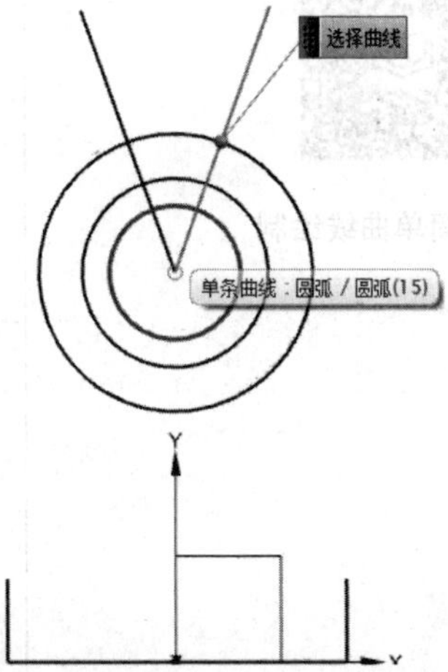选择曲线 单条曲线：圆弧 / 圆弧(15) Y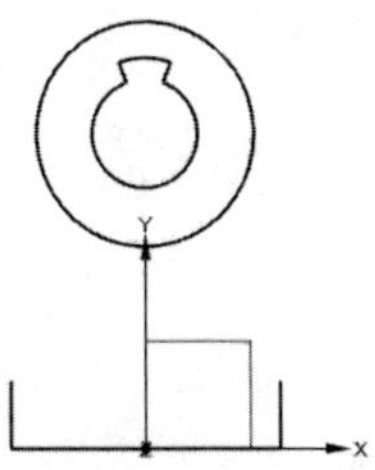Y X （f）修剪 70°倾斜曲线　（g）完成曲线修剪 图 1-33　绘制倾斜直线

5. 绘制连接圆弧

<table>
<tr><th colspan="2">实施步骤 5：绘制连接圆弧</th></tr>
<tr><th>说 明</th><th>图 解</th></tr>
<tr><td>单击“曲线”工具条中的“圆弧/圆”命令，打开其对话框，如图 1-34（a）所示，类型选择“三点画圆弧”，起点在绘图区直接捕捉“右侧竖直线上端点”，终点选择“相切”，并在大圆右下方选择一点，输入半径“50”，并按 Enter 键，单击“应用”按钮，完成右侧 R50mm 连接圆弧的绘制。

继续用相同的方法绘制左侧 R50mm 连接圆弧，最后应用“修剪曲线”命令，修剪 R25mm 圆下面（以两侧绘制好的圆弧为边界），如图 1-34（b）所示。单击“保存”按钮，完成所有曲线绘制。

123　简单曲线绘制</td><td>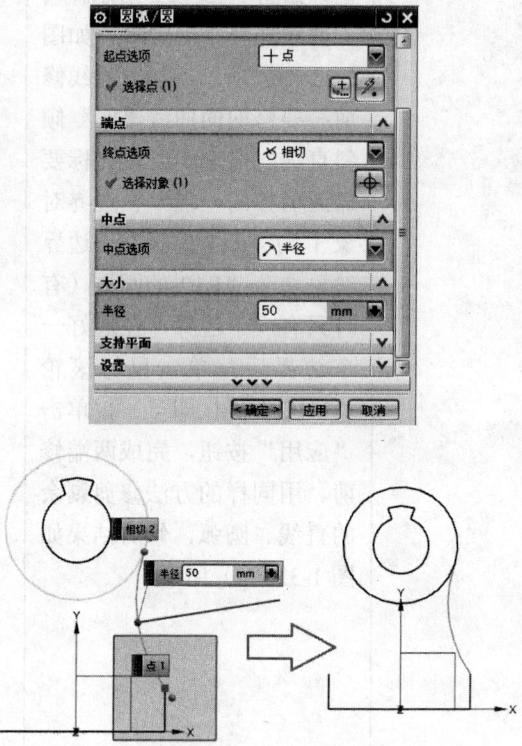
圆弧/圆
起点选项
选择点 (1)
端点
终点选项
相切
选择对象 (1)
中点
中点选项
半径
大小
半径
50
mm
支持平面
设置
确定
应用
取消
相切 2
半径 50 mm
点 1
Y
X
（a）绘制右侧圆弧
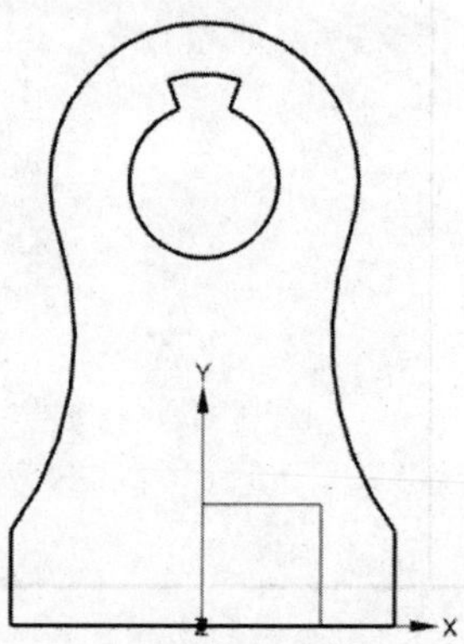
Y
X
（b）绘制左侧圆弧并修剪圆

图 1-34　绘制连接圆弧</td></tr>
</table>

1.2.4 任务延伸——创建吊钩曲线

任务描述：吊钩曲线造型，要求利用曲线功能完成尺寸如图 1-35 所示的吊钩曲线。

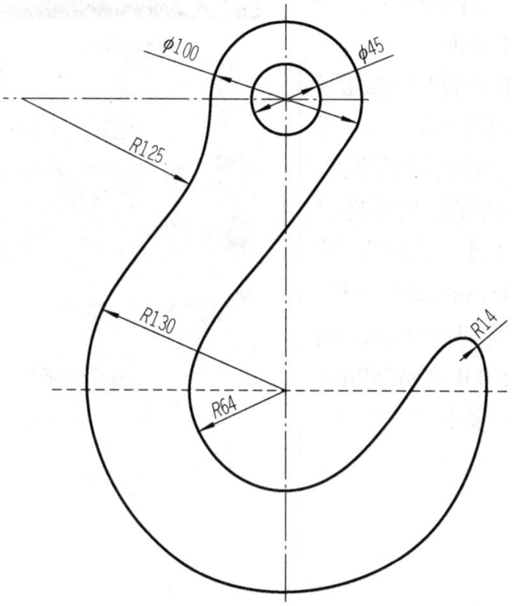

φ100
φ45
R125
R130
R14
R64

图 1-35　吊钩曲线

任务实施如下：

1. 新建文件

实施步骤 1：新建文件	
说　明	图　解
启动 UG NX 软件，输入文件名 diaogou.prt，选择合适的文件夹，如图 1-36 所示，单击“确定”按钮，进入建模环境。 注意：文件名及文件夹等保存路径不得含有中文字符。	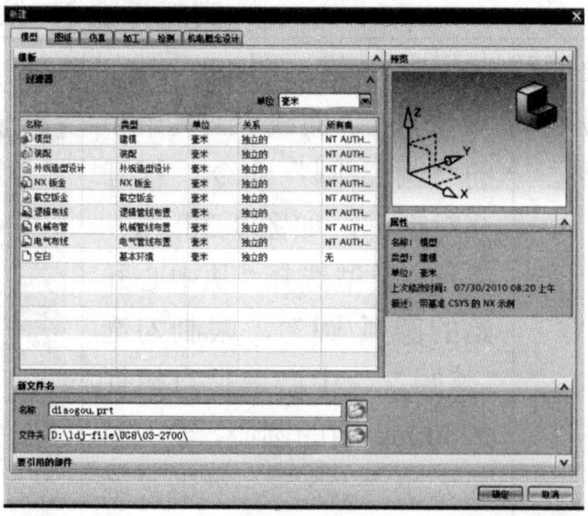 图 1-36　新建文件

2. 绘制ϕ45mm、ϕ100mm 同心圆及ϕ250mm 圆

实施步骤 2：绘制ϕ45mm、ϕ100mm 同心圆及ϕ250mm 圆	
说　明	**图　解**
在模型环境下，按 Ctrl+Alt+T 快捷键，将视图转入 *XY* 工作平面。 单击“曲线”工具条中的“圆弧/圆”命令，打开其对话框，如图 1-37（a）所示，类型选择“从中心开始的圆弧/圆”，限制勾选“整圆”，中心选择点捕捉选择“坐标原点”，输入半径大小“22.5”，单击“应用”按钮，完成ϕ45mm 圆的绘制。 继续用相同的办法绘制ϕ100mm 同心圆和圆心坐标为(−175,0,0)的ϕ250mm 圆，完成 3 个圆的绘制，如图 1-37（b）所示。	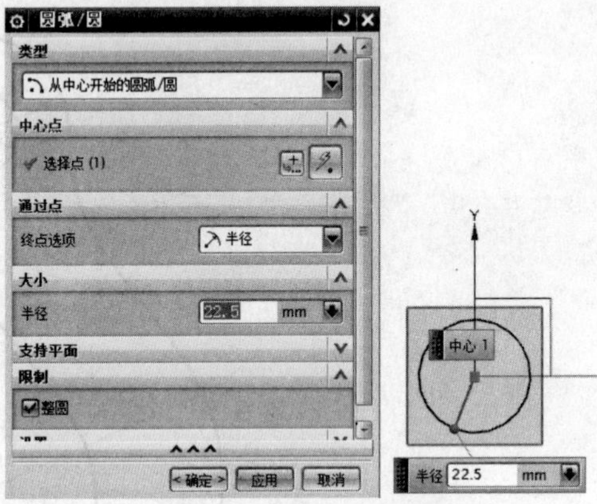圆弧/圆 类型 从中心开始的圆弧/圆 中心点 选择点 (1) 通过点 终点选项 半径 大小 半径 22.5 mm 支持平面 限制 整圆 确定 应用 取消 中心 1 Y X （a）绘制ϕ45mm 圆 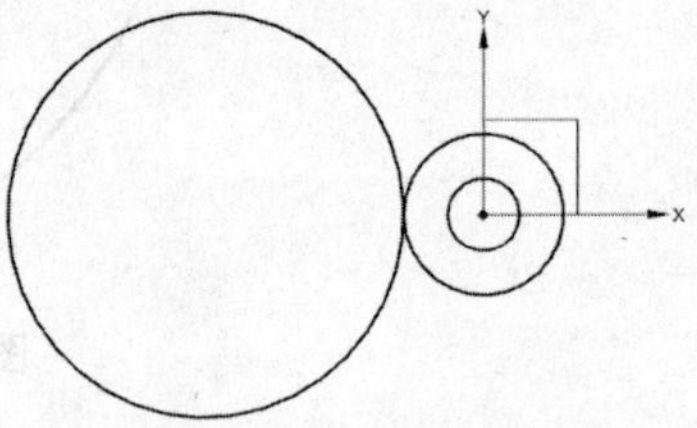Y X （b）完成 3 个圆的绘制 图 1-37　绘制ϕ45mm、ϕ100mm 同心圆及ϕ250mm 圆

3. 绘制辅助线

实施步骤 3：绘制辅助线		
步骤	**说　明**	**图　解**
（1）绘制辅助圆。	单击“曲线”工具条中的“圆弧/圆”命令，打开其对话框，如图 1-38（a）所示，类型选择“从中心开始的圆弧/圆”，限制勾选“整圆”，中心选择点捕捉ϕ250mm 圆的圆心，输入半径大小“255”，单击“确定”按钮，完成 *R*255mm 圆的绘制。	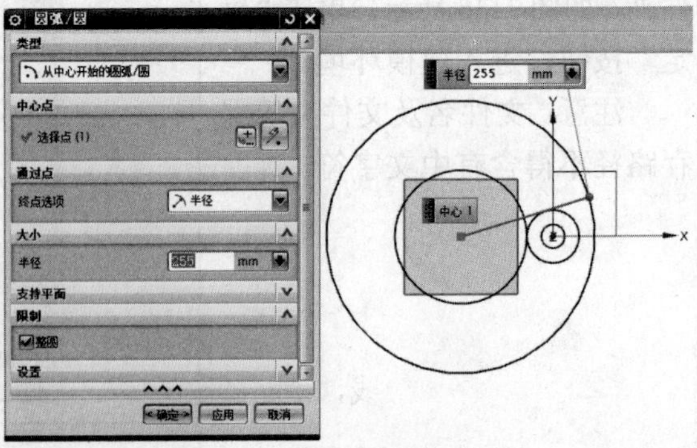圆弧/圆 类型 从中心开始的圆弧/圆 中心点 选择点 (1) 通过点 终点选项 半径 大小 半径 255 mm 支持平面 限制 整圆 设置 确定 应用 取消 中心 1 Y X （a）绘制辅助圆

步骤	说 明	图 解
(2)绘制辅助直线。	单击“曲线”工具条中的“直线”命令，打开“直线”对话框，如图1-38(b)所示，起点选择点捕捉“坐标原点”，终点选择“YC沿YC”，竖直向下绘制一段直线(超过*R*255mm圆即可)，单击“确定”按钮，完成辅助直线的绘制，如图1-38所示。	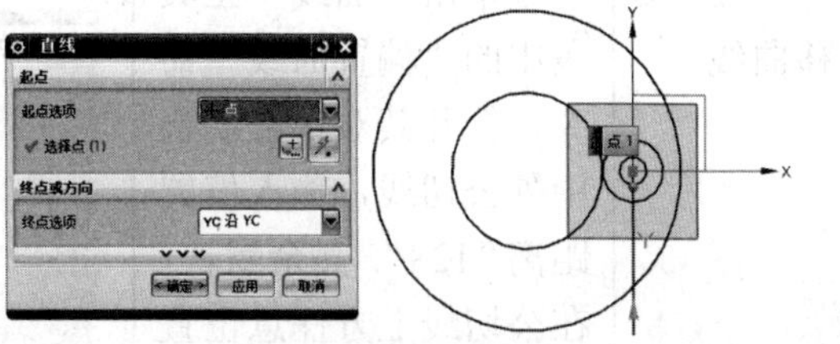直线 起点 起点选项 选择点(1) 终点或方向 终点选项 YC沿YC 确定 应用 取消 点1 (b)绘制辅助直线 **图1-38　绘制辅助线**

4. 绘制ϕ260mm、ϕ128mm同心圆

实施步骤4：绘制ϕ260mm、ϕ128mm同心圆	
说 明	图 解
应用步骤2的方法，在辅助圆与辅助直线交点处绘制ϕ260mm、ϕ128mm两个同心圆，如图1-39所示(完成同心圆绘制后可选择隐藏辅助圆与复制直线)。	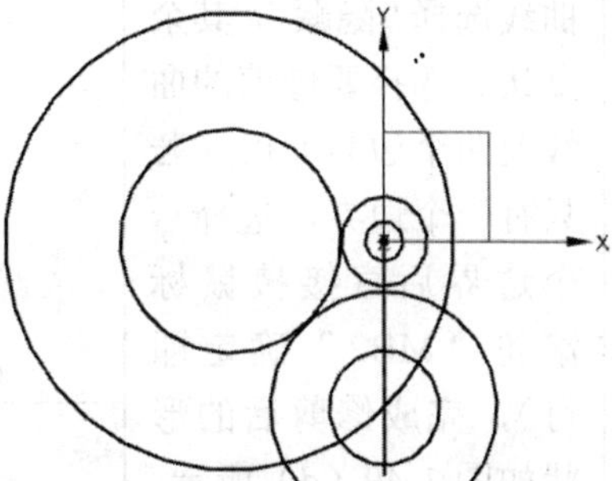 **图1-39　绘制ϕ260mm、ϕ128mm同心圆**

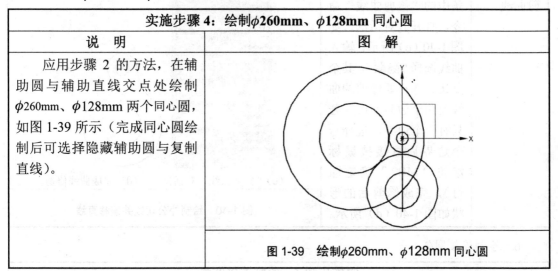

5. 绘制外公切线并偏移直线

实施步骤5：绘制外公切线并偏移直线		
步骤	说 明	图 解
(1)绘制外公切线。	单击“曲线”工具条中的“直线”命令，打开其对话框，起点与终点选择“相切”，绘制ϕ100mm与ϕ128mm的外公切线，如图1-40(a)所示。	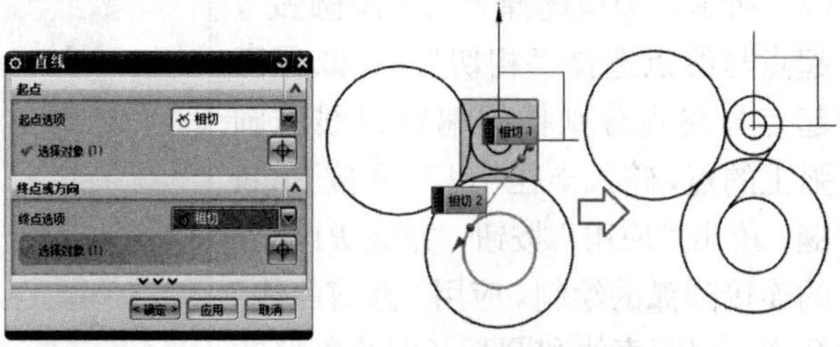直线 起点 起点选项 相切 选择对象(1) 终点或方向 终点选项 相切 选择对象(1) 确定 应用 取消 相切1 相切2 (a)绘制外公切线

步骤	说　明	图　解
（2）偏移曲线。	单击“曲线”工具条中的“偏置曲线”命令，打开其对话框，选中外公切线，输入偏置距离“128”，其余默认，在公切线上方任意位置单击一次，单击“确定”按钮，即可完成外公切线的偏置，如图 1-40（b）所示。	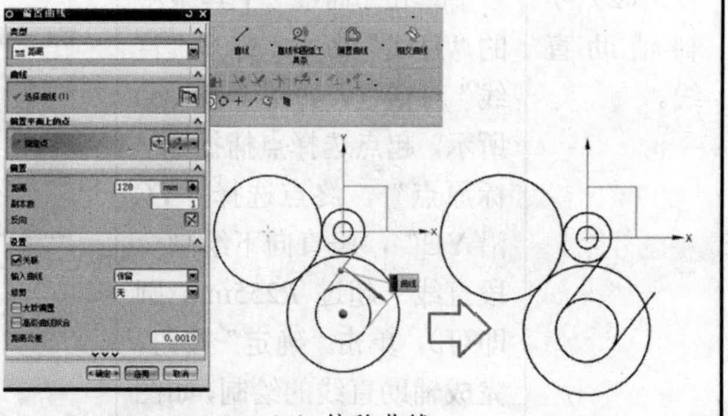 （b）偏移曲线
（3）修剪曲线。	单击“曲线”工具条中的“修剪曲线”命令，打开其对话框，如图 1-40（c）所示，输入曲线选择“隐藏”，其余默认。选择要修剪的曲线及两个边界即可（若只有一个边界，选择一个边界后直接按鼠标滚轮“MB2”确定即可），完成修剪后的形状如图 1-40（d）所示。	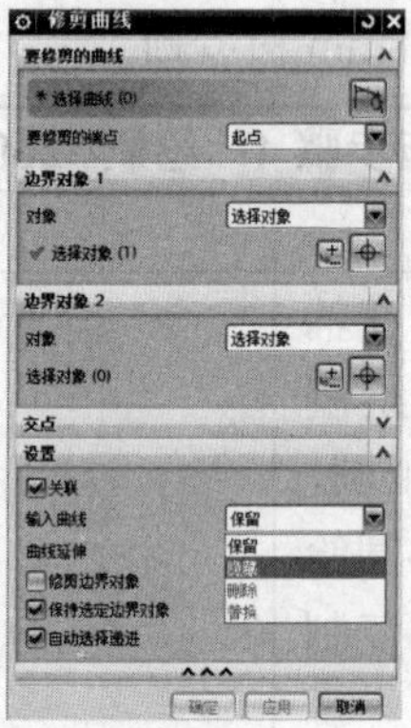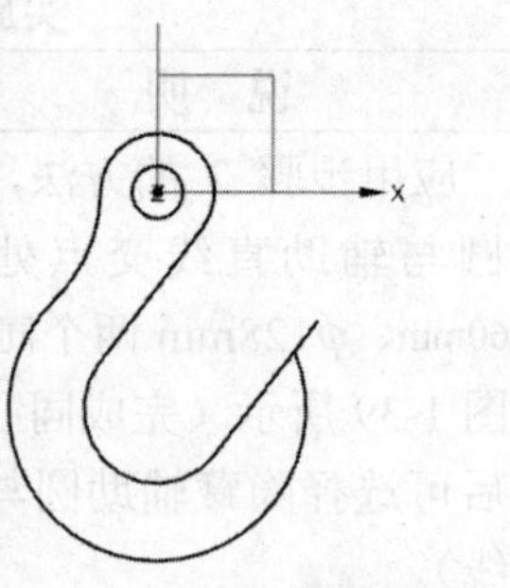 （c）“修剪曲线”对话框　　（d）完成曲线修剪 **图 1-40　绘制外公切线并偏移直线**

6. 绘制连接圆弧

实施步骤 6：绘制连接圆弧	
说　明	图　解
单击“曲线”工具条中的“圆弧/圆”命令，打开其对话框，如图 1-41（a）所示，类型选择“三点画圆弧”，起点与终点选择“相切”，在绘图区起点与终点分别捕捉偏置直线与圆弧上的点，输入半径“14”，并按 Enter 键，单击“应用”按钮，完成 R14mm 的连接圆弧的绘制。应用“修剪曲线”命令，修剪直线和圆弧（以绘制好的 R14mm 圆弧为边界）完成修剪，如	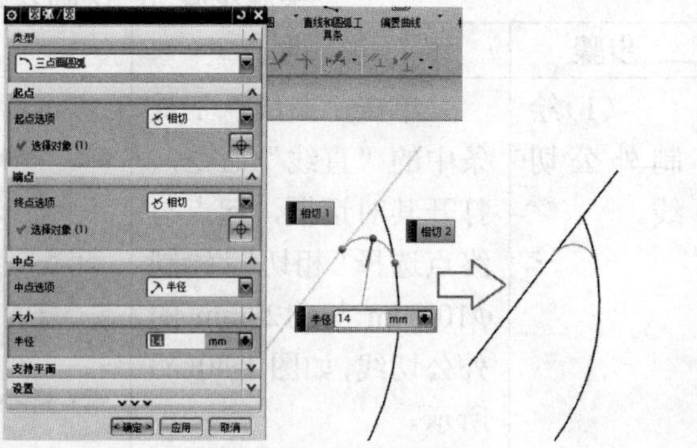相切 1 相切 2 半径 14 mm （a）绘制 R14mm 连接圆弧

<table>
<tr><th>说　明</th><th>图　解</th></tr>
<tr><td>图 1-41（b）所示。单击“保存”按钮，完成所有曲线绘制。

124　吊钩曲线</td><td>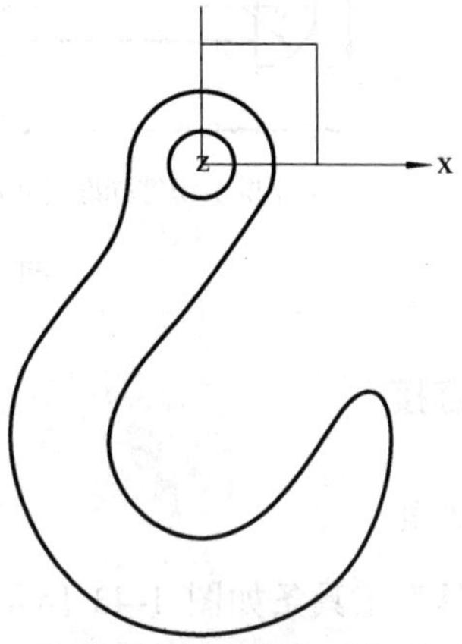
Z
X
（b）完成修剪后的效果

图 1-41　绘制连接圆弧</td></tr>
</table>

任务 1.3　实 体 建 模

知识目标	能力目标
（1）掌握建模的视图布局、工作图层、对象操作、坐标系设置、参数设置等功能，以及零件常见命令的查找方法； （2）熟练掌握简单实体的建模方法，掌握包括长方体、圆柱体、圆锥体和球体等建模工具的功能； （3）了解并掌握创建辅助基准面与基准坐标系、对模型进行细节特征操作及编辑模型特征等的方法； （4）掌握复杂模型的创建方法、应用特征，以及特征操作工具对复杂实体模型进行特征操作及特征编辑的方法。	（1）能够进行建模的视图布局、工作图层、对象操作、坐标系设置、参数设置等操作，并能正确查找隐藏的命令； （2）能够运用实体的建模方法，创建包括长方体、圆柱体、圆锥体和球体等基本实体模型； （3）能够创建辅助基准面、基准坐标系，对模型进行细节特征操作及编辑模型特征等； （4）能够运用实体特征及特征操作创建各种复杂实体模型。

1.3.1　任务导入——半圆头铆钉建模

任务描述：半圆头铆钉为标准件，代号为铆钉 GB 863.1—1986-20×50，如图 1-42（a）所示，其公称尺寸：d=20mm，d_k(max)=36.4mm，k(max)=14.8mm，R≈18mm，r=0.8mm，铆钉长度为 32～150mm，本例 1=50mm，具体尺寸如图 1-42（b）所示，创建半圆头铆钉实体模型。

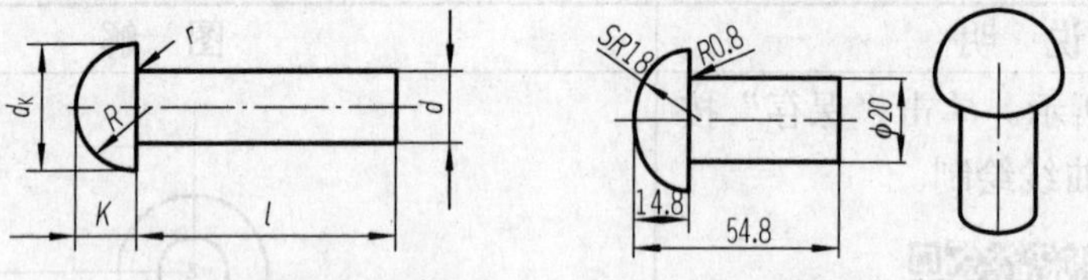

r
d_k
R
K
l
d
SR18
R0.8
φ20
14.8
54.8

（a）半圆头铆钉标准尺寸对照　　（b）半圆头铆钉尺寸

图 1-42　半圆头铆钉

1.3.2　知识链接

1. 实用工具

“实用工具”工具条如图 1-43 所示，包含了图层显示窗口、图层下拉菜单、WCS 下拉菜单、显示/隐藏下拉菜单、简单测量下拉菜单、编辑对象显示和显示栅格等实用工具命令，工具条中的命令含义见表 1-4。

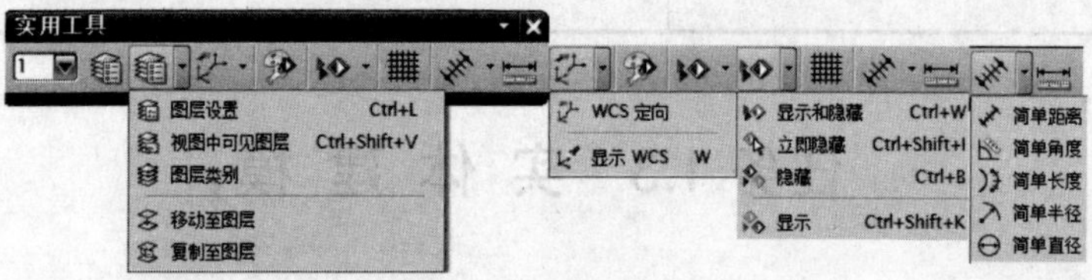

实用工具
图层设置 Ctrl+L
视图中可见图层 Ctrl+Shift+V
图层类别
移动至图层
复制至图层
WCS 定向
显示 WCS W
显示和隐藏 Ctrl+W
立即隐藏 Ctrl+Shift+I
隐藏 Ctrl+B
显示 Ctrl+Shift+K
简单距离
简单角度
简单长度
简单半径
简单直径

图 1-43　“实用工具”工具条及下拉菜单

表 1-4　实用工具条按钮功能含义

按钮	命令	功能	按钮	命令	功能
	图层设置	设置工作图层可见和不可见，并定义图层类别名称		隐藏	使选定的对象在显示中不可见
	视图中可见图层	设置视图的可见和不可见		显示	使选定的对象在显示中可见
	图层类别	创建命名的图层组	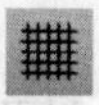	显示栅格	在工作平面 *XC-YC* 中显示栅格图样
	移动图层	将对象从一个图层移动到另一图层		简单距离	计算两个对象的间距

续表

按钮	命令	功能	按钮	命令	功能
	复制图层	将对象从一个图层复制到另一图层		简单角度	计算两个对象的夹角
	WCS 定向	重定向 WCS 到新的坐标系		简单长度	测量一条或多条曲线长度
	显示 WCS	显示 WCS（工作坐标系），它定义 *XC-YC* 平面，大部分几何体在此平面上创建		简单半径	测量圆弧、圆形边或圆柱面的半径
	显示和隐藏	根据类型显示和隐藏对象		简单直径	测量圆弧、圆形边或圆柱面的直径
	立即隐藏	一旦选定对象后就立即隐藏它们		测量距离	测量两个对象之间的距离、曲线长度，或者圆弧、圆周边或圆柱面的半径

1）图层

图层是用于在空间使用不同的层次来放置几何体的一种设置。在整个建模过程中最多可以设置 256 个图层。用多个图层来表示设计模型，每个图层上存放模型中的部分对象，所有图层对其叠加起来就构成了模型的所有对象。用户可以根据自己的需要通过设置图层来显示或隐藏对象等。在组件的所有图层中，只有一个图层是当前工作图层，所有工作只能在工作图层上进行。可以设置其他图层的可见性、可选择性等来辅助建模工作。如果要在某图层中创建对象，则应在创建前使其成为当前工作层。

2）坐标系

坐标系是用来确定对象的方位的。建模时，一般使用两种坐标系：绝对坐标系（ACS）和工作坐标系（WCS）。绝对坐标系的原点是永远不变的，在 UG 中是看不到的，绝对坐标是一个很抽象的概念，就是在空间中设定一个固定的点，然后 UG 中所有的参数都是以它来进行参考,在 UG 中你可以理解为 UG 软件空间中一个永远固定不动的点，这个点看不见，在实际建模中也一般也不需要去管它；工作坐标系是系统提供给用户的坐标系,其坐标原点和方位都可以重新设置改变，方便建模。

2. 视图工具

“视图”工具条如图 1-44 所示，包含了视图操作下拉菜单、定向视图下拉菜单、渲染样式下拉菜单、背景色下拉菜单、视图布局下拉菜单、剖视图下拉菜单等视图工具命令，工具条中命令含义见表 1-5。

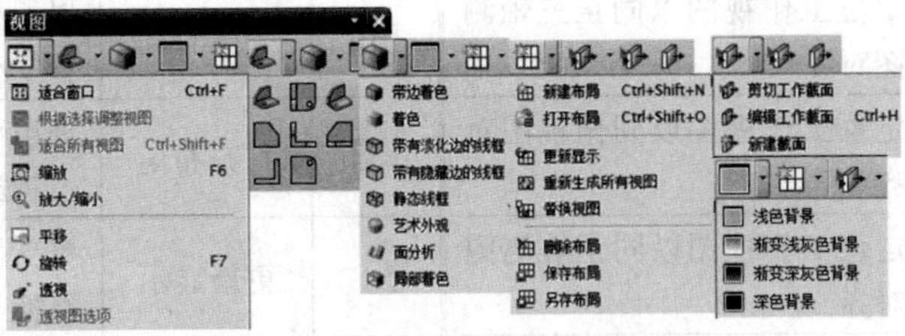
视图
适合窗口 Ctrl+F
根据选择调整视图
适合所有视图 Ctrl+Shift+F
缩放 F6
放大/缩小
平移
旋转 F7
透视
透视图选项
带边着色
着色
带有淡化边的线框
带有隐藏边的线框
静态线框
艺术外观
面分析
局部着色
新建布局 Ctrl+Shift+N
打开布局 Ctrl+Shift+O
更新显示
重新生成所有视图
替换视图
删除布局
保存布局
另存布局
剪切工作截面
编辑工作截面 Ctrl+H
新建截面
浅色背景
渐变浅灰色背景
渐变深灰色背景
深色背景

图 1-44 “视图”工具条及下拉菜单

表 1-5　视图工具条按钮功能含义

按钮	命令	功能	按钮	命令	功能
	适合窗口	调整视图的中心和比例以显示所有对象		带有隐藏边的线框	按边几何元素、不可见隐藏边渲染（工作视图的）面，并在旋转视图时动态更新面
	根据选择调整视图	使工作视图适合当前选定的对象		静态线框	按边几何元素渲染（工作视图的）面（旋转视图后，必须用“更新显示”来矫正隐藏边和轮廓线）
	适合所有视图	调整所有视图的中心和比例，以在每个视图的边界内显示所有对象		艺术外观	根据指派的基本材料、纹理和光源，实际渲染工作视图中的面
	缩放	按住鼠标左键“MB1”，画一个矩形，并松开鼠标左键“MB1”，放大视图中的某一个特定区域		面分析	用曲面分析数据渲染工作视图中的面分析面，用边几何元素渲染剩余的面
	放大/缩小	通过按住鼠标左键“MB1”并上下移动鼠标可以放大或缩小视图，也可以使用“MB1+MB2”，或者“Ctrl+MB2”执行此命令		局部着色	用光顺着色和打光渲染工作视图中的局部着色面，用边几何元素渲染剩余的面
	平移	通过按住鼠标左键“MB1”并拖动鼠标可以平移视图，也可以使用“MB2+MB3”或者“Shift+MB2”执行此命令		浅色背景	将着色视图背景设置为浅色
	旋转	通过按住鼠标左键“MB1”并拖动鼠标可以旋转视图，也可以使用“MB2”执行此命令		渐变浅灰色背景	将着色视图背景设置为渐变浅灰色
	透视	将工作视图从平行投影改为透视投影		渐变深灰色背景	将着色视图背景设置为渐变深灰色
	透视图选项	控制透视图中从摄像机到目标的距离		深色背景	将着色视图背景设置为深灰色
	正三轴测图	定位工作视图以同正三轴测图对齐		新建布局	以 6 种布局模式之一创建包含 9 个视图的布局
	俯视图	定位工作视图以同俯视图对齐		打开布局	调用 5 个默认布局中的任何一种或任何先前创建的布局
	正等侧图	定位工作视图以同正等侧图对齐		更新显示	更新显示以反映旋转或比例更换

续表

按钮	命令	功能	按钮	命令	功能
	左视图	定位工作视图以同左视图对齐		重新生成所有视图	重新布局生成布局中的每个视图，从而擦除临时显示的对象并更新已修改的几何体显示
	前视图	定位工作视图以同前视图对齐		替换视图	替换布局中的视图
	右视图	定位工作视图以同右视图对齐		删除布局	删除用户定义的任何不活动的布局
	后视图	定位工作视图以同后视图对齐		保存布局	保存当前布局设置
	仰视图	定位工作视图以同仰视图对齐		另存布局	用其他名称保存当前布局
	带边着色	用光顺着色和打光渲染工作视图中的面并显示面的边		剪切工作截面	启用视图剖切
	着色	用光顺着色和打光渲染工作视图中的面（不显示面的边）		编辑工作截面	编辑工作视图截面或者在没有截面的情况下创建新的截面。装配导航器列出所有现有截面
	带有淡化边的线框	按边几何元素渲染（工作视图的）面，使隐藏边淡化，并在旋转视图时动态更新面		新建截面	创建新的动态截面对象并工作视图中激活它

3. 特征工具

“特征”工具条如图 1-45 所示，包含了基准/点下拉菜单、设计特征下拉菜单、关联复制下拉菜单、组合下拉菜单、细节特征下拉菜单、修剪下拉菜单、孔及凸台等特征工具命令，工具条中的命令含义见表 1-6。

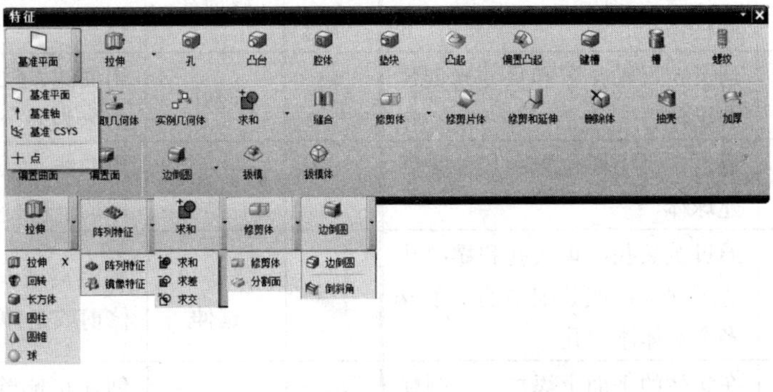
特征
基准平面
拉伸
孔
凸台
腔体
垫块
凸起
偏置凸起
键槽
槽
螺纹
基准平面
基准轴
基准 CSYS
点
实例几何体
求和
缝合
修剪体
修剪片体
修剪和延伸
删除体
抽壳
加厚
偏置曲面
偏置面
边倒圆
拔模
拔模体
拉伸
阵列特征
求和
修剪体
边倒圆
拉伸
回转
长方体
圆柱
圆锥
球
阵列特征
镜像特征
求和
求差
求交
修剪体
分割面
边倒圆
倒斜角

图 1-45 “特征”工具条及下拉菜单

实体模型从特征工具条中选择合适的命令完成创建，建模时，直接打开有关命令的对话框，设置合适的参数，并单击“应用”或“确定”按钮，即可完成建模。建模的基本模型有长方体、圆柱体、圆锥体、球体等，同时可以对建好的模型进行求和、求差与求交等布尔操作；另外可以在创建好的模型上创建凸台、垫块等（不需做布尔操作），可以通过已创建的曲线进行拉伸、回转、扫掠等方式创建复杂规律的实体，也可以利用已有的模型进行阵列、镜像等操作以创建多个实体特征等；可以在已有的模型上打孔、开槽、边倒圆、倒斜角、修剪等细节操作。在所有操作中，需进行对话框的类型选择、设置参数等操作。另外，UG NX 8.5 版本还配置了“建模”工具条，是一种综合性工具条，融合了基准、特征、草图曲线、特征编辑等命令工具。

表 1-6　特征工具条按钮功能含义

按钮	命令	功能	按钮	命令	功能
	基准平面	创建一个基准平面，用于构建其他特征		镜像	复制特征并根据平面进行镜像
	基准轴	创建一根基准轴，用于构建其他特征		抽取几何体	为同一部件中的体、面、曲线、点和基准创建关联副本，并为体创建关联镜像副本
	基准 CSYS	创建一个基准坐标系，用于构建其他特征		实例几何体	将几何特征复制到各种图形阵列中
	点	创建点		求和	将两个或多个实体的体积合并为单个体
	拉伸	沿矢量拉伸一个截面以创建特征		求差	从一个体减去另一个体的体积，留下一个空体
	回转	通过绕轴旋转截面来创建特征		求交	创建一个体，它包含两个不同体的共用体积
	长方体	通过定义拐角位置和尺寸来创建长方体		缝合	通过将公共边缝合起来组合片体，或通过缝合公共面来组合实体
	圆柱	通过定义轴位置和尺寸来创建圆柱体		修剪体	用面或基准面修剪掉一部分体
	圆锥	通过定义轴位置和尺寸来创建圆锥体		分割面	用曲线、面或基准平面将一个面分为多个面
	球	通过定义中心位置和尺寸来创建球体		修剪片体	用曲线、面或基准平面修剪片体的一部分
	孔	通过沉头孔、埋头孔和螺纹孔选项向部件或装配中的一个或多个实体添加孔		修剪和延伸	按距离或与另一组面的交点修剪或延伸一组面
	凸台	在实体的平面上添加一个圆柱形凸台		删除体	创建可删除一个或多个体的特征
	腔体	从实体移除材料，或用沿矢量对截面进行投影生成的面来修改片体		抽壳	通过应用壁厚并打开选定的面修改实体

续表

按钮	命令	功能	按钮	命令	功能
	垫块	向实体添加材料，或用沿矢量对截面进行投影生成的面来修改片体		加厚	通过为一组面增加厚度来创建实体
	凸起	用沿着矢量投影截面形成的面修改体，可以选择端盖位置和形状		偏置曲面	通过偏置一组曲面来创建实体
	偏置凸起	用面修改体，该面是通过基于点或曲线创建的具有一定大小的垫块或腔体而形成的		偏置面	使一组面偏离当前位置
	键槽	以直槽形状添加一条通道，使其通过实体，或在实体内部		边倒圆	对面之间的锐边进行倒圆，半径可以是常数或变量
	槽	将一个外部或内部的槽添加到实体的圆柱形或圆锥形面		倒斜角	对面之间的锐边进行倒斜角
	螺纹	将符号或详细螺纹添加到实体的圆柱面		拔模	通过更改相对于脱模方向的角度来修改面
	阵列	将特征复制到许多阵列或布局（线形、圆形、多边形等）中，并有对应阵列边界、实例方位、旋转和变化的各种选项		拔模体	在分型面的两侧添加并匹配拔模，用材料自动填充底切区域

4. 编辑特征工具

“编辑特征”工具条如图1-46所示，编辑特征主要是完成特征创建后，对特征不满意的地方进行的各种操作，包括参数编辑、编辑定位、特征移动、特征的重新排序、替换特征和抑制/取消抑制特征等。如图1-46所示为“编辑特征”工具条，工具条中的命令含义见表1-7。

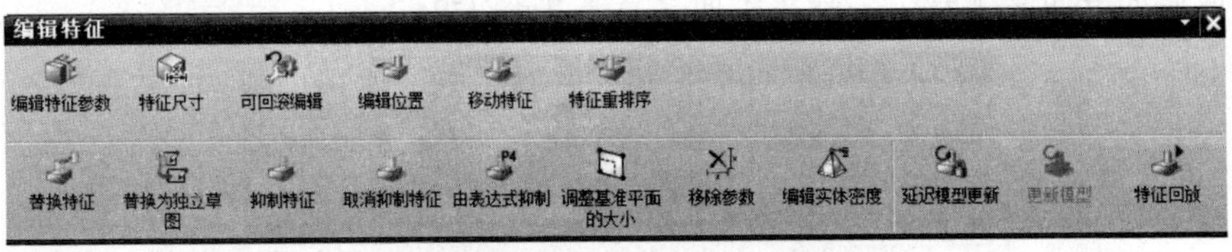
编辑特征
编辑特征参数
特征尺寸
可回滚编辑
编辑位置
移动特征
特征重排序
替换特征
替换为独立草图
抑制特征
取消抑制特征
由表达式抑制
调整基准平面的大小
移除参数
编辑实体密度
延迟模型更新
更新模型
特征回放

图1-46 “编辑特征”工具条

表1-7 编辑特征工具条按钮功能含义

按钮	命令	功能	按钮	命令	功能
	编辑特征参数	编辑当前处于模型状态的特征参数		取消抑制特征	恢复抑制的特征
	特征尺寸	编辑选定的特征尺寸		由表达式抑制	使用表达式来抑制特征

续表

按钮	命令	功能	按钮	命令	功能
	可回滚编辑	回滚到特征之前的模型状态，以编辑该特征		调整基准平面的大小	调整基准平面的大小
	编辑位置	通过编辑特征的定位尺寸来移动特征		移除参数	从实体或片体移除所有参数，形成一个非关联的体
	移动特征	将非关联的特征移至所需的位置		编辑实体密度	更改实体的密度和密度的单位
	特征重排序	更改特征应用到模型时的顺序		延迟模型更新	在选中“更新模型”之前，一直不更新模型
	替换特征	将一个特征替换为另一个并更新相关特征		更新模型	更新模型的显示，以反映“延迟模型更新”打开时所做的编辑
	替换为独立草图	将链接的曲线特征替换为独立草图		特征回放	按特征逐一审核模型是如何创建的
	抑制特征	从模型上临时移除一个特征			

5. 同步建模工具

同步建模技术能够快速地在用户思考创意的时候就将其捕捉下来，使设计速度提高。设计人员能够有效地进行尺寸驱动的直接建模，而不用像先前一样必须考虑相关性及约束等情况。在创建或编辑时，能自己定义选择的尺寸、参数和设计规则，可以在几秒内自动完成预先设定好的或未做设定的设计变更。对于不常使用的用户而言，这些设计工具非常易学易用，推动下游的应用进入制造和车间级别。

“同步建模”工具条如图 1-47 所示，主要包括修改面下拉菜单、细节特征下拉菜单、重用下拉菜单、相关下拉菜单、尺寸下拉菜单、壳体下拉菜单、优化下拉菜单、删除面、组合面及编辑横截面等命令工具。工具条中命令含义见表 1-8。

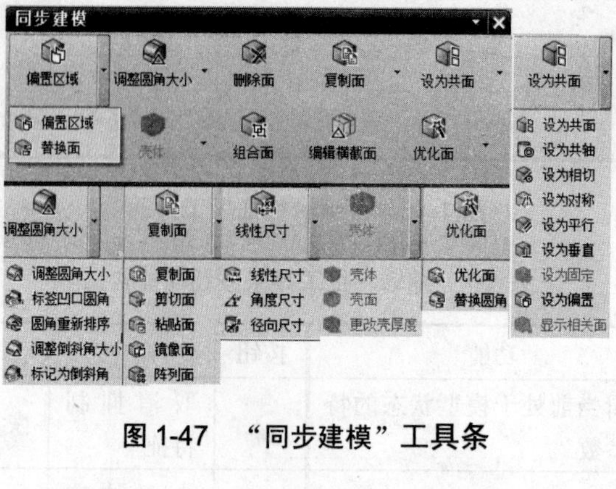

同步建模
偏置区域
调整圆角大小
删除面
复制面
设为共面
设为共面
偏置区域
替换面
壳体
组合面
编辑横截面
优化面
设为共面
设为共轴
设为相切
设为对称
设为平行
设为垂直
设为固定
设为偏置
显示相关面
调整圆角大小
复制面
线性尺寸
壳体
优化面
调整圆角大小
标签凹口圆角
圆角重新排序
调整倒斜角大小
标记为倒斜角
复制面
剪切面
粘贴面
镜像面
阵列面
线性尺寸
角度尺寸
径向尺寸
壳体
壳面
更改壳厚度
优化面
替换圆角

图 1-47 “同步建模”工具条

表 1-8　编辑特征工具条按钮功能含义

按钮	命令	功能	按钮	命令	功能
	偏置区域	使一组面偏离当前位置，调节相邻圆角面以适应		设为对称	修改一个面，以与另一个面对称
	替换面	将一组面替换为另一组面		设为平行	修改一个平的面，以与另一个面平行
	调整圆角大小	更改圆角面的半径，而不考虑它的特征历史记录		设为垂直	修改一个平的面，以与另一个面垂直
	标签凹口圆角	将面识别为凹口圆角，以在使用同步建模命令时将它重新倒圆		设为固定	固定某个面，以便在使用同步建模命令时不对它进行更改
	圆角重新排序	将凸角相反的两个交互圆角的顺序从“B 超过 A”改为“A 超过 B”		设为偏置	修改某个面，使之从另一个面偏置
	调整倒斜角大小	更改倒斜角面的大小，而不考虑它的特征历史记录		设为相关面	显示具有关系的面，并允许浏览以审核单个面上的关系
	标记为倒斜角	将面识别为倒斜角，以在使用同步建模命令时对它进行更新		线性尺寸	移动一组面，方法是添加尺寸并更改其值
	删除面	将实体删除一个/一组面，并调整要适应的其他面		角度尺寸	移动一组面，方法是添加尺寸并更改其值
	复制面	复制一组面		径向尺寸	移动一组面，方法是添加尺寸并更改其值
	剪切面	剪切一组面，并从模型中删除它们		壳体	通过应用壁厚并打开选定面来修改实体，修改模型时保持壁厚
	粘贴面	通过增加或减少片体的面来修改实体		壳面	将面添加到具有现有壳体的模型的壳体中
	镜像面	复制一组面并跨平面镜像		更换壳厚度	更改现有的壳体壁厚
	阵列面	在矩形或圆形阵列中复制一组面，或者将其镜像并添加到体中		组合面	将多个面收集为一组
	设为共面	修改一个平的面，以与另一个面共面		编辑横截面	与一个面集和一个面相交，然后通过修改截面曲线来修改模型
	设为共轴	修改圆柱或圆锥，以与另一个圆柱或圆锥共轴		优化面	通过简化曲面类型、合并、提高边精度及识别圆角来优化面
	设为相切	修改一个面，以与另一个面相切		替换圆角	将类似与圆角的面替换成滚球倒圆

6. GC 工具箱

UG GC 工具箱是 Siemens PLM Software 为了更好地满足中国用户对于国家标准（GB）的要求，缩短 NX 导入周期，专为中国用户开发使用的工具箱，主要提供了：①GB 标准定制（GB Standard Support），主要包括常用中文字体、定制的三维模型模板和工程图模板、定制的用户默认设置、GB 制图标准、GB 标准件库、GB 螺纹；②GC 工具箱（GC Toolkits），主要包括模型设计质量检查工具、属性填写工具、标准化工具、视图工具、制图（注释、尺寸）工具、齿轮建模工具、弹簧建模、加工准备工具。如图 1-48 所示，图为（a）齿轮建模工具条，图（b）为弹簧工具条，使用工具条中的命令可以十分便捷地进行圆柱齿轮、圆锥齿轮、圆柱压缩弹簧、圆柱拉伸弹簧等实体建模。

齿轮建模 - GC 工具箱
圆柱齿轮建模
锥齿轮建模
显示齿轮
弹簧工具 - GC 工具箱
圆柱压缩弹簧
圆柱拉伸弹簧
碟形弹簧
删除弹簧

（a）齿轮建模工具条　　（b）弹簧工具条

图 1-48　GC 工具箱

7. 表达式

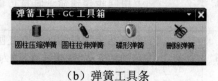

表达式是对模型的特征进行定义的运算和条件公式语句。利用表达式定义公式的字符串，通过编辑公式，可以编辑参数模型。表达式用于控制部件的特性，定义模型的尺寸。单击“工具”菜单下的“表达式”命令，或者按 Ctrl+E 快捷键，打开如图 1-49 所示的“表达式”对话框，通过输入表达式的名称、选择长度和单位类型、在表达式的“公式”文本框中输入数值或字符串，单击“接受编辑”按钮，创建或编辑公式。最后，单击“确定”按钮即可完成表达式定义。

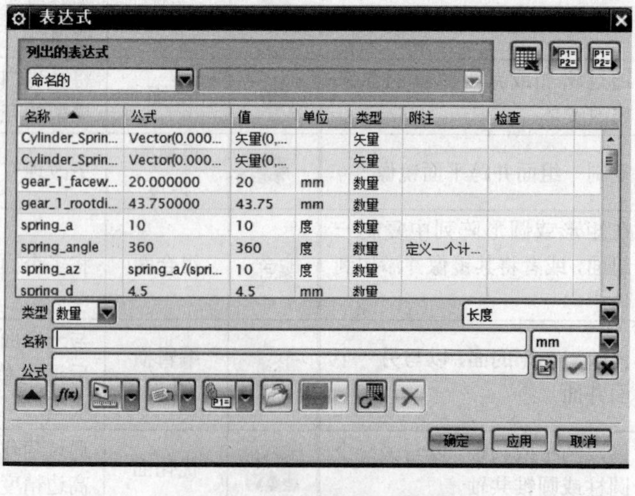
表达式
列出的表达式
命名的
名称
公式
值
单位
类型
附注
检查
Cylinder_Sprin... Vector(0.000... 矢量(0,... 矢量
Cylinder_Sprin... Vector(0.000... 矢量(0,... 矢量
gear_1_facew... 20.000000 20 mm 数量
gear_1_rootdi... 43.750000 43.75 mm 数量
spring_a 10 10 度 数量
spring_angle 360 360 度 数量 定义一个计...
spring_az spring_a/(spri... 10 度 数量
spring_d 4.5 4.5 mm 数量
类型 数量
长度
名称
mm
公式
确定
应用
取消

图 1-49　“表达式”对话框

1.3.3 任务实施

1. 新建文件

实施步骤1：新建文件	
说　明	图　解
启动UG NX软件，输入文件名maoding.prt，选择合适的文件夹，如图1-50所示，单击“确定”按钮，进入建模环境。	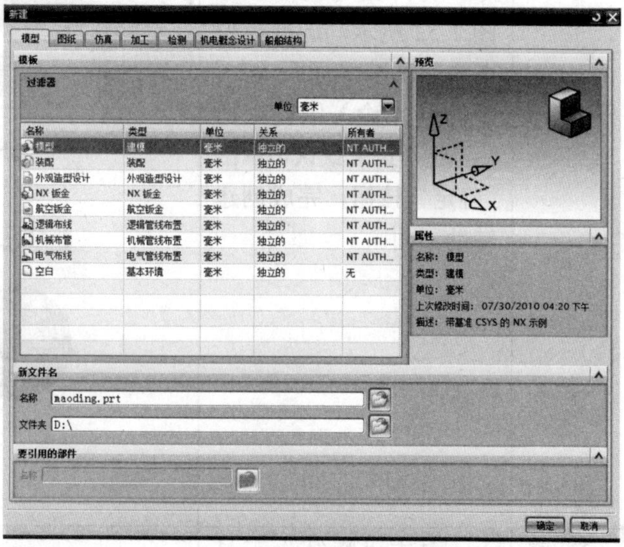 图1-50　新建文件

2. 创建球体

实施步骤2：创建球体	
说　明	图　解
单击“特征”工具条中的“球”命令，打开“球”对话框，默认类型为“中心点和直径”，并输入直径“36”，如图1-51所示，单击中心指定点“点对话框”命令，打开“点”对话框，输入*ZC*坐标“18”，单击“确定”按钮，返回“球”对话框，再次单击“确定”按钮，完成球体创建。	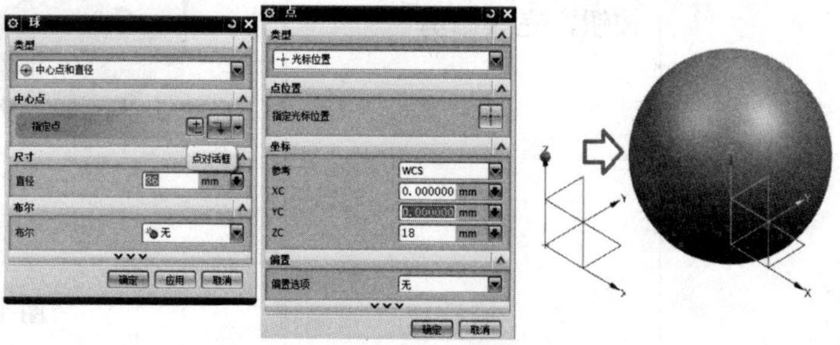 图1-51　创建球体

3. 修剪球体

实施步骤 3：修剪球体		
步骤	说　明	图　解
（1）创建辅助平面。	单击“特征”工具条中的“基准平面”命令，打开其对话框，如图 1-52 所示，选择模型图中的基准坐标系 XOY 平面，并输入偏置距离“14.8”，其余默认，单击“确定”按钮，完成创建辅助平面。	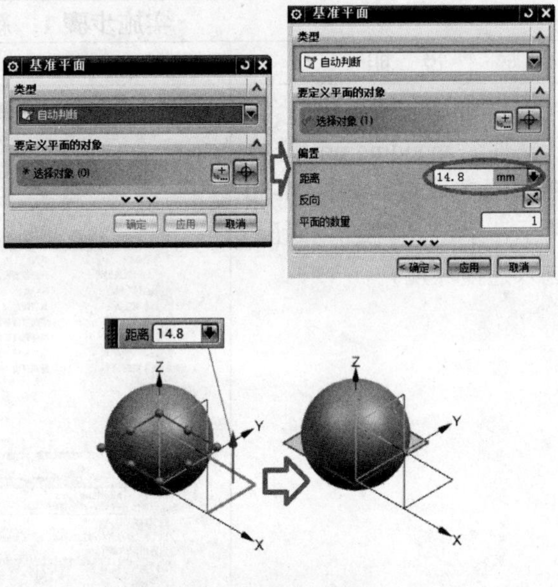基准平面 类型 自动判断 要定义平面的对象 选择对象 (0) 确定 应用 取消 选择对象 (1) 偏置 距离 14.8 mm 反向 平面的数量 1 Z Y X （a）创建辅助平面
（2）修剪球体。	单击“特征”工具条中的“修剪体”命令，打开其对话框，如图 1-52 所示，选择目标为“球体”模型，默认“面或平面”工具选项，指定工具为“辅助平面”（如方向不对单击“反向”按钮），单击“确定”按钮，完成修剪。	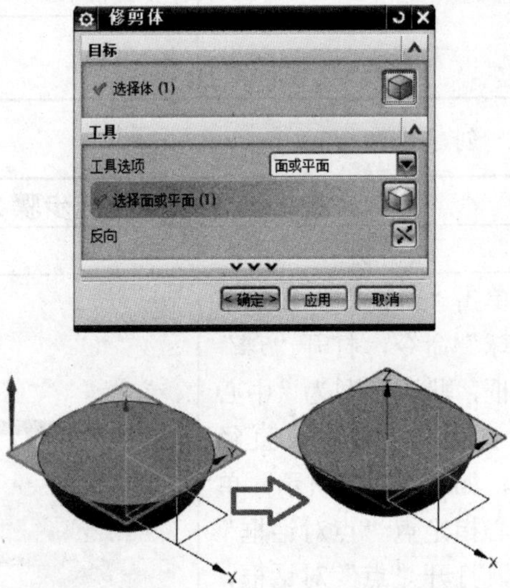修剪体 目标 选择体 (1) 工具 工具选项 面或平面 选择面或平面 (1) 反向 确定 应用 取消 Z X （b）修剪球体 图 1-52　修剪球体

4. 创建凸台

实施步骤 4：创建凸台	
说　明	图　解
选中辅助平面，按 Ctrl+B 快捷键，即可隐藏辅助平面。 单击“特征”工具条中的“凸台”命令，打开其对话框，如图 1-53 所示，设置参数直径“20”、高度“40”、锥角“0”，选择球体的截平面，单击“应用”按钮，打开“定位”对话框，选中定位方式为“点落在点上”，弹出其对话框，在模型图中选中剩余球体的截平面边线圆，会弹出“设置圆弧的位置”对话框，单击“圆弧中心”按钮，即可完成凸台创建。	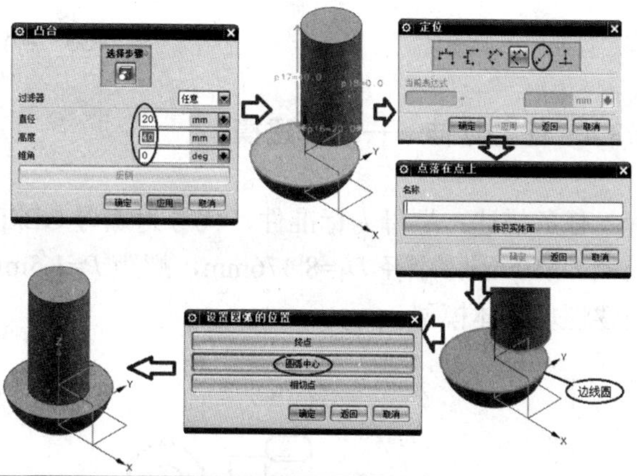 图 1-53　创建凸台

5. 边倒圆

实施步骤 5：边倒圆	
说　明	图　解
单击“特征”工具条中“边倒圆”命令，打开其对话框，如图 1-54 所示，输入半径 1 为“0.8”，选中模型图中铆钉的凸台与球的交线“圆”即可，单击“确定”按钮，完成倒圆。	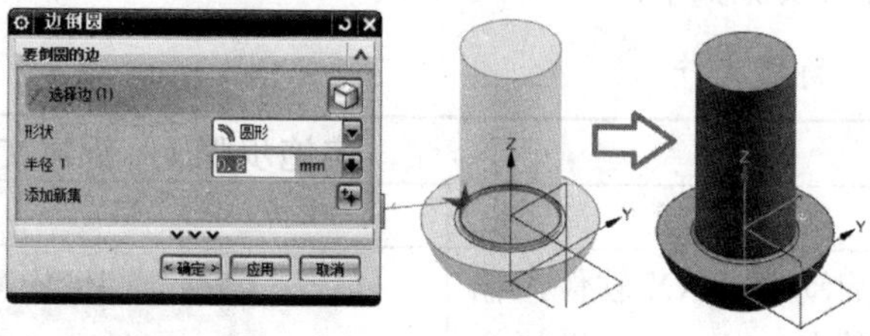 图 1-54　创建凸台

6. 保存文件

实施步骤 6：保存文件	
说　明	图　解
选中基准坐标系并按 Ctrl+B 快捷键，即可隐藏基准坐标系，显示如图 1-55 所示的效果，单击“保存”命令，完成铆钉创建。	 图 1-55　铆钉效果图

133　铆钉

1.3.4　任务延伸——螺母建模

任务描述：螺母为标准件，代号为螺母 GB/T 6170 M10，如图 1-56 所示，其公称尺寸：大径 D=10mm，小径 D_1=8.376mm，螺距 P=1.5mm，s=16mm，m=8.4mm，如图 1-56 所示，创建螺母实体模型。

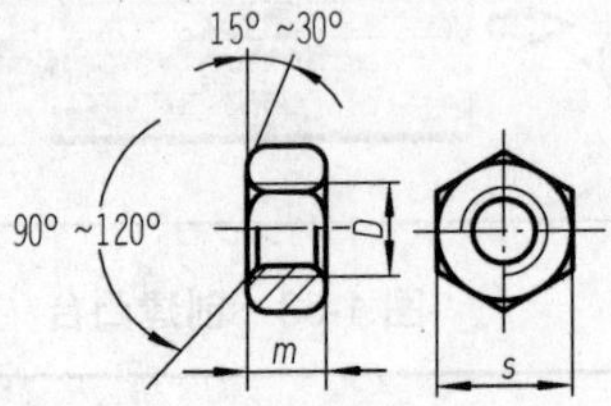
15° ~30°
90° ~120°
D
m
s

(a)螺母标准尺寸对照

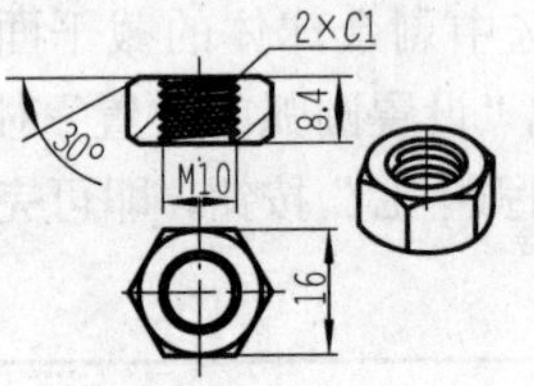
2×C1
8.4
30°
M10
16

(b)螺母尺寸

图 1-56　螺母

任务实施如下：

1. 新建文件

实施步骤 1：新建文件	
说　明	**图　解**
启动 UG NX 软件，输入文件名 luomu.prt，选择合适的文件夹，如图 1-57 所示，单击“确定”按钮，进入建模环境。	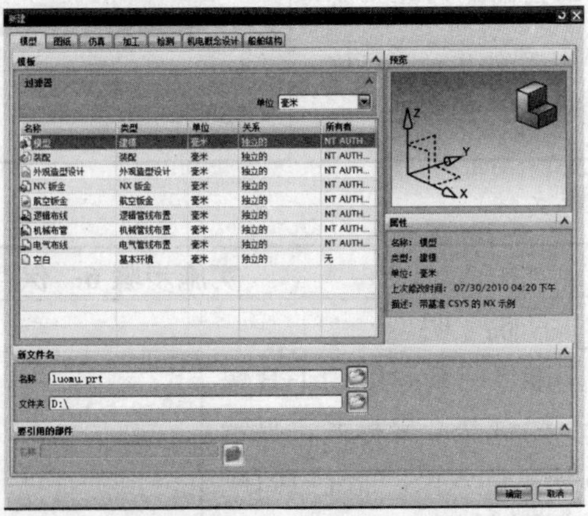
	图 1-57　新建文件

2. 创建正六边形

<table>
<tr><th colspan="2">实施步骤2：创建正六边形</th></tr>
<tr><th>说　明</th><th>图　解</th></tr>
<tr><td>单击“曲线”工具条中的“多边形”命令，打开“多边形”对话框，如图1-58所示，输入侧面数“6”，单击“确定”按钮，打开“多边形”选项对话框，选择“内切圆半径”，打开“多边形”参数对话框，输入内切圆半径“8”、方位角“0”，单击“确定”按钮，打开“点”对话框，默认坐标“(0,0,0)”，单击“确定”按钮，完成正六边形创建。</td><td>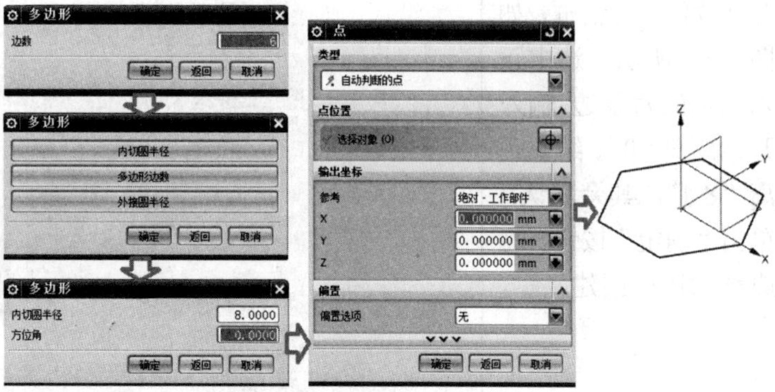
多边形
边数
确定
返回
取消
内切圆半径
多边形边数
外接圆半径
内切圆半径
8.0000
方位角
点
类型
自动判断的点
点位置
选择对象 (0)
输出坐标
参考
绝对 - 工作部件
X
0.000000
mm
Y
0.000000
Z
0.000000
偏置
偏置选项
无
图1-58　创建正六边形</td></tr>
</table>

3. 绘制底面辅助圆

<table>
<tr><th colspan="2">实施步骤3：绘制底面辅助圆</th></tr>
<tr><th>说　明</th><th>图　解</th></tr>
<tr><td>单击“曲线”工具条中的“圆弧/圆”命令，打开其对话框，如图1-59所示，类型选择“从中心开始的圆弧/圆”，限制勾选“整圆”，单击中心选择点“点对话框”按钮，打开“点”对话框，输入起点坐标（0,0,0），单击“确定”按钮，返回“圆弧/圆”对话框，输入半径大小“8”，单击“确定”按钮，完成ϕ16mm圆的绘制。</td><td>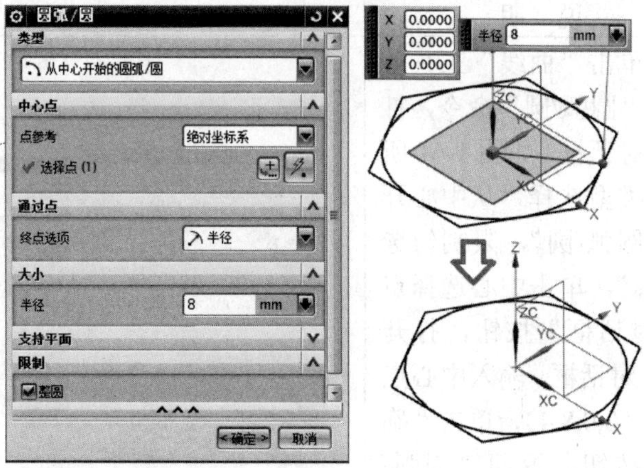
圆弧/圆
类型
从中心开始的圆弧/圆
中心点
点参考
绝对坐标系
选择点 (1)
通过点
终点选项
半径
大小
半径
8
mm
支持平面
限制
整圆
确定
取消
X
0.0000
Y
0.0000
Z
0.0000
半径
8
mm
图1-59　绘制底面辅助圆</td></tr>
</table>

4. 创建正六棱柱

实施步骤 4：创建正六棱柱	
说　明	图　解
按 X 快捷键，打开“拉伸”对话框，如图 1-60 所示，选中正六边形的六条边，输入开始距离“0”、结束距离“8.4”，其余默认，单击“确定”按钮，完成正六棱柱创建。	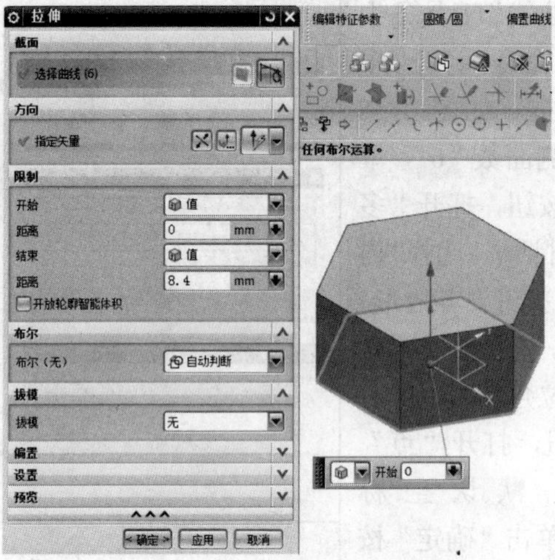拉伸 截面 选择曲线 (6) 方向 指定矢量 限制 开始 值 距离 0 mm 结束 值 距离 8.4 mm 开放轮廓智能体积 布尔 布尔（无） 自动判断 拔模 拔模 无 偏置 设置 预览 确定 应用 取消 编辑特征参数 圆弧/圆 偏置曲线 任何布尔运算。 开始 0 图 1-60　创建正六棱柱

5. 绘制顶面辅助圆

实施步骤 5：绘制顶面辅助圆	
说　明	图　解
单击“曲线”工具条中的“圆弧/圆”命令，打开其对话框，如图 1-61 所示，类型选择“从中心开始的圆弧/圆”，限制勾选“整圆”，单击中心选择点“点对话框”按钮，打开“点”对话框，输入中心点坐标（0,0,8.4），单击“确定”按钮，返回“圆弧/圆”对话框，输入半径大小“8”，单击“确定”按钮，完成顶面ϕ16mm 圆辅助圆的绘制。	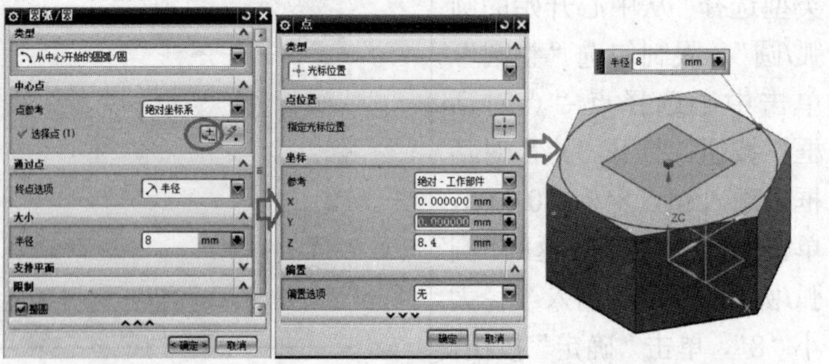圆弧/圆 类型 从中心开始的圆弧/圆 中心点 点参考 绝对坐标系 选择点 (1) 通过点 终点选项 半径 大小 半径 8 mm 支持平面 限制 整圆 确定 取消 点 类型 光标位置 点位置 指定光标位置 坐标 参考 绝对 - 工作部件 X 0.000000 mm Y 0.000000 mm Z 8.4 mm 偏置 偏置选项 无 确定 取消 半径 8 mm ZC 图 1-61　绘制顶面辅助圆

6. 创建螺母倒锥面

<table>
<tr><th colspan="2">实施步骤 6：创建螺母倒锥面</th></tr>
<tr><th>说　明</th><th>图　解</th></tr>
<tr><td>按 X 快捷键，打开“拉伸”对话框，如图 1-62 所示，选中顶面辅助圆，单击指定矢量的“反向”按钮（矢量方向向下时，不用单击“反向”按钮），输入开始距离“0”、结束距离“8.4”，选择布尔操作“求交”，拔模“从起始限制”，输入角度“-60”，其余默认，单击“确定”按钮，完成螺母上面倒锥，如图 1-62（b）所示。应用相同的方法完成底面倒锥，如图 1-62（c）所示。</td><td>
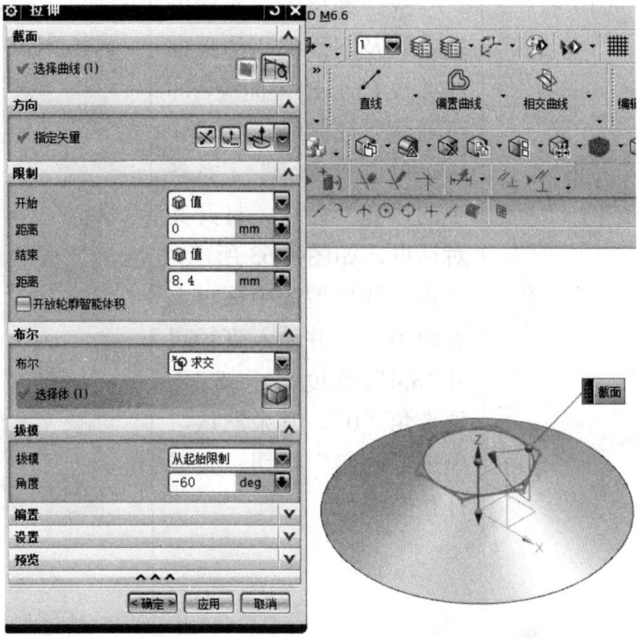

拉伸
截面
选择曲线 (1)
方向
指定矢量
限制
开始
值
距离
0
mm
结束
值
距离
8.4
mm
开放轮廓智能体积
布尔
布尔
求交
选择体 (1)
拔模
拔模
从起始限制
角度
-60
deg
偏置
设置
预览
< 确定 >
应用
取消
直线
偏置曲线
相交曲线
截面

（a）拔模
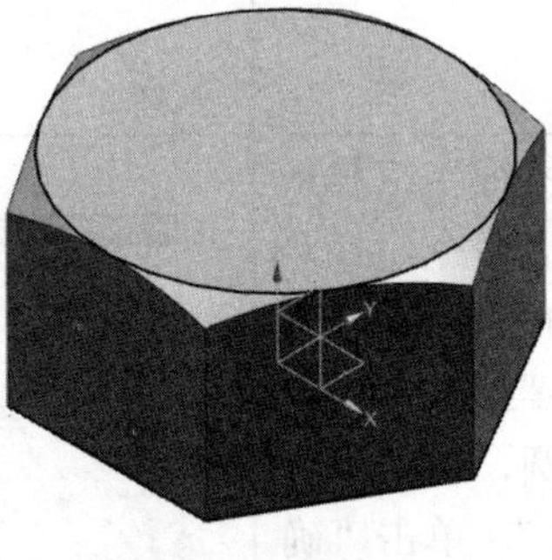
（b）完成倒锥
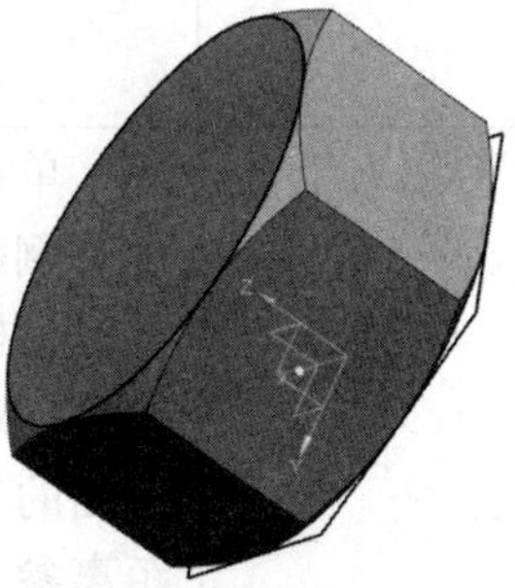
（c）完成底面倒锥
</td></tr>
<tr><td></td><td>图 1-62　创建螺母倒锥面</td></tr>
</table>

7. 打螺纹底孔

实施步骤 7：打螺纹底孔		
步骤	说 明	图 解
（1）打孔。	选中螺母上下平面的辅助圆及下面的六边形曲线并按 Ctrl+B 快捷键，即可隐藏所选曲线。 单击“特征”工具条中的“孔”命令，打开其对话框，如图 1-63 所示，位置选择模型图中螺母上表面中心，并输入直径尺寸“8.4”、深度尺寸“8.4”、顶锥角“0”，其余默认，单击“确定”按钮，完成打孔操作。	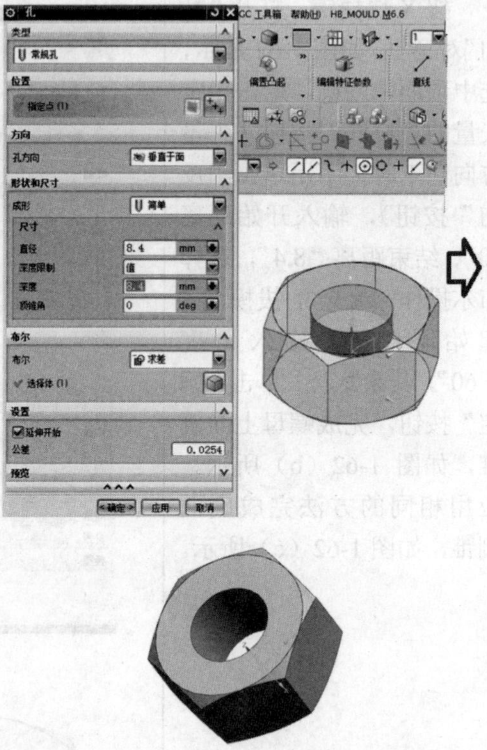孔 类型 常规孔 位置 指定点 (1) 方向 孔方向 垂直于面 形状和尺寸 成形 简单 尺寸 直径 8.4 mm 深度限制 值 深度 mm 顶锥角 0 deg 布尔 布尔 求差 选择体 (1) 设置 延伸开始 公差 0.0254 预览 确定 应用 取消 （a）打孔
（2）倒斜角。	单击“特征”工具条中“倒斜角”命令，打开其对话框，如图 1-63 所示，边分别选择螺纹底孔上下平面的边线圆，输入偏置距离参数“1”，单击“确定”按钮，完成倒斜角。	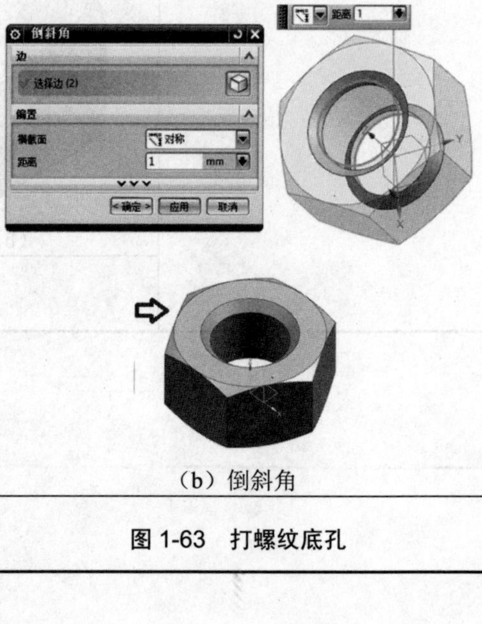倒斜角 边 选择边 (2) 偏置 横截面 对称 距离 1 mm 确定 应用 取消 （b）倒斜角
		图 1-63　打螺纹底孔

8. 创建螺纹

实施步骤8：创建螺纹	
说　明	图　解
单击“特征”工具条中的“螺纹”命令，打开其对话框，如图1-64（a）所示，选择螺纹类型“详细”，默认旋向“右旋”，选择创建螺纹的圆柱面为“模型内孔表面”，弹出“螺纹”起始面选择对话框，如图1-64（b）所示，选择“螺母模型的上环面”，又弹出“螺纹”轴向对话框，如图1-64（c）所示，若模型中的箭头向下（相反时，需单击“螺纹轴反向”按钮），默认向下方向，单击“确定”按钮，返回初始“螺纹”对话框，设置长度参数“8.4”、螺距“1.5”、角度“60”，完成螺纹参数设置，如图1-64（d）所示，单击“确定”按钮，完成螺纹创建。	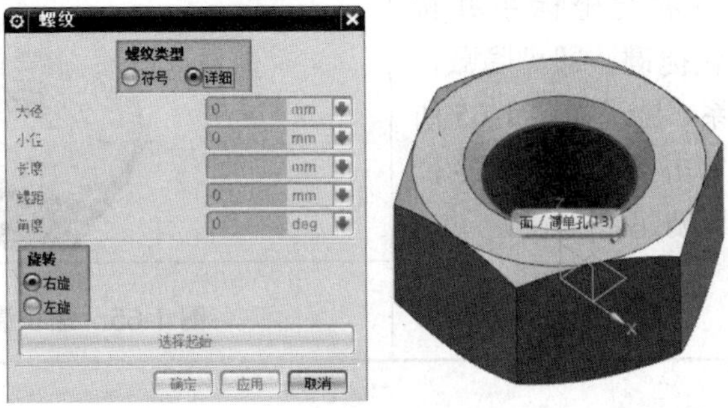 螺纹 螺纹类型 符号 详细 大径 小径 长度 螺距 角度 mm deg 旋转 右旋 左旋 选择起始 确定 应用 取消 （a）选择螺纹表面 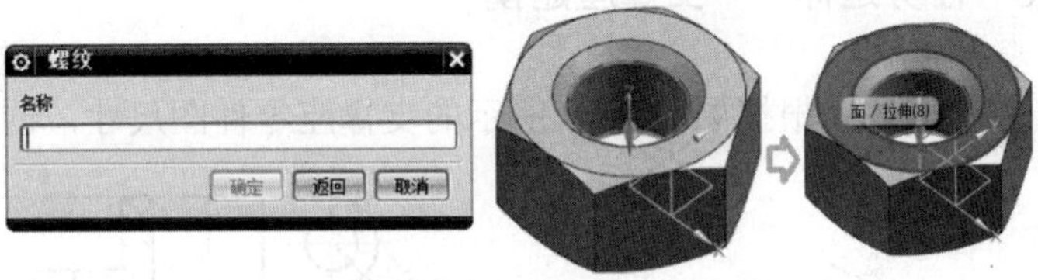 螺纹 名称 确定 返回 取消 面 / 拉伸(8) （b）选择螺纹起始面 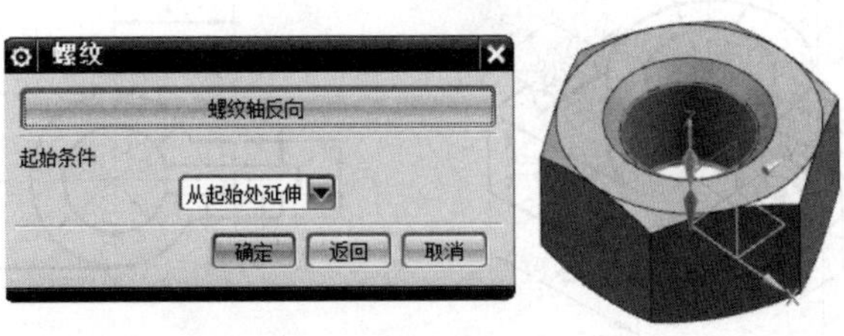 螺纹 螺纹轴反向 起始条件 从起始处延伸 确定 返回 取消 （c）确定螺纹方向 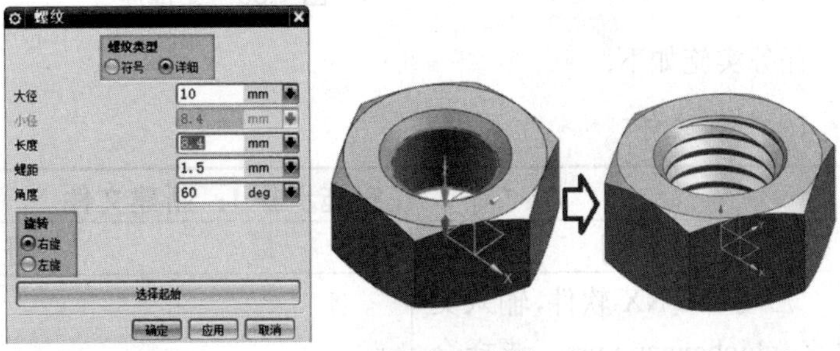 螺纹 螺纹类型 符号 详细 大径 10 小径 8.4 长度 螺距 1.5 角度 60 mm deg 旋转 右旋 左旋 选择起始 确定 应用 取消 （d）设置螺纹参数 图1-64　创建螺纹

9. 保存文件

实施步骤 9：保存文件	
说 明	图 解
选中基准坐标系并按 Ctrl+B 快捷键，即可隐藏辅助坐标系，显示如图 1-65 所效果，单击“保存”命令，完成螺纹创建。	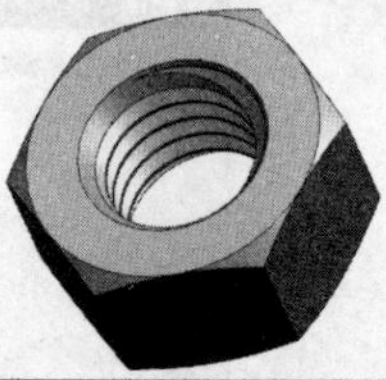 图 1-65 螺纹最终效果图　　134 螺母

1.3.5 任务延伸——支撑座建模

任务描述：根据如图 1-66 所示的支撑座零件图尺寸，创建其实体模型。

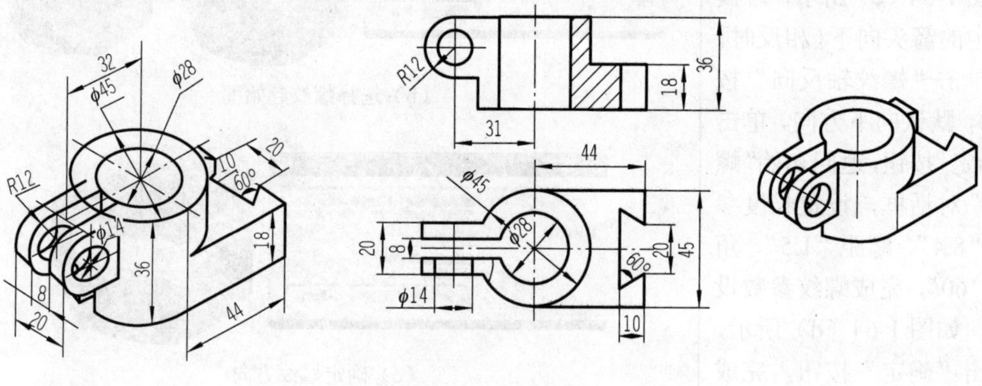
32
φ45
φ28
R12
10
20
60°
φ14
18
36
8
20
44
31
36
18
44
φ45
φ28
20
8
φ14
20
45
60°
10

图 1-66 支撑座

任务实施如下：

1. 新建文件

实施步骤 1：新建文件	
说 明	图 解
启动 UG NX 软件，输入文件名 zhichengzuo.prt，选择合适的文件夹，如图 1-67 所示，单击“确定”按钮，进入建模环境。	

说　明	图　解
	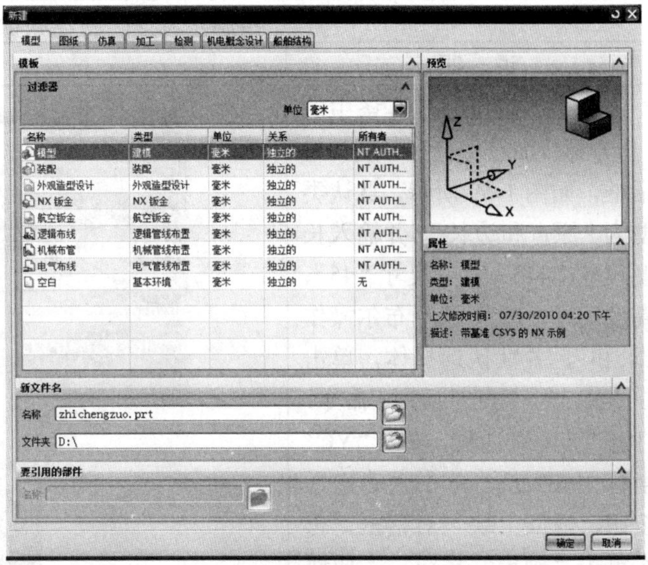新建 模型 图纸 仿真 加工 检测 机电概念设计 船舶结构 模板 过滤器 单位 毫米 名称 类型 单位 关系 所有者 模型 建模 毫米 独立的 NT AUTH... 装配 装配 毫米 独立的 NT AUTH... 外观造型设计 外观造型设计 毫米 独立的 NT AUTH... NX 钣金 NX 钣金 毫米 独立的 NT AUTH... 航空钣金 航空钣金 毫米 独立的 NT AUTH... 逻辑布线 逻辑管线布置 毫米 独立的 NT AUTH... 机械布管 机械管线布置 毫米 独立的 NT AUTH... 电气布线 电气管线布置 毫米 独立的 NT AUTH... 空白 基本环境 毫米 独立的 无 预览 属性 名称：模型 类型：建模 单位：毫米 上次修改时间：07/30/2010 04:20 下午 描述：带基准 CSYS 的 NX 示例 新文件名 名称 zhichengzuo.prt 文件夹 D:\ 要引用的部件 确定 取消 图 1-67　新建文件

2. 创建圆柱体

实施步骤 2：创建圆柱体	
说　明	图　解
单击“特征”工具条中的“圆柱”命令，打开其对话框，如图 1-68 所示，默认类型为“轴、直径和高度”，并输入直径“45”、高度“36”，设置指定矢量“ZC”轴、指定点选择坐标原点，其余默认，单击“确定”按钮，完成圆柱体创建。	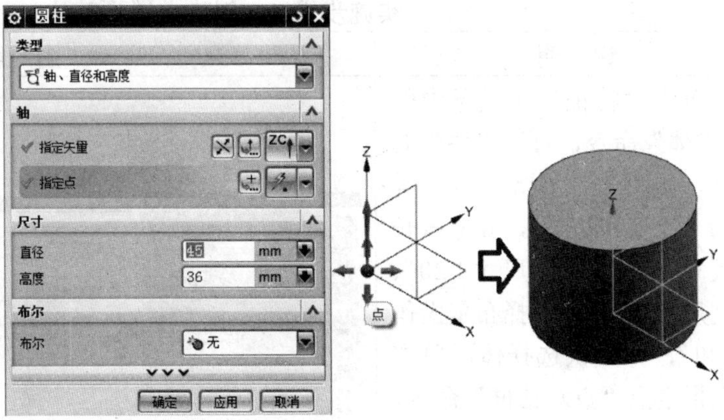圆柱 类型 轴、直径和高度 轴 指定矢量 指定点 尺寸 直径 45 mm 高度 36 mm 布尔 布尔 无 确定 应用 取消 点 图 1-68　创建圆柱体

3. 创建底板

实施步骤 3：创建底板	
说 明	图 解
单击“特征”工具条中的“长方体”命令，打开“块”对话框，如图 1-69 所示，默认类型为“原点和边长”，并输入长度尺寸“44”、宽度尺寸“45”、高度尺寸“18”，选择布尔操作“求和”，并默认选择体，单击原点指定点“点对话框”命令，打开“点”对话框，输入“YC”坐标“-22.5”，单击“确定”按钮，返回“块”对话框，再次单击“确定”按钮，完成底板创建。	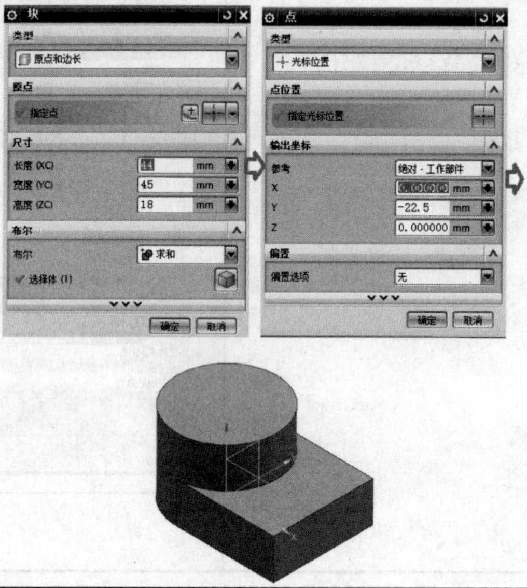块 类型 原点和边长 原点 指定点 尺寸 长度 (XC) mm 宽度 (YC) 45 mm 高度 (ZC) 18 mm 布尔 布尔 求和 选择体 (1) 确定 取消 点 类型 光标位置 点位置 指定光标位置 输出坐标 参考 绝对 - 工作部件 X mm Y -22.5 mm Z 0.000000 mm 偏置 偏置选项 无 确定 取消 图 1-69　创建底板

4. 创建支撑耳基体

实施步骤 4：创建支撑耳基体	
说 明	图 解
单击“特征”工具条中的“长方体”命令，打开“块”对话框，如图 1-70 所示，默认类型为“原点和边长”，并输入长度尺寸“44”、宽度尺寸“20”、高度尺寸“24”，选择布尔操作“求和”，并默认选择体，单击原点指定点“点对话框”命令，打开“点”对话框，输入“XC”坐标“-44”、“YC”坐标“-10”、“ZC”坐标“12”，单击“确定”按钮，返回“块”对话框，再次单击“确定”按钮，完成支撑耳基体创建。	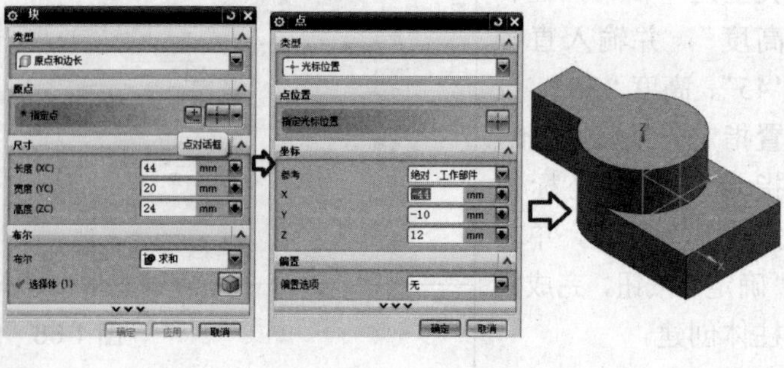块 类型 原点和边长 原点 指定点 点对话框 尺寸 长度 (XC) 44 mm 宽度 (YC) 20 mm 高度 (ZC) 24 mm 布尔 布尔 求和 选择体 (1) 确定 应用 取消 点 类型 光标位置 点位置 指定光标位置 坐标 参考 绝对 - 工作部件 X mm Y -10 mm Z 12 mm 偏置 偏置选项 无 确定 取消 图 1-70　支撑耳基体

5. 打孔

实施步骤5：打孔	
说 明	图 解
单击“特征”工具条中的“孔”命令，打开其对话框，如图1-71（a）所示，选择模型图中圆柱上表面中心，并输入直径尺寸“28”、深度尺寸“36”、顶锥角“0”，其余默认，单击“确定”按钮，完成打孔操作，如图1-71（b）所示。	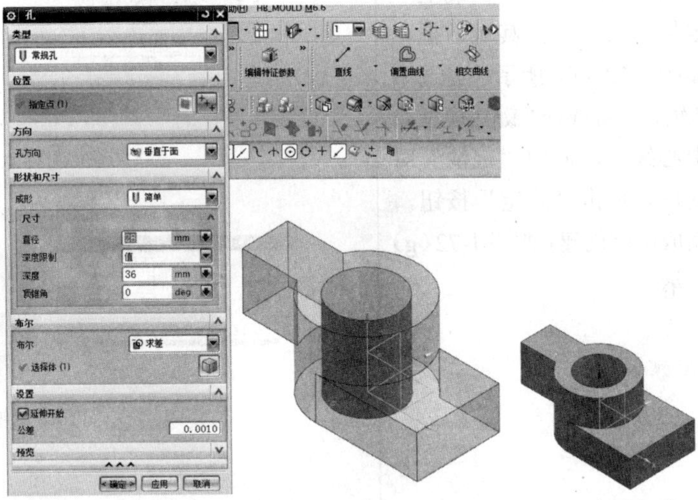 （a）设置打孔参数　（b）完成打孔 图1-71　打孔

6. 创建键槽

实施步骤6：创建键槽	
说 明	图 解
单击“特征”工具条中的“键槽”命令，打开其对话框，如图1-72（a）所示，选择“矩形槽”类型，单击“确定”按钮，打开“矩形键槽”对话框，如图1-72（b）所示，选中支撑耳基体左端面为放置面，弹出“水平参考”对话框，如图1-72（c）所示，选中Z轴或与Z轴平行的棱边即可，选中后弹出“矩形键槽”参数对话框，如图1-72（d）所示，输入长度“100”、宽度“8”、深度“44”，单	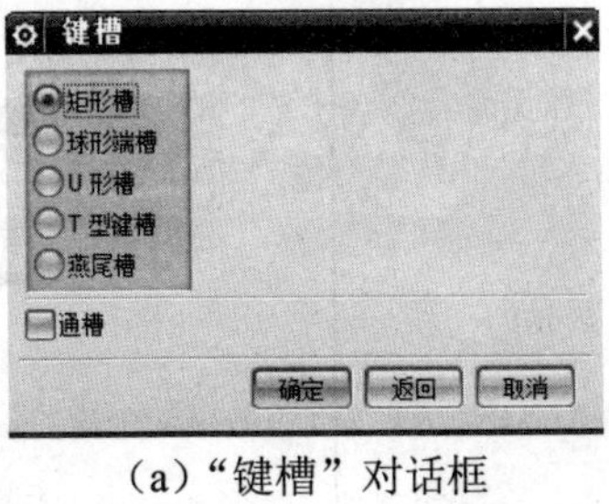 （a）“键槽”对话框 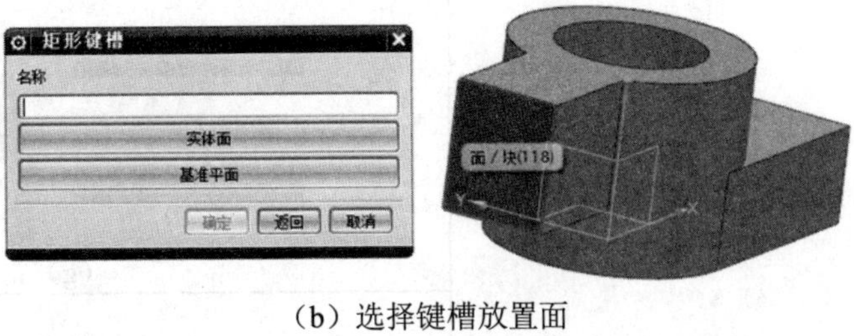 （b）选择键槽放置面

<table>
<tr><th>说　明</th><th>图　解</th></tr>
<tr><td>击“确定”按钮，打开“定位”对话框，如图 1-72（e）所示，选择“线落在线上”定位形式，打开其对话框，如图 1-72（f）所示，先选中 Z 轴，接着选择“键槽模型长中心线”，返回“定位”对话框，单击“确定”按钮，完成键槽创建，如图 1-72（g）所示。</td><td>

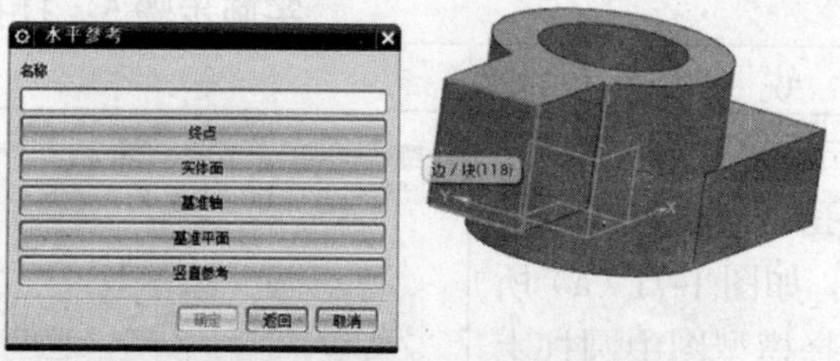
水平参考
名称
终点
实体面
基准轴
基准平面
竖直参考
确定
返回
取消
边 / 块(118)

（c）选择水平参考线

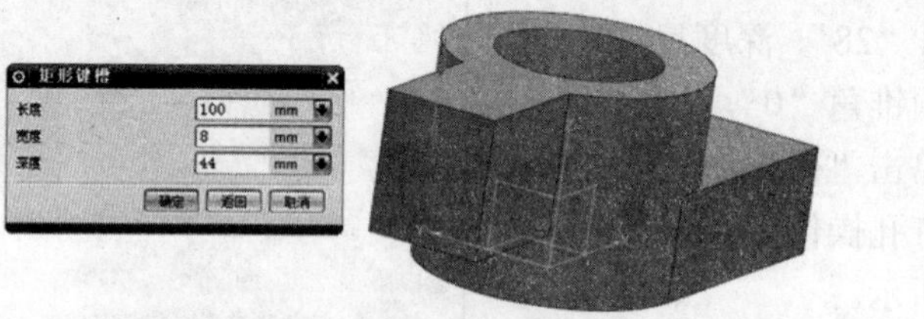
矩形键槽
长度
100
mm
宽度
8
mm
深度
44
mm
确定
返回
取消

（d）设置键槽参数

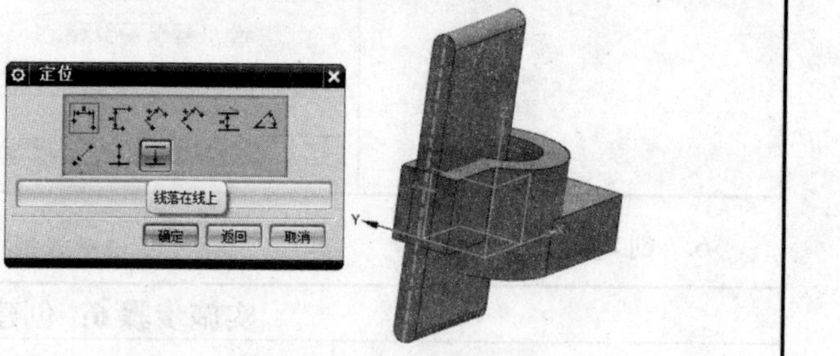
定位
线落在线上
确定
返回
取消
Y

（e）选择定位形式

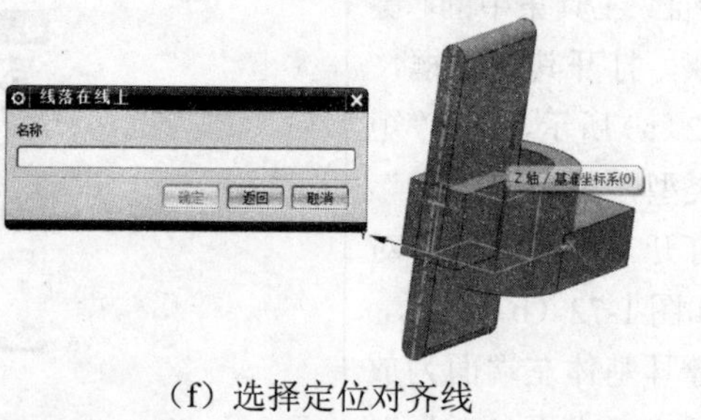
线落在线上
名称
确定
返回
取消
Z 轴 / 基准坐标系(0)

（f）选择定位对齐线

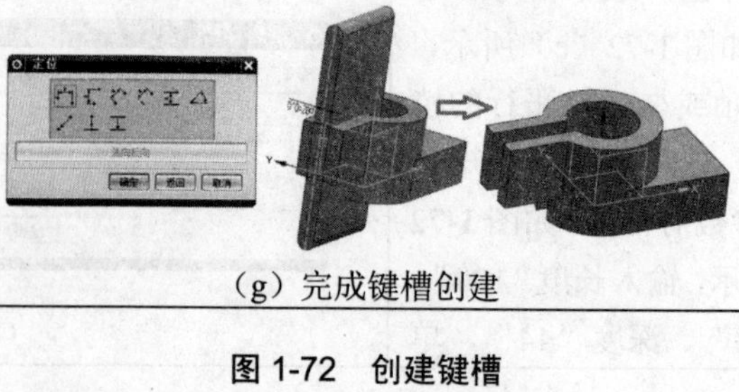

（g）完成键槽创建

</td></tr>
<tr><td></td><td>图 1-72　创建键槽</td></tr>
</table>

7. 创建支撑孔

实施步骤 7：创建支撑孔		
步骤	说 明	图 解
（1）边倒圆。	单击“特征”工具条中“边倒圆”命令，打开其对话框，如图 1-73（a）所示输入半径 1“12”，选中模型图中支撑耳的 4 条短棱边即可，单击“确定”按钮，完成边倒圆。	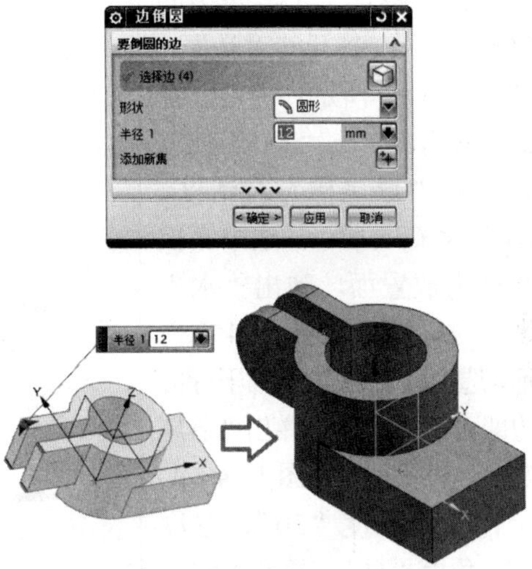边倒圆 要倒圆的边 选择边 (4) 形状 圆形 半径 1 mm 添加新集 <确定> 应用 取消 半径 1 12 （a）边倒圆
（2）打孔。	单击“特征”工具条中的“孔”命令，打开其对话框，如图 1-73（b）所示，选择模型图中支撑耳前面的圆弧中心，并输入直径尺寸“14”、深度尺寸“20”、顶锥角“0”，其余默认，单击“确定”按钮，完成打孔操作，如图 1-73（c）所示。	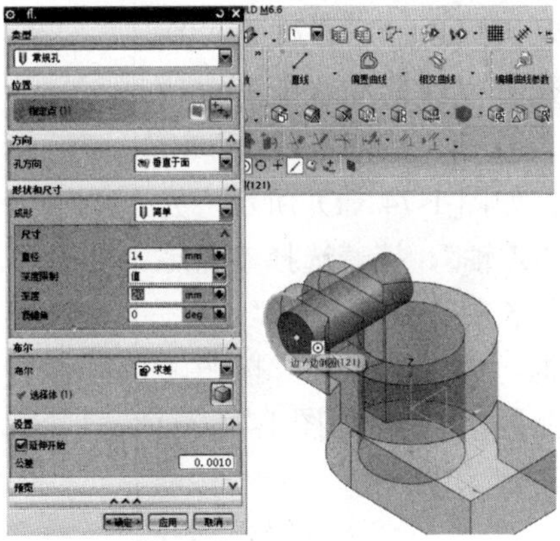 （b）打孔  （c）支撑孔效果图 图 1-73 创建支撑孔

8. 创建燕尾槽

<table>
<tr><th colspan="2">实施步骤 8：创建燕尾槽</th></tr>
<tr><th>说　明</th><th>图　解</th></tr>
<tr><td>单击“特征”工具条中的“键槽”命令，打开其对话框，如图 1-74（a）所示，类型选择“燕尾槽”，单击“确定”按钮，打开“燕尾槽”对话框，如图 1-74（b）所示，选中底板右端面为放置面，弹出“水平参考”对话框，如图 1-74（c）所示，选中 Z 轴或与 Z 轴平行的棱边即可，选中后会弹出“燕尾槽”参数对话框，如图 1-74（d）所示，输入长度“20”、宽度“10”、角度“60”、长度“50”，单击“确定”按钮，弹出“定位”对话框，如图 1-74（e）所示，选择“线落在线上”定位形式，打开“线落在线上”对话框，如图 1-74（f）所示，先选中“Z 轴”，接着选择“燕尾槽模型长中心线”，返回“定位”对话框，单击“确定”按钮，完成燕尾槽创建，如图 1-74（g）所示。</td>
<td>
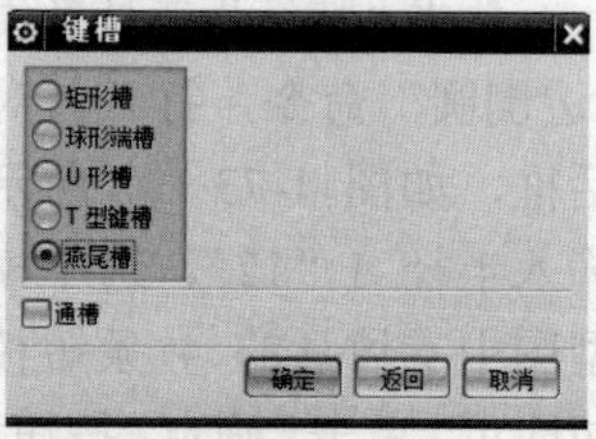
键槽
矩形槽
球形端槽
U 形槽
T 型键槽
燕尾槽
通槽
确定
返回
取消

（a）“键槽”对话框

燕尾槽
名称
实体面
基准平面
确定
返回
取消
面 / 块(117)

（b）选择键槽放置面

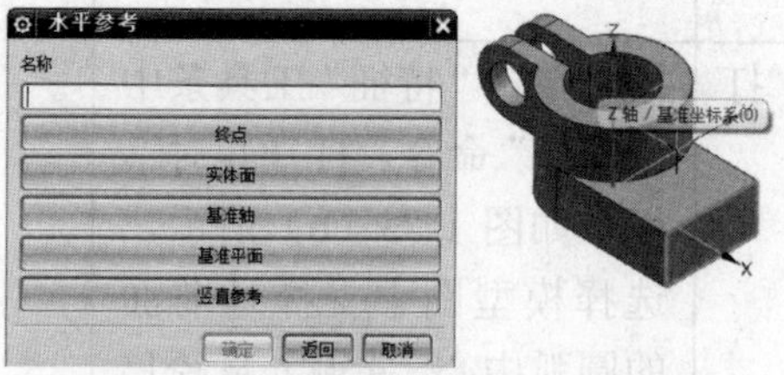
水平参考
名称
终点
实体面
基准轴
基准平面
竖直参考
确定
返回
取消

（c）选择水平参考线

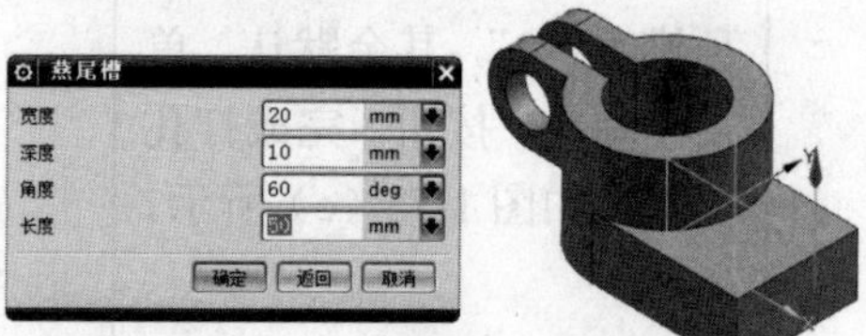
燕尾槽
宽度
深度
角度
长度
20
10
60
mm
deg
确定
返回
取消

（d）设置键槽参数

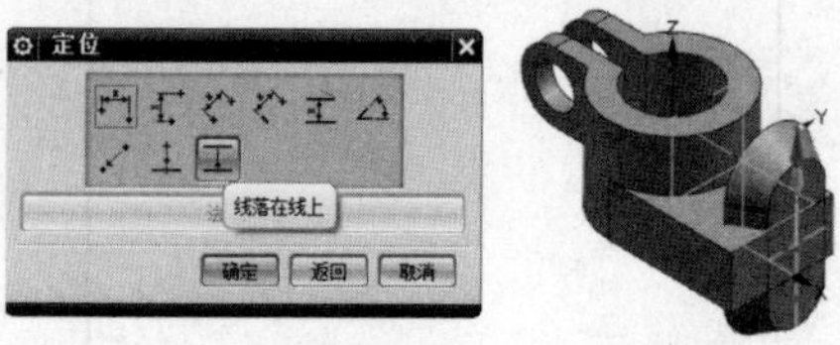
定位
线落在线上
确定
返回
取消

（e）选择定位形式
</td></tr>
</table>

说　明	图　解
	线落在线上 名称 确定 返回 取消 Z 轴 / 基准坐标系(0) （f）选择定位对齐线 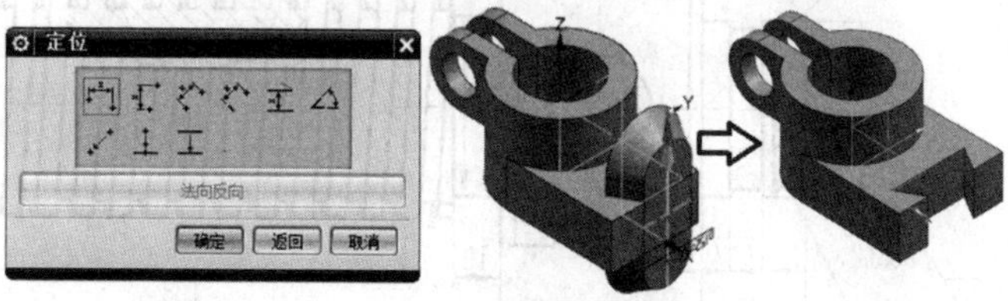定位 法向反向 确定 返回 取消 （g）完成键槽创建 **图 1-74　创建燕尾槽**

9. 保存文件

实施步骤 9：保存文件	
说　明	**图　解**
选中坐标系并按 Ctrl+B 快捷键，即可隐藏辅助坐标系，显示如图 1-75 所示的效果，单击“保存”命令，完成支撑座创建。 135　支撑座	 **图 1-75　支撑座效果图**

1.3.6　任务延伸——螺杆建模

任务描述：螺杆零件建模，尺寸如图 1-76 所示，创建其实体模型。

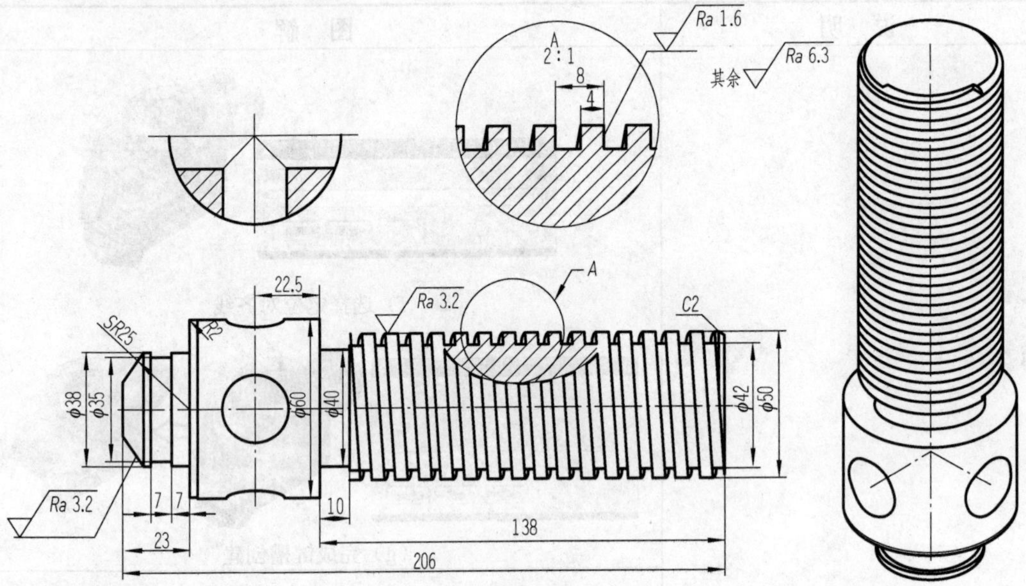
A
2：1
8
4
Ra 1.6
Ra 6.3
其余
22.5
Ra 3.2
A
C2
SR25
R2
ϕ38
ϕ35
ϕ60
ϕ40
ϕ42
ϕ50
Ra 3.2
7
7
10
23
138
206

图 1-76　螺杆

任务实施如下：

1. 新建文件

实施步骤 1：新建文件	
说　明	图　解
启动 UG NX 软件，输入文件名 luogan.prt，选择的合适文件夹，如图 1-77 所示，单击“确定”按钮，进入建模环境。	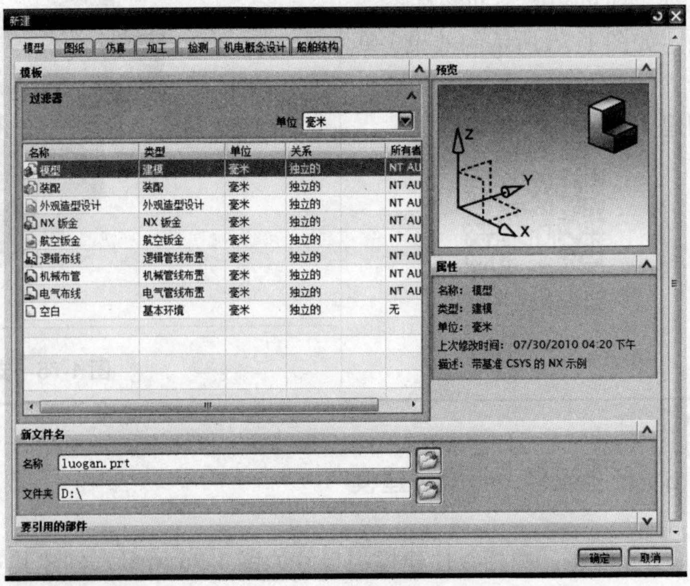新建 模型 图纸 仿真 加工 检测 机电概念设计 船舶结构 模板 过滤器 单位 毫米 名称 类型 单位 关系 模型 建模 毫米 独立的 装配 装配 毫米 独立的 外观造型设计 外观造型设计 毫米 独立的 NX 钣金 NX 钣金 毫米 独立的 航空钣金 航空钣金 毫米 独立的 逻辑布线 逻辑管线布置 毫米 独立的 机械布管 机械管线布置 毫米 独立的 电气布线 电气管线布置 毫米 独立的 空白 基本环境 毫米 独立的 无 预览 属性 名称：模型 类型：建模 单位：毫米 上次修改时间：07/30/2010 04:20 下午 描述：带基准 CSYS 的 NX 示例 新文件名 名称 luogan.prt 文件夹 D:\ 要引用的部件 确定 取消 图 1-77　新建文件

2. 创建圆柱体

<table>
<tr><th colspan="2">实施步骤2：创建圆柱体</th></tr>
<tr><th>说 明</th><th>图 解</th></tr>
<tr><td>单击“特征”工具条中的“圆柱”命令，打开其对话框，如图1-78所示，默认类型为“轴、直径和高度”，并输入直径“38”、高度“9”，设置指定矢量“ZC”轴，指定点选择坐标原点，其余默认，单击“确定”按钮，完成圆柱体创建。</td><td>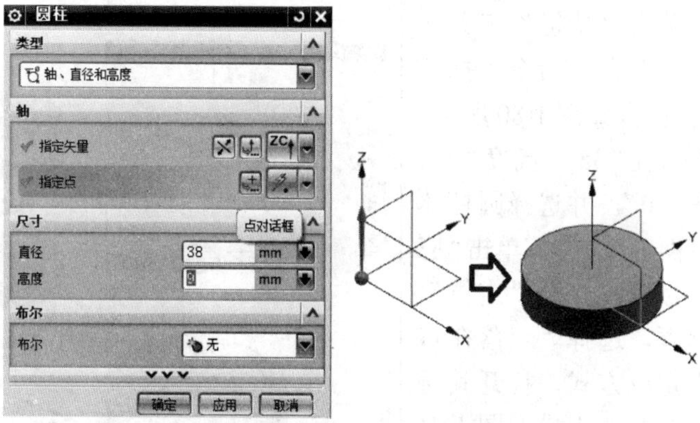
圆柱
类型
轴、直径和高度
轴
指定矢量
指定点
尺寸
点对话框
直径
38
mm
高度
mm
布尔
布尔
无
确定
应用
取消
Z
Y
X
Z
Y
X
图 1-78　创建圆柱体</td></tr>
</table>

3. 创建球体部分

<table>
<tr><th colspan="2">实施步骤3：创建球体部分</th></tr>
<tr><th>说 明</th><th>图 解</th></tr>
<tr><td>单击“特征”工具条中的“球”命令，打开“球”对话框，默认类型为“中心点和直径”，并输入直径“50”，选择布尔操作“求交”，默认布尔选择体“圆柱体”，如图1-79所示，单击中心指定点“点对话框”命令，打开“点”对话框，输入“ZC”坐标“23”，单击“确定”按钮，返回“球”对话框，再次单击“确定”按钮，完成球体创建。</td><td>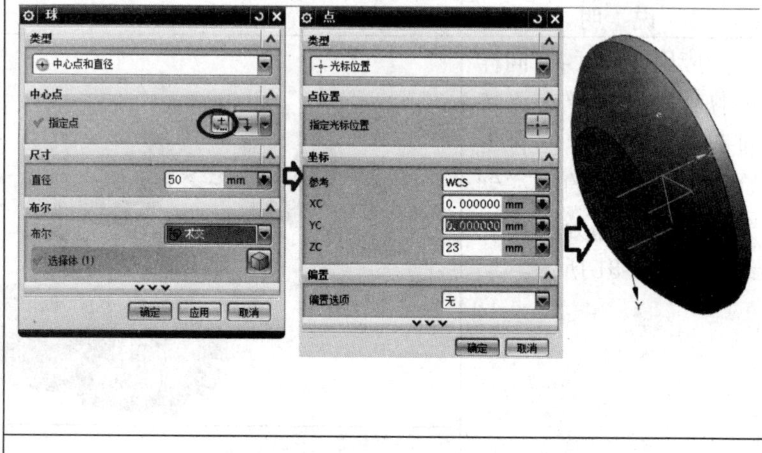
球
类型
中心点和直径
中心点
指定点
尺寸
直径
50
mm
布尔
布尔
求交
选择体 (1)
确定
应用
取消
点
类型
光标位置
点位置
指定光标位置
坐标
参考
WCS
XC
0.000000
mm
YC
0.000000
mm
ZC
23
mm
偏置
偏置选项
无
确定
取消
Y
图 1-79　创建球体部分</td></tr>
</table>

4. 创建轴槽

实施步骤 4：创建轴槽	
说　明	图　解
单击“特征”工具条中的“凸台”命令，打开其对话框，如图 1-80 所示，输入直径“35”、高度“7”、锥角“0”，并选择圆柱体上表面为放置面，单击“应用”按钮，打开“定位”对话框，选择“点落在点上”定位方式，打开其对话框，并选中模型图上表面边线圆，弹出“设置圆弧的位置”对话框，单击“圆弧中心”按钮，完成轴槽创建。	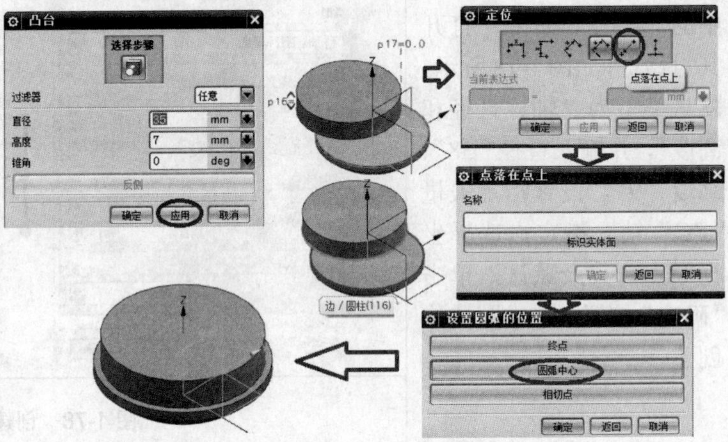凸台 选择步骤 过滤器 任意 直径 35 mm 高度 7 mm 锥角 0 deg 反侧 确定 应用 取消 定位 点落在点上 确定 应用 返回 取消 点落在点上 名称 标识实体面 确定 返回 取消 边 / 圆柱(116) 设置圆弧的位置 终点 圆弧中心 相切点 确定 返回 取消 图 1-80　创建轴槽

5. 创建螺杆基本体其余部分

实施步骤 5：创建螺杆基本体其余部分	
说　明	图　解
应用步骤（4）同样的操作过程，单击“特征”工具条中“凸台”命令，用相同的方法创建螺杆其余部分，创建结果如图 1-81 所示。	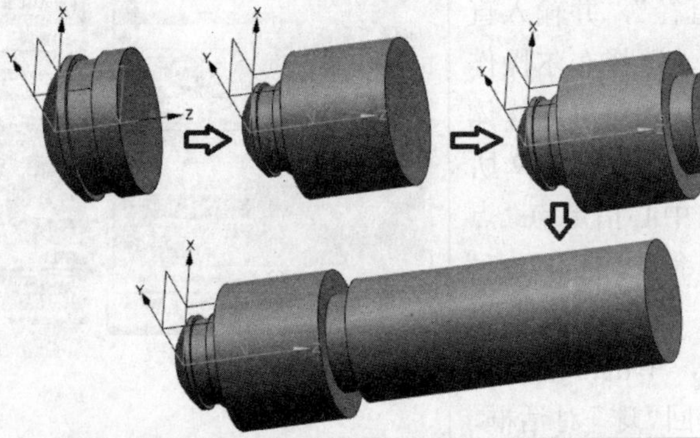 图 1-81　创建螺杆基本体其余部分

6. 创建十字相交孔

实施步骤6：创建十字相交孔		
步骤	说　明	图　解
（1）创建两个辅助平面。	单击“特征”工具条中的“基准平面”命令，打开其对话框，如图1-82（a）所示，选择定义平面对象“XOZ 基准面”，输入偏置距离为“30”，单击“确定”按钮，完成一个辅助平面的创建。应用相同的办法，创建“YOZ 基准面”的辅助平面（偏置距离为30mm，创建辅助平面时，可以按住辅助平面的球形控点，调整辅助平面的大小及位置）。	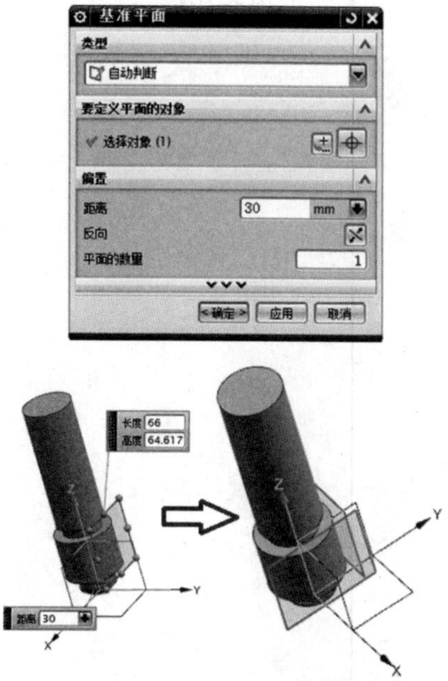基准平面 类型 自动判断 要定义平面的对象 选择对象 (1) 偏置 距离 30 mm 反向 平面的数量 1 <确定> 应用 取消 长度 66 高度 64.617 距离 30 （a）创建两个辅助平面
（2）创建十字相交孔。	单击“特征”工具条中“孔”命令，打开其对话框，如图1-82（b）所示，参数设置如下：类型“常规孔”、孔方向“垂直于面”、成形“简单”、直径“22”、深度“60”、顶锥角“0”、布尔“求差”，默认体选择。单击位置区域中的“指定点”按钮，打开“草图点”对话框，如图1-82（c）所示，在大致的孔位置绘制一点，并修改草图尺寸，与Z轴距离尺寸为“0”、与X轴距离尺寸为“45.5”，单击“完成草图”命令，返回“孔”对话框，如图1-82（d）所示，单击	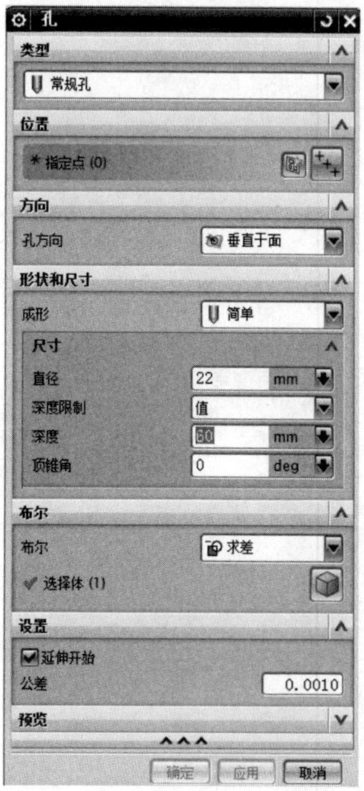孔 类型 常规孔 位置 * 指定点 (0) 方向 孔方向 垂直于面 形状和尺寸 成形 简单 尺寸 直径 22 mm 深度限制 值 深度 60 mm 顶锥角 0 deg 布尔 布尔 求差 选择体 (1) 设置 延伸开始 公差 0.0010 预览 确定 应用 取消 （b）“孔”对话框

步骤	说　明	图　解
	“确定”按钮，完成一个孔创建。用同样方法创建另外一个相交孔。	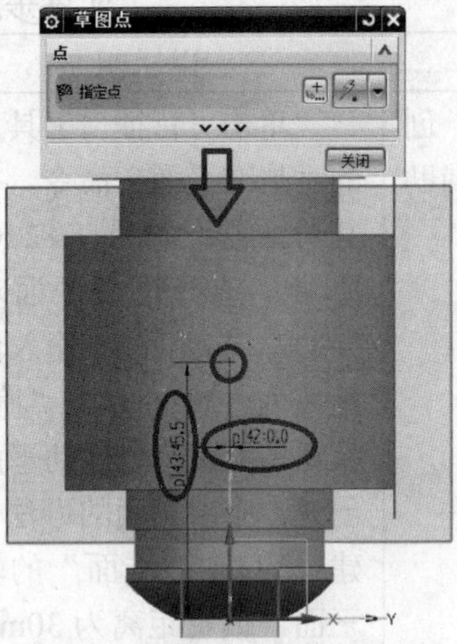 草图点 点 指定点 关闭 p143=45.5 p142=0.0 （c）创建孔的草图位置点 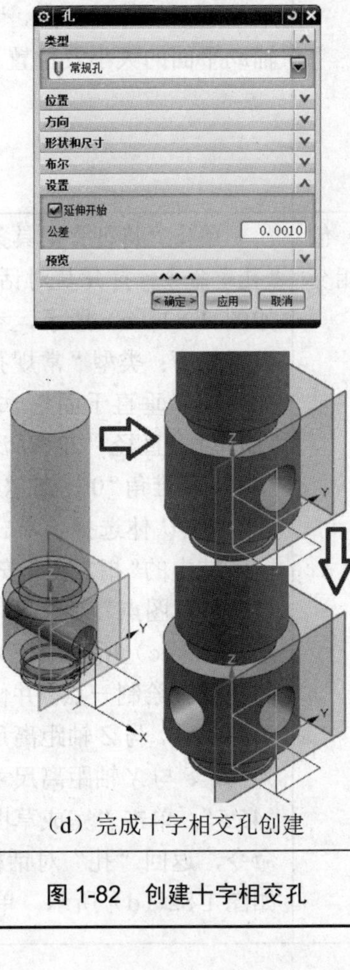 孔 类型 常规孔 位置 方向 形状和尺寸 布尔 设置 延伸开始 公差 0.0010 预览 <确定> 应用 取消 （d）完成十字相交孔创建
		图 1-82　创建十字相交孔

7. 创建倒斜角与边倒圆

实施步骤 7：创建倒斜角与边倒圆		
步骤	说　明	图　解
（1）倒斜角。	单击“特征”工具条中的“倒斜角”命令，打开其对话框，如图 1-83（a）所示，边分别选择螺杆上表面的边线圆，输入偏置距离参数“2”、单击“确定”按钮，完成倒斜角。	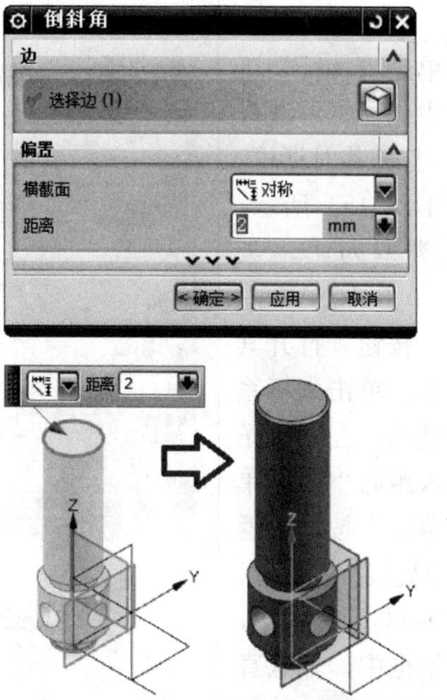倒斜角 边 选择边 (1) 偏置 横截面 对称 距离 2 mm <确定> 应用 取消 距离 2 Z Y （a）倒斜角
（2）边倒圆。	单击“特征”工具条中的“边倒圆”命令，打开其对话框，如图 1-83（b）所示输入半径 1“2”，选中螺杆直径 60 的下面的边线圆即可，单击“确定”按钮，完成边倒圆。	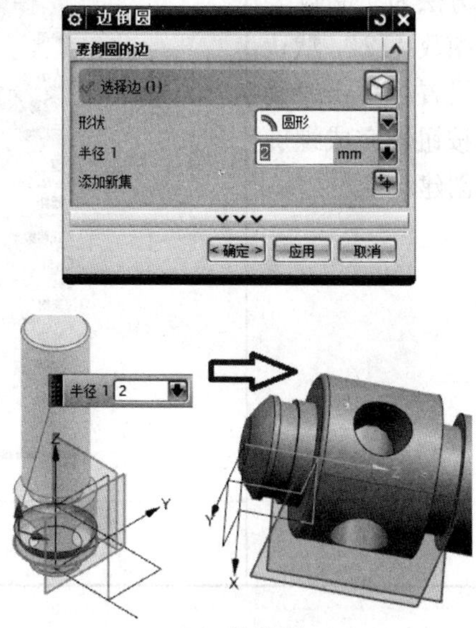边倒圆 要倒圆的边 选择边 (1) 形状 圆形 半径 1 2 mm 添加新集 <确定> 应用 取消 半径 1 2 Y X （b）边倒圆
		图 1-83　创建倒斜角与边倒圆

8. 创建方牙螺纹

1）创建螺旋线

实施步骤 8：创建螺旋线	
说　明	图　解
单击“特征”工具条中的“螺旋线”命令，打开其对话框，如图 1-84（a）所示，默认类型为“沿矢量”，单击“CSYS 对话框”按钮，打开其对话框，单击坐标系 *Z* 轴箭头，在跟踪条中输入距离“73”，单击“确定”按钮，返回“螺旋线”对话框。如图 1-84（b）所示，在对话框中，输入直径“50”、螺距“8”，选择方法为“圈数”，输入圈数“17”，默认右手设置，单击“确定”按钮，完成螺旋线的创建。	螺旋线 类型 沿矢量 方位 * 指定 CSYS 角度 CSYS 对话框 大小 直径 半径 规律类型 恒定 值 20 mm 螺距 规律类型 恒定 值 5 mm 长度 确定 应用 取消 CSYS 类型 动态 参考 CSYS 参考 WCS 操控器 指定方位 确定 取消 距离 73.00000 捕捉 0.000000 YC Y XC X （a）设置螺旋线起点坐标 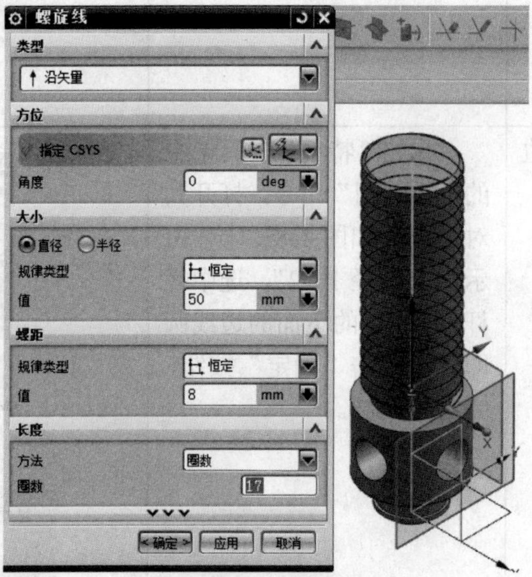螺旋线 类型 沿矢量 方位 指定 CSYS 角度 0 deg 大小 直径 半径 规律类型 恒定 值 50 mm 螺距 规律类型 恒定 值 8 mm 长度 方法 圈数 圈数 17 < 确定 > 应用 取消 Y X （b）设置螺旋线参数 图 1-84　创建螺旋线

2）创建螺纹牙槽截面草图

实施步骤 9：.创建螺纹牙槽截面草图	
说　明	图　解
单击“直接草图”工具条中的“草图”命令，打开“创建草图”对话框，如图 1-85（a）所示，草图平面选择基准坐标系“XOZ”基准面，单击“确定”按钮进入草图环境，应用草图命令创建如图 1-85（b）所示的螺纹牙槽草图，单击“直接草图”工具条中的“完成草图”命令即可。	创建草图 类型 在平面上 草图平面 平面方法 现有平面 反向 草图方向 草图原点 设置 确定 取消 （a）选择草图平面 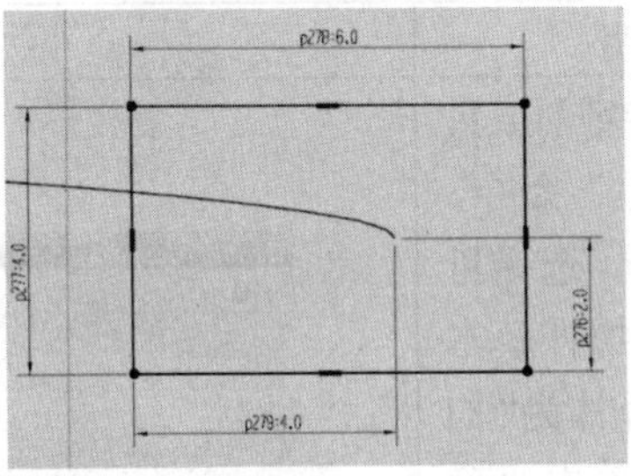p278:6.0 p277:4.0 p276:2.0 p279:4.0 （b）创建草图尺寸 图 1-85　创建螺纹牙槽截面草图

3）创建扫掠体

实施步骤 10：创建扫掠体	
说　明	图　解
单击“曲面”工具条中的“扫掠”命令，打开其对话框，如图 1-86（a）所示，选择截面曲线为“矩形草图曲线”，引导线为“螺旋线”，定位方向为“面的法向”，选择面为“螺杆外圆柱面”，如图 1-86（b）所示。单击“确定”按钮，完成螺旋体扫掠，效果如图 1-86 所示。	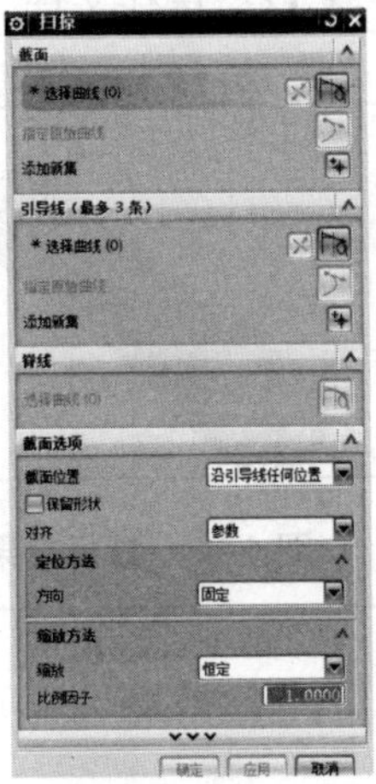 （a）“扫掠”对话框  （b）设置扫掠参数

<table>
<tr><th>说　明</th><th>图　解</th></tr>
<tr><td></td><td>
（c）扫掠效果图</td></tr>
<tr><td></td><td>图 1-86　创建扫掠体</td></tr>
</table>

4）创建螺旋槽

<table>
<tr><th colspan="2">实施步骤 11：创建螺旋槽</th></tr>
<tr><th>说　明</th><th>图　解</th></tr>
<tr><td>单击“特征”工具条中的“求差”命令，打开其对话框，选择目标选择体为“螺杆基本体”，刀具选择体为“扫掠螺旋体”，单击“确定”按钮，完成螺旋槽创建，如图 1-87 所示。</td><td>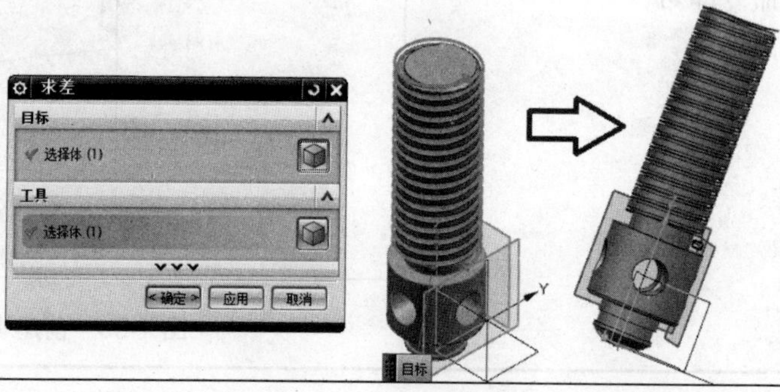求差
目标
选择体 (1)
工具
选择体 (1)
确定
应用
取消
目标</td></tr>
<tr><td></td><td>图 1-87　创建螺旋槽</td></tr>
</table>

9. 保存文件

<table>
<tr><th colspan="2">实施步骤 12：保存文件</th></tr>
<tr><th>说　明</th><th>图　解</th></tr>
<tr><td>选中基准坐标系、辅助平面、草图曲线、螺旋线等并按 Ctrl+B 快捷键，即可隐藏选中目标，显示如图 1-88 所效果，单击“保存”命令，完成螺杆创建。</td><td>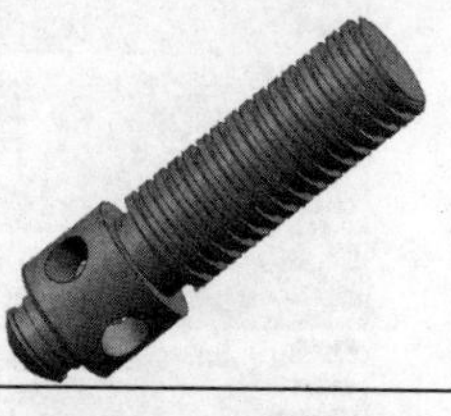</td></tr>
<tr><td></td><td>图 1-88　螺杆效果图　　136　螺杆</td></tr>
</table>

1.3.7　任务延伸——支架零件建模

任务描述：支架零件建模，尺寸如图 1-89 所示，创建其实体模型。

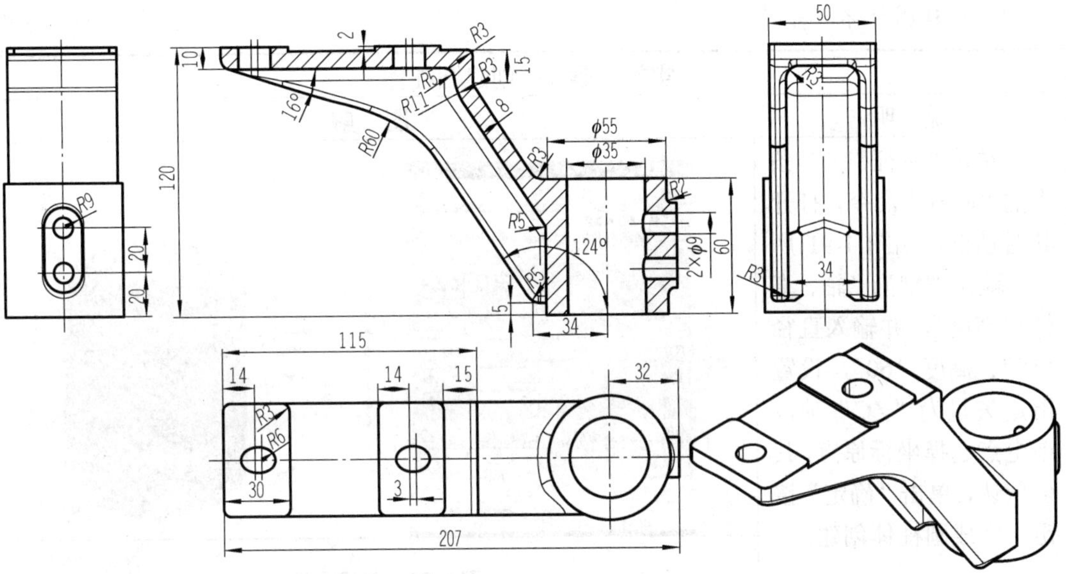

R3
2
10
15
R5
R3
R11
8
16°
R60
φ55
φ35
R3
120
R9
R2
R5
124°
2×φ9
60
20
20
R5
5
34
50
R3
34
R3
115
14
14
15
32
R3
R6
30
3
207

图 1-89 支架

任务实施如下：

1. 新建文件

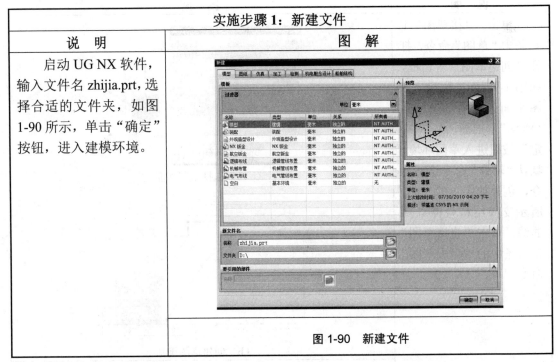

实施步骤 1：新建文件	
说 明	图 解
启动 UG NX 软件，输入文件名 zhijia.prt，选择合适的文件夹，如图 1-90 所示，单击“确定”按钮，进入建模环境。	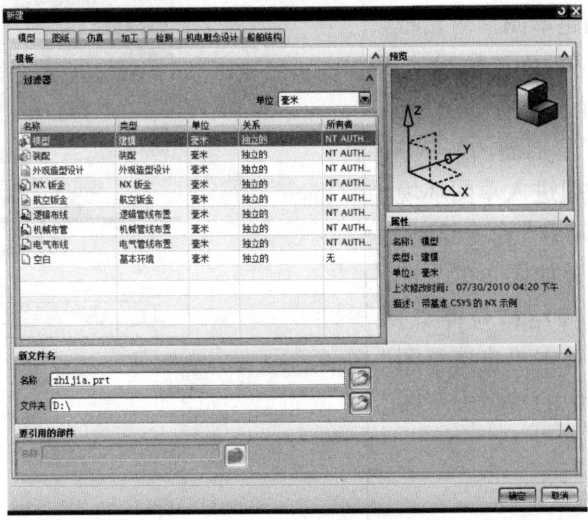新建 模型 图纸 仿真 加工 检测 机电概念设计 船舶结构 模板 过滤器 单位 毫米 名称 类型 单位 关系 所有者 模型 建模 毫米 独立的 NT AUTH... 装配 装配 毫米 独立的 NT AUTH... 外观造型设计 外观造型设计 毫米 独立的 NT AUTH... NX 钣金 NX 钣金 毫米 独立的 NT AUTH... 航空钣金 航空钣金 毫米 独立的 NT AUTH... 逻辑布线 逻辑管线布置 毫米 独立的 NT AUTH... 机械布管 机械管线布置 毫米 独立的 NT AUTH... 电气布线 电气管线布置 毫米 独立的 NT AUTH... 空白 基本环境 毫米 独立的 无 预览 属性 名称：模型 类型：建模 单位：毫米 上次修改时间：07/30/2010 04:20 下午 描述：带基准 CSYS 的 NX 示例 新文件名 名称 zhijia.prt 文件夹 D:\ 要引用的部件 名称 确定 取消 图 1-90 新建文件

2. 创建圆柱体

<table>
<tr><th colspan="2">实施步骤 2：创建圆柱体</th></tr>
<tr><th>说　明</th><th>图　解</th></tr>
<tr><td>单击“特征”工具条中的“圆柱”命令，打开其对话框，如图 1-91 所示，默认类型为“轴、直径和高度”，并输入直径“55”、高度“60”，设置指定矢量为“ZC”轴，指定点选择坐标原点，其余默认，单击“确定”按钮，完成圆柱体创建。</td><td>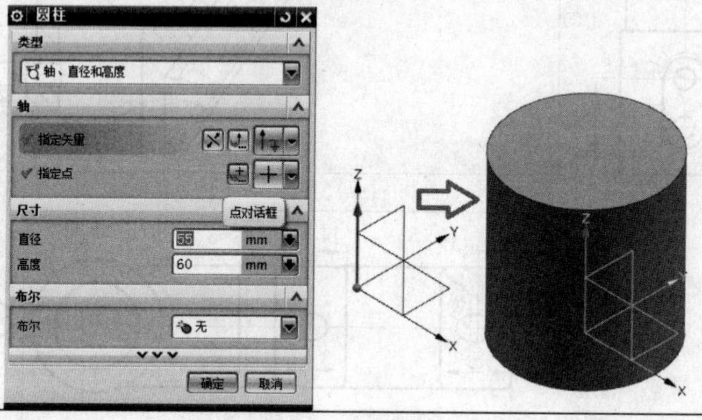
圆柱
类型
轴、直径和高度
轴
指定矢量
指定点
尺寸
点对话框
直径
55
mm
高度
60
mm
布尔
布尔
无
确定
取消
图 1-91　创建圆柱体</td></tr>
</table>

3. 绘制支撑结构拉伸草图曲线

<table>
<tr><th colspan="2">实施步骤 3：绘制支撑结构拉伸草图曲线</th></tr>
<tr><th>说　明</th><th>图　解</th></tr>
<tr><td>单击“直接草图”工具条中“草图”命令，打开“创建草图”对话框，如图 1-92（a）所示，草图平面选择基准坐标系“YOZ”基准面，单击“确定”按钮进入草图环境，默认“轮廓”命令绘制命令，创建如图 1-92（b）所示支撑结构拉伸草图曲线，单击“直接草图”工具条中的“完成草图”命令即可。</td><td>
创建草图
类型
在平面上
草图平面
平面方法
现有平面
选择平的面或平面 (1)
反向
草图方向
草图原点
设置
确定
取消
（a）选择草图平面
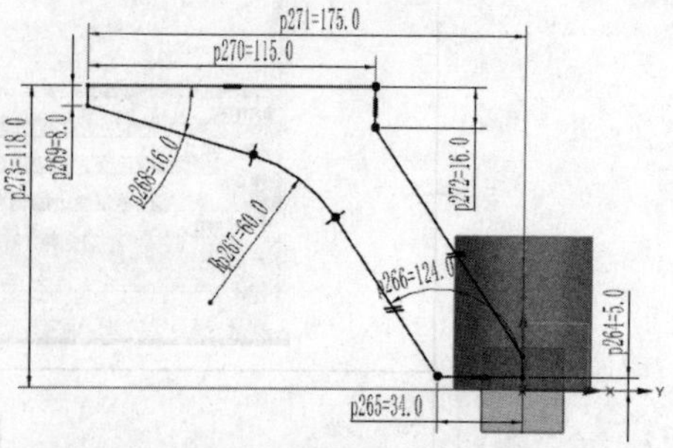
p271=175.0
p270=115.0
p273=118.0
p269=8.0
p268=16.0
p267=60.0
p272=16.0
p266=124.0
p264=5.0
p265=34.0
（b）创建草图尺寸

图 1-92　绘制支撑结构拉伸草图曲线</td></tr>
</table>

4．创建支撑主体结构

实施步骤4：创建支撑主体结构	
说　明	图　解
按 X 快捷键，打开“拉伸”对话框，如图 1-93 所示，选中草图曲线，选择限制“对称值”，输入距离“25”，布尔操作选择“无”，其余参数默认，单击“确定”按钮，完成支撑主体结构创建。	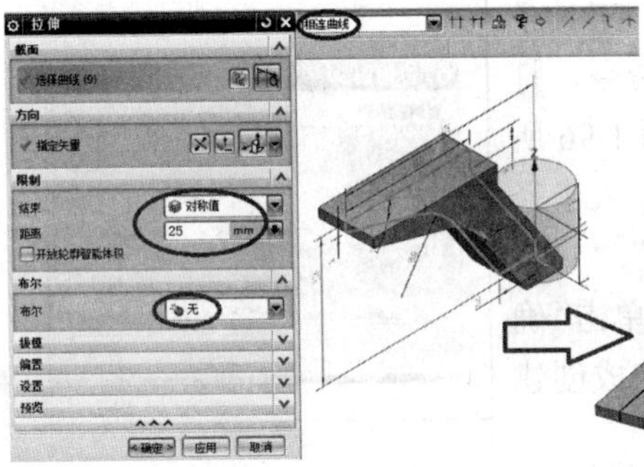 拉伸 对称值 25 无 确定　应用　取消
	图 1-93　创建支撑主体结构

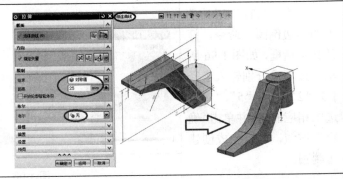

5．支撑结构抽壳

实施步骤5：支撑结构抽壳	
说　明	图　解
单击“特征”工具条中的“抽壳”命令，打开其对话框，默认类型为“移除面，然后抽壳”，如图 1-94 所示，选择图示 3 处移除面，输入厚度“8”，单击“确定”按钮，完成支撑结构抽壳。	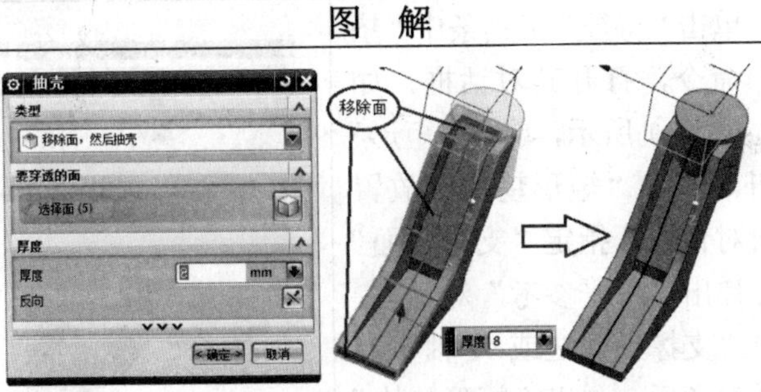 抽壳 类型 移除面，然后抽壳 要穿透的面 选择面 (5) 厚度 厚度 mm 反向 确定　取消 移除面 厚度 8
	图 1-91　支撑结构抽壳

6．合并实体

实施步骤6：合并实体	
说　明	图　解
单击“特征”工具条中的“求和”命令，打开其对话框，选择目标选择体“圆柱体”，刀具选择体“拉伸体”，单击“确定”按钮，完成合并实体操作，如图 1-95 所示。	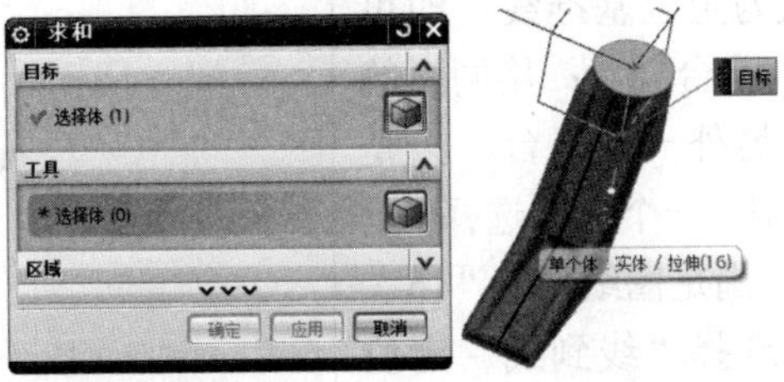 求和 目标 选择体 (1) 工具 选择体 (0) 区域 确定　应用　取消 目标 单个体　实体 / 拉伸(16)
	图 1-95　合并实体

7. 创建边倒圆

实施步骤 7：创建边倒圆	
说　明	图　解
单击“特征”工具条中的“边倒圆”命令，打开其对话框，如图 1-96 所示，按要求分别输入半径 1 为“2”、“3”、“5”、“11”，选中相应的边，并单击“确定”按钮，即可完成创建边倒圆。	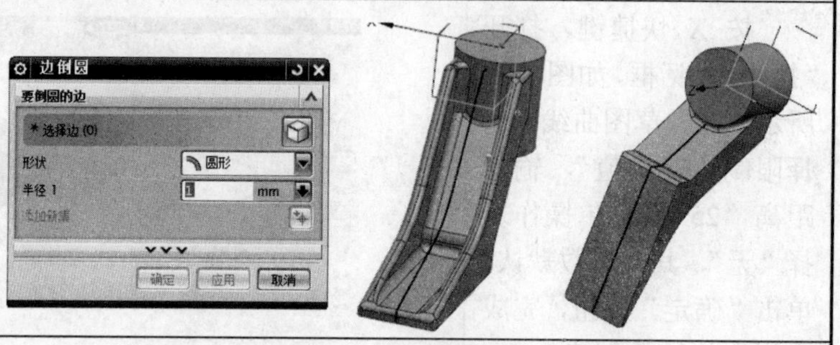边倒圆 要倒圆的边 * 选择边 (0) 形状 圆形 半径 1 mm 确定 应用 取消 图 1-96　创建边倒圆

8. 创建支撑凸台

实施步骤 8：创建支撑凸台	
说　明	图　解
单击“特征”工具条中“垫块”命令，打开其对话框，如图 1-97（a）所示，单击“矩形”按钮，弹出“矩形垫块”放置平面对话框，指定“支撑平面”后，弹出“水平参考”对话框，选中“支撑板短边或 X 轴”为水平参考后，弹出“矩形垫块”参数对话框，输入矩形垫块长度“50”、宽度“30”、高度“2”、拐角半径“3”、锥角“0”，单击“确定”按钮，两次选择“线到线”定位，分别以支撑平面两条边线为定位基准线，即可完成 1 个凸台创建；用同样的方法创建另外一个凸台，只是凸台定位时，一个方向选择“垂直”定位，满足图纸尺寸“15”，另一方向选择“线到线”定位即可，完成创建右侧支撑凸台，如图 1-97（b）所示。	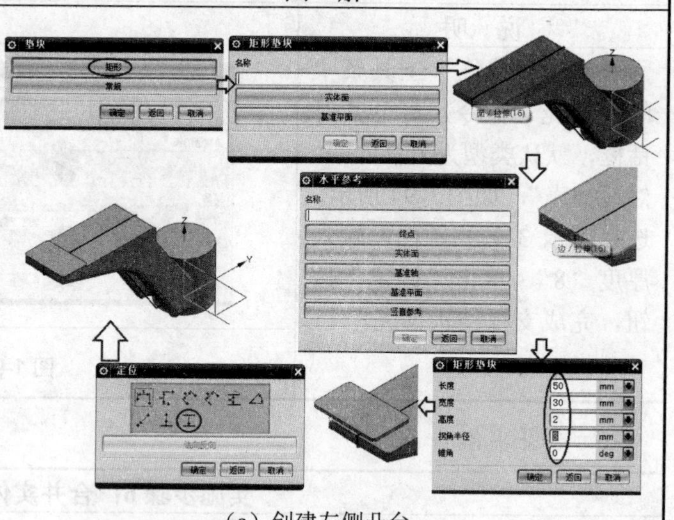垫块 矩形 常规 矩形垫块 名称 实体面 基准平面 水平参考 定位 长度 宽度 高度 拐角半径 锥角 50 30 2 0 mm deg 确定 返回 取消 （a）创建左侧凸台 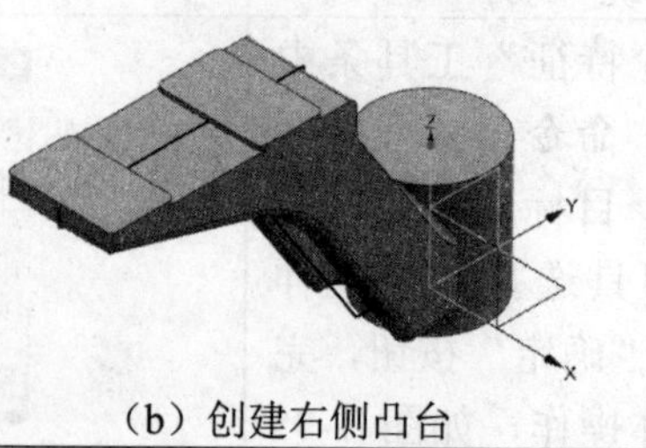 （b）创建右侧凸台 图 1-97　创建支撑凸台

9. 创建安装键槽孔

<table>
<tr><th colspan="2">实施步骤9：创建安装键槽孔</th></tr>
<tr><th>说 明</th><th>图 解</th></tr>
<tr><td>单击“特征”工具条中的“键槽”命令，打开其对话框，如图1-98（a）所示，选择“矩形槽”类型，单击“确定”按钮，打开“矩形键槽”放置面对话框，如图1-98（b）所示，选中左侧支撑面为放置面后，弹出“水平参考”对话框，如图1-98（c）所示，选中左侧支撑面短棱边后，弹出“矩形键槽”参数对话框，如图1-98（d）所示，输入长度“15”、宽度“12”、深度“10”，单击“确定”按钮，弹出“定位”对话框，如图1-98（e）所示，选择“垂直”定位形式，分别选中左侧支撑面短棱边和键槽的长中心线，并在弹出的“创建表达式”对话框，输入定位“25”，如图1-98（f）所示，单击“确定”按钮，返回“定位”对话框。继续选择“垂直”定位形式，定位支撑面左侧长棱边到键槽短中心线距离为“15”，最后，单击“确定”按钮，完成左侧键槽创建，如图1-98（g）所示。用同样的方法按照图纸尺寸创建右侧键槽。</td>
<td>
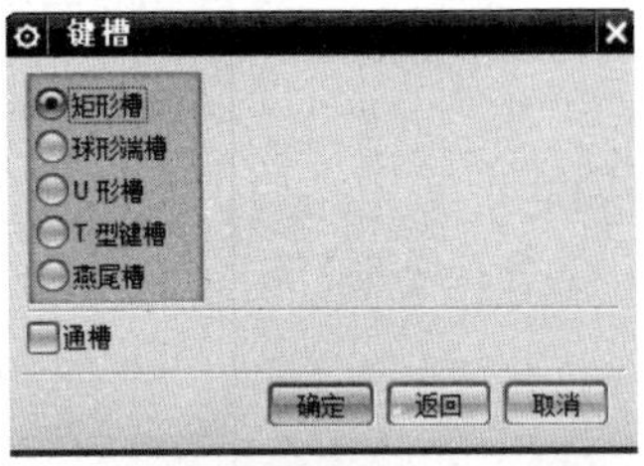
键槽
矩形槽
球形端槽
U形槽
T型键槽
燕尾槽
通槽
确定
返回
取消
（a）“键槽”对话框
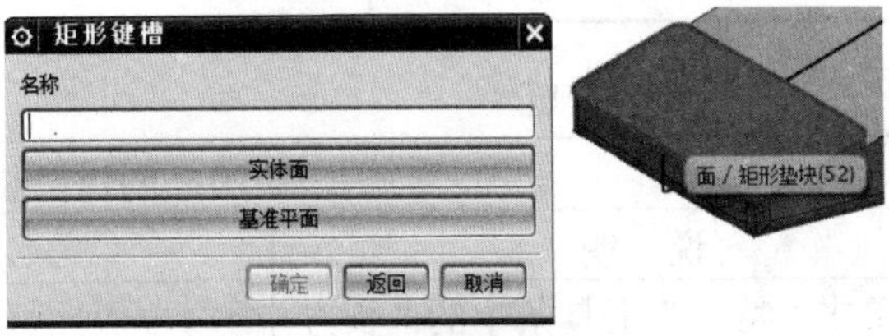
矩形键槽
名称
实体面
基准平面
确定
返回
取消
面 / 矩形垫块(52)
（b）选择键槽放置面
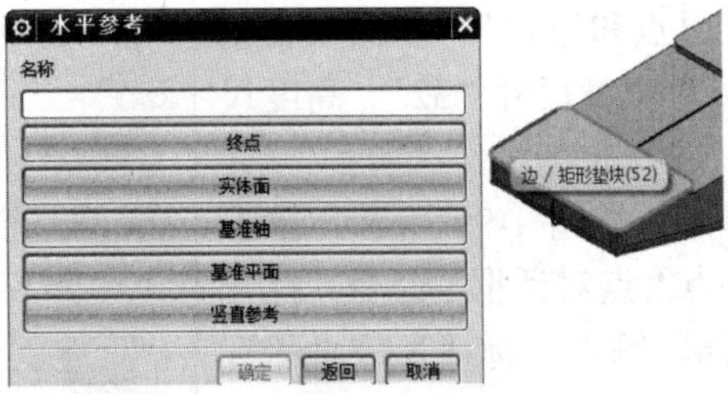
水平参考
名称
终点
实体面
基准轴
基准平面
竖直参考
确定
返回
取消
边 / 矩形垫块(52)
（c）选择水平参考线
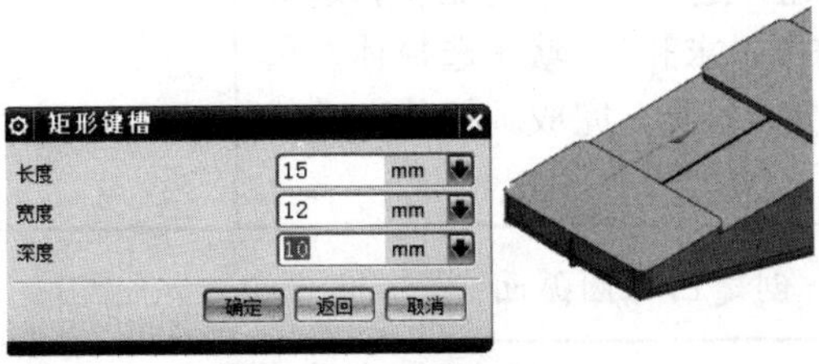
矩形键槽
长度
15
mm
宽度
12
mm
深度
10
mm
确定
返回
取消
（d）设置键槽参数
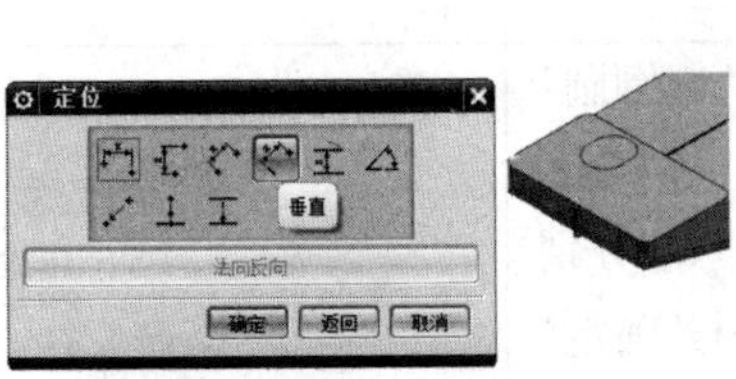
定位
垂直
法向反向
确定
返回
取消
（e）选择垂直定位形式
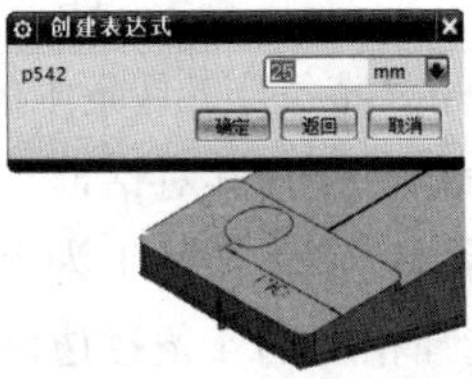
创建表达式
p542
mm
确定
返回
取消
（f）输入定位尺寸
</td></tr>
</table>

说　明	图　解
	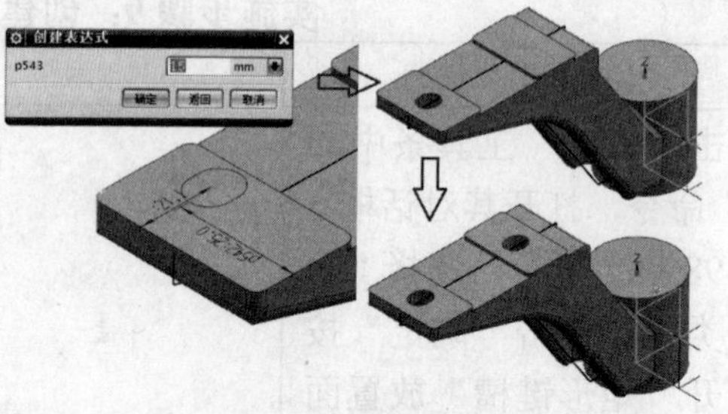创建表达式 p543 mm 确定 返回 取消 （g）完成键槽创建 图 1-98　创建安装键槽孔

10. 创建圆柱体上凸缘

实施步骤 10：创建圆柱体上凸缘	
说　明	图　解
单击“特征”工具条中的“长方体”命令，打开“块”对话框，默认类型为“原点和边长”，并输入长度尺寸“18”、宽度尺寸“32”、高度尺寸“38”，选择布尔操作“求和”，并默认选择体，如图 1-99 所示，单击原点指定点“点对话框”命令，打开“点”对话框，输入坐标：“X”为“-9”，“Y”为“0”，“Z”为“11”，单击“确定”按钮，返回“块”对话框，选择布尔操作“求和”，默认选择体，单击“确定”按钮，完成圆柱体上凸缘的创建。	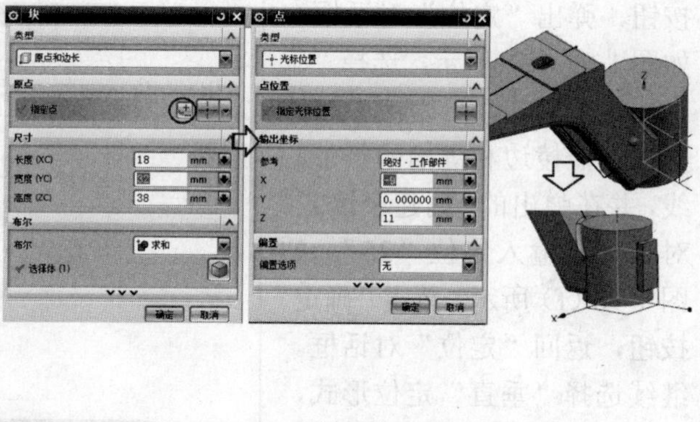块 类型 原点和边长 原点 指定点 尺寸 长度 (XC) 18 宽度 (YC) 高度 (ZC) 38 布尔 求和 选择体 (1) 确定 取消 点 类型 光标位置 点位置 指定光标位置 输出坐标 参考 绝对 - 工作部件 X Y 0.000000 Z 11 偏置 偏置选项 无 确定 取消 图 1-99　创建圆柱体上凸缘

11. 创建凸缘圆弧面

实施步骤 11：创建凸缘圆弧面	
说　明	图　解
单击“特征”工具条中的“边倒圆”命令，打开其对话框，如图 1-100 所示，输入半径 1 为“9”，分别选择相应的 4 条棱边，单击“确定”按钮，即可完成边倒圆。	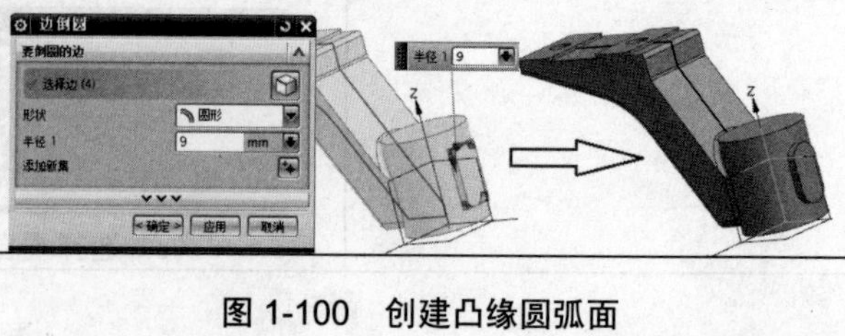边倒圆 要倒圆的边 选择边 (4) 形状 圆形 半径 1 9 添加新集 确定 应用 取消 半径 1 9 图 1-100　创建凸缘圆弧面

12. 创建孔

实施步骤12：创建孔		
步骤	说 明	图 解
（1）创建圆柱体上的孔。	单击“特征”工具条中的“孔”命令，打开其对话框，如图1-101（a）所示，参数设置如下：类型“常规孔”、孔方向“垂直于面”、成形“简单”、直径“35”、深度“60”、顶锥角“0”、布尔“求差”，默认体选择，最后，选择孔的中心位置为“圆柱体上面中心”，单击位置区域中的“绘制截面”按钮，单击“确定”按钮，完成圆柱体上孔的创建。	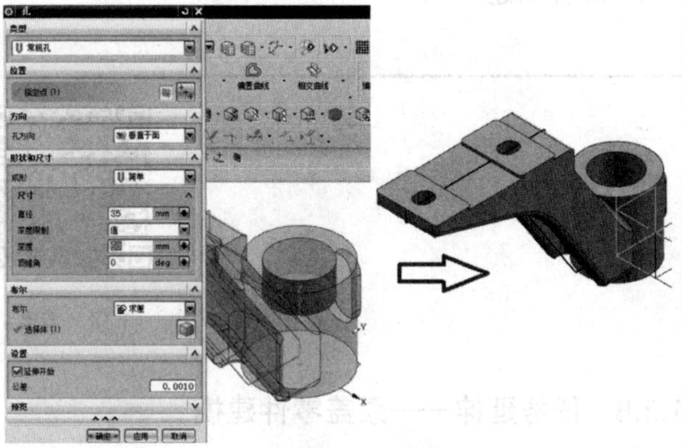 （a）创建圆柱体上的孔
（2）创建凸缘上两个孔。	应用步骤（1）的方法，分别在圆柱体凸缘上两圆弧中心处创建两个ϕ9mm 小孔，如图1-101（b）所示。	 （b）创建凸缘上两个孔
（3）凸缘与圆柱体交线倒圆。	单击“特征”工具条中的“边倒圆”命令，打开其对话框，如图1-101（c）所示，在软件中间状态栏中选择过滤器“相连曲线”，按要求分别输入半径1为“2”，选中相应的边，并单击“确定”按钮，即可完成倒圆。	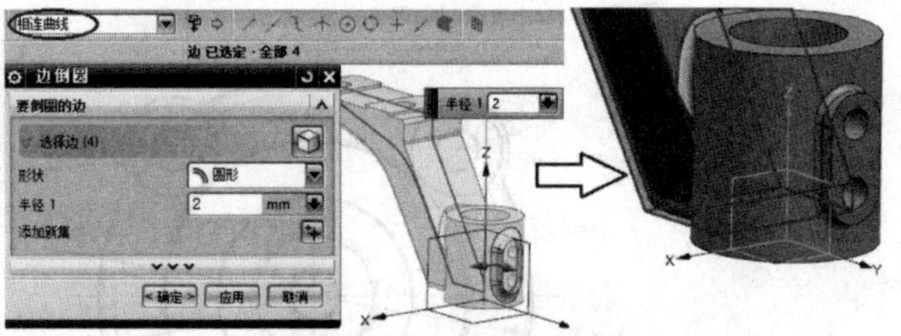 （c）凸缘与圆柱体交线倒圆 图1-101 创建孔

13. 保存文件

实施步骤 13：保存文件	
说　明	图　解
选中基准坐标系、草图曲线并按 Ctrl+B 快捷键，即可隐藏选中目标，显示如图 1-102 所效果，单击“保存”命令，完成螺杆创建。	 图 1-102　支架效果图

137　支架

1.3.8　任务延伸——泵盖零件建模

任务描述：泵盖零件建模，尺寸如图 1-103 所示，创建其实体模型。

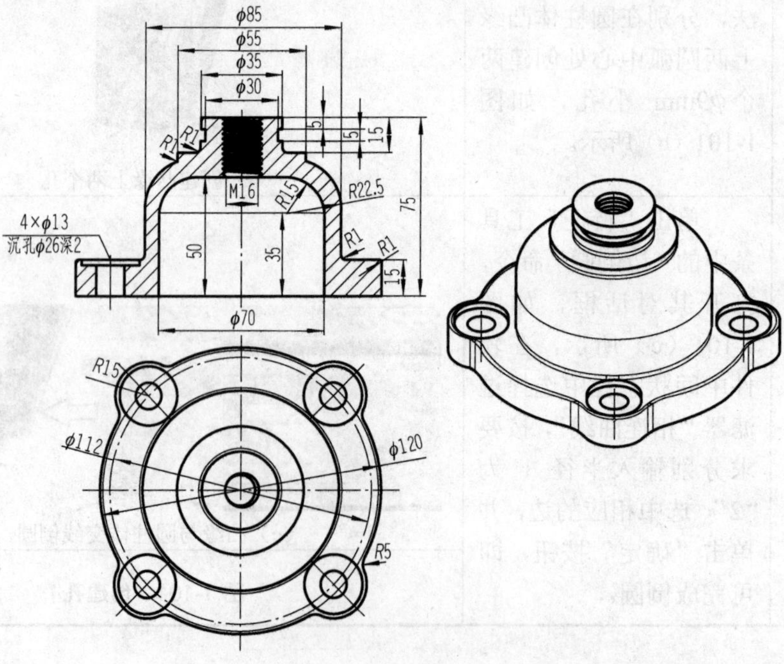

φ85
φ55
φ35
φ30
R1
R1
5
5
15
M16
R15
R22.5
75
4×φ13
沉孔φ26深2
50
35
R1
R1
15
φ70
R15
φ112
φ120
R5

图 1-103　泵盖

任务实施如下：

1. 新建文件

<table>
<tr><th colspan="2">实施步骤 1：新建文件</th></tr>
<tr><th>说　明</th><th>图　解</th></tr>
<tr><td rowspan="2">启动 UG NX 软件，输入文件名 benggai.prt，选择合适的文件夹，如图 1-104 所示，单击“确定”按钮，进入建模环境。</td><td>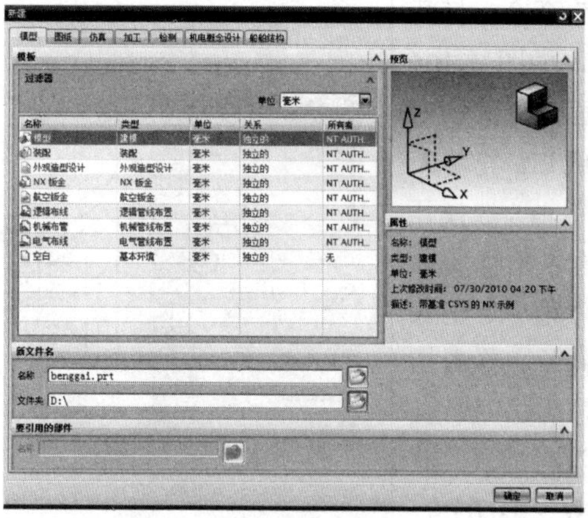
新建
benggai.prt
D:\</td></tr>
<tr><td>图 1-104　新建文件</td></tr>
</table>

2. 绘制泵盖回转截面曲线

<table>
<tr><th colspan="2">实施步骤 2：绘制泵盖回转截面曲线</th></tr>
<tr><th>说　明</th><th>图　解</th></tr>
<tr><td rowspan="2">单击“直接草图”工具条中的“草图”命令，打开“创建草图”对话框，如图 1-105 所示，选择基准坐标系“YOZ”基准面为草图平面，单击“确定”按钮，进入草图环境，默认“轮廓”命令，创建如图 1-105 所示泵盖回转截面草图曲线，单击“直接草图”工具条中的“完成草图”命令即可。</td><td>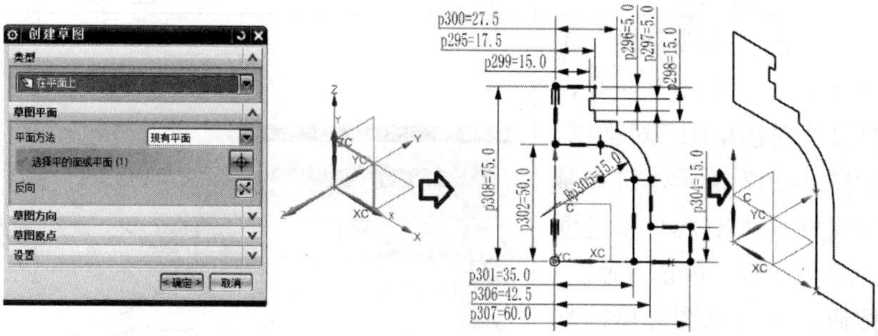
创建草图
类型
草图平面
平面方法
现有平面
反向
草图方向
草图原点
设置
确定
取消
p300=27.5
p295=17.5
p299=15.0
p296=5.0
p297=5.0
p298=15.0
p308=75.0
p302=50.0
p305=15.0
p304=15.0
p301=35.0
p306=42.5
p307=60.0
XC
YC</td></tr>
<tr><td>图 1-105　绘制泵盖回转截面曲线</td></tr>
</table>

3. 创建泵盖主体

实施步骤 3：创建泵盖主体	
说　明	图　解
单击“特征”工具条中的“回转”命令，打开其对话框，如图 1-106 所示。截面选择曲线为“草图曲线”，指定矢量为“ZC”轴，选择开始“值”、输入角度“0”、选择结束“值”、输入角度“360”，单击指定点“点对话框”按钮，打开“点”对话框，默认坐标参数（0,0,0），单击“确定”按钮，返回“回转”对话框，单击“确定”按钮，完成创建泵盖主体。	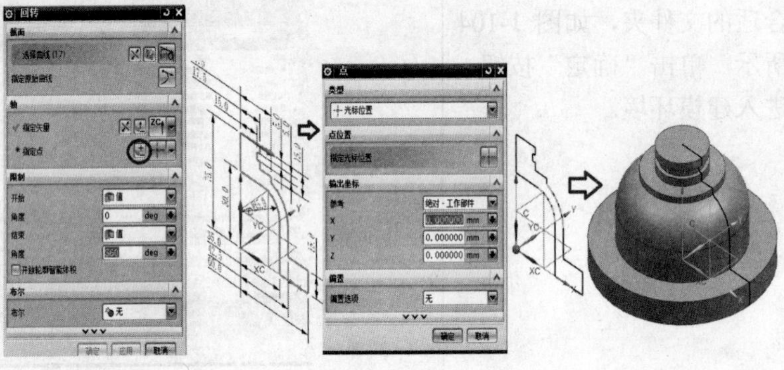 图 1-106　创建泵盖主体

4. 创建凸耳

1）绘制泵盖凸耳草图曲线

实施步骤 4：绘制泵盖凸耳草图曲线	
说　明	图　解
单击“直接草图”工具条中的“草图”命令，打开“创建草图”对话框，如图 1-107 所示，选择基准坐标系“XOY”基准面为草图平面，单击“确定”按钮，进入草图环境，默认“轮廓”命令，绘制如图 1-107 所示的凸耳草图曲线，单击“直接草图”工具条中的“完成草图”命令即可。	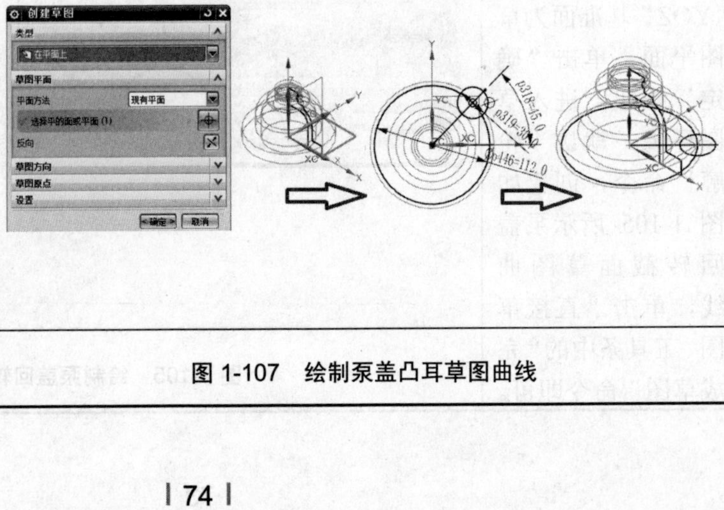 图 1-107　绘制泵盖凸耳草图曲线

2）拉伸创建凸耳基体

实施步骤 5：拉伸创建凸耳基体	
说　明	图　解
按 X 快捷键，打开“拉伸”对话框，如图 1-108 所示，选中草图中的圆曲线，设置开始与结束限制“值”、输入开始距离“0”、结束距离“15”，选择布尔操作“无”，其余参数默认，单击“确定”按钮，完成创建凸耳基体。	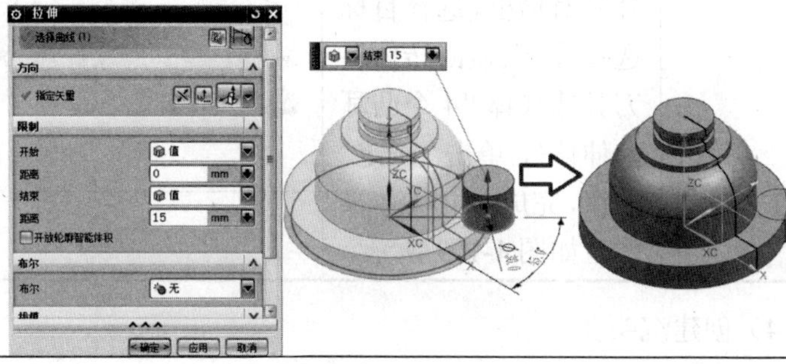拉伸 方向 指定矢量 限制 开始 值 距离 0 mm 结束 值 距离 15 mm 布尔 无 确定 应用 取消 结束 15 ZC XC 图 1-108　拉伸创建凸耳基体

3）阵列创建凸耳基体

实施步骤 6：阵列创建凸耳基体		
步骤	说　明	图　解
（1）阵列。	单击“特征”工具条中的“阵列特征”命令，打开其对话框，如图 1-109（a）所示，选择凸耳拉伸体为阵列特征，参数设置如下：布局“圆形”、阵列矢量“ZC”轴、间距“数量和节距”、数量“4”、节距角“90”，其余参数默认，最后，单击指定点“点对话框”按钮，打开“点”对话框，默认坐标参数（0,0,0），单击“确定”按钮，返回“阵列特征”对话框，单击“确定”按钮，完成阵列操作。	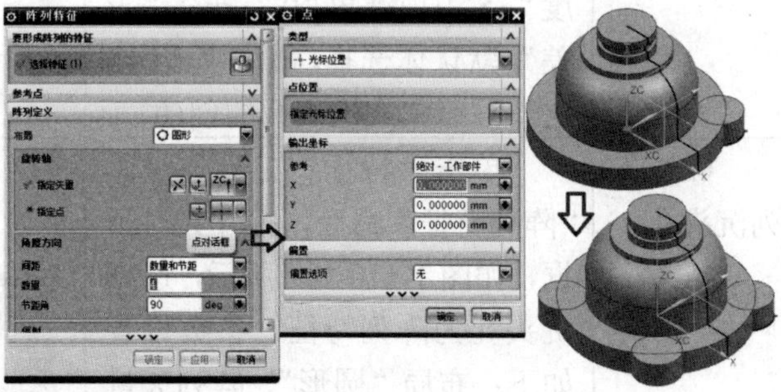阵列特征 点 圆形 数量和节距 90 deg 点对话框 光标位置 绝对 - 工作部件 0.000000 mm 确定 取消 ZC XC （a）阵列

步骤	说　明	图　解
（2）合并。	单击“特征”工具条中“求和”命令，打开其对话框，选择目标选择体“泵盖回转体”、刀具选择体“4 个凸耳拉伸体”，单击“确定”按钮，完成合并实体操作，如图 1-109 所示。	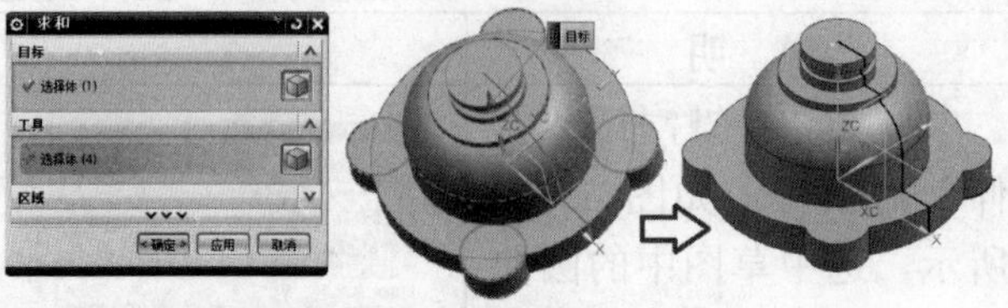 （b）合并 图 1-109　阵列创建凸耳基体

4）创建沉头孔

实施步骤 7：创建沉头孔		
步骤	说　明	图　解
（1）创建沉头孔。	单击“特征”工具条中的“孔”命令，打开其对话框，如图 1-110（a）所示，选择位置指定点为凸耳圆弧中心，参数设置如下：类型“常规孔”、孔方向“垂直于面”、成形“沉头孔”、选择“”，输入沉头直径“26”、沉头深度“2”、直径“13”、深度“15”、顶锥角“0”、布尔“求差”，默认体选择，最后单击“确定”按钮完成沉头孔的创建。	 （a）创建沉头孔
（2）阵列沉头孔。	单击“特征”工具条中的“阵列特征”命令，打开其对话框，如图 1-110（b）所示，选择沉头孔为阵列特征，参数设置如下：布局“圆形”、阵列矢量“ZC”轴、间距“数量和节距”、数量“4”、节距角“360/4”，其余参数默认，最后，单击指定点“点对话框”按钮，打开“点”对话框，默认坐标参数（0,0,0），单击“确定”按钮，返回“阵列特征”对话框，单击“确定”按钮，完成阵列操作。	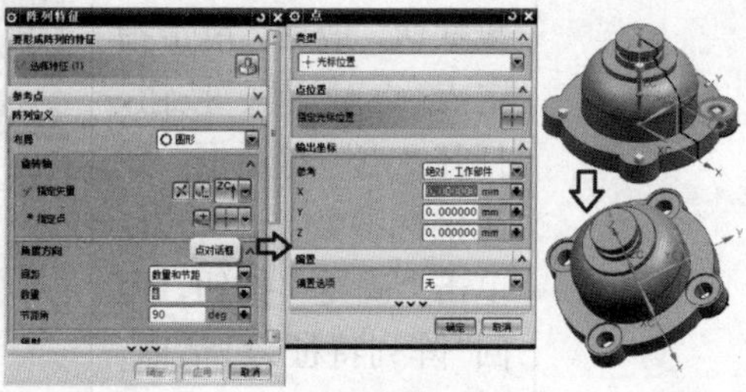 （b）阵列沉头孔 图 1-110　创建沉头孔

5. 创建螺纹

实施步骤8：创建螺纹		
步骤	说 明	图 解
（1）创建螺纹底孔。	单击“特征”工具条中的“孔”命令，打开其对话框，如图1-111（a）所示，参数设置如下：类型“常规孔”、孔方向“垂直于面”、成形“简单”、直径“13.835”、深度“25”、顶锥角“0”、布尔“求差”，默认体选择，最后，选择孔的中心位置为“泵体上面中心”，单击“确定”按钮，完成螺纹底孔创建。	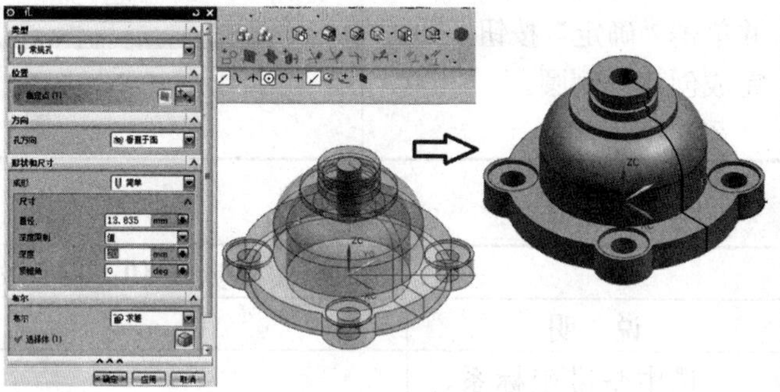 （a）创建螺纹底孔
（2）创建M16螺纹。	单击“特征”工具条中的“螺纹”命令，打开其对话框，选择螺纹类型为“详细”，输入大径“16”、长度“25”、螺距“2”、角度“60”、旋转“右手”，单击“确定”按钮，完成M16螺纹创建，如图1-111所示。	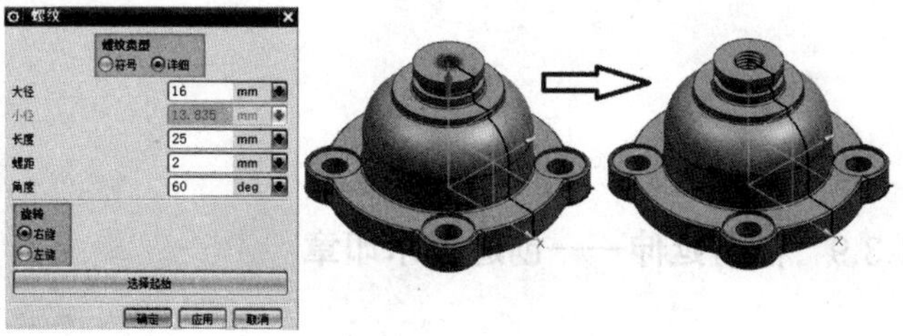 （b）创建M16螺纹 图1-111 创建螺纹

6. 创建边倒圆

实施步骤 9：创建边倒圆	
说　明	图　解
单击“特征”工具条中的“边倒圆”命令，打开其对话框，如图 1-112 所示，按要求分别输入半径 1 为“1”、“5”，选中相应的边，并单击“确定”按钮，即可完成创建边倒圆。	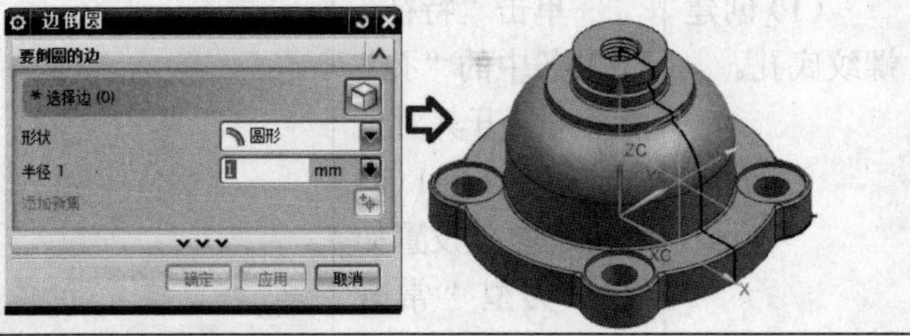边倒圆 要倒圆的边 * 选择边 (0) 形状 圆形 半径 1 mm 添加新集 确定 应用 取消 ZC XC 图 1-112　创建边倒圆

7. 保存文件

实施步骤 10：保存文件	
说　明	图　解
选中基准坐标系、草图曲线并按 Ctrl+B 快捷键，即可隐藏选中目标，显示如图 1-113 所效果，单击“保存”命令，完成螺杆创建。	 图 1-113　泵盖效果图　　138　泵盖

1.3.9　任务延伸——创建艺术印章

任务描述：艺术印章如图 1-114 所示，尺寸自拟，试创建其模型。

图 1-114　艺术印章

任务实施如下：

1. 新建文件

实施步骤1：新建文件	
说　明	图　解
启动 UG NX 软件，输入文件名 ysyz.prt，选择合适的文件夹，如图 1-115 所示，单击“确定”按钮，进入建模环境。	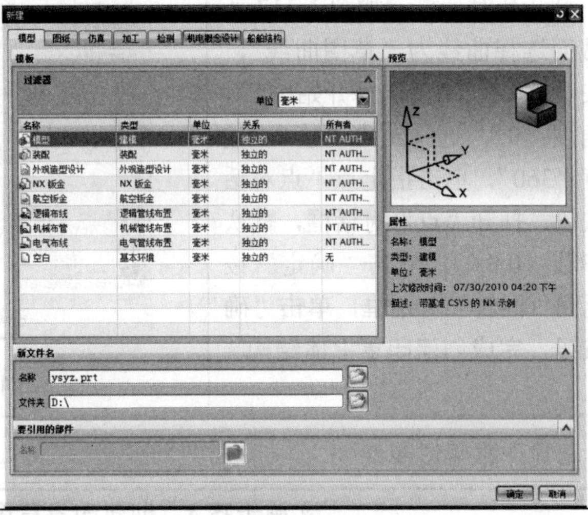新建 模型 图纸 仿真 加工 检测 机电概念设计 船舶结构 模板 过滤器 单位 毫米 名称 类型 单位 关系 所有者 模型 建模 毫米 独立的 NT AUTH... 装配 装配 毫米 独立的 NT AUTH... 外观造型设计 外观造型设计 毫米 独立的 NT AUTH... NX 钣金 NX 钣金 毫米 独立的 NT AUTH... 航空钣金 航空钣金 毫米 独立的 NT AUTH... 逻辑布线 逻辑管线布置 毫米 独立的 NT AUTH... 机械布管 机械管线布置 毫米 独立的 NT AUTH... 电气布线 电气管线布置 毫米 独立的 NT AUTH... 空白 基本环境 毫米 独立的 无 预览 属性 名称：模型 类型：建模 单位：毫米 上次修改时间：07/30/2010 04:20 下午 描述：带基准 CSYS 的 NX 示例 新文件名 名称 ysyz.prt 文件夹 D:\ 要引用的部件 确定 取消
	图 1-115　新建文件

2. 绘制印章回转截面曲线

实施步骤2：绘制印章回转截面曲线	
说　明	图　解
单击“直接草图”工具条中的“草图”命令，打开“创建草图”对话框，如图 1-116 所示，选择基准坐标系“YOZ”基准面为草图平面，单击“确定”按钮，进入草图环境，默认“轮廓”命令，创建如图 1-116 所示泵盖回转截面草图曲线，单击“直接草图”工具条中的“完成草图”命令即可。	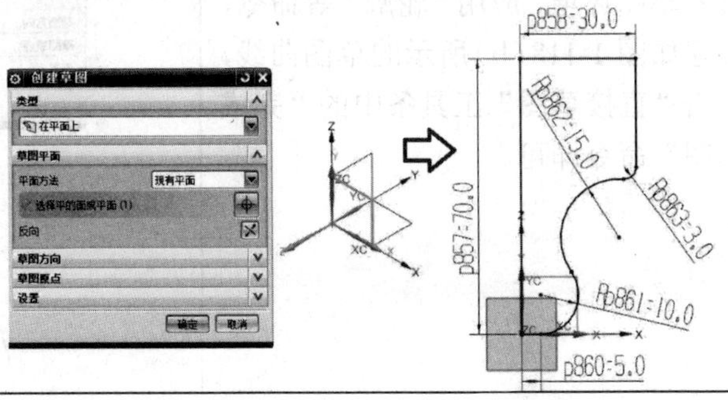创建草图 类型 在平面上 草图平面 平面方法 现有平面 选择平的面或平面 (1) 反向 草图方向 草图原点 设置 确定 取消 p858=30.0 Rp862=15.0 Rp863=3.0 p857=70.0 Rp861=10.0 p860=5.0
	图 1-116　绘制印章回转截面曲线

3. 创建印章主体结构

实施步骤 3：创建印章主体结构	
说　明	**图　解**
单击“特征”工具条中的“回转”命令，打开其对话框，如图 1-117 所示。截面选择曲线为“草图曲线”，指定矢量为“ZC”轴，选择开始“值”，输入角度“0”，选择结束“值”，输入角度“360”，单击指定点“点对话框”按钮，打开“点”对话框，默认坐标参数（0,0,0），单击“确定”按钮，返回“回转”对话框，单击“确定”按钮，完成创建印章主体结构。	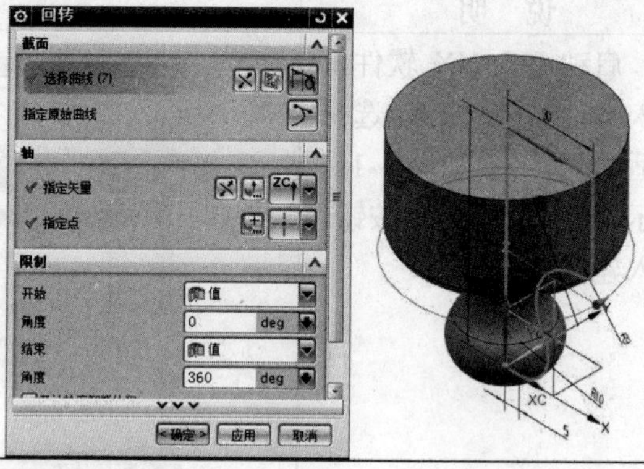回转 截面 选择曲线 (7) 指定原始曲线 轴 指定矢量 指定点 限制 开始 值 角度 0 deg 结束 值 角度 360 deg 确定 应用 取消 XC X 图 1-117　创建印章主体结构

4. 创建印章草图曲线

实施步骤 4：创建印章草图曲线	
说　明	**图　解**
单击“直接草图”工具条中的“草图”命令，打开“创建草图”对话框，如图 1-118（a）所示，选择印章上表面为草图平面，单击“确定”按钮，进入草图环境，应用“轮廓”等命令，创建如图 1-118（b）所示的草图曲线，单击“直接草图”工具条中的“完成草图”命令即可。	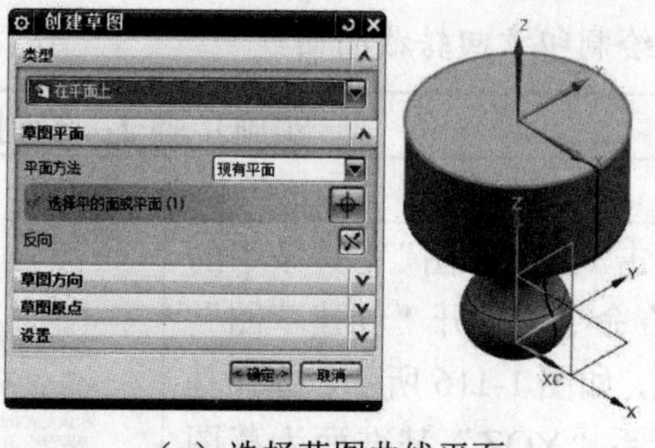创建草图 类型 在平面上 草图平面 平面方法 现有平面 选择平的面或平面 (1) 反向 草图方向 草图原点 设置 确定 取消 Z Y XC X （a）选择草图曲线平面 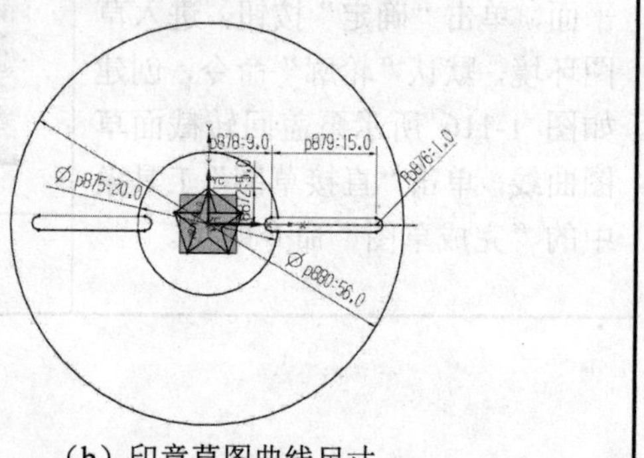p878:9.0 p879:15.0 p876:1.0 Ø p875:20.0 Ø p880:56.0 （b）印章草图曲线尺寸 图 1-118　创建印章草图曲线

5. 创建印章文字

<table>
<tr><th colspan="2">实施步骤5：创建印章文字</th></tr>
<tr><th>说　明</th><th>图　解</th></tr>
<tr><td>单击“曲线”工具条中的“文字”命令，打开“文本”对话框，如图 1-119（a）所示，选择类型为“在曲线上”，线型为“楷体”，其余参数默认，选择上方半圆弧左侧端点为起点，单击“反向”按钮，并调整合适字体大小与位置，单击“确定”按钮即可完成反向文字 1 创建。采用相同的方法创建反向文字 2，创建效果如图 1-119（b）所示。</td><td>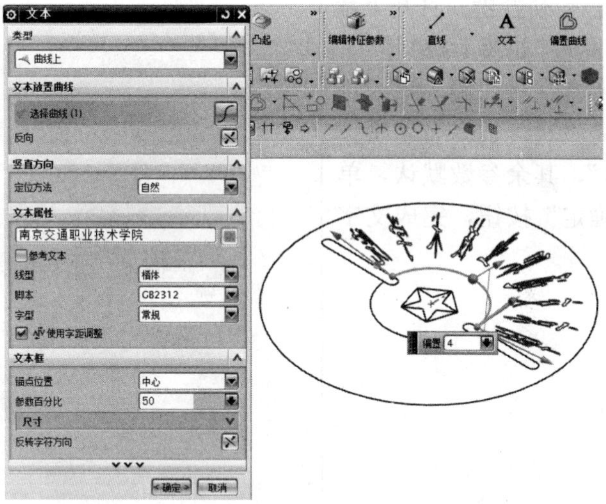
文本
类型
曲线上
文本放置曲线
选择曲线 (1)
反向
竖直方向
定位方法
自然
文本属性
南京交通职业技术学院
参考文本
线型
楷体
脚本
GB2312
字型
常规
使用字距调整
文本框
锚点位置
中心
参数百分比
50
尺寸
反转字符方向
确定
取消
凸起
编辑特征参数
直线
文本
偏置曲线
偏置 4
（a）创建反向文字 1

文本
类型
曲线上
文本放置曲线
选择曲线 (1)
反向
竖直方向
定位方法
自然
文本属性
机电工程学院
参考文本
线型
楷体
脚本
GB2312
字型
常规
使用字距调整
文本框
锚点位置
中心
参数百分比
50
尺寸
反转字符方向
确定
取消
凸起
编辑特征参数
直线
文本
偏置曲线
偏置 -13.5
（b）创建反向文字 2

图 1-119　创建印章文字</td></tr>
</table>

6. 创建印章文字拉伸

<table>
<tr><th colspan="2">实施步骤 6：创建印章文字拉伸</th></tr>
<tr><th>说　明</th><th>图　解</th></tr>
<tr><td>按 X 快捷键，打开“拉伸”对话框，如图 1-120 所示，选中所有文字曲线，输入结束距离“2”，选择布尔操作“求和”，其余参数默认，单击“确定”按钮，完成文字拉伸。</td><td>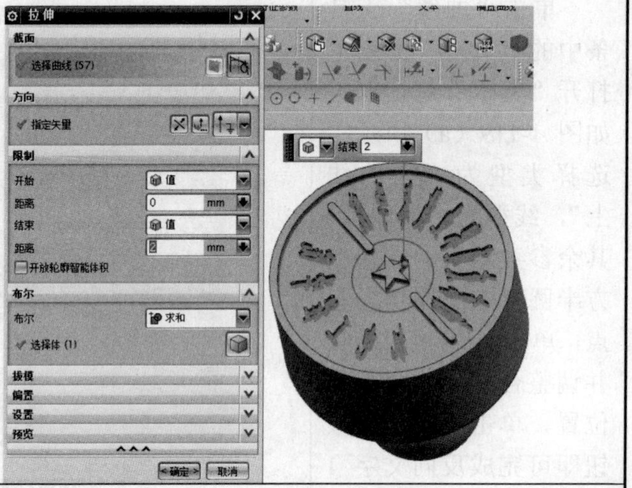
拉伸
截面
选择曲线 (57)
方向
指定矢量
限制
开始
值
距离
0
mm
结束
值
距离
2
mm
开放轮廓智能体积
布尔
布尔
求和
选择体 (1)
拔模
偏置
设置
预览
<确定>
取消
结束
2
图 1-120　创建印章文字拉伸</td></tr>
</table>

7. 创建印章其余部分拉伸结构

<table>
<tr><th colspan="2">实施步骤 7：创建印章其余部分拉伸结构</th></tr>
<tr><th>说　明</th><th>图　解</th></tr>
<tr><td>按 X 快捷键，打开“拉伸”对话框，如图 1-121 所示，选中印章剩余部分曲线，输入结束距离“2”，选择布尔操作“求和”，其余参数默认，单击“确定”按钮，完成印章其余部分拉伸结构创建。</td><td>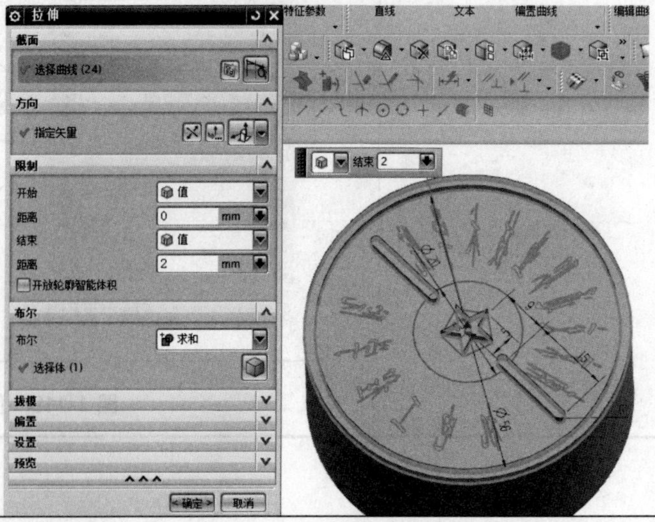
拉伸
截面
选择曲线 (24)
方向
指定矢量
限制
开始
值
距离
0
mm
结束
值
距离
2
mm
开放轮廓智能体积
布尔
布尔
求和
选择体 (1)
拔模
偏置
设置
预览
<确定>
取消
特征参数
直线
文本
偏置曲线
结束
2
图 1-121　创建印章其余部分拉伸结构</td></tr>
</table>

8. 修改颜色显示

实施步骤 8：修改颜色显示	
说　明	图　解
选中基准坐标系、所有曲线并按 Ctrl+B 快捷键，即可隐藏选中目标，显示如图 1-122（a）所示的效果。最后，选中印章模型，并按 Ctrl+J 快捷键，打开“编辑对象显示”对话框，单击“颜色条”命令，打开“颜色”对话框，选择“红色”，单击“确定”按钮，返回“编辑对象显示”对话框，再次单击“确定”按钮，完成如图 1-122（b）所示的效果。	 （a）隐藏曲线后的效果　　（b）修改颜色 图 1-122　修改颜色显示

9. 创建抽取面

实施步骤 9：创建抽取面	
说　明	图　解
单击“特征”工具条中的“抽取几何体”命令，打开其对话框，如图 1-123 所示，选择印章上部所有的面，并单击“确定”按钮，即可完成抽取面。	抽取几何体 类型 面 面选项 单个面 应用 取消 图 1-123　创建抽取面

10. 创建偏置面

实施步骤 10：创建偏置面	
说　明	图　解
单击“特征”工具条中的“偏置曲面”命令，打开其对话框，如图 1-124（a）所示，输入偏置 1 为“30”，选中所有偏置面，单击“确定”按钮，即可完成创建偏	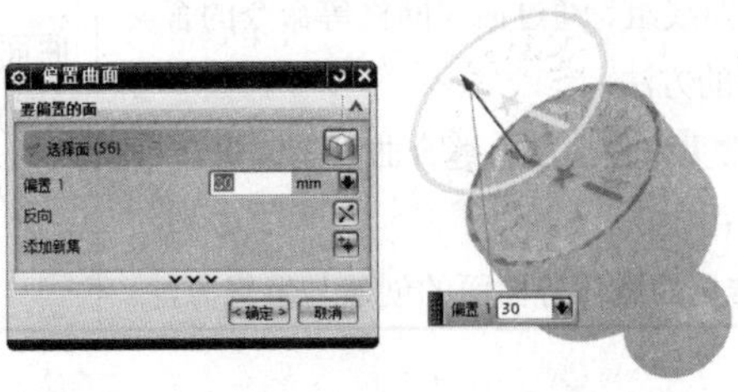偏置曲面 要偏置的面 选择面 (56) 偏置 1 mm 反向 添加新集 确定 取消 偏置 1 30 （a）偏置曲面

置面。最后编辑偏置面为红色，显示效果如图 1-124（b）所示。 139　艺术印章	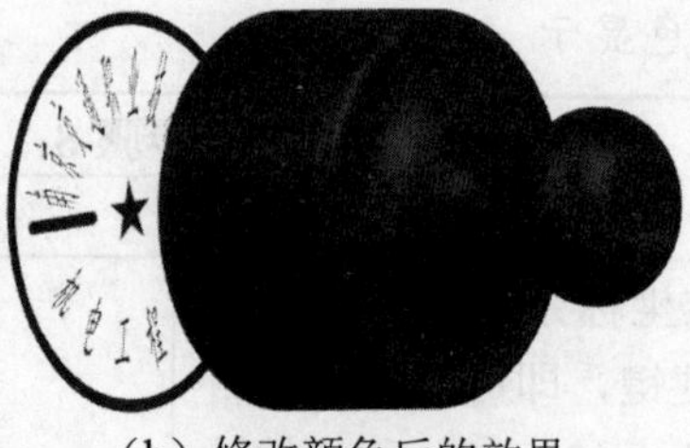 （b）修改颜色后的效果 图 1-124　创建偏置面

11. 渲染效果

实施步骤 11：渲染效果	
说　明	图　解
单击“可视化形状”工具条中的“高质量图像”命令，打开其对话框，单击“开始着色”按钮，即可完成渲染，效果如图 1-125 所示。	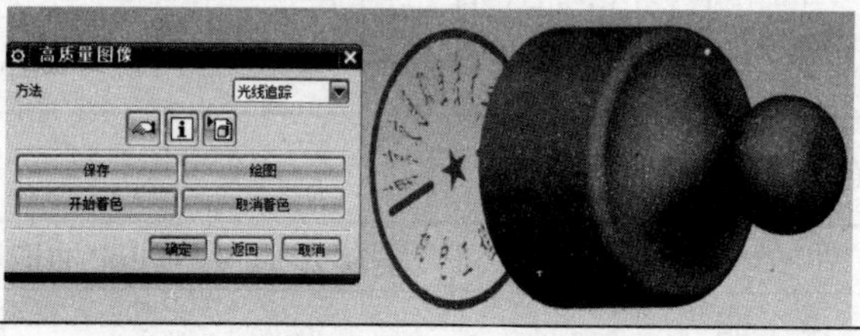 高质量图像 方法 光线追踪 保存 绘图 开始着色 取消着色 确定 返回 取消 图 1-125　渲染效果

任务 1.4　曲　　面

知识目标	能力目标
（1）掌握曲面常用工具条等命令的查找与设置方法； （2）了解片体、实体的首选项设置与片体转换为实体的方法； （3）掌握有界平面、拉伸、旋转、扫掠、直纹曲面、通过曲线组、通过曲线网格等命令的含义与创建曲面的方法； （4）掌握常见修剪曲面、缝合曲面等编辑命令的含义及使用方法； （5）掌握常见的瓶体等曲面的创建与编辑方法。	（1）会查找与设置曲面常用工具条等命令； （2）会设置片体、实体的首选项设置并能对片体进行加厚创建实体； （3）能熟练应用有界平面、拉伸、旋转、扫掠、直纹曲面、通过曲线组、通过曲线网格等命令创建曲面； （4）会使用修剪曲面、缝合曲面等命令进行曲面编辑； （5）能够综合应用曲面有关工具创建瓶体等曲面模型。

1.4.1 任务导入——创建五角星片体

任务描述：创建如图 1-126 所示的五角星片体模型。

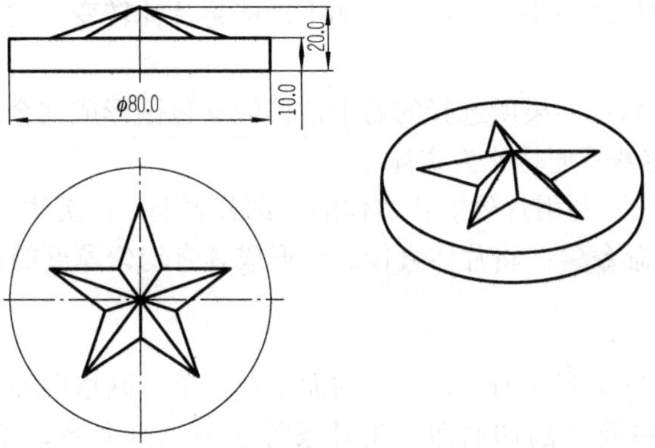
20.0
φ80.0
10.0

图 1-126 五角星片体

1.4.2 知识链接

1. 创建曲面

1）设置首选项

单击菜单栏中的“首选项”命令，打开“建模首选项”对话框，如图 1-127 所示，设置体类型为“片体”，单击“确定”按钮，即可完成设置。当通过拉伸等方法创建曲面时，可以拉伸等对话框中将体类型选为片体即可。

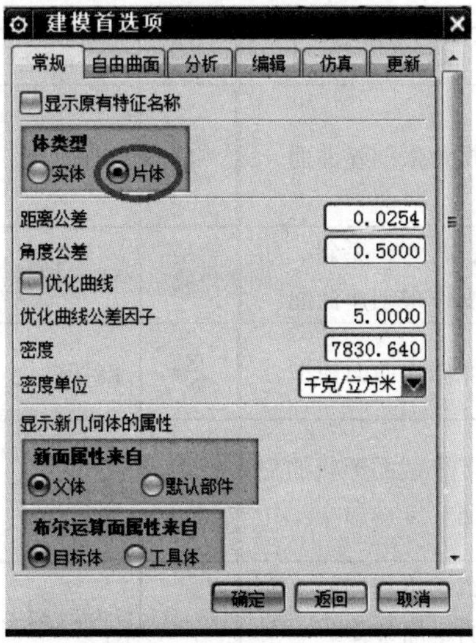
建模首选项
常规
自由曲面
分析
编辑
仿真
更新
显示原有特征名称
体类型
实体
片体
距离公差
0.0254
角度公差
0.5000
优化曲线
优化曲线公差因子
5.0000
密度
7830.640
密度单位
千克/立方米
显示新几何体的属性
新面属性来自
父体
默认部件
布尔运算面属性来自
目标体
工具体
确定
返回
取消

图 1-127 建模首选项设置

2）创建曲面的方法

在 UG NX 软件建模环境中，创建曲面通常有拉伸、回转、扫掠等方式形成规律片体；另一种是直接应用曲面工具条中的工具直接创建曲面。

3）片体转换为实体

在 UG NX 软件建模环境中，可以通过如下功能将片体转变为实体，最终可以创建具有自由形状的实体模型。

（1）“缝合”命令：如果所选择的若干片体能够包围形成完全封闭的“容器”，则一旦缝合这些片体，“容器”便转化为实体。

（2）“修补”命令：利用片体取代实体的一部分表面，在实体上形成自由形状的表面。

（3）“加厚片体”命令：将片体直接加厚形成具有均匀厚度的自由形状的壳体。

2. 曲面工具

“曲面”工具条如图 1-128 所示，包含曲面下拉菜单、网格曲面下拉菜单、扫掠下拉菜单、弯边曲面下拉菜单及“剖切曲面”工具条等曲面工具命令，工具条中命令的含义见表 1-9。

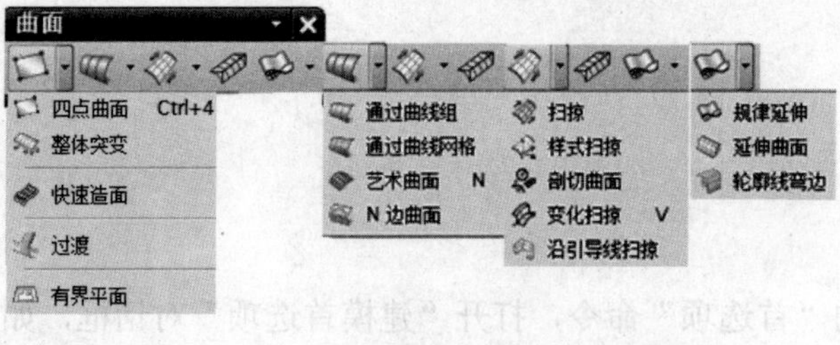
曲面
四点曲面 Ctrl+4
整体突变
快速造面
过渡
有界平面
通过曲线组
通过曲线网格
艺术曲面 N
N 边曲面
扫掠
样式扫掠
剖切曲面
变化扫掠 V
沿引导线扫掠
规律延伸
延伸曲面
轮廓线弯边

图 1-128 “曲面”工具条及下拉菜单

表 1-9 实用工具条按钮的功能含义

按钮	命令	功能	按钮	命令	功能
	四点曲面	通过 4 个拐角来创建曲面		扫掠	通过沿一条或多条引导线扫掠截面来创建体，使用各种方法控制沿着引导线的形状
	整体突变	通过拉长、折弯、歪斜、扭转和移位操作来创建曲面		样式扫掠	从一组曲线创建一个精确、光滑的 A 级曲面
	快速造面	从小平面体创建曲面模型		剖切曲面	用二次曲线构造技法定义的截面创建体
	过渡	在两个或多个截面形状的交点创建特征		变化扫掠	通过沿路径扫掠横截面来创建体，此时横截面的选择沿路径改变
	有界平面	创建由一组端点相连的平面曲线封闭的平面片体		沿导线扫掠	通过沿引导线扫掠横截面来创建体

续表

按钮	命令	功能	按钮	命令	功能
	通过曲线组	通过多个截面创建体，此时直纹形状改变以穿过整个截面		规律延伸	动态的或基于距离和角度的规律，从基本片体创建一个规律控制的延伸
	通过曲线网格	通过一个方向的截面网格和另一方向的引导线创建体，此时直纹形状匹配曲线网格		延伸曲面	从基本片体创建延伸片体
	艺术曲面	用任意数量的截面和引导线串创建曲面		轮廓线弯边	创建具备光顺边细节、最优化外观选择和和斜率连续性的A级曲面
	N边曲面	创建由一组端点相连的曲线封闭的曲面		“剖切曲面”工具条	通过各种不同形式的方法来创建截面

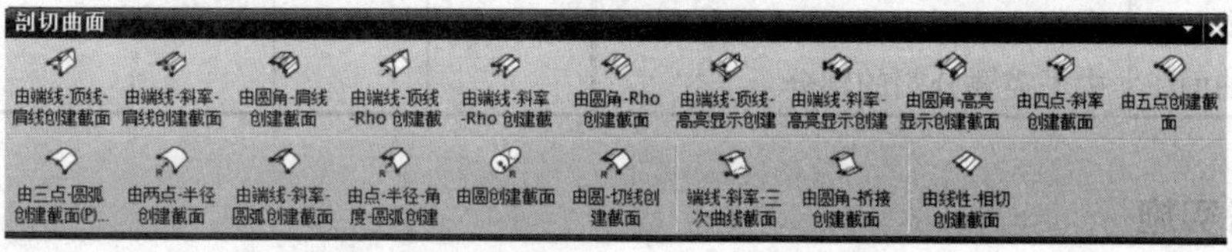
剖切曲面
由端线-顶线-肩线创建截面
由端线-斜率-肩线创建截面
由圆角-肩线创建截面
由端线-顶线-Rho 创建截
由端线-斜率-Rho 创建截
由圆角-Rho 创建截面
由端线-顶线-高亮显示创建
由端线-斜率-高亮显示创建
由圆角-高亮显示创建截面
由四点-斜率创建截面
由五点创建截面
由三点-圆弧创建截面(P)...
由两点-半径创建截面
由端线-斜率-圆弧创建截面
由点-半径-角度-圆弧创建
由圆创建截面
由圆-切线创建截面
端线-斜率-三次曲线截面
由圆角-桥接创建截面
由线性-相切创建截面

3. 曲面编辑工具

“编辑曲面”工具条如图 1-129 所示，包含了极点编辑下拉菜单、整修下拉菜单，还有整体变形、全局变形、剪断曲面、扩大、边界、更改边、光顺极点、法向反向等编辑曲面工具命令，工具条中命令的含义见表 1-10。

编辑曲面
X 成形
整体变形
全局变形
剪断曲面
扩大
边界
更改边
整修面
光顺极点
法向反向
X 成形
I 成形
匹配边
边对称
使曲面变形
变换曲面
整修面
更改阶次
更改刚度

图 1-129 “曲面”工具条及下拉菜单

表 1-10 曲面编辑工具条按钮的功能含义

按钮	命令	功能	按钮	命令	功能
	X 成形	编辑样条和曲面的极点与点		扩大	更改未修剪的片体或面的大小
	I 成形	通过编辑等参数曲线来动态修改面		边界	修改或替换曲面边界
	匹配边	修改曲面，使其与参考对象的共有边界几何连续		更改边	用各种方法（如匹配曲线或体）修改曲面边

续表

按钮	命令	功能	按钮	命令	功能
	边对称	修改曲面，使之与其关于某个平面的镜像图像实现几何连续		整修面	改进面的外观，同时保留原先几何体的紧公差
	使曲面变形	通过拉长、折弯、歪斜、扭转和移位操作动态修改曲面		更改节次	更改曲面的阶次
	变换曲面	动态缩放、旋转或平移曲面		更改刚度	通过更改曲面阶次，修改曲面形状
	整体变形	使用由函数、曲线或曲面定义的规律使曲面区域变形		光顺极点	通过计算选定极点对于周围曲面的恰当位置，修改极点分布
	全局变形	在保留其连续性与拓扑时，在其变形区或补偿位置创建片体		法向反向	反转片体的曲面法向
	剪断曲面	在指定点分割曲面或间断曲面中不需要分割的部分			

1.4.3 任务实施

1. 新建文件

实施步骤 1：新建文件	
说　明	图　解
启动 UG NX 软件，输入文件名 wujiaoxing.prt，选择合适的文件夹，如图 1-130 所示，单击“确定”按钮，进入建模环境。	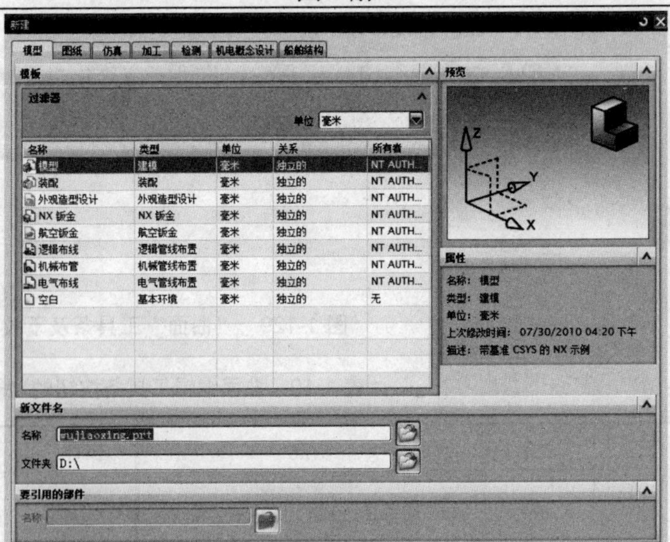新建 模型 图纸 仿真 加工 检测 机电概念设计 船舶结构 模板 过滤器 单位 毫米 名称 类型 单位 关系 所有者 模型 建模 装配 外观造型设计 NX 钣金 航空钣金 逻辑布线 机械布管 电气布线 空白 基本环境 预览 属性 名称：模型 类型：建模 单位：毫米 上次修改时间：07/30/2010 04:20 下午 描述：带基准 CSYS 的 NX 示例 新文件名 名称 wujiaoxing.prt 文件夹 D:\ 要引用的部件 确定 取消 图 1-130　新建文件

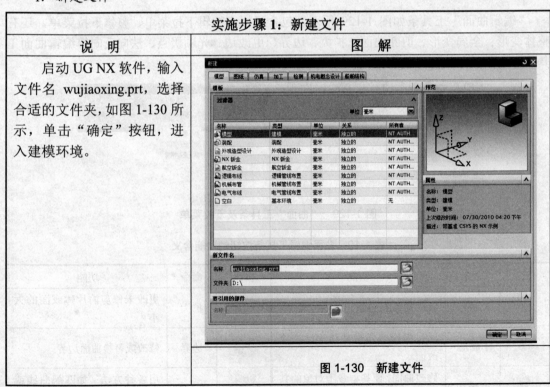

2. 创建曲线圆

实施步骤2：创建曲线圆	
说 明	图 解
单击“曲线”工具条中的“圆弧/圆”命令，打开其对话框，如图 1-131 所示，类型选择“从中心开始的圆弧/圆”，限制勾选“整圆”，中心点选择坐标原点、输入半径大小“40”，单击“确定”按钮，完成 *R*40mm 圆的绘制。	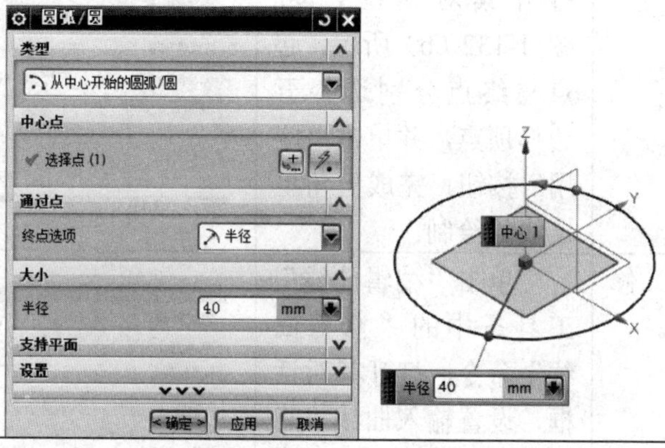 圆弧/圆 类型 从中心开始的圆弧/圆 中心点 选择点 (1) 通过点 终点选项 半径 大小 半径 40 mm 支持平面 设置 <确定> 应用 取消 中心 1 半径 40 mm Z Y X 图 1-131 创建曲线圆

3. 创建五角星曲线

实施步骤3：创建五角星曲线		
步骤	说 明	图 解
(1) 创建正五边形。	单击“曲线”工具条中的“多边形”命令，打开其对话框，如图 1-132 (a) 所示，输入边数“5”，单击“确定”按钮，打开“多边形”创建方式选择对话框，单击“外接圆半径”按钮，打开“多边形”参数对话框，输入圆半径“30”、方位角“90”，单击“确定”按钮，打开“点”选择对话框，默认坐标（0,0,0），单击“确定”按钮，完成正五边形创建。	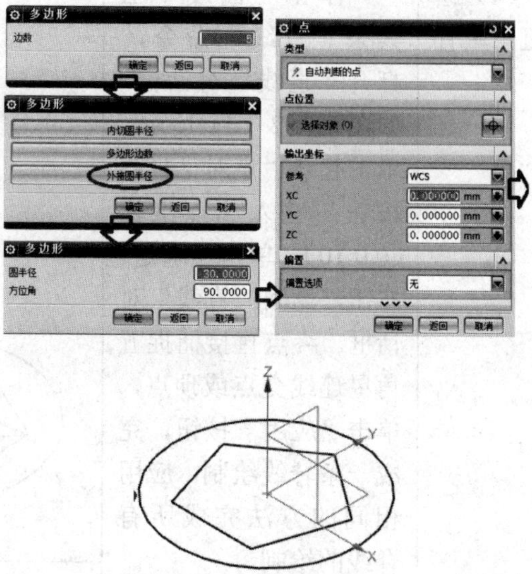 多边形 边数 确定 返回 取消 多边形 内切圆半径 多边形边数 外接圆半径 多边形 圆半径 30.0000 方位角 90.0000 点 类型 自动判断的点 点位置 选择对象 (0) 输出坐标 参考 WCS XC 0.000000 YC 0.000000 ZC 0.000000 偏置 偏置选项 无 Z Y X (a) 创建正五边形

步骤	说　明	图　解
（2）五角星连线。	单击“曲线”工具条中的“直线”命令，打开其对话框，如图 1-132（b）所示，起点与终点分别选择五边形顶点，并单击“应用”按钮，完成五角星连线的绘制。	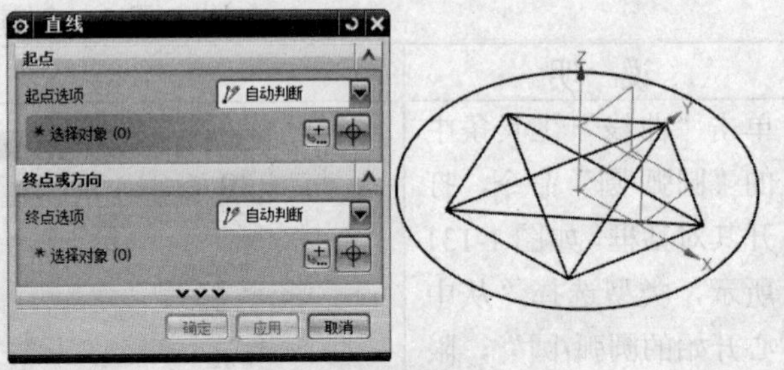 直线 起点 起点选项 自动判断 选择对象 (0) 终点或方向 终点选项 自动判断 选择对象 (0) 确定 应用 取消 （b）五角星连线
（3）修剪直线。	单击“编辑曲线”工具条中的“修剪曲线”命令，打开其对话框，设置输入曲线“隐藏”，选择要修剪部分的线段，以两侧五角星对角线做边界，单击“应用”按钮即可完成修剪五角星连线，如图 1-132（c）所示。	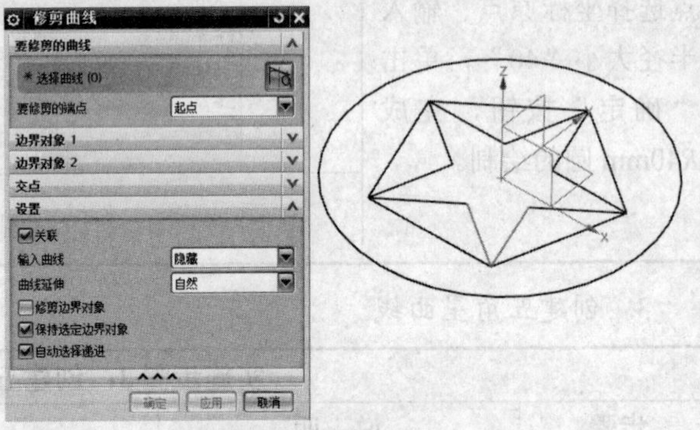 修剪曲线 要修剪的曲线 选择曲线 (0) 要修剪的端点 起点 边界对象 1 边界对象 2 交点 设置 关联 输入曲线 隐藏 曲线延伸 自然 修剪边界对象 保持选定边界对象 自动选择递进 确定 应用 取消 （c）修剪直线
（4）绘制五角星脊线。	单击“曲线”工具条“直线”命令，打开“直线”对话框，如图 1-132（d）所示，单击起点“点对话框”按钮，输入起点坐标（0,0,10），单击“确定”按钮，返回“直线”对话框。终点直接捕捉五角星连线交点或顶点，单击“应用”按钮，完成一条脊线绘制。应用相同的方法完成所有脊线的绘制。	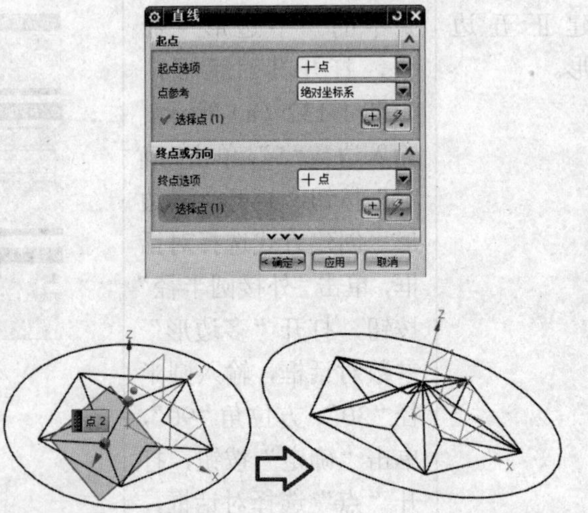 直线 起点 起点选项 十点 点参考 绝对坐标系 选择点 (1) 终点或方向 终点选项 十点 选择点 (1) 确定 应用 取消 点 2 （d）绘制五角星脊线 图 1-132　创建五角星曲线

4. 创建有界平面

实施步骤 4：创建有界平面	
说 明	图 解
单击“曲面”工具条中的“有界平面”命令，打开其对话框，如图 1-133 所示，选中五角星中形成封闭区域的所有连线，单击“应用”按钮即可创建一个有界平面。采取相同的方法创建所有面片（创建五角星周围片体时，边界是由圆、五角星连线修剪后的 10 条边构成的）。	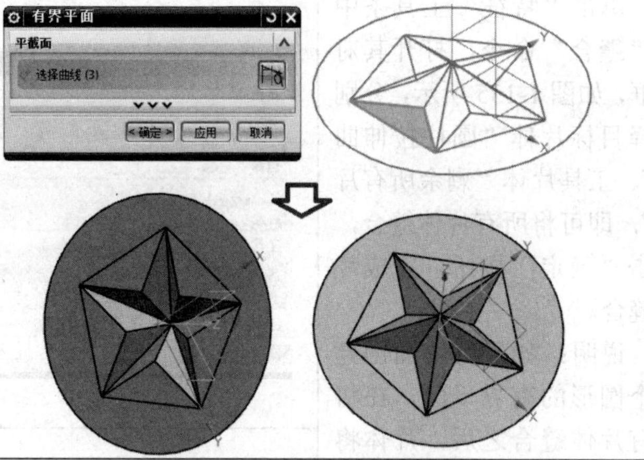有界平面 平截面 选择曲线 (3) <确定> 应用 取消 图 1-133 创建有界平面

5. 创建拉伸圆柱曲面

实施步骤 5：创建拉伸圆柱曲面	
说 明	图 解
按 X 快捷键，打开“拉伸”对话框，如图 1-134 所示，选中正六边形的六条边，输入开始距离“0”、结束距离“10”，单击指定矢量“反向”按钮，其余默认，单击“确定”按钮，完成拉伸圆柱曲面创建。	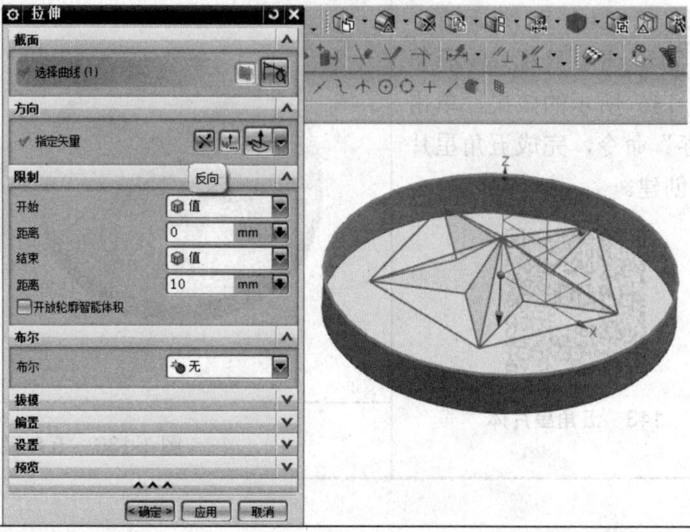拉伸 截面 选择曲线 (1) 方向 指定矢量 反向 限制 开始 值 距离 0 mm 结束 值 距离 10 mm 开放轮廓智能体积 布尔 布尔 无 拔模 偏置 设置 预览 <确定> 应用 取消 图 1-134 创建拉伸圆柱曲面

6. 缝合片体

实施步骤 6：缝合片体	
说 明	图 解
单击“特征”工具条中的“缝合”命令，打开其对话框，如图 1-135 所示，分别选择目标片体“圆柱拉伸曲面”、工具片体“剩余所有片体”，即可将所有片体缝合，单击“确定”按钮，完成片体缝合。 说明：如果将底面创建一个圆形的有界平面，在将所有片体缝合之后，片体将转换成实体。	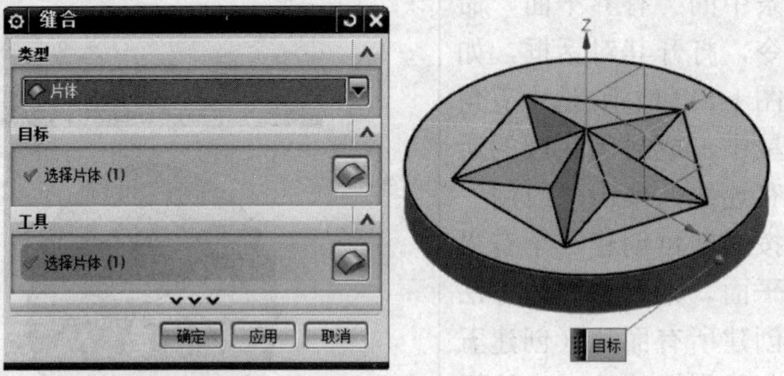 缝合 类型 片体 目标 选择片体 (1) 工具 选择片体 (1) 确定 应用 取消 目标 图 1-135　缝合片体

7. 保存文件

实施步骤 7：保存文件	
说 明	图 解
选中基准坐标系、所有曲线并按 Ctrl+B 快捷键，即可隐藏选中目标，显示如图 1-136 所示的效果，单击“保存”命令，完成五角星片体的创建。 143　五角星片体	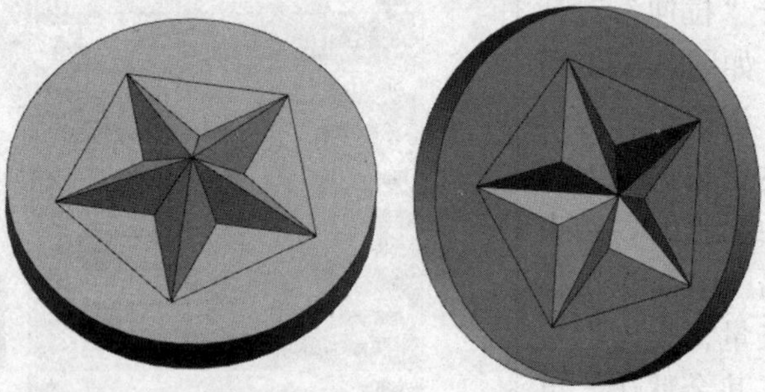 图 1-136　五角星片体效果图

1.4.4　任务延伸——创建茶壶

任务描述： 创建如图 1-137 所示的茶壶实体造型。

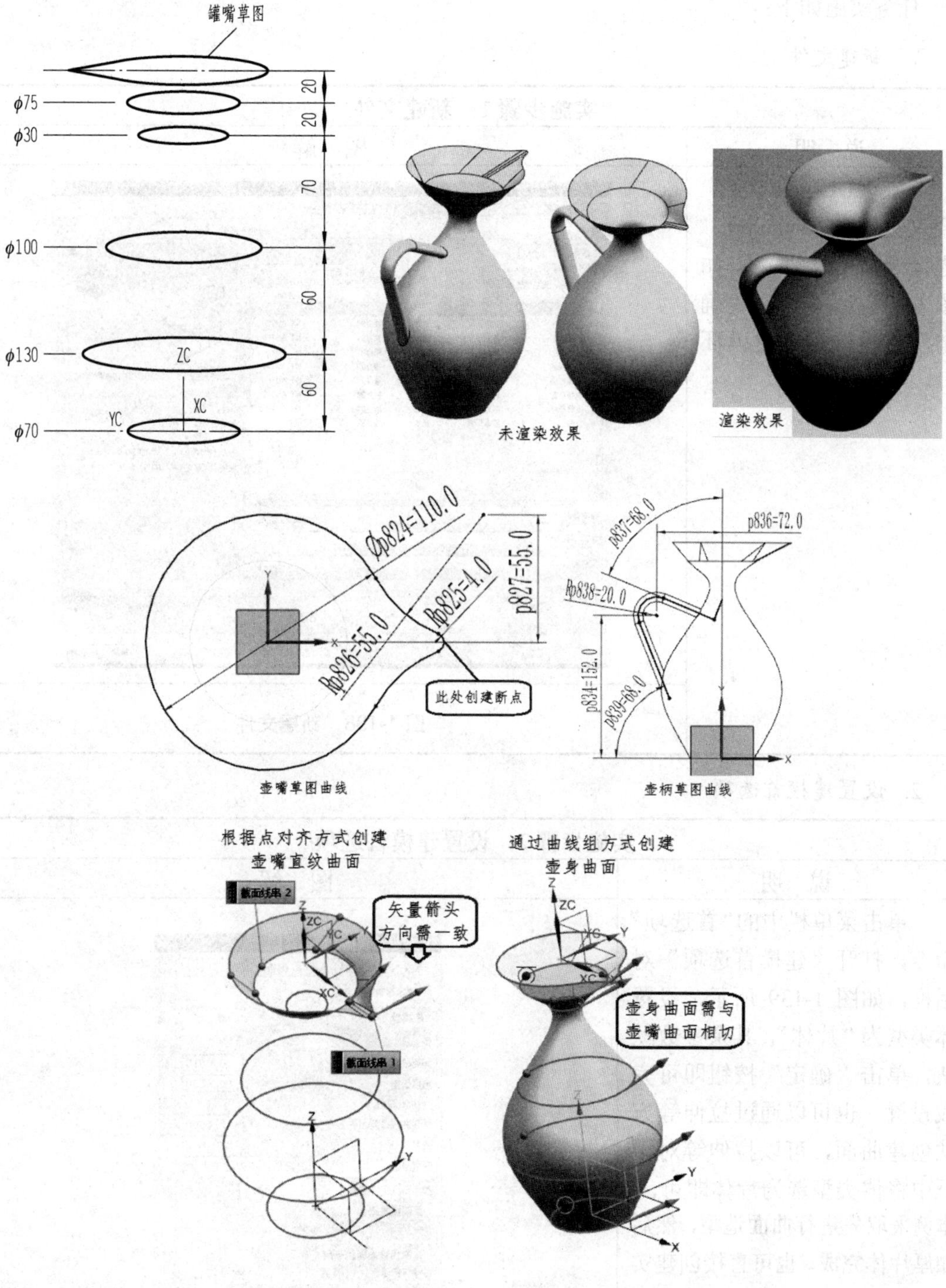

罐嘴草图
φ75
φ30
φ100
φ130
φ70
20
20
70
60
60
ZC
XC
YC
未渲染效果
渲染效果
Φp824=110.0
Rp825=4.0
p827=55.0
Rp826=55.0
此处创建断点
壶嘴草图曲线
p837=68.0
p836=72.0
Rp838=20.0
p834=152.0
p839=68.0
壶柄草图曲线
根据点对齐方式创建
壶嘴直纹曲面
截面线串 2
截面线串 1
矢量箭头
方向需一致
通过曲线组方式创建
壶身曲面
壶身曲面需与
壶嘴曲面相切

图 1-137　茶壶造型

任务实施如下：

1. 新建文件

实施步骤 1：新建文件	
说　明	图　解
启动 UG NX 软件，输入文件名 chahu.prt，选择合适的文件夹，如图 1-138 所示，单击“确定”按钮，进入建模环境。	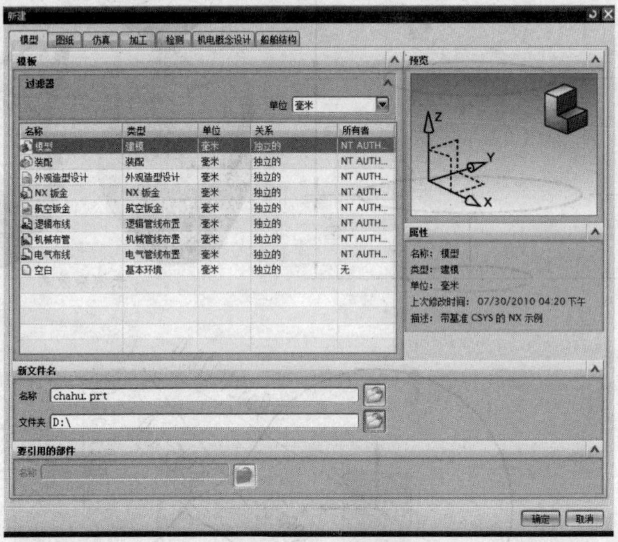新建 模型 图纸 仿真 加工 检测 机电概念设计 船舶结构 模板 过滤器 单位 毫米 名称 类型 单位 关系 所有者 模型 建模 毫米 独立的 NT AUTH... 装配 装配 毫米 独立的 NT AUTH... 外观造型设计 外观造型设计 毫米 独立的 NT AUTH... NX 钣金 NX 钣金 毫米 独立的 NT AUTH... 航空钣金 航空钣金 毫米 独立的 NT AUTH... 逻辑布线 逻辑管线布置 毫米 独立的 NT AUTH... 机械布管 机械管线布置 毫米 独立的 NT AUTH... 电气布线 电气管线布置 毫米 独立的 NT AUTH... 空白 基本环境 毫米 独立的 无 预览 Z Y X 属性 名称：模型 类型：建模 单位：毫米 上次修改时间：07/30/2010 04:20 下午 描述：带基准 CSYS 的 NX 示例 新文件名 名称 chahu.prt 文件夹 D:\ 要引用的部件 名称 确定 取消 图 1-138　新建文件

2. 设置建模首选项

实施步骤 2：设置建模首选项	
说　明	图　解
单击菜单栏中的“首选项”命令，打开“建模首选项”对话框，如图 1-139 所示，设置体类型为“片体”，其余参数默认，单击“确定”按钮即可完成设置。也可以通过拉伸等方法创建曲面，可以拉伸等对话框中将体类型选为片体即可。本例采取先进行曲面造型，然后加厚片体完成，也可直接创建实体，然后抽壳完，这样就不需进行片体首选项设置了。	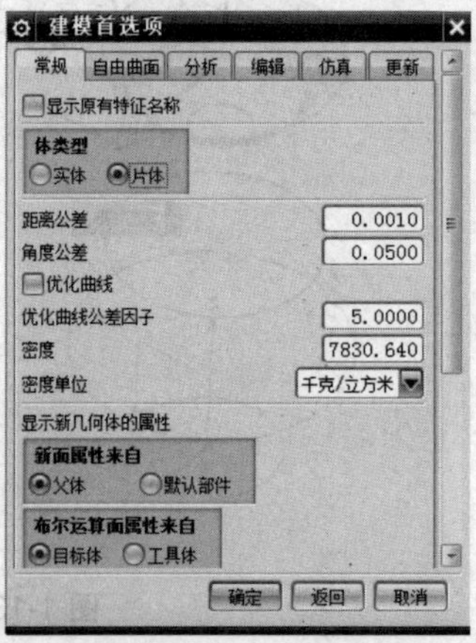建模首选项 常规 自由曲面 分析 编辑 仿真 更新 显示原有特征名称 体类型 实体 片体 距离公差 0.0010 角度公差 0.0500 优化曲线 优化曲线公差因子 5.0000 密度 7830.640 密度单位 千克/立方米 显示新几何体的属性 新面属性来自 父体 默认部件 布尔运算面属性来自 目标体 工具体 确定 返回 取消 图 1-139　建模首选项设置

3. 创建5个圆

实施步骤3：创建5个圆	
说 明	图 解
单击“曲线”工具条中的“圆弧/圆”命令，打开其对话框，如图1-140所示，类型选择“从中心开始的圆弧/圆”，限制选择“整圆”，在中心点坐标（0,0,0）、（0,0,60）、（0,0,120）、（0,0,190）、（0,0,210）处，分别创建 ϕ70mm、ϕ130mm、ϕ100mm、ϕ30mm、ϕ75mm共5个圆。	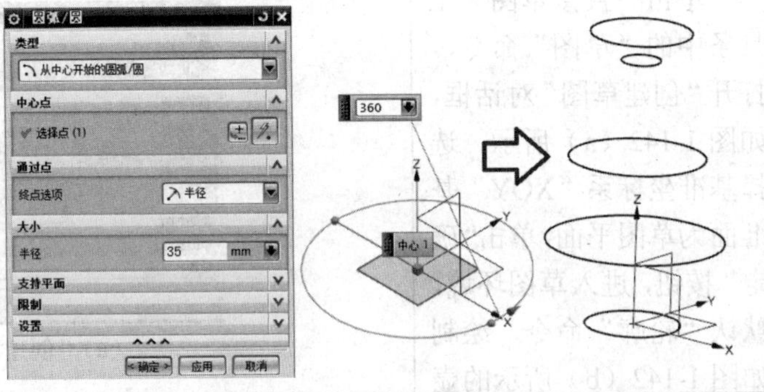 圆弧/圆 类型 从中心开始的圆弧/圆 中心点 选择点 (1) 通过点 终点选项 半径 大小 半径 35 mm 支持平面 限制 设置 确定 应用 取消 360 中心 1 图1-140 创建5个圆

4. 创建壶口曲线

1）移动坐标系并创建辅助坐标系

实施步骤4：移动坐标系并创建辅助坐标系	
说 明	图 解
单击“实用工具”工具条中的“重定坐标系”命令，打开“CSYS”对话框，如图1-141（a）所示，默认类型为“动态”等参数设置，单击动态坐标系Z箭头部分，输入Z方向移动距离为“230”，并按Enter键。单击“确定”按钮，完成坐标系的移动。 单击“特征”工具条中的“基准CSYS”命令，打开“基准 CSYS”对话框，如图1-141（b）所示，默认设置，单击“确定”按钮，完成辅助坐标系的创建。	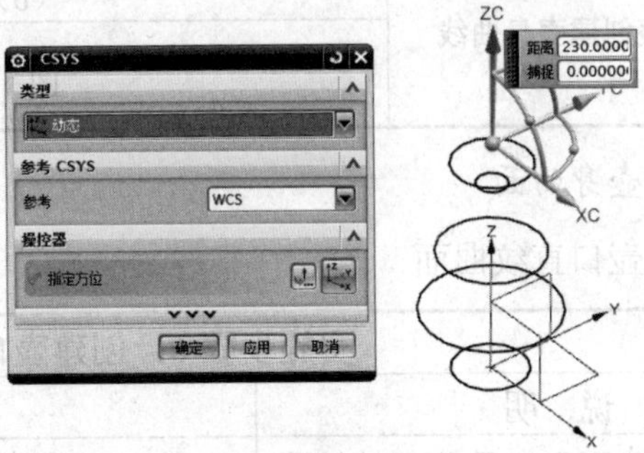 CSYS 类型 动态 参考 CSYS 参考 WCS 操控器 指定方位 确定 应用 取消 距离 230.0000 ZC XC （a）移动坐标系 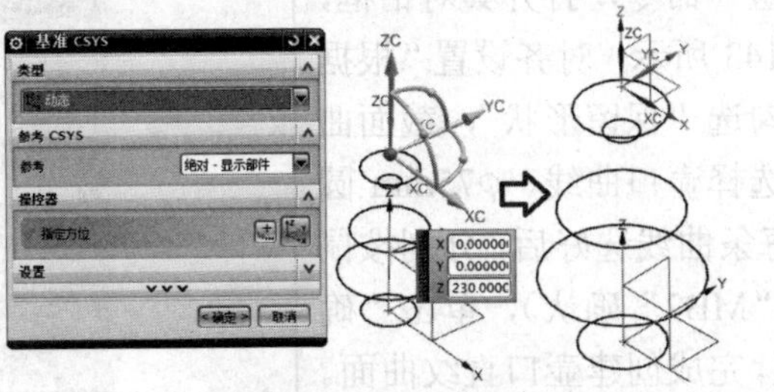 基准 CSYS 类型 动态 参考 CSYS 参考 绝对 - 显示部件 操控器 指定方位 设置 确定 取消 ZC YC XC X 0.00000 Y 0.00000 Z 230.0000 （b）创建辅助坐标系 图1-141 移动坐标系并创建辅助坐标系

2）创建壶口草图曲线

实施步骤 5：创建壶口草图曲线	
说　明	图　解
单击“直接草图”工具条中的“草图”命令，打开“创建草图”对话框，如图 1-142（a）所示，选择基准坐标系“XOY”基准面为草图平面，单击“确定”按钮，进入草图环境，默认“轮廓”命令，绘制如图 1-142（b）所示的壶口草图曲线，单击“直接草图”工具条中的“完成草图”命令即可。 1441　茶壶创建壶身曲线	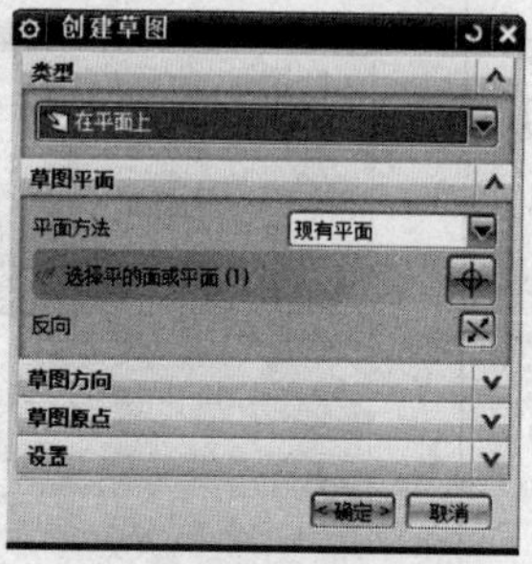 创建草图 类型 在平面上 草图平面 平面方法 现有平面 选择平的面或平面 (1) 反向 草图方向 草图原点 设置 确定 取消 （a）“创建草图”对话框 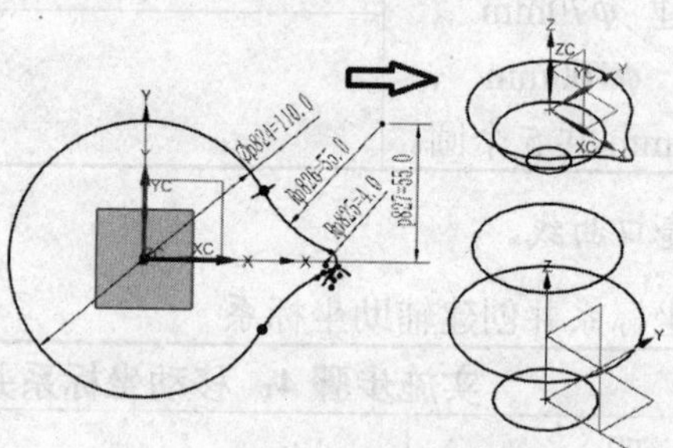 Ø824=110.0 R826=55.0 R825=4.0 p827=55.0 YC XC ZC （b）完成创建壶口草图曲线 图 1-142　创建壶口草图曲线

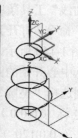

5. 创建壶身曲面

1）创建壶口直纹曲面

实施步骤 6：创建壶口直纹曲面	
说　明	图　解
单击“曲面”工具条中的“通过曲线组”命令，打开其对话框，如图 1-143 所示，对齐设置“根据点”并勾选“保留形状”，截面曲线依次选择壶口曲线、ϕ75mm 圆曲线（每条曲线选好后，分别按鼠标滚轮“MB2”确认），单击“确定”按钮，完成创建壶口直纹曲面。	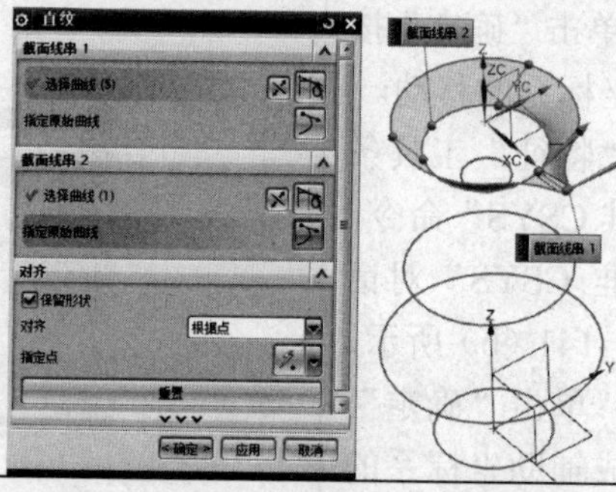 直纹 截面线串 1 选择曲线 (5) 指定原始曲线 截面线串 2 选择曲线 (1) 指定原始曲线 对齐 保留形状 对齐 根据点 指定点 确定 应用 取消 截面线串 2 截面线串 1 图 1-143　创建壶口直纹曲面

2）创建壶身下部曲面

实施步骤 7：创建壶身下部曲面	
说　明	**图　解**
单击“曲面”工具条中的“通过曲线组”命令，打开其对话框，如图 1-144 所示，连续性第一截面选择“G1 相切”并设置选择面为“壶口曲面”，单击截面“选择曲线或点”，并依次选择ϕ75mm、ϕ30mm、ϕ100mm、ϕ130mm、ϕ70mm 圆曲线（每条曲线选好后，按鼠标滚轮“MB2”确认，同时注意，每次确定后，生成曲面的矢量箭头必须一致，若不一致，双击箭头即可），单击“确定”按钮，完成创建壶身下部曲面。	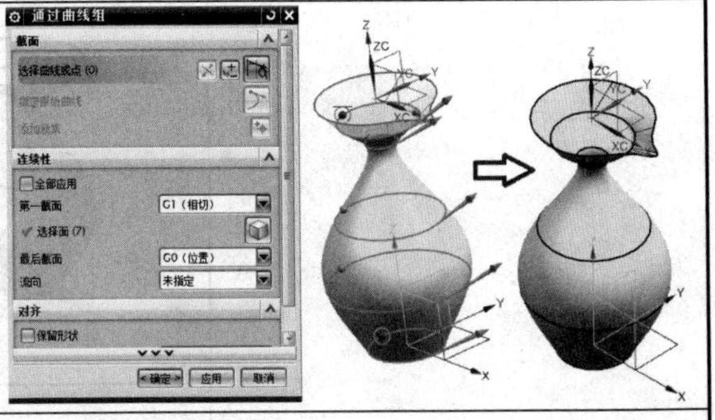 通过曲线组 截面 选择曲线或点 (0) 连续性 全部应用 第一截面 G1（相切） 选择面 (7) 最后截面 G0（位置） 流向 未指定 对齐 保留形状 确定 应用 取消 图 1-144　创建壶身下部曲面

1442　茶壶创建壶身曲面

6. 创建壶柄

1）创建壶柄草图曲线

实施步骤 8：创建壶柄草图曲线	
说　明	**图　解**
单击“直接草图“工具条中“草图”命令，打开“创建草图”对话框，如图 1-145 所示，选择基准坐标系“XOZ”基准面为草图平面，单击“确定”按钮，进入草图环境，默认“轮廓”命令，绘制如图 1-145 所示的凸耳草图曲线（创建草图时，设置成静态线框显示模式，壶柄曲线延伸到壶体内部适当距离即可，另外为了后续移动坐标系方便，在曲线上面端部绘制一段与其垂直的	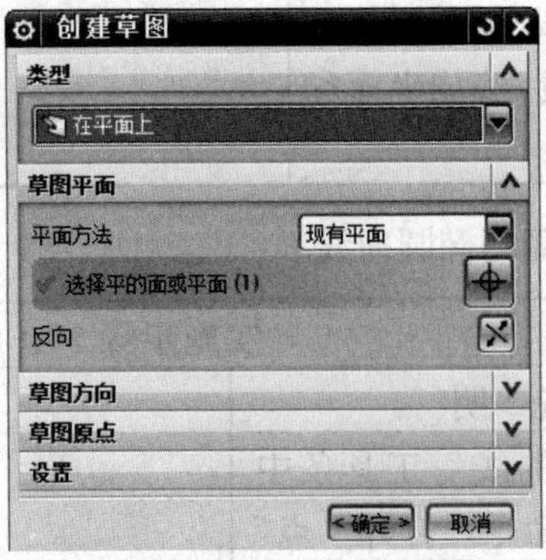 创建草图 类型 在平面上 草图平面 平面方法 现有平面 选择平的面或平面 (1) 反向 草图方向 草图原点 设置 确定 取消

说　明	图　解
线段），单击“直接草图”工具条中的“完成草图”命令即可。	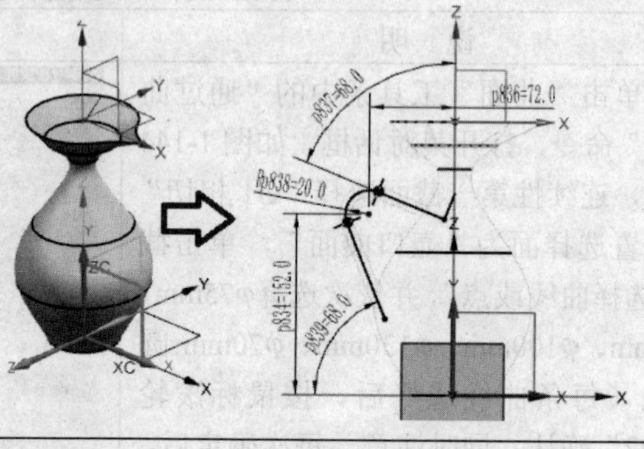p837=68.0 p836=72.0 p838=20.0 p834=152.0 p839=68.0 图 1-145　创建壶柄草图曲线

2）移动坐标系

实施步骤 9：绘制泵盖凸耳草图曲线	
说　明	图　解
单击“实用工具”工具条中的“重定坐标系”命令，打开“CSYS”对话框，如图 1-146 所示，类型选择“Z 轴、X 轴、原点”，原点指定点选择“壶柄曲线上端点”，*Z* 轴指定矢量选择“壶柄上面直线”（矢量方向向上，若向下，可单击“反向”按钮），*X* 轴指定矢量选择“辅助直线段”，最后单击“确定”按钮，完成坐标系移动。	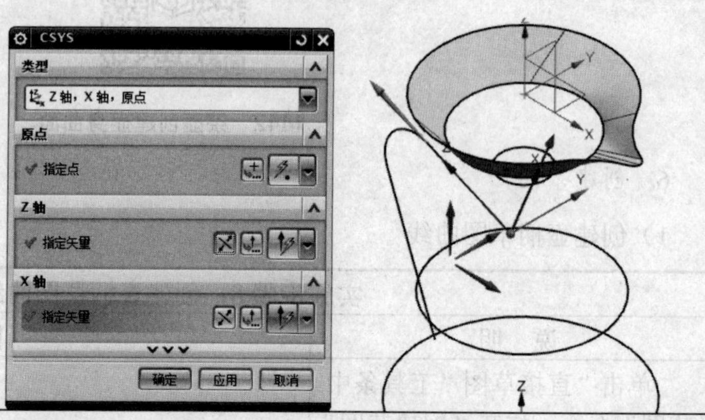CSYS 类型 Z 轴，X 轴，原点 原点 指定点 Z 轴 指定矢量 X 轴 指定矢量 确定 应用 取消 图 1-146　绘制泵盖凸耳草图曲线

3）绘制壶柄椭圆曲线

实施步骤 10：绘制壶柄椭圆曲线	
说　明	图　解
单击“曲线”工具条中的“椭圆”命令，打开“点”	

说 明	图 解
对话框，默认椭圆中心坐标（新坐标原点），单击“确定”按钮，打开“椭圆”参数对话框，如图1-147所示，输入长半轴“5”、短半轴“8”、起始角“0”、终止角“360”、旋转角度“0”，单击“确定”按钮，完成底面椭圆的绘制。	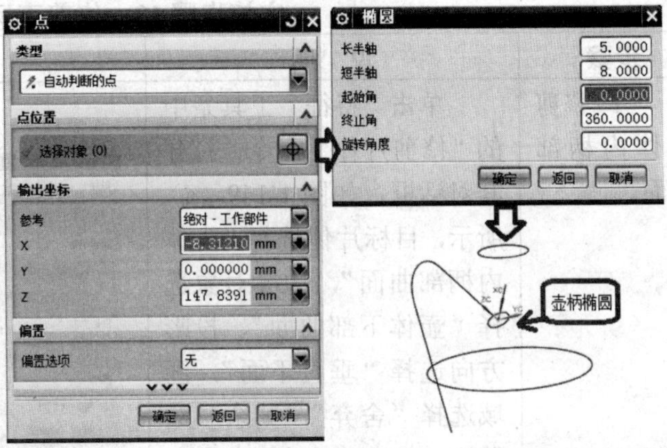点 类型 自动判断的点 点位置 选择对象 (0) 输出坐标 参考 绝对 - 工作部件 X -8.31210 mm Y 0.000000 mm Z 147.8391 mm 偏置 偏置选项 无 确定 返回 取消 椭圆 长半轴 5.0000 短半轴 8.0000 起始角 0.0000 终止角 360.0000 旋转角度 0.0000 确定 返回 取消 壶柄椭圆 图1-147 绘制壶柄椭圆曲线

4）创建壶柄曲面

实施步骤11：创建壶柄曲面	
说 明	图 解
单击“曲面”工具条中“沿导线扫掠”命令，打开其对话框，如图1-148所示，选择截面曲线为“椭圆曲线”，引导线为“壶柄草图曲线”，其余参数默认，单击“确定”按钮，完成创建壶柄曲面。	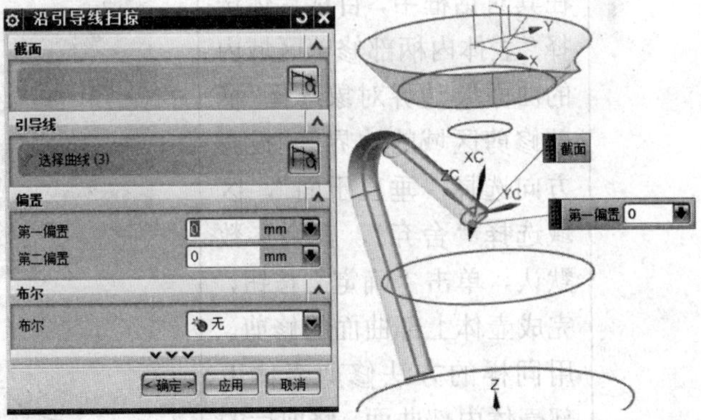沿引导线扫掠 截面 引导线 选择曲线 (3) 偏置 第一偏置 0 mm 第二偏置 0 mm 布尔 布尔 无 <确定> 应用 取消 截面 第一偏置 0 图1-148 创建壶柄曲面

1443 茶壶创建壶柄曲面

5）修剪壶柄

实施步骤 12：修剪壶柄		
步骤	**说　明**	**图　解**
（1）修剪壶体内柄部曲面。	单击“特征”工具条中的“修剪片体”命令，打开其对话框，如图 1-149（a）所示，目标片体选择“壶体内柄部曲面”，边界对象选择“壶体下部曲面”、投影方向选择“垂直于面”，区域选择“舍弃”，其余参数默认，单击“确定”按钮，完成壶柄上部曲面的修剪。用同样的方法修剪壶柄下部壶体内部曲面。	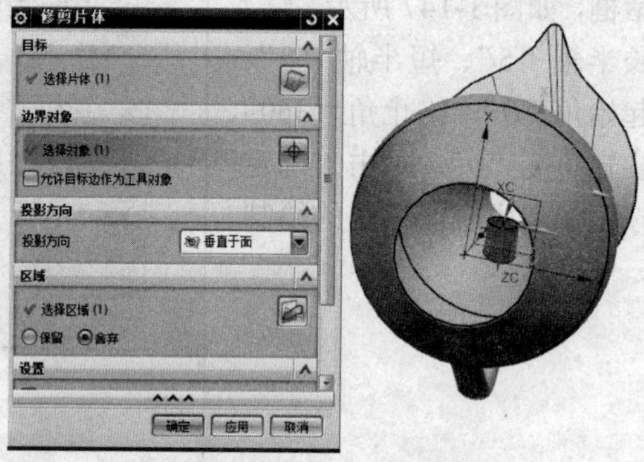修剪片体 目标 选择片体 (1) 边界对象 选择对象 (1) 允许目标边作为工具对象 投影方向 投影方向 垂直于面 区域 选择区域 (1) 保留 舍弃 设置 确定 应用 取消 X XC ZC（a）修剪壶体内柄部曲面
（2）修剪壶柄孔。	再次使用“修剪片体”命令，如图 1-149（b）所示，在其对话框中，目标片体选择“壶体内柄部修剪区域内的曲面”，边界对象选择“柄部修剪区域的边界”，投影方向选择“垂直于面”，区域选择“舍弃”，其余参数默认，单击“确定”按钮，完成壶体上部曲面的修剪。用同样的方法修剪壶体下部壶体内部曲面。修剪后的效果如图 1-149（c）所示。 1444　茶壶修剪壶柄曲面	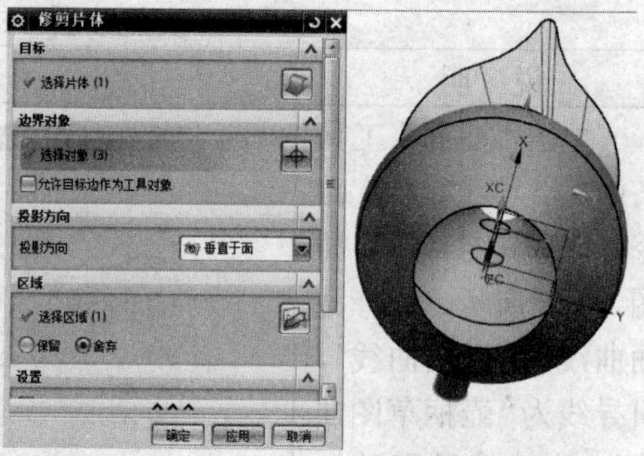修剪片体 目标 选择片体 (1) 边界对象 选择对象 (3) 允许目标边作为工具对象 投影方向 投影方向 垂直于面 区域 选择区域 (1) 保留 舍弃 设置 确定 应用 取消 X XC ZC Y（b）修剪瓶身圆孔 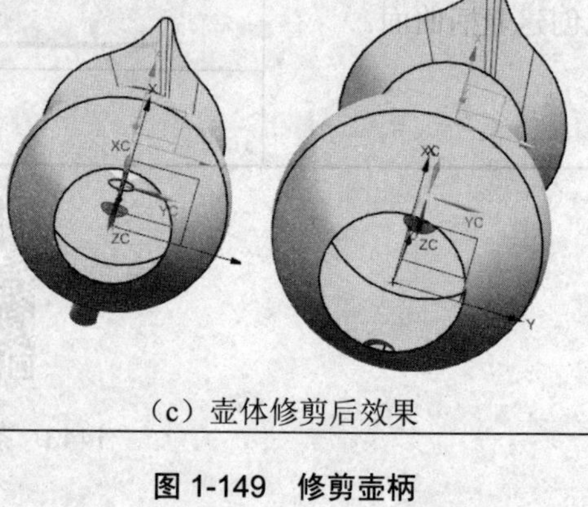X XC YC ZC Y（c）壶体修剪后效果
		图 1-149　修剪壶柄

7. 创建底面有界平面

<table>
<tr><th colspan="2">实施步骤 13：创建底面有界平面</th></tr>
<tr><th>说　明</th><th>图　解</th></tr>
<tr><td>单击“曲面”工具条中的“有界平面”命令，打开其对话框，如图 1-150 所示，选中花瓶底面圆曲线，单击“确定”按钮，即可创建瓶底有界平面。</td><td>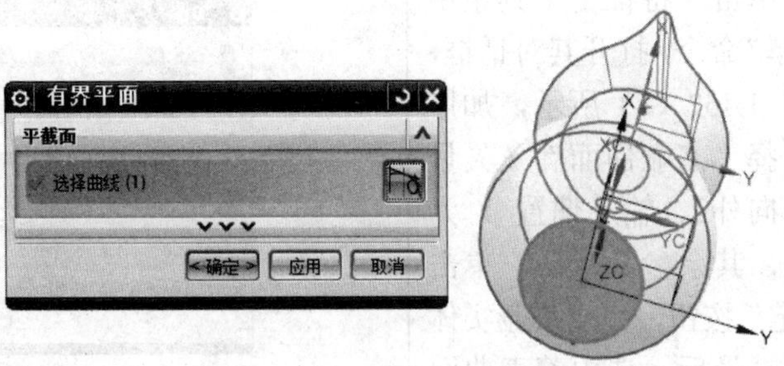
有界平面
平截面
选择曲线 (1)
确定
应用
取消
X
Y
XC
YC
ZC
图 1-150　创建底面有界平面</td></tr>
</table>

8. 缝合所有曲面

<table>
<tr><th colspan="2">实施步骤 14：缝合所有曲面</th></tr>
<tr><th>说　明</th><th>图　解</th></tr>
<tr><td>单击“特征”工具条中的“缝合”命令，打开其对话框，如图 1-151（a）所示，目标片体选择“壶口曲面”、工具片体选择“剩余所有曲面”，单击“确定”按钮，完成所有片体缝合。最后，选中基准坐标系、辅助坐标系、所有曲线并按 Ctrl+B 快捷键，即可隐藏选中目标，同时，单击“实用工具条”中的“设置为绝对 WCS”命令，坐标系恢复开始绝对坐标系状态，效果如图 1-151（b）所示。</td><td>
缝合
类型
片体
目标
选择片体 (1)
工具
选择片体 (3)
确定
应用
取消
目标
ZC
YC
X
（a）缝合所有曲面
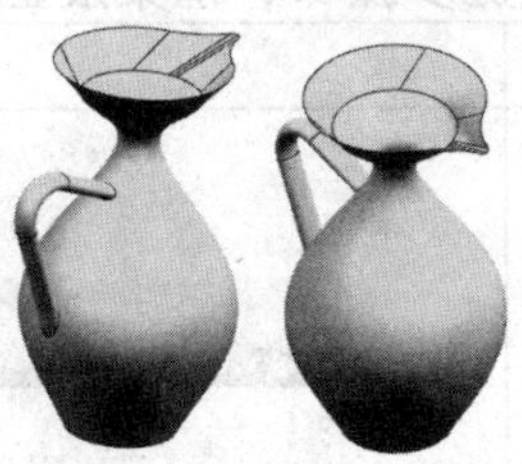
（b）隐藏曲线等及缝合后的效果图
图 1-151　缝合所有曲面　1445　茶壶创建壶底与缝合曲面</td></tr>
</table>

9. 加厚曲面创建实体茶壶

实施步骤 15：加厚曲面创建实体茶壶	
说　明	图　解
单击“特征”工具条中“加厚”命令，打开其对话框，如图 1-152（a）所示，加厚面选择“茶壶曲面”（矢量方向向外）、输入偏置 1 为“2”，其余参数默认，单击“确定”按钮，完成茶壶实体创建。最后，选中茶壶曲面并按 Ctrl+B 快捷键，即可隐藏茶壶曲面，最终效果如图 1-152（b）所示。	加厚 面 选择面 (12) 厚度 偏置 1 偏置 2 反向 mm 确定 取消 偏置 1 2 （a）加厚茶壶曲面 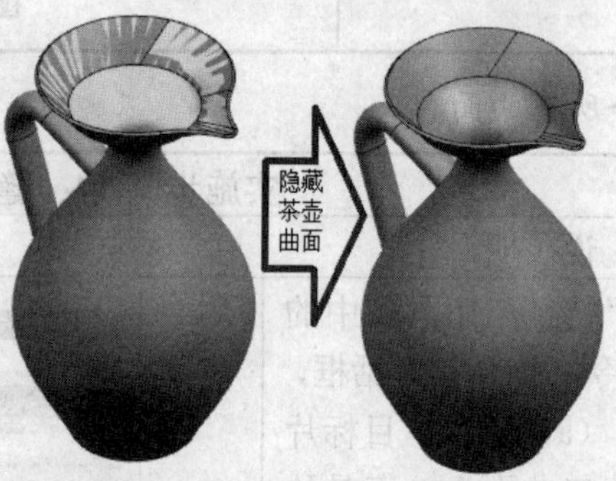隐藏茶壶曲面 （b）隐藏茶壶曲面后效果 图 1-152　加厚曲面创建实体茶壶

10. 渲染茶壶效果

实施步骤 16：渲染茶壶效果	
说　明	图　解
单击“可视化形状”工具条中的“高质量图像”命令，打开其对话框，如图 1-153（a）所示，默认设置，单击“开始着色”按钮，完成茶壶着色显示。还可以赋予茶壶金属材质进行渲染，单击软件左侧导航栏上的“系统材料”→“金属”选项，选择“青铜”材料，并按住鼠标左键“MB1”拖拽到“茶壶”实体上，然后单击“开始着色”按钮，茶	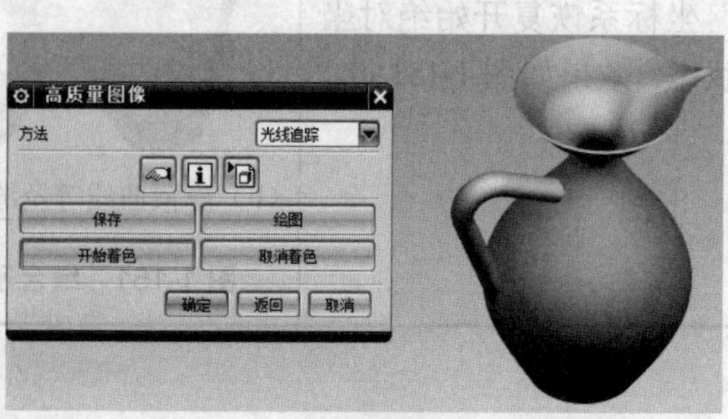高质量图像 方法 光线追踪 保存 绘图 开始着色 取消着色 确定 返回 取消 （a）直接着色

说 明	图 解
壶即可渲染成青铜色的壶体，效果如图 1-153（b）所示（因计算机显卡原因，移动茶壶后，渲染消失）。 最后单击“保存”命令，保存文件。	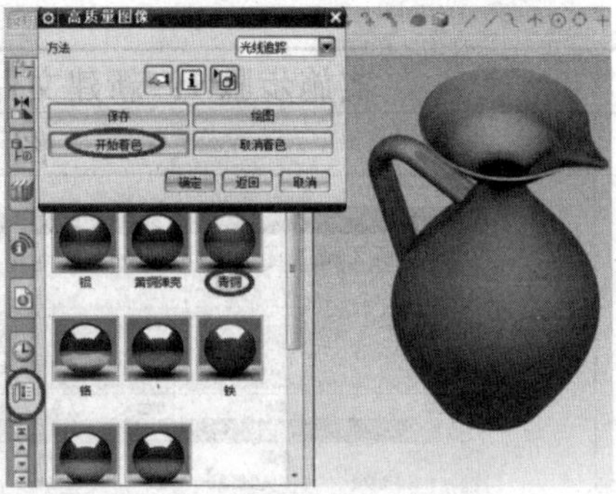 （b）青铜着色 1446 茶壶渲染茶壶
	图 1-153 花瓶最终效果图

1.4.5 任务延伸——创建塑料瓶

任务描述：创建如图 1-154 所示的饮料瓶实体造型。

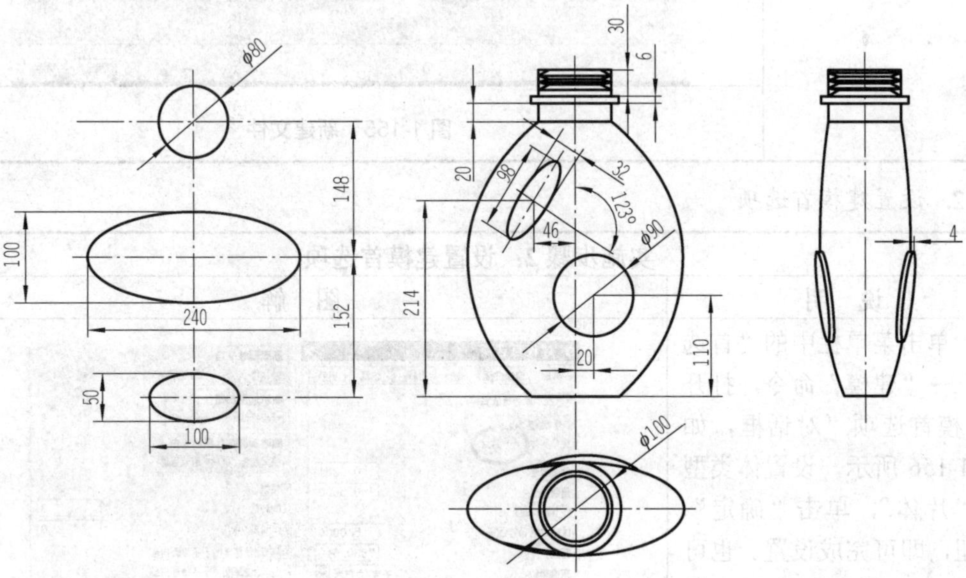
ϕ80
100
240
50
100
148
152
214
30
6
20
98
32
123°
46
ϕ90
20
110
ϕ100
4

图 1-154 塑料瓶

任务实施如下：

1. 新建文件

实施步骤 1：新建文件	
说　明	图　解
启动UG NX软件，输入文件名suliaoping.prt，选择合适的文件夹，如图 1-155 所示，单击“确定”按钮，进入建模环境。	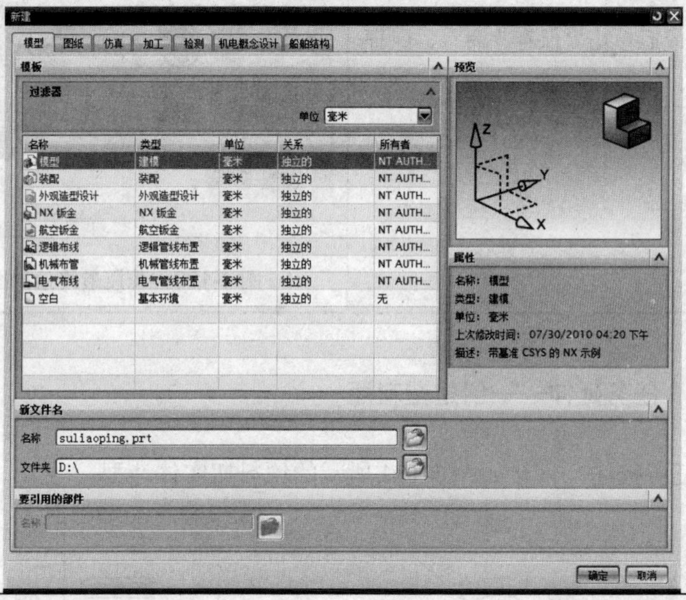新建 模型 图纸 仿真 加工 检测 机电概念设计 船舶结构 模板 过滤器 单位 毫米 名称 类型 单位 关系 所有者 模型 建模 装配 外观造型设计 NX 钣金 航空钣金 逻辑布线 逻辑管线布置 机械布管 机械管线布置 电气布线 电气管线布置 空白 基本环境 独立的 NT AUTH... 无 预览 属性 名称：模型 类型：建模 单位：毫米 上次修改时间：07/30/2010 04:20 下午 描述：带基准 CSYS 的 NX 示例 新文件名 名称 suliaoping.prt 文件夹 D:\ 要引用的部件 确定 取消 图 1-155　新建文件

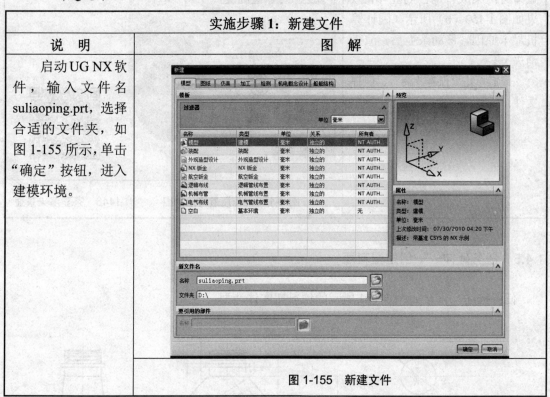

2. 设置建模首选项

实施步骤 2：设置建模首选项	
说　明	图　解
单击菜单栏中的“首选项”→“建模”命令，打开“建模首选项“对话框，如图 1-156 所示，设置体类型为“片体”，单击“确定”按钮，即可完成设置。也可以通过拉伸等方法创建曲面，可以拉伸等对话框中将体类型选为片体即可。	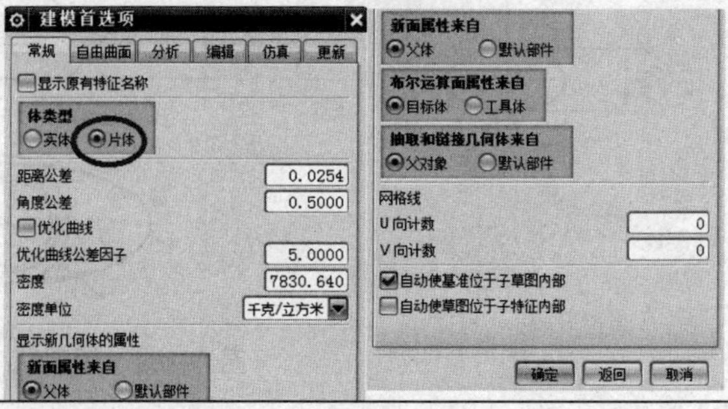建模首选项 常规 自由曲面 分析 编辑 仿真 更新 显示原有特征名称 体类型 实体 片体 距离公差 0.0254 角度公差 0.5000 优化曲线 优化曲线公差因子 5.0000 密度 7830.640 密度单位 千克/立方米 显示新几何体的属性 新面属性来自 父体 默认部件 布尔运算面属性来自 目标体 工具体 抽取和链接几何体来自 父对象 网格线 U 向计数 V 向计数 0 自动使基准位于子草图内部 自动使草图位于子特征内部 确定 返回 取消 图 1-156　建模首选项设置

3. 绘制椭圆和圆曲线

实施步骤 3：绘制椭圆和圆曲线		
步骤	说 明	图 解
（1）绘制底面椭圆。	单击“曲线”工具条中的“椭圆”命令，打开“点”对话框，默认椭圆中心坐标（0,0,0），单击“确定”按钮，打开“椭圆”参数对话框，如图 1-157（a）所示，输入长半轴“50”、短半轴“25”、起始角“0”、终止角“360”、旋转角度“0”，单击“确定”按钮，完成底面椭圆的绘制。	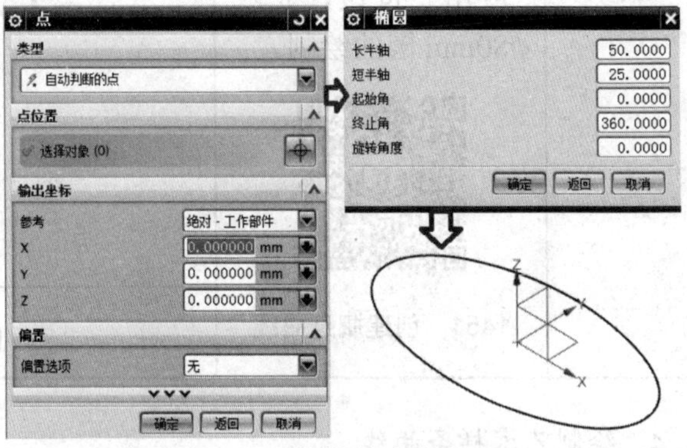 （a）绘制底面椭圆
（2）绘制中间椭圆。	继续用相同的办法绘制中间椭圆，如图 1-157（b）所示，椭圆参数：中心坐标（0,0,152），长半轴“120”、短半轴“50”、起始角“0”、终止角“360”、旋转角度“0”。	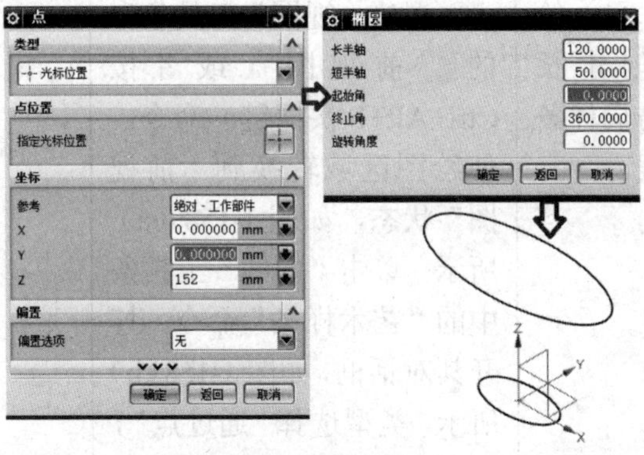 （b）绘制中间椭圆
（3）绘制圆曲线。	单击“曲线”工具条中的“圆弧/圆”命令，打开其对话框，如图 1-157（c）所示，类型选择“从中心开始的圆弧/圆”，限制勾选“整圆”，单击中心选择点“点对话框”按钮，打开“点”对话框，输入起点坐标	

步骤	说　明	图　解
	(0,0,300)，单击“确定”按钮，返回“圆弧/圆”对话框，输入半径大小“40”，单击“应用”按钮，完成 ϕ80mm 圆的绘制。 1451　创建瓶身曲线	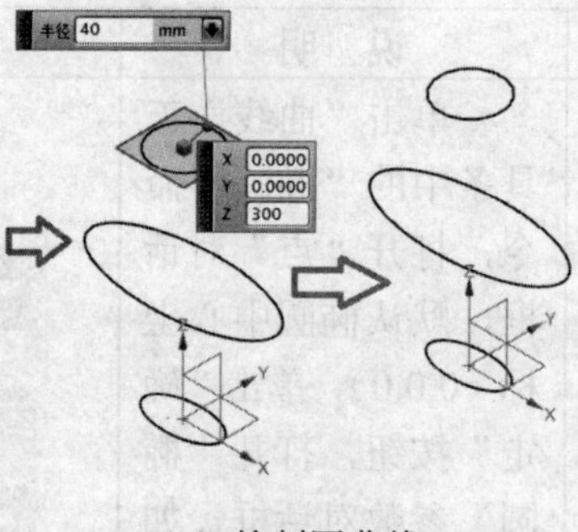 半径 40 mm X 0.0000 Y 0.0000 Z 300 （c）绘制圆曲线 图 1-157　绘制椭圆和圆曲线

4. 绘制艺术样条曲线

实施步骤 4：绘制艺术样条曲线		
步骤	说　明	图　解
（1）绘制创建长轴方向样条曲线。	单击“视图”工具条中的前视图（或者按 Ctrl+Alt+F 快捷键）命令，使绘图区域转换到“前视图”状态，如图 1-158（a）所示。单击“曲线”工具条中的“艺术样条”命令，打开其对话框，如图 1-158（b）所示，类型选择“通过点”，参数化次数为“3”，制图约束平面为“视图”，其余默认，分别按顺序选中圆的右侧象限点、一般点、中间椭圆右侧象限点、一般点、底面椭圆右侧象限点，并调整曲线大致光顺，还可继续单击菜单栏中的“分析”→“曲线”→“显示曲率梳”命令，进一步精确调整曲线光顺程度（使两条曲线尽量	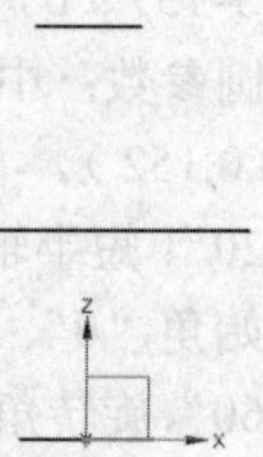 （a）前视图显示 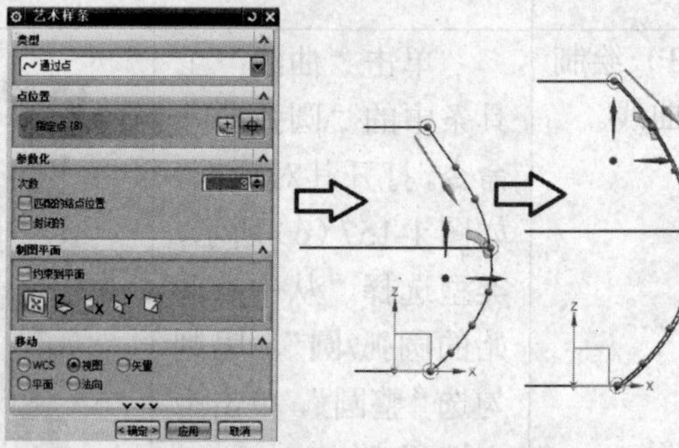 艺术样条 类型 通过点 点位置 参数化 次数 制图平面 移动 WCS 视图 矢量 平面 法向 确定 应用 取消 （b）创建长轴方向样条曲线

步骤	说　明	图　解
	平行、间距均匀相等），最后单击“确定”按钮，完成样条曲线的绘制。	
（2）镜像长轴方向样条曲线。	单击“曲线”工具条中的“镜像曲线”命令，打开其对话框，如图1-158（c）所示，默认设置，曲线选择“样条曲线”，镜像平面选择“YOZ”基准面，单击“确定”按钮，完成长轴方向样条曲线镜像。	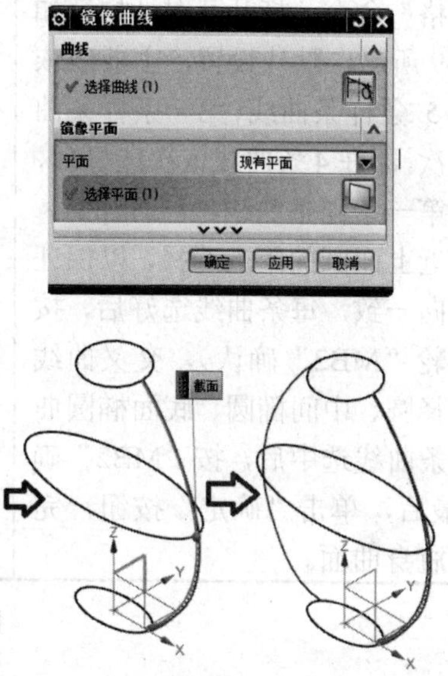镜像曲线 曲线 选择曲线 (1) 镜像平面 平面 现有平面 选择平面 (1) 确定 应用 取消 截面 （c）镜像长轴方向样条曲线
（3）绘制短轴方向样条曲线。	应用步骤（1）、（2）相同的方法，绘制短轴方向样条曲线，如图1-158（d）所示。完成后的效果图如图1-158（e）所示。 1452　创建瓶身艺术样条曲线	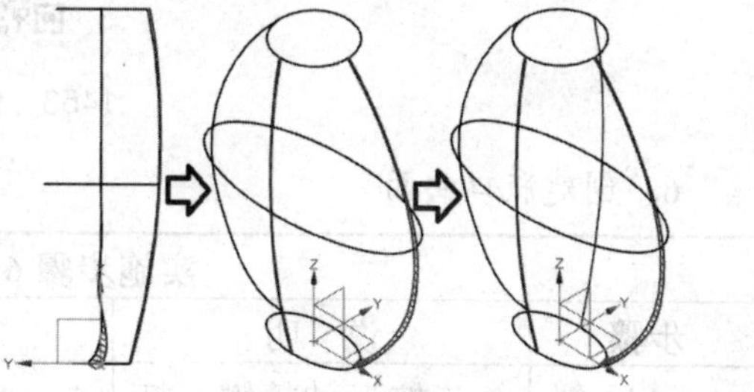 （d）绘制短轴方向样条曲线 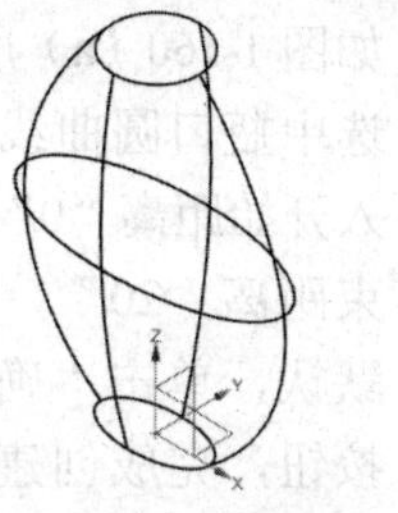 （e）完成样条曲线效果图 **图1-158　绘制艺术样条曲线**

5. 创建瓶身曲面

实施步骤 5：创建瓶身曲面	
说　明	图　解
单击“曲面”工具条中的“通过曲线网格”命令，打开其对话框，如图 1-159 所示，默认设置，主曲线依次选择 5 条样条曲线（第一条样条曲线选两次，即在 4 条曲线依次选好后，再次选第一条样条曲线，同时注意，尽量靠近上面圆的附近选择，以保证矢量方向一致。每条曲线选好后，按鼠标滚轮“MB2”确认），交叉曲线依次选择圆、中间椭圆、底面椭圆曲线（每条曲线选中后，按“MB2”确认）。最后，单击“确定”按钮，完成创建瓶身曲面。	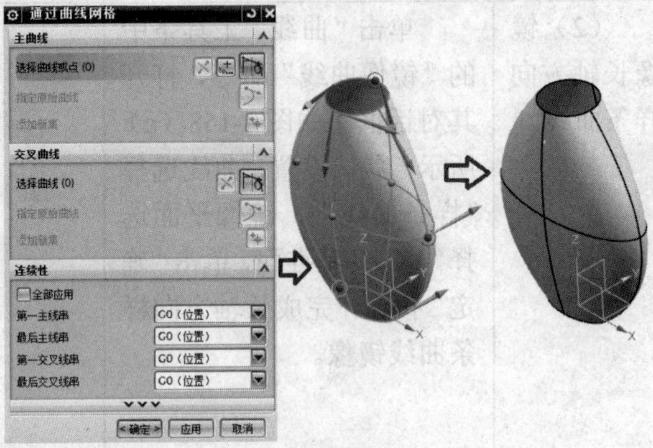通过曲线网格 主曲线 选择曲线或点 (0) 指定原始曲线 添加新集 交叉曲线 选择曲线 (0) 指定原始曲线 添加新集 连续性 全部应用 第一主线串 最后主线串 第一交叉线串 最后交叉线串 G0（位置） 确定 应用 取消 图 1-159　创建瓶身曲面

1453　创建瓶身曲面

6. 创建瓶口曲面

实施步骤 6：创建瓶口曲面		
步骤	说　明	图　解
（1）创建瓶口拉伸曲面 1。	按 X 快捷键，打开“拉伸“对话框，如图 1-160（a）所示，选中瓶口圆曲线，输入开始距离“0”、结束距离“20”，其余默认，单击“确定”按钮，完成创建瓶口拉伸曲面 1。	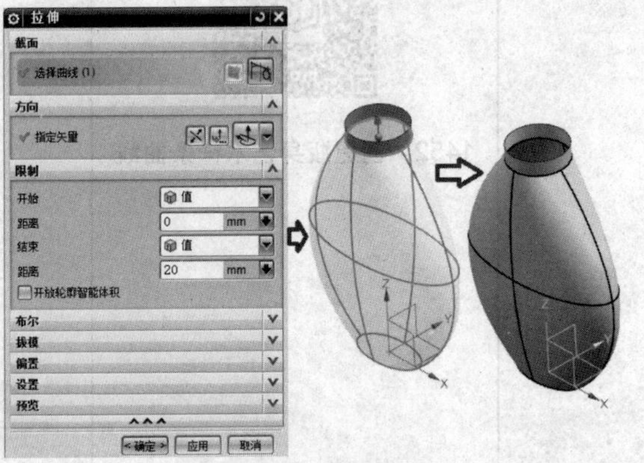拉伸 截面 选择曲线 (1) 方向 指定矢量 限制 开始 值 距离 0 mm 结束 值 距离 20 mm 开放轮廓智能体积 布尔 拔模 偏置 设置 预览 确定 应用 取消 （a）创建瓶口拉伸曲面 1

步骤	说　明	图　解
（2）绘制瓶口曲线圆。	单击“曲线”工具条中的“圆弧/圆”命令，打开其对话框，如图 1-16049（b）所示，类型选择“从中心开始的圆弧/圆”，限制勾选“整圆”，单击中心选择点“点对话框”按钮，打开“点”对话框，输入起点坐标（0,0,320），单击“确定”按钮，返回“圆弧/圆”对话框，输入半径大小“50”，单击“应用”按钮，完成 ϕ100mm 圆的绘制。	 （b）绘制瓶口曲线圆
（3）创建瓶口拉伸曲面 2。	按 X 快捷键，打开“拉伸”对话框，如图 1-160（c）所示，选中正六边形的六条边，输入开始距离“26”、结束距离“56”，其余默认，单击“确定”按钮，完成瓶口拉伸曲面 2 的创建。	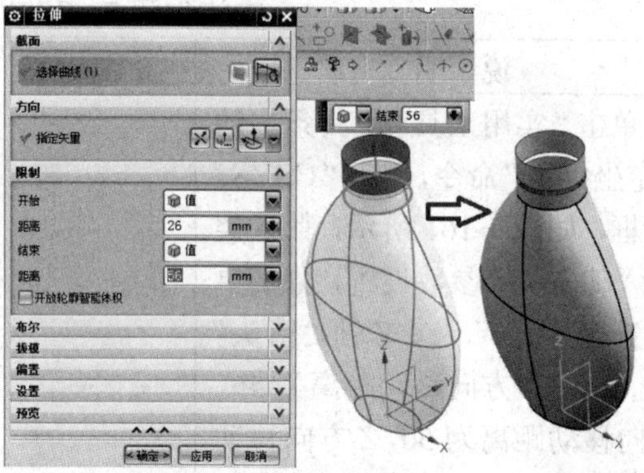 （c）创建瓶口拉伸曲面 2
（4）创建瓶口曲面 3。	按 X 快捷键，打开“拉伸”对话框，如图 1-106（d）所示，选中 *R*50mm 圆曲线，输入开始距离“0”、结束距离“6”，其余默认，单击“确定”按钮，完成瓶口拉伸曲面 3 创建。	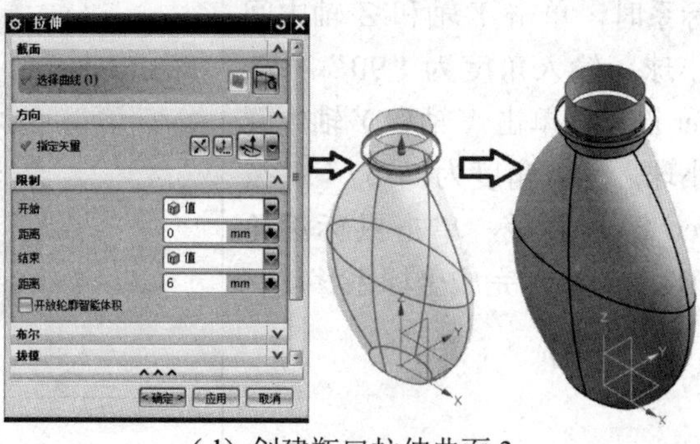 （d）创建瓶口拉伸曲面 3

步骤	说 明	图 解
（5）创建瓶口有界曲面。 1454 创建瓶口曲面	单击“曲面”工具条中的“有界平面”命令，打开其对话框，如图 1-160（e）所示，选中 *R*40mm 与 *R*50mm 圆曲线，创建瓶口 *R*40mm 与 *R*50mm 之间的上下两个环面，单击“应用”按钮即可。	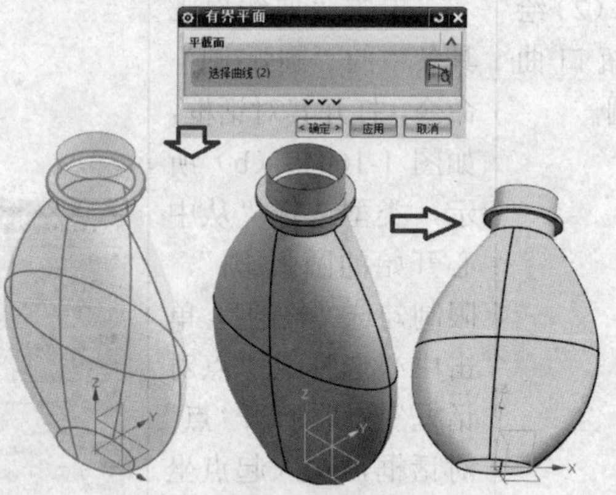有界平面 平截面 选择曲线 (2) 确定 应用 取消 （e）创建瓶口有界曲面
		图 1-160 创建瓶口曲面

7. 创建瓶侧内凹曲面

1）移动旋转坐标系

实施步骤 7：移动旋转坐标系	
说 明	图 解
单击“实用工具”工具条中的“重定坐标系”命令，打开“CSYS”对话框，如图 1-161 所示，默认类型为“动态”等参数设置，分别单击动态坐标系 *X*、*Y*、*Z* 轴“箭头”部分，输入 X 方向移动距离为 46，*Y* 方向移动距离为 50，*Z* 方向移动距离为 214，并按 Enter 键。旋转坐标系时，单击 *Y* 轴和 *Z* 轴中间的小球，输入角度为“90”并按 Enter 键，再单击 *X* 轴和 *Y* 轴中间的小球，输入角度为“-57”并按 Enter 键，最后，单击鼠标滚轮“MB2”确认，完成坐标系移动。	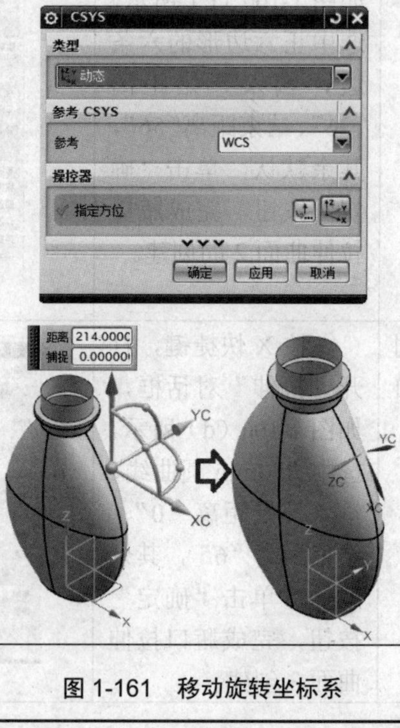CSYS 类型 动态 参考 CSYS 参考 WCS 操控器 指定方位 确定 应用 取消 距离 214.0000 捕捉 0.00000 图 1-161 移动旋转坐标系

2）绘制瓶侧椭圆曲线

<table>
<tr><th colspan="3">实施步骤8：绘制瓶侧椭圆曲线</th></tr>
<tr><th>步骤</th><th>说　明</th><th>图　解</th></tr>
<tr><td>（1）绘制瓶侧椭圆曲线。</td><td>单击“曲线”工具条中的“椭圆”命令，打开“点”对话框，默认椭圆中心坐标为（0,0,0），单击“确定”按钮，打开“椭圆”参数对话框，如图1-162(a)所示，输入长半轴“49”、短半轴“16”、起始角“0”、终止角“360”、旋转角度“0”，单击“确定”按钮，完成瓶侧椭圆的绘制。</td><td>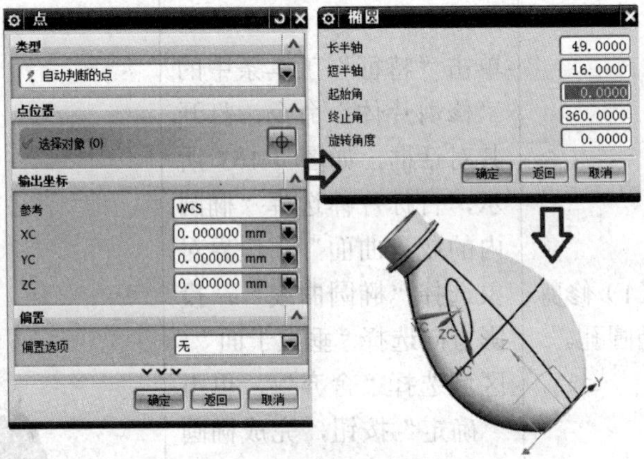
点
类型
自动判断的点
点位置
选择对象 (0)
输出坐标
参考
WCS
XC
YC
ZC
0.000000 mm
偏置
偏置选项
无
确定
返回
取消
椭圆
长半轴
49.0000
短半轴
16.0000
起始角
0.0000
终止角
360.0000
旋转角度
0.0000
ZC
YC
（a）绘制瓶侧椭圆曲线
1455　创建瓶侧椭圆曲线</td></tr>
<tr><td>（2）镜像椭圆曲线。</td><td>单击“曲线”中的工具条中的“镜像曲线”命令，打开其对话框，如图1-162（b）所示，默认设置，选择曲线为“样条曲线”，镜像平面选择“XOZ”基准面，单击“确定”按钮，完成镜像样条曲线。</td><td>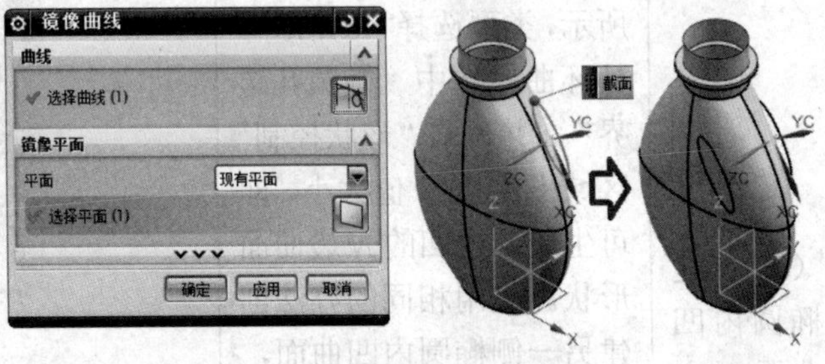
镜像曲线
曲线
选择曲线 (1)
镜像平面
平面
现有平面
选择平面 (1)
确定
应用
取消
截面
YC
ZC
X
（b）镜像椭圆曲线
图1-162　绘制瓶侧椭圆曲线</td></tr>
</table>

3）创建瓶侧椭圆内凹曲面

实施步骤 9：创建瓶侧椭圆内凹曲面		
步骤	说 明	图 解
（1）修剪椭圆孔。	单击“特征”工具条中的“修剪片体”命令，打开其对话框，如图 1-163 所示，目标片体选择“椭圆内的瓶身曲面”，边界对象选择“椭圆曲线”，投影方向选择“垂直于面”，区域选择“舍弃”，单击“确定”按钮，完成椭圆孔的修剪。应用相同的方法完成另一侧的瓶身曲面的修剪。	修剪片体 目标 选择片体 (1) 边界对象 选择对象 (1) 允许目标边作为工具对象 投影方向 投影方向 垂直于面 区域 选择区域 (1) 保留 舍弃 确定 应用 取消 （a）修剪椭圆孔
（2）创建椭圆内凹曲面。	单击“曲面”工具条中的“N 边曲面”命令，打开其对话框，如图 1-163（b）所示，类型选择“三角形”，外环曲线选中“椭圆孔边界”，并调节“形状控制”区域中的“Z”值大小，即可生成向内凹的 *N* 边曲面形状。采用相同的办法创建另一侧椭圆内凹曲面，创建完成效果如图 1-163（c）所示。 1456　创建内凹曲面	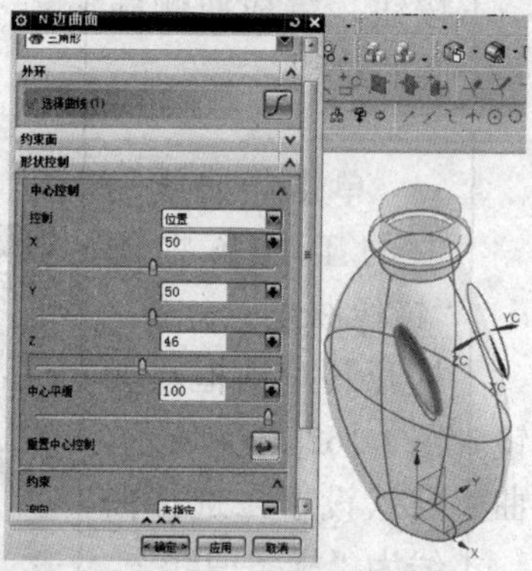N 边曲面 外环 选择曲线 (1) 约束面 形状控制 中心控制 控制 位置 50 50 46 中心平缓 100 重置中心控制 约束 确定 应用 取消 （b）创建内凹曲面  （c）完成双侧内凹曲面创建 图 1-163　创建瓶侧椭圆内凹曲面

8. 创建瓶侧圆形外凸曲面

1）移动坐标系

实施步骤 10：移动坐标系	
说　明	图　解
单击“实用工具”工具条中的“重定坐标系”命令，打开“CSYS”对话框，如图 1-164 所示，默认类型为“动态”等参数设置，单击动态坐标系 X、Y、Z 轴箭头部分，分别输入 X 方向移动距离为“-20”，Y 方向移动距离为“50”，Z 方向移动距离为“110”，并同时按 Enter 键，单击“鼠标滚轮 MB2”确认。	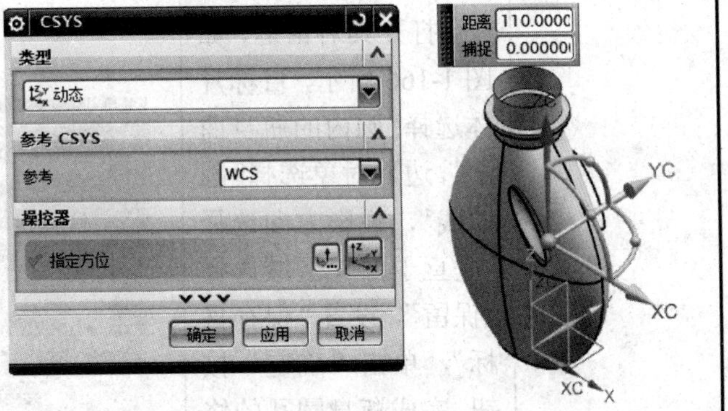CSYS 类型 动态 参考 CSYS 参考 WCS 操控器 指定方位 确定 应用 取消 距离 110.0000 捕捉 0.00000 YC XC 图 1-164　移动坐标系

2）绘制圆曲线

单击“曲线”工具条中的“圆弧/圆”命令，打开其对话框，如图 1-165 所示，类型选择“从中心开始的圆弧/圆”，限制勾选“整圆”，指定支持平面“YC”（即 XC-ZC 平面），单击中心选择点“点对话框”按钮，打开“点”对话框，输入起点坐标（0,0,0），单击“确定”按钮，返回“圆弧/圆”对话框，输入半径大小“45”，单击“应用”按钮，完成 ϕ90mm 圆的绘制。	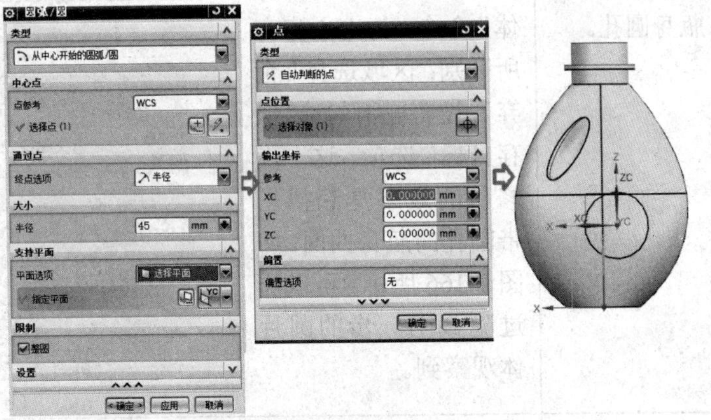 图 1-165　绘制圆曲线

3）创建瓶身圆形外凸曲面

实施步骤 11：创建瓶身圆形外凸曲面		
步骤	说　明	图　解
（1）修剪圆形片体。	单击“特征”工具条中的“修剪片体”命令，打开其对话框，如图 1-166 所示，目标片体选择“圆内的瓶身曲面”，边界对象选择“圆曲线”，投影方向选择“垂直于面”，区域选择“保留”，设置“保存目标”，单击“确定”按钮，完成瓶身圆孔的修剪。修剪的结果得到了圆形的片体，且原曲面没有破坏，可以通过隐藏瓶身曲面观察到。	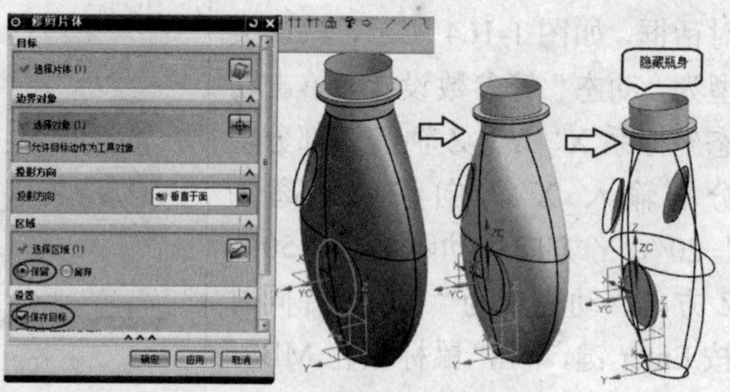修剪片体 目标 边界对象 投影方向 垂直于面 区域 保留 舍弃 设置 保存目标 确定 应用 取消 隐藏瓶身 （a）修剪瓶身圆孔
（2）修剪瓶身圆孔。	再次使用“修剪片体”命令，与上一步有所区别：区域选择“舍弃”，设置取消勾选“保存目标”选项，这一步修剪的效果是获得了带圆孔的瓶身曲面，如图 1-166 所示。可以通过隐藏上一步的圆片体观察到。	修剪片体 目标 选择片体 (1) 边界对象 选择对象 (1) 允许目标边作为工具对象 投影方向 垂直于面 区域 选择区域 (1) 保留 舍弃 设置 保存目标 输出精确的几何体 公差 0.0010 预览 确定 应用 取消 （b）修剪瓶身圆孔
（3）偏置圆形片体。	单击“特征”工具条中的“偏置曲面”命令，打开其对话框，如图 1-166 所示，要偏置的面选择“圆片体”，输入偏置 1 为“3”，单击“确定”按钮，完成圆形曲面偏置。	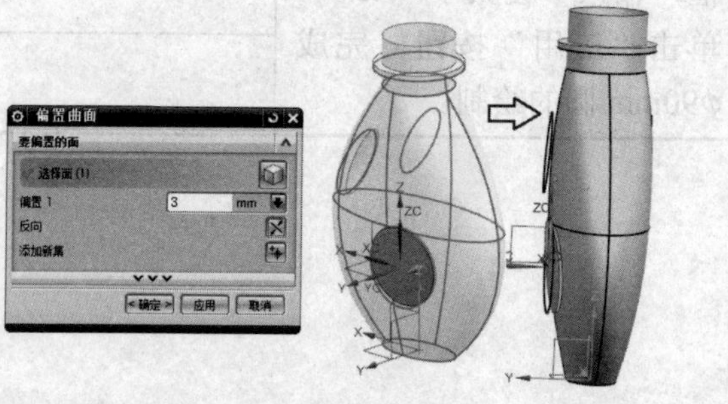偏置曲面 要偏置的面 选择面 (1) 偏置 1 3 mm 反向 添加新集 确定 应用 取消 （c）偏置圆形片体

步骤	说　明	图　解
（4）创建直纹曲面。 1457　创建外凸曲面	单击“曲面”工具条中的“直纹”命令，打开其对话框，如图1-166所示，默认设置，分别选择瓶身圆孔边界和偏置圆形片体边界为截面线串 1 和截面形成 2，单击“确定”按钮，完成创建直纹曲面。	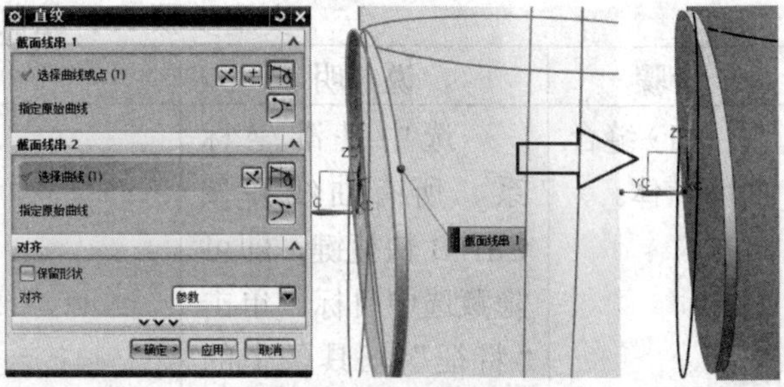直纹 截面线串 1 截面线串 2 对齐 保留形状 确定 应用 取消 （d）创建直纹曲面 图 1-166　创建瓶身圆形外凸曲面

9. 创建瓶底有界平面

实施步骤 12：创建瓶底有界平面	
说　明	图　解
单击“曲面”工具条中的“有界平面”命令，打开其对话框，如图 1-167 所示，选中瓶底椭圆曲线，单击“确定”按钮，即可创建瓶底有界平面。 1458　创建底面并缝合所有曲面	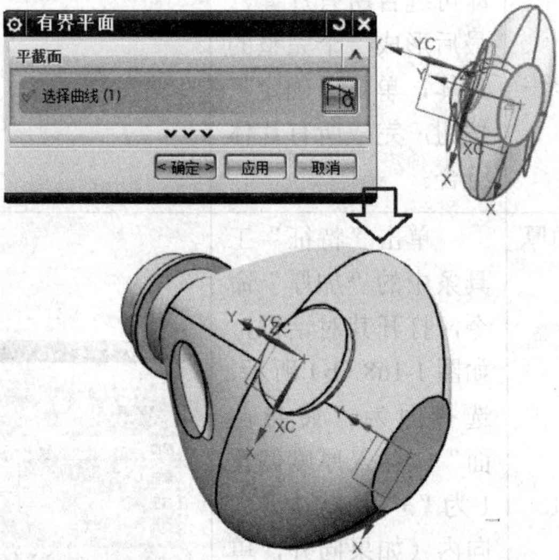有界平面 平截面 选择曲线 (1) 确定 应用 取消 YC XC X Y 图 1-167　创建瓶底有界平面

10. 创建实体瓶身

实施步骤 13：绘制椭圆曲线		
步骤	说　明	图　解
（1）缝合曲面片体。	选中基准坐标系、所有曲线并按 Ctrl+B 快捷键，即可隐藏选中目标。单击“特征”工具条中的“缝合”命令，打开其对话框，如图 1-168（a）所示，选择目标片体为“上瓶口曲面”，工具片体为“剩余所有瓶身曲面”，单击“确定”按钮，即可缝合所有片体，最后形成一个完整的片体，单击“确定”按钮，完成所有片体缝合。	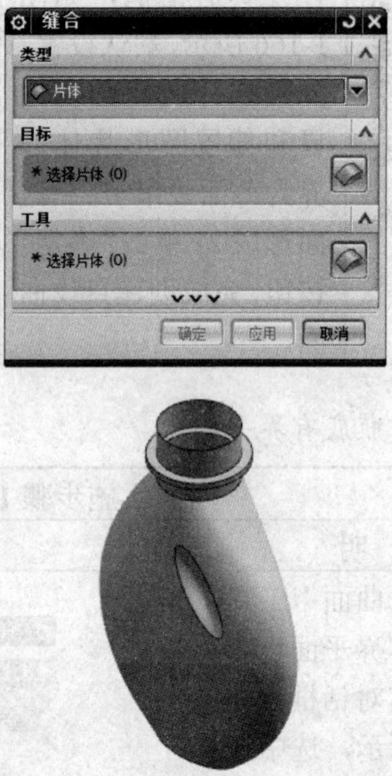 缝合 类型 片体 目标 * 选择片体 (0) 工具 * 选择片体 (0) 确定 应用 取消 （a）缝合曲面片体
（2）加厚瓶身曲面。	单击“特征”工具条中的“加厚”命令，打开其对话框，如图 1-168（b）所示，选择面为“瓶身曲面”、输入厚度偏置 1 为“3”，默认方向向内（如果向外，单击“反向”按钮即可），其余参数默认，单击“确定”按钮，完成瓶身实体加厚。	 加厚 面 选择面 (11) 厚度 偏置 1 3 mm 偏置 2 0 mm 反向 确定 应用 取消 （b）加厚瓶身曲面

步骤	说 明	图 解
（3）创建瓶口螺纹。	选中瓶身曲面并按 Ctrl+B 快捷键，即可隐藏瓶身目标，显示出塑料瓶实体模型。单击“特征”工具条中的“螺纹”命令，打开其对话框，如图 1-168（c）所示，选中瓶口外圆柱面，设置螺纹参数如下：选择螺纹类型“详细”，输入小径“74”、长度“30”、螺距“6”、角度“60”、旋转“右旋”，单击“确定”按钮，完成瓶口螺纹创建。	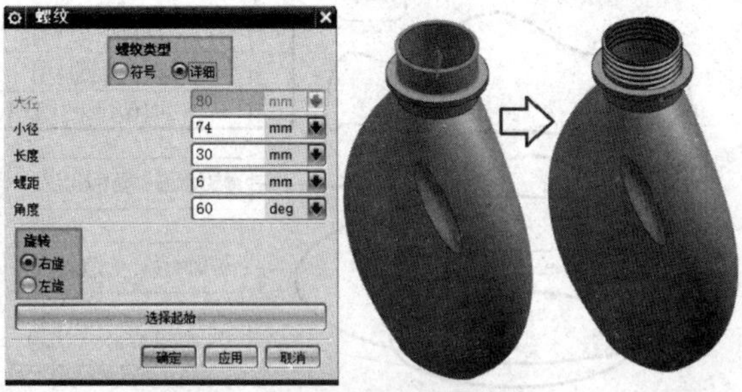螺纹 螺纹类型 符号 详细 大径 80 mm 小径 74 mm 长度 30 mm 螺距 6 mm 角度 60 deg 旋转 右旋 左旋 选择起始 确定 应用 取消 （c）创建瓶口螺纹 1459　创建瓶口螺纹 图 1-168　创建实体瓶身

11. 保存文件

实施步骤 14：保存文件	
说 明	图 解
最终完成塑料瓶实体模型的创建，如图 1-169 所示，单击“保存”命令即可。	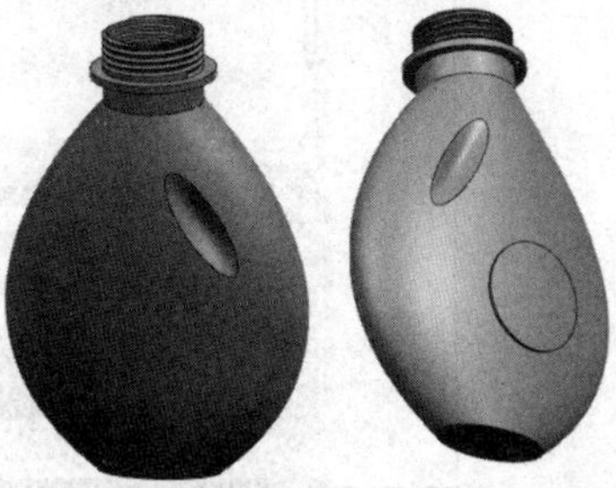 图 1-169　塑料瓶最终效果图

1.4.6　任务延伸——创建曲面花瓶

任务描述：花瓶曲面造型，创建如图 1-170 所示的花瓶造型，花瓶厚度为 2mm。

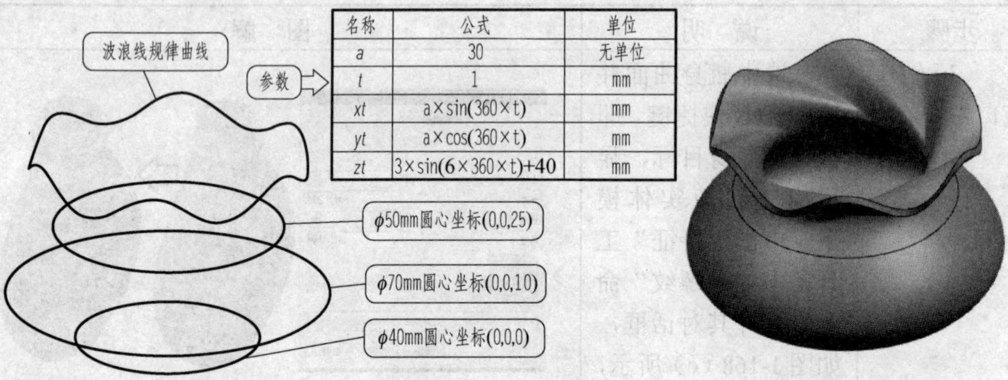
波浪线规律曲线
参数
名称 | 公式 | 单位
a | 30 | 无单位
t | 1 | mm
xt | a×sin(360×t) | mm
yt | a×cos(360×t) | mm
zt | 3×sin(6×360×t)+40 | mm
φ50mm圆心坐标(0,0,25)
φ70mm圆心坐标(0,0,10)
φ40mm圆心坐标(0,0,0)

图 1-170　花瓶与参数

任务实施如下：

1. 新建文件

实施步骤 1：新建文件	
说　明	**图　解**
启动 UG NX 软件，输入文件名 huaping.prt，选择合适的文件夹，如图 1-171 所示，单击“确定”按钮，进入建模环境。	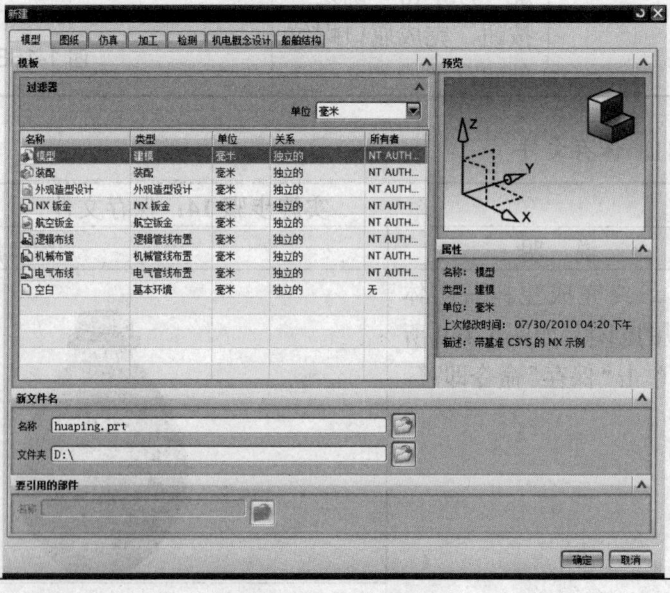新建模型图纸仿真加工检测机电概念设计船舶结构模板过滤器单位 毫米名称 类型 单位 关系 所有者模型 建模 毫米 独立的 NT AUTH...空白 基本环境 毫米 独立的 无预览属性新文件名名称 huaping.prt文件夹 D:\要引用的部件确定 取消 图 1-171　新建文件

2. 创建3个圆

<table>
<tr><th colspan="2">实施步骤2：创建曲线圆</th></tr>
<tr><th>说　明</th><th>图　解</th></tr>
<tr><td>单击“曲线”工具条中的“圆弧/圆”命令，打开其对话框，如图1-172所示，类型选择“从中心开始的圆弧/圆”，在中心点坐标（0,0,0）、（0,0,10）、（0,0,25）处，分别创建R20mm、R35mm、R25mm的圆。注意创建3个圆时，圆弧开始处为X轴正方向。</td><td>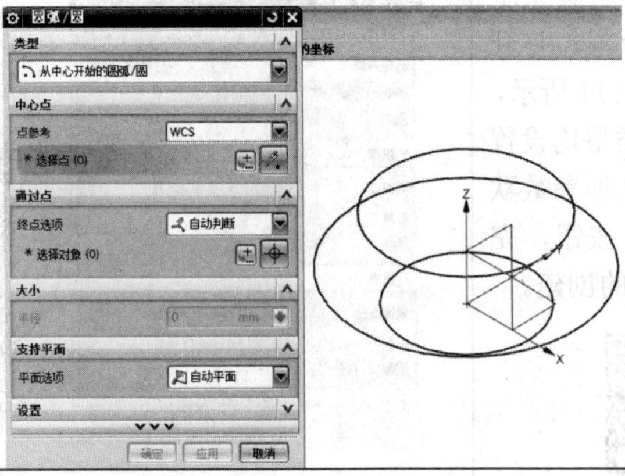圆弧/圆
类型
从中心开始的圆弧/圆
中心点
点参考
WCS
* 选择点 (0)
通过点
终点选项
自动判断
* 选择对象 (0)
大小
半径
支持平面
平面选项
自动平面
设置
确定
应用
取消
Z
X
图1-172　创建曲线圆　　1461　创建花瓶圆曲线</td></tr>
</table>

3. 创建表达式与规律曲线

1）创建表达式

<table>
<tr><th colspan="2">实施步骤2：创建表达式</th></tr>
<tr><th>说　明</th><th>图　解</th></tr>
<tr><td>单击菜单栏中的“工具”→“表达式”命令，打开其对话框，如图1-173所示，按图1-170中的参数表输入波浪线的表达式，每个公式完成输入之后，单击“接受编辑”按钮即可。</td><td>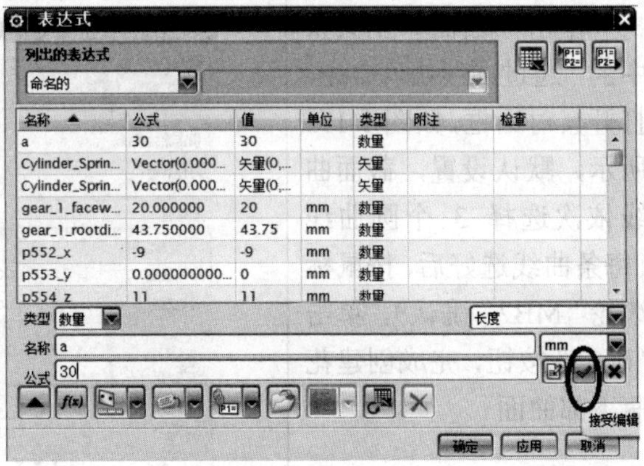表达式
列出的表达式
命名的
名称 公式 值 单位 类型 附注 检查
a 30 30 数量
Cylinder_Sprin... Vector(0.000... 矢量(0,... 矢量
Cylinder_Sprin... Vector(0.000... 矢量(0,... 矢量
gear_1_facew... 20.000000 20 mm 数量
gear_1_rootdi... 43.750000 43.75 mm 数量
p552_x -9 -9 mm 数量
p553_y 0.000000000... 0 mm 数量
p554_z 11 11 mm 数量
类型 数量
长度
名称 a
mm
公式 30
接受编辑
确定
应用
取消
图1-173　创建表达式</td></tr>
</table>

2）创建规律曲线

实施步骤 2：创建规律曲线	
说 明	图 解
单击“曲线”工具条中的“规律曲线”命令，打开其对话框，如图 1-174 所示，X、Y、Z 的规律类型均设置为“根据方程”，其他参数默认，单击“确定”按钮，完成波浪线规律曲线的创建。 1462 创建波浪线	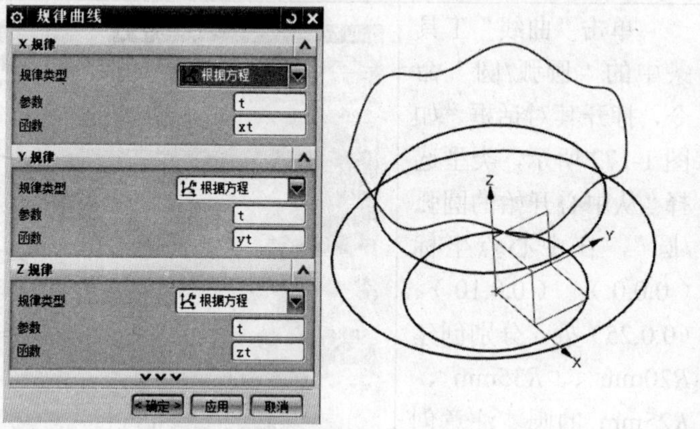规律曲线 X 规律 规律类型 根据方程 参数 t 函数 xt Y 规律 规律类型 根据方程 参数 t 函数 yt Z 规律 规律类型 根据方程 参数 t 函数 zt <确定> 应用 取消 Z Y X 图 1-174 创建规律曲线

4. 创建花瓶曲面

1）创建花瓶下部曲面

实施步骤 2：创建花瓶下部曲面	
说 明	图 解
单击“曲面”工具条中的“通过曲线组”命令，打开其对话框，如图 1-175 所示，默认设置，截面曲线依次选择 3 个圆曲线（每条曲线选好后，按鼠标滚轮“MB2”确认），单击“确定”按钮，完成创建花瓶下部曲面。	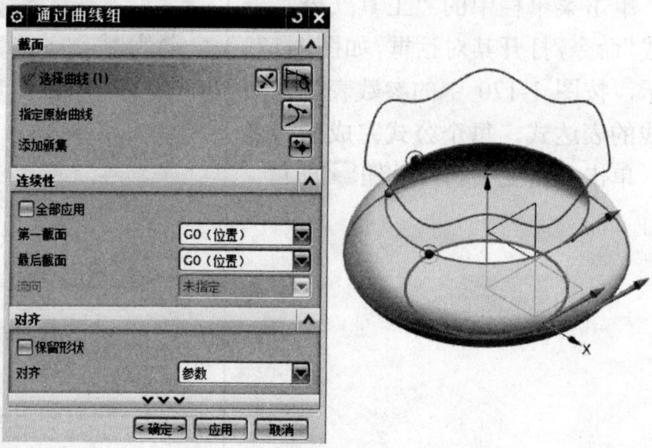通过曲线组 截面 选择曲线 (1) 指定原始曲线 添加新集 连续性 全部应用 第一截面 G0（位置） 最后截面 G0（位置） 流向 未指定 对齐 保留形状 对齐 参数 <确定> 应用 取消 Z X 图 1-175 创建花瓶下部曲面

2）创建花瓶上部曲面

<table>
<tr><th colspan="2">实施步骤 2：创建花瓶上部曲面</th></tr>
<tr><th>说　明</th><th>图　解</th></tr>
<tr><td>单击“曲面”工具条中的“通过曲线组”命令，打开其对话框，如图 1-176 所示，默认设置，截面曲线依次选择波浪线、R25mm 圆曲线（每条曲线选好后，按鼠标滚轮“MB2”确认）。设置连续性参数：最后截面选择“G1 相切”，面选择“花瓶下部曲面”，单击“确定”按钮，完成创建花瓶上部曲面。

说明：倘若生成的曲面像图一样不理想，可以将波浪线旋转，由于波浪线和曲面是关联的，所以波浪线旋转之后，曲面也跟着选择。单击菜单栏上的“编辑”→“移动对象”命令，选择波浪线，并设定旋转轴，可以尝试着旋转角度为 90° 即可。</td><td>

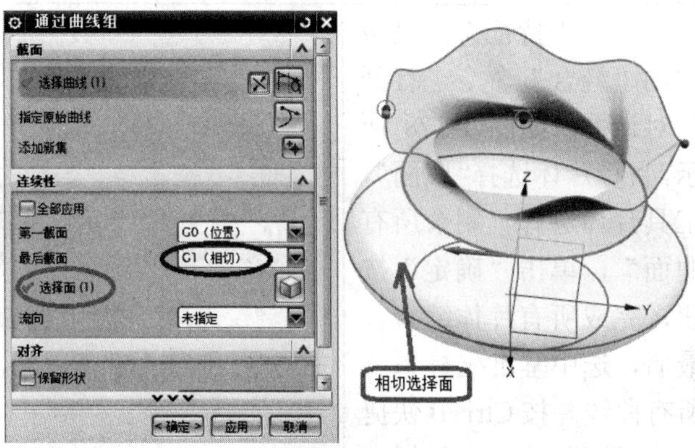
通过曲线组
截面
选择曲线 (1)
指定原始曲线
添加新集
连续性
全部应用
第一截面
G0（位置）
最后截面
G1（相切）
选择面 (1)
流向
未指定
对齐
保留形状
<确定>
应用
取消
相切选择面

1463　创建花瓶曲面

图 1-176　创建花瓶上部曲面</td></tr>
</table>

5. 创建底面有界平面

<table>
<tr><th colspan="2">实施步骤 2：创建底面有界平面</th></tr>
<tr><th>说　明</th><th>图　解</th></tr>
<tr><td>单击“曲面”工具条中的“有界平面”命令，打开其对话框，如图 1-177，所示，单击确定”按钮，即可创建瓶底有界平面。</td><td>

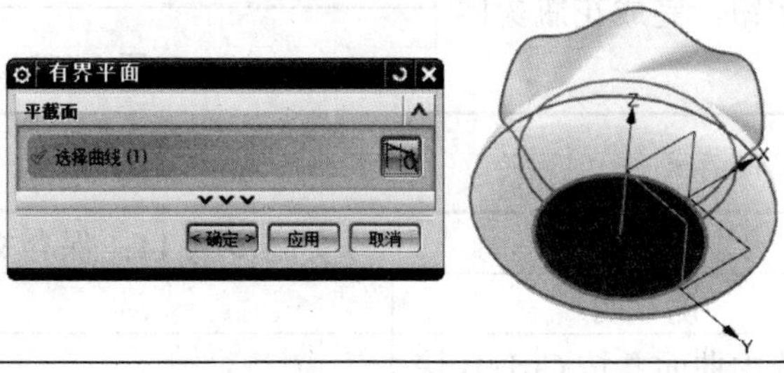
有界平面
平截面
选择曲线 (1)
<确定>
应用
取消

图 1-177　创建底面有界平面</td></tr>
</table>

6. 缝合所有曲面

实施步骤 2：缝合所有曲面	
说　明	图　解
单击“特征”工具条中的“缝合”命令，打开其对话框，如图 1-178 所示，目标片体选择“底面”，工具片体选择“剩余所有曲面”，单击“确定”按钮，完成所有片体缝合。最后，选中基准坐标系、所有曲线并按 Ctrl+B 快捷键，即可隐藏选中目标，效果如图 1-178（b）所示。	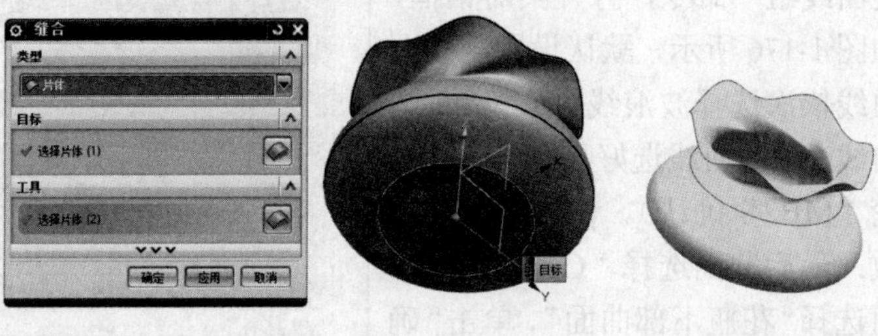缝合 类型 片体 目标 选择片体 (1) 工具 选择片体 (2) 确定 应用 取消 目标 （a）　（b） 图 1-178　缝合所有曲面

7. 加厚曲面创建实体花瓶

实施步骤 2：加厚曲面创建实体花瓶	
说　明	图　解
单击“特征”工具条中的“加厚”命令，打开其对话框，如图 1-179 所示，加厚面选择“花瓶曲面”，输入偏置 1 为“2”，其余参数默认，单击“确定”按钮，完成花瓶实体创建。	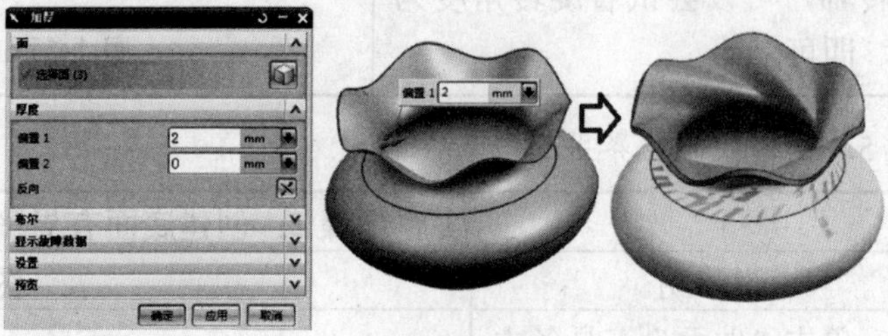加厚 面 选择面 (3) 厚度 偏置 1　2　mm 偏置 2　0　mm 反向 布尔 设置 预览 确定 应用 取消 偏置 1　2　mm 图 1-179　加厚曲面创建实体花瓶

8. 保存文件

实施步骤 14：保存文件	
说　明	图　解
选中曲面并按 Ctrl+B 快捷键，即可隐藏花瓶曲面，完成花瓶实体模型的创建，如图 1-180 所示，单击“保存”命令即可。	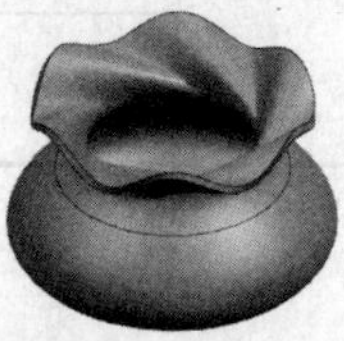 图 1-180　花瓶最终效果图

项目1小结

本项目主要介绍了 UG NX 草图曲线、曲线、实体建模及曲面基本功能，主要包括草图曲线的绘制、编辑和约束等，以及曲线的绘制、编辑；建模的视图布局、工作图层、对象操作、坐标系设置、参数设置等操作；介绍了基本实体模型的建模方法和由曲线生成实体的方法，以及实例特征的创建方法、特征操作和特征编辑；同时，通过对典型零件的实体模型的创建过程的介绍及拓展训练，使读者能够快速掌握各种实体建模的方法。

技能训练

一、草图与曲线造型：根据给定的图形尺寸，完成图 1-181（1）~（5）所示的草图及曲线造型。

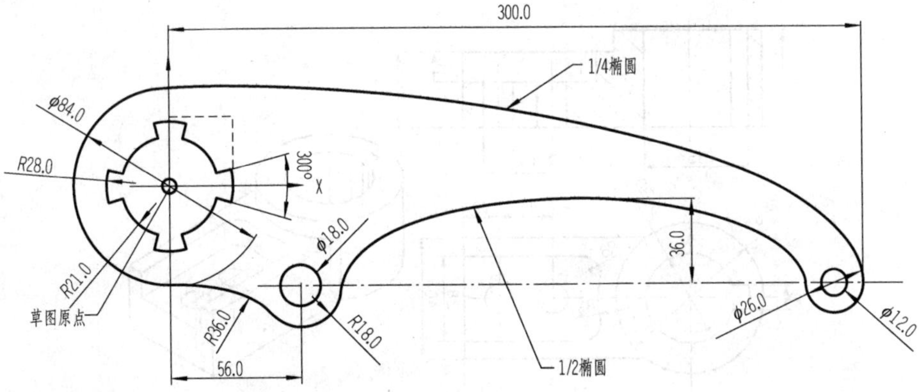
300.0
1/4椭圆
φ84.0
R28.0
30°
X
φ18.0
36.0
R21.0
草图原点
R36.0
R18.0
φ26.0
φ12.0
56.0
1/2椭圆

（1）

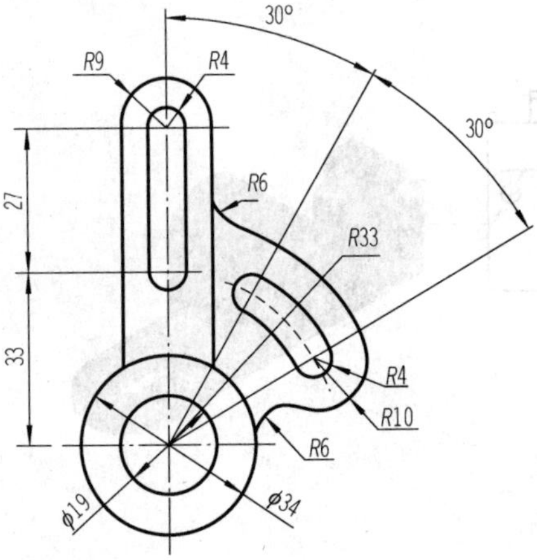
30°
R9
R4
30°
27
R6
R33
33
R4
R10
R6
φ19
φ34

（2）

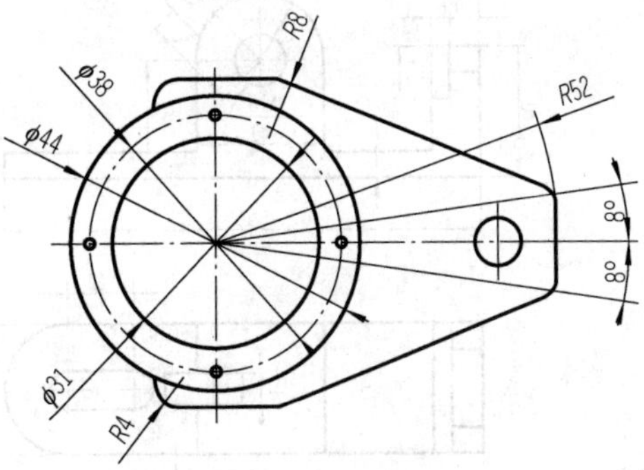
R8
φ38
R52
φ44
8°
8°
φ31
R4

（3）

图 1-181　草图与曲线习题

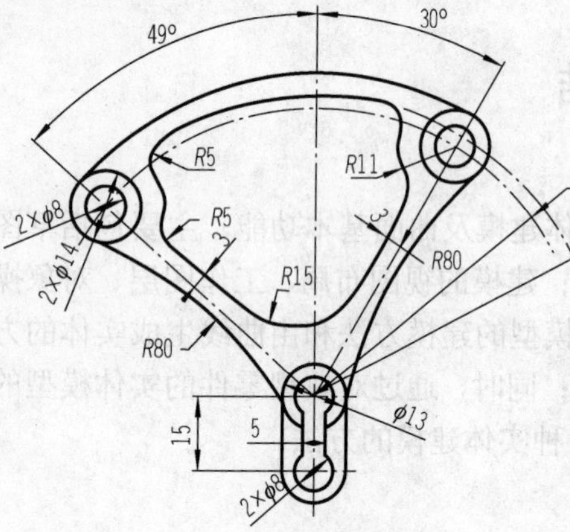
49°
30°
R5
R11
R56
R59
R80
R15
R80
2×ϕ8
2×ϕ14
ϕ13
15
5
2×ϕ8

（4）

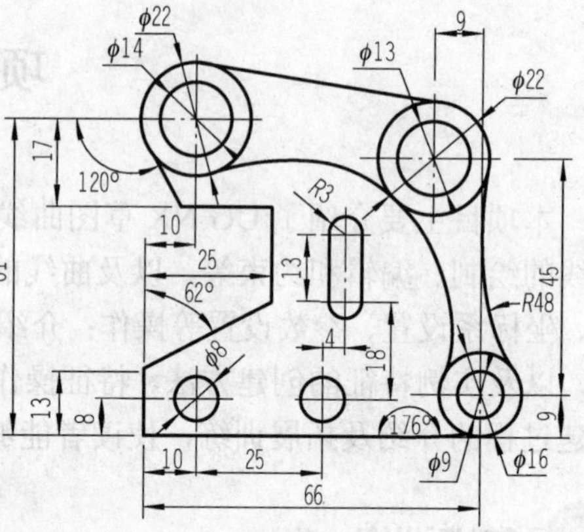
ϕ22
ϕ14
ϕ13
9
ϕ22
17
120°
R3
R48
10
25
13
62°
61
45
4
ϕ8
18
13
8
176°
10
25
ϕ9
ϕ16
66

（5）

图 1-181 草图与曲线习题（续）

2．实体建模：根据给定的实体工程图尺寸完成图 1-182（1）~（6）所示实体造型。

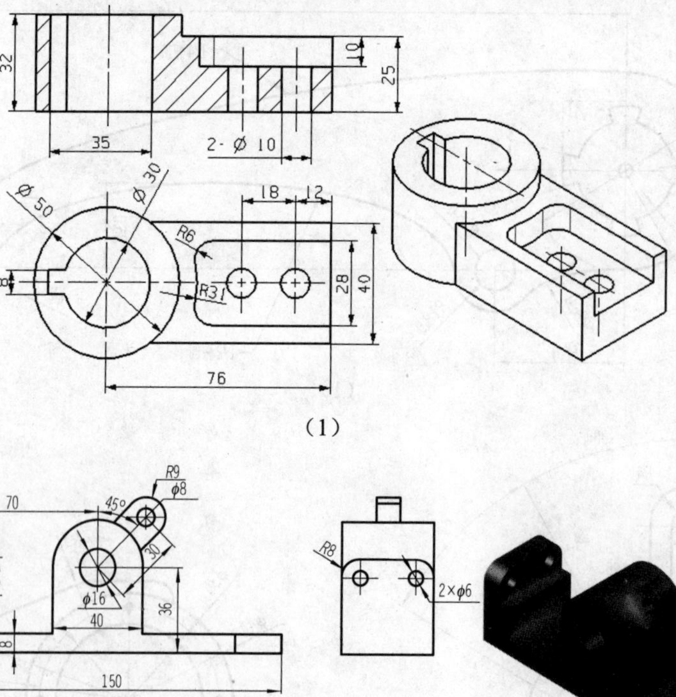
32
10
25
35
2- Ø 10
Ø 50
Ø 30
18
12
R6
8
R31
28
40
76

（1）

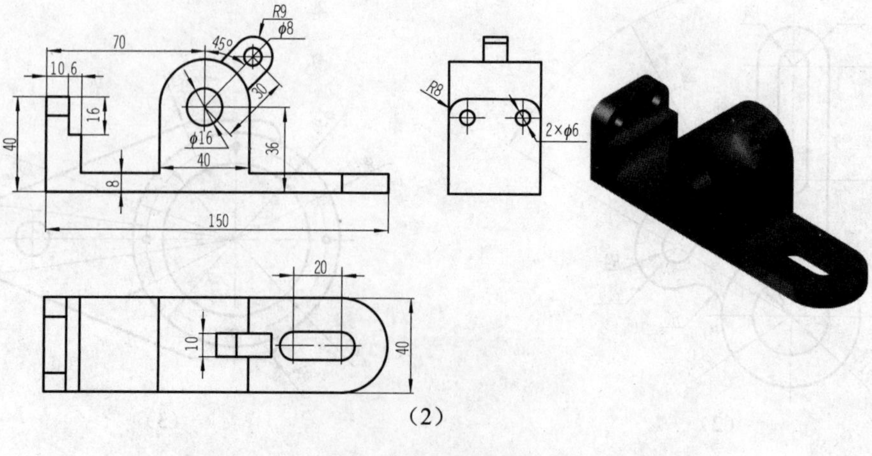
R9
ϕ8
70
45°
10.6
16
30
40
ϕ16
40
36
8
150
R8
2×ϕ6
20
10
40

（2）

图 1-182 实体建模

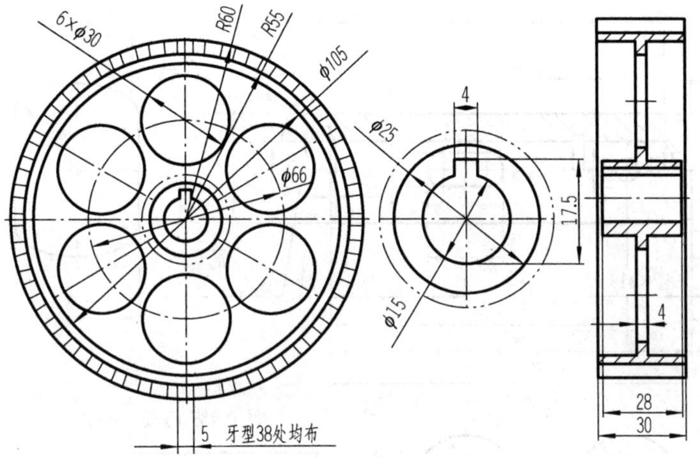
6×ϕ30
R60
R55
ϕ105
ϕ66
ϕ25
4
17.5
ϕ15
4
28
30
5　牙型38处均布

（3）

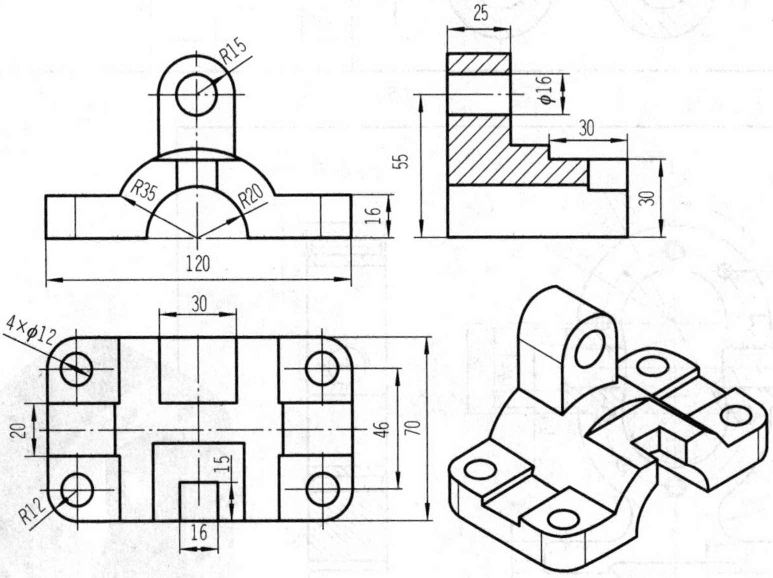
R15
R35
R20
16
120
25
ϕ16
30
55
30
30
4×ϕ12
20
46
70
15
R12
16

（4）

图 1-182　实体建模（续）

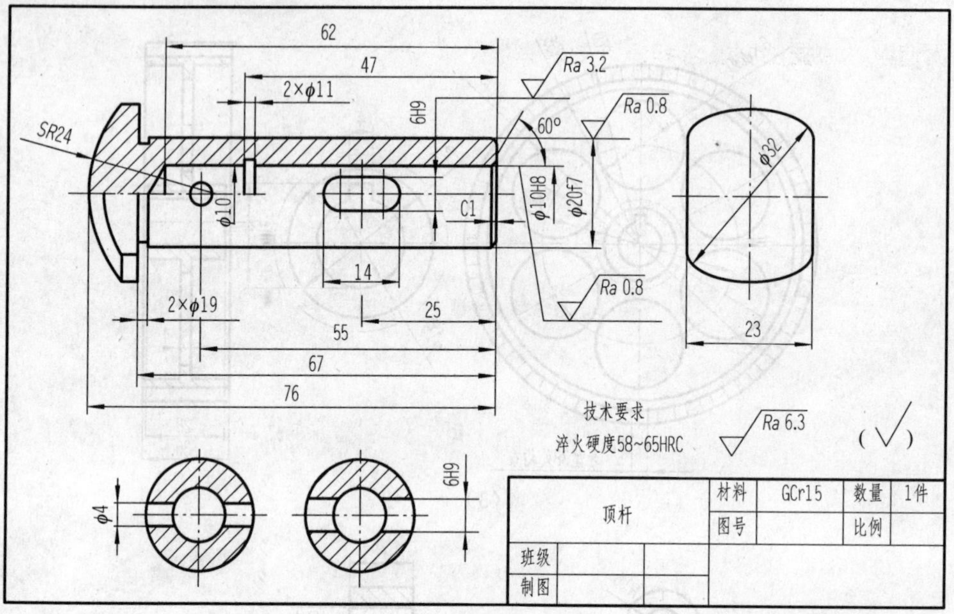
62
47
2×ϕ11
6H9
Ra 3.2
Ra 0.8
60°
SR24
ϕ10
ϕ10H8
ϕ20f7
C1
ϕ32
14
Ra 0.8
2×ϕ19
25
55
23
67
76
技术要求
淬火硬度58~65HRC
Ra 6.3
(√)
6H9
ϕ4
项杆
材料
GCr15
数量
1件
图号
比例
班级
制图

（5）

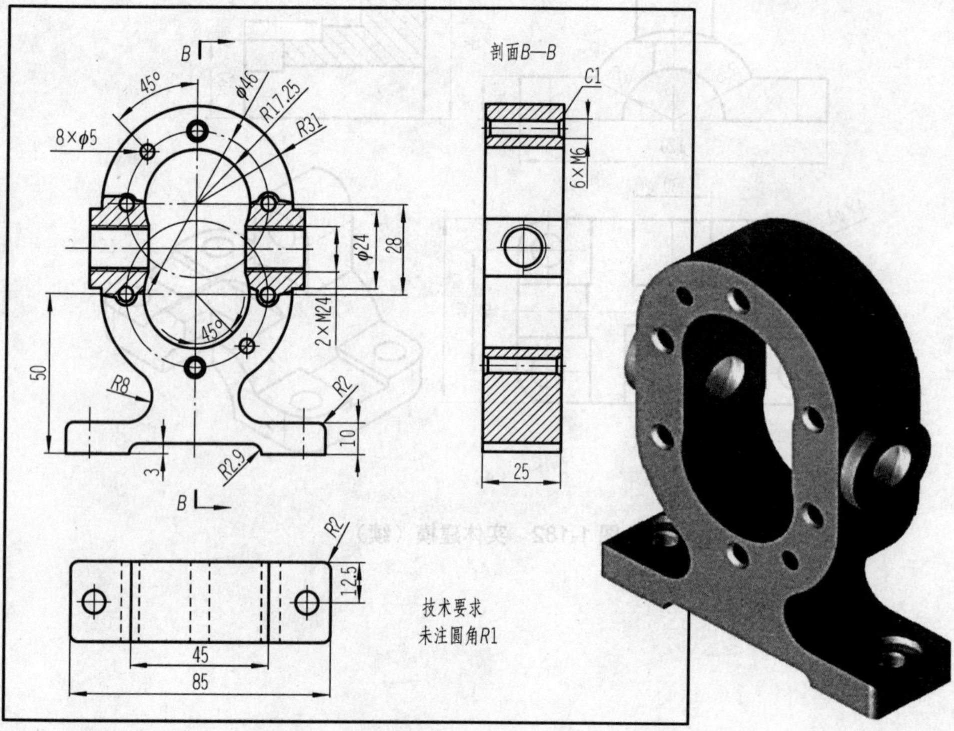
B
剖面B—B
C1
45°
ϕ46
R17.25
R31
8×ϕ5
6×M6
ϕ24
28
2×M24
45°
50
R8
R2
10
3
R2.9
B
25
R2
12.5
技术要求
未注圆角R1
45
85

（6）

图 1-182　实体建模（续）

3．曲面造型：根据图样要求和尺寸要求完成图 1-183（1）~（3）所示曲面造型。

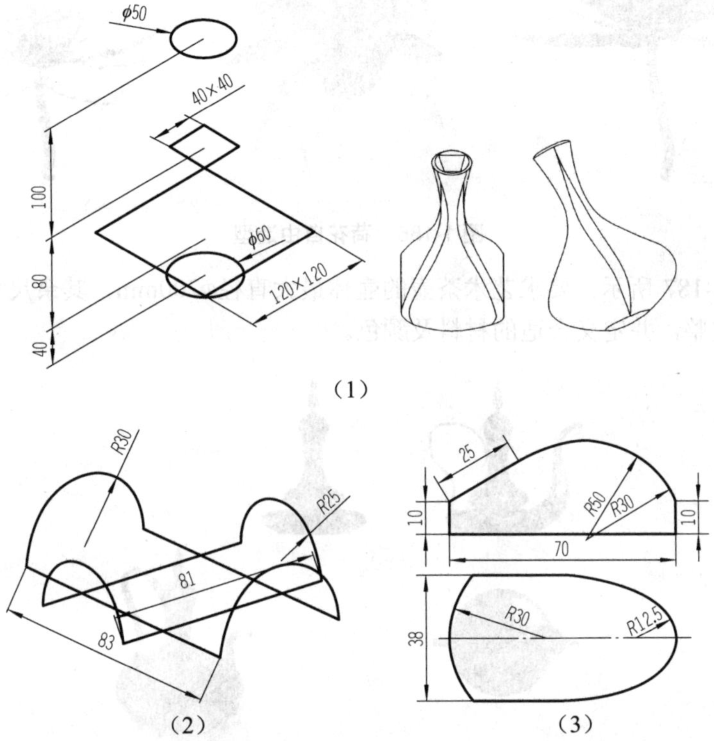
φ50
40×40
100
φ60
80
120×120
40
（1）
R30
R25
81
83
（2）
25
10
R50
R30
10
70
R30
R12.5
38
（3）

图 1-183 曲面造型

4．自由造型：根据图样要求完成图示的曲面自由造型

（1）如图 1-184 所示，茶壶自由造型，要求茶壶外形最大直径φ90mm，其余尺寸自由设计，比例合适，细节完整，并定义合适的材料及颜色。

图 1-184 茶壶自由造型

图 1-185 太极鱼自由造型

（2）如图 1-185 所示，要求太极鱼最大直径φ120mm，其余尺寸自由设计，比例合适，并定义合适的材料及颜色。

（3）如图 1-186 所示，要求荷花的总体外形尺寸按图示尺寸制作，其余尺寸自由设计，比例合适，细节完整，并定义合适的材料及颜色。

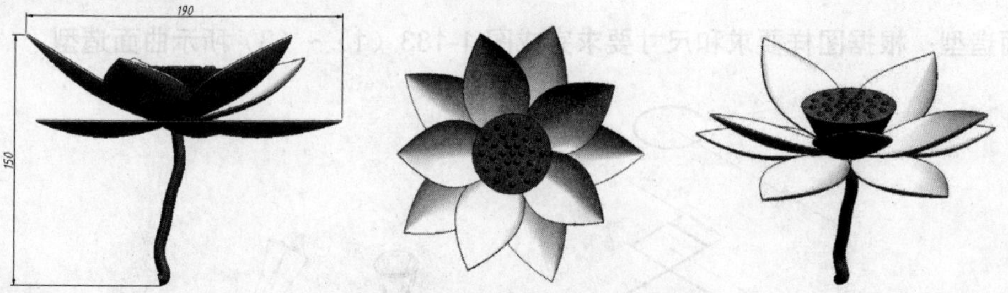
190
150

图 1-186　荷花自由造型

（4）如图 1-187 所示，要求艺术茶壶的壶体最大直径ϕ200mm，其余尺寸自由设计，比例合适，细节完整，并定义合适的材料及颜色。

图 1-187　艺术茶壶自由造型

项目 2　工程图设计

任务 2.1　凸台零件工程图设计

知识目标	能力目标
（1）掌握 UG 工程图的绘制一般过程； （2）掌握工程图的标注方法； （3）掌握工程图的编辑方法； （4）掌握工程图标注编辑方法； （5）了解工程图不同格式的导出、输出方法及工程图图框调用方法。	（1）能根据三维模型创建工程图样； （2）能合理设置制图首选项等制图基本环境； （3）能运用各种视图来表达实体模型； （4）会修改编辑各种视图； （5）会工程图的编辑、标注等修改功能； （6）会调用图框并正确输出不同格式图样文件； （7）能综合应用 UG 制图模块制作凸台零件的工程图。

2.1.1　任务导入

任务描述：如图 2-1 所示，完成凸台零件的工程图绘制，凸台三维模型已经完成。

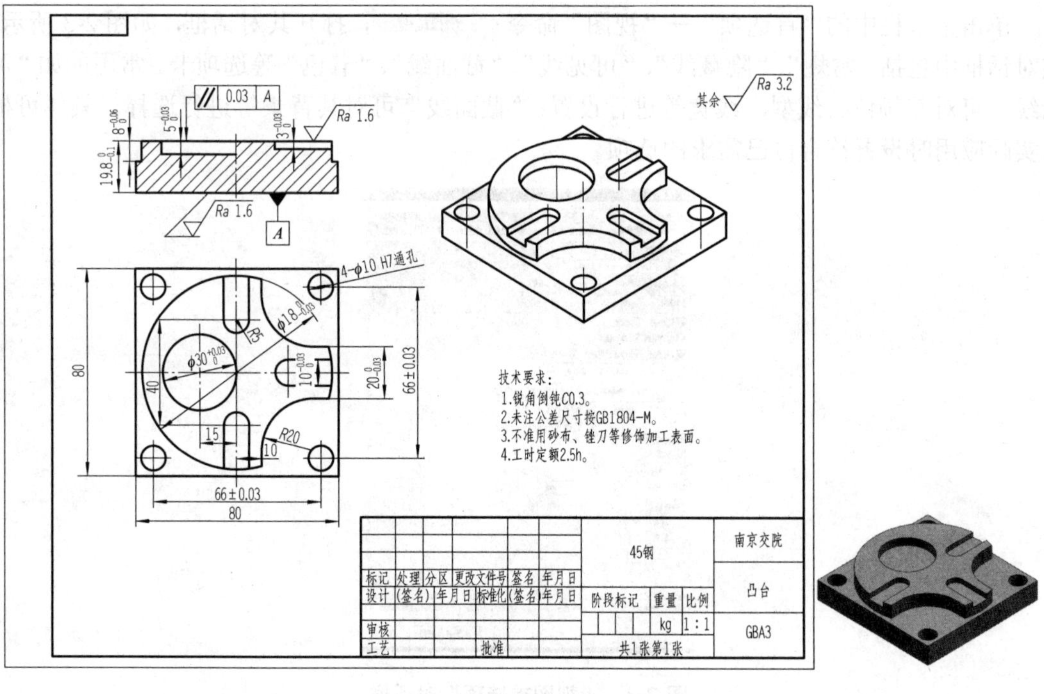

其余 Ra 3.2
0.03 A
Ra 1.6
Ra 1.6
A
4-φ10 H7通孔
80
66±0.03
80
技术要求：
1.锐角倒钝C0.3。
2.未注公差尺寸按GB1804-M。
3.不准用砂布、锉刀等修饰加工表面。
4.工时定额2.5h。
45钢
南京交院
凸台
GBA3
标记 处理 分区 更改文件号 签名 年月日
设计 (签名) 年月日 标准化 (签名) 年月日
阶段标记 重量 比例
kg 1:1
审核
工艺 批准
共1张第1张

图 2-1　凸台零件

2.1.2 知识链接

1. 制图首选项设置

在绘制视图之前，做好首选项的通用设置是绘制一幅符合国标工程图的前提，在首选项中可以设置文本的格式、视图样式、剖切线样式、图样背景等。当然，如首选项没有设置的，在完成绘图后，也可以进行单独编辑设置。下面主要介绍工程图样常见首选项设置的应用情况。

1）图样背景颜色

单击菜单栏中的“首选项”→“背景”命令 背景(A)...，打开“颜色”对话框，如图 2-2 所示，可选择合适的颜色，单击“确定”按钮，完成背景的设置。

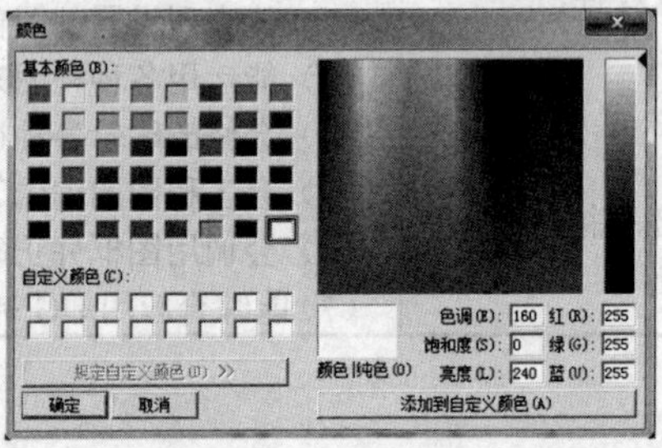
颜色
基本颜色(B):
自定义颜色(C):
规定自定义颜色(D) >>
确定
取消
颜色|纯色(O)
色调(E): 160
饱和度(S): 0
亮度(L): 240
红(R): 255
绿(G): 255
蓝(U): 255
添加到自定义颜色(A)

图 2-2 “颜色”对话框

2）视图样式

单击菜单栏中的“首选项”→“视图”命令 视图(V)...，打开其对话框，如图 2-3 所示，该对话框中包括“常规”、“隐藏线”、“可见线”、“截面线”、“着色”等选项卡。常用的如“可见线”可对其颜色、线型、线宽等进行设置；“截面线”可对其背景等进行选择。具体可根据实际应用时设置符合自己需求的选项。

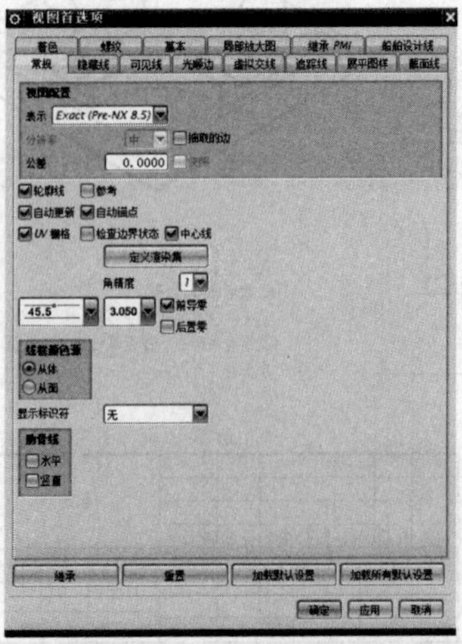
视图首选项
常规
隐藏线
可见线
Exact (Pre-NX 8.5)
0.0000
45.5
3.050
无
继承
确定
应用
取消

图 2-3 “视图首选项”对话框

3）制图首选项

单击菜单栏上的“首选项”→“制图”命令，打开其对话框，如图 2-4 所示，该对话框中包括“常规”、“图纸页”、“视图”等选项卡。常用的如“视图”可对其边界颜色、是否显示等进行设置，“图纸页”可对其名称进行设置，等等。具体可根据实际应用时设置符合自己需求的选项。

4）注释首选项

单击菜单栏上的“首选项”→“注释”命令 注释(T)...，打开其对话框，如图 2-5 所示，该对话框中包括“文字”、“尺寸”、“直线/箭头”、“单位”、“填充/剖面线”等选项卡。常用的如“文字”可对其字高、字体、颜色、间距等进行设置，“填充/剖面线”可对其剖面线的间距、线宽颜色、角度进行设置，等等。具体可根据实际应用时设置符合自己需求的选项。

5）截面线首选项

单击菜单栏上的“首选项”→“截面线”命令 截面线(S)...，打开其对话框，如图 2-6 所示，在该对话框中可对标签的显示、截面线的尺寸、截面线标准颜色等进行设置。

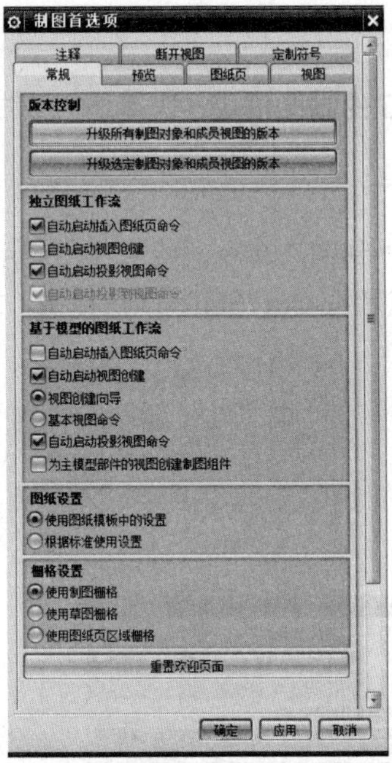
制图首选项
注释
断开视图
定制符号
常规
预览
图纸页
视图
版本控制
升级所有制图对象和成员视图的版本
升级选定制图对象和成员视图的版本
独立图纸工作流
自动启动插入图纸页命令
自动启动视图创建
自动启动投影视图命令
基于模型的图纸工作流
自动启动插入图纸页命令
自动启动视图创建
视图创建向导
基本视图命令
自动启动投影视图命令
为主模型部件的视图创建制图组件
图纸设置
使用图纸模板中的设置
根据标准使用设置
栅格设置
使用制图栅格
使用草图栅格
使用图纸页区域栅格
重置欢迎页面
确定
应用
取消

图 2-4　“制图首选项”对话框

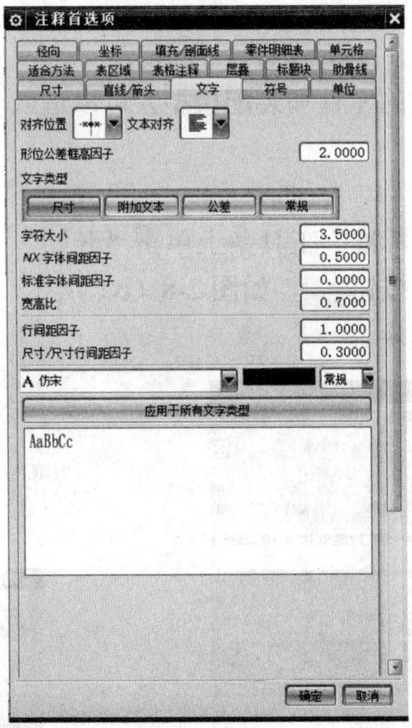
注释首选项
径向
坐标
填充/剖面线
零件明细表
单元格
适合方法
表区域
表格注释
层叠
标题块
肋骨线
尺寸
直线/箭头
文字
符号
单位
对齐位置
文本对齐
形位公差框高因子
2.0000
文字类型
尺寸
附加文本
公差
常规
字符大小
3.5000
NX 字体间距因子
0.5000
标准字体间距因子
0.0000
宽高比
0.7000
行间距因子
1.0000
尺寸/尺寸行间距因子
0.3000
A 仿宋
常规
应用于所有文字类型
AaBbCc
确定
取消

图 2-5　“注释首选项”对话框

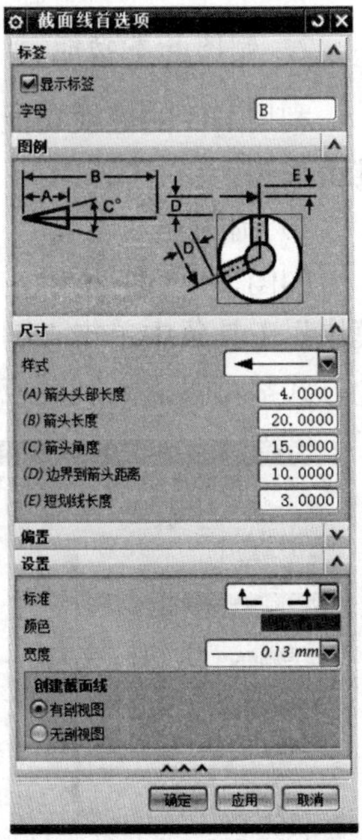
截面线首选项
标签
显示标签
字母
B
图例
B
A
C°
D
E
D
尺寸
样式
(A) 箭头头部长度
4.0000
(B) 箭头长度
20.0000
(C) 箭头角度
15.0000
(D) 边界到箭头距离
10.0000
(E) 短划线长度
3.0000
偏置
设置
标准
颜色
宽度
0.13 mm
创建截面线
有剖视图
无剖视图
确定
应用
取消

图 2-6　“截面线首选项”对话框

6）视图标签首选项

单击菜单栏上的“首选项”→“视图标签”命令 视图标签(L)...，打开其对话框，如图 2-7 所示，图（a）为剖视图选项，图（b）为局部放大图选项。该命令可对视图与局部剖视图等的位置、视图标签、视图比例、标签字母等进行设置。

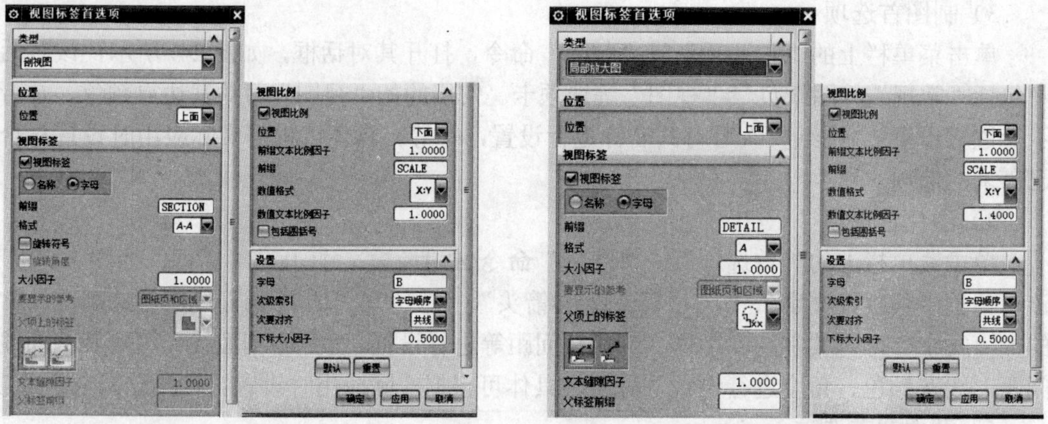
视图标签首选项
类型
剖视图
位置
位置
上面
视图标签
视图标签
名称
字母
前缀
SECTION
格式
A-A
大小因子
1.0000
视图比例
视图比例
位置
下面
前缀文本比例因子
1.0000
前缀
SCALE
数值格式
X:Y
数值文本比例因子
1.0000
包括圆括号
设置
字母
B
次级索引
字母顺序
次要对齐
共线
下标大小因子
0.5000
默认
重置
确定
应用
取消
视图标签首选项
类型
局部放大图
位置
位置
上面
视图标签
视图标签
名称
字母
前缀
DETAIL
格式
A
大小因子
1.0000
父项上的标签
文本缩放因子
1.0000
父标签前缀
视图比例
视图比例
位置
下面
前缀文本比例因子
1.0000
前缀
SCALE
数值格式
X:Y
数值文本比例因子
1.4000
包括圆括号
设置
字母
B
次级索引
字母顺序
次要对齐
共线
下标大小因子
0.5000
默认
重置
确定
应用
取消

（a）剖视图选项　　　　（b）局部放大图选项

图 2-7 “视图标签首选项”对话框

2. 制图基本功能

利用 UG 的建模功能创建的零件和装配模型，可以进入 UG 的制图模块，快速地生成二维工程图。

1）制图基本环境

如图 2-8（a）所示，在“标准”工具条上单击“开始”→“制图”命令，或者在“应用模块”工具条中单击“制图”按钮，如图 2-8（b）所示，或者按 Ctrl+Shift+D 快捷键，3 种方式都可以进入制图应用模块。

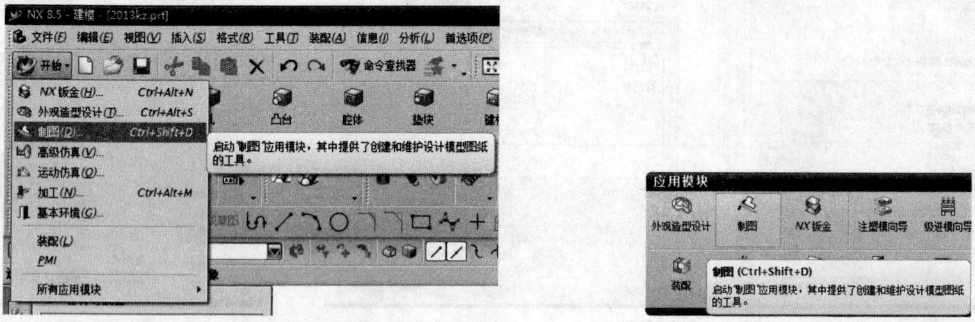
NX 8.5 - 建模 - [2013kz.prt]
文件(F)
编辑(E)
视图(V)
插入(S)
格式(R)
工具(T)
装配(A)
信息(I)
分析(L)
首选项(P)
开始
命令查找器
NX 钣金(H)...
Ctrl+Alt+N
外观造型设计(T)...
Ctrl+Alt+S
制图(D)...
Ctrl+Shift+D
高级仿真(V)...
运动仿真(O)...
加工(N)...
Ctrl+Alt+M
基本环境(G)...
装配(L)
PMI
所有应用模块
凸台
腔体
垫块
启动“制图”应用模块，其中提供了创建和维护设计模型图纸的工具。
应用模块
外观造型设计
制图
NX 钣金
注塑模向导
级进模向导
装配
制图 (Ctrl+Shift+D)
启动“制图”应用模块，其中提供了创建和维护设计模型图纸的工具。

（a）“标准”工具条进入制图模块　　　　（b）“应用”工具条进入制图模块

图 2-8 进入制图模块

UG 制图基本环境界面如图 2-9 所示，基本环境主要由绘图功能区、菜单与工具条区、导航区、草图工具条区构成。

2）创建图纸

在进入制图环境时，系统会自动创建“图纸页”对话框；或单击菜单栏上的“插入”→“新建图纸页”命令；或在“图纸”工具条中单击“新建图纸页”按钮，如图 2-10（a）所示，都可以打开“图纸页”对话框。打开对话框后，如图 2-10（b）所示，可选择使用模板、标准尺寸及定制尺寸确定图纸幅面尺寸大小。如标准尺寸可选择 A0～A4 等大小，并可选相应的制图比例，一般默认图样比例为 1∶1，还可以进行图纸页命名、设置单位与投影方式。投影方式提供了第一角投影和第三角投影两种，按照我国的制图标准，选择第一角投影和毫米单位选项。如图 2-9 所示虚线框的绘图区，即为新建的图纸页。

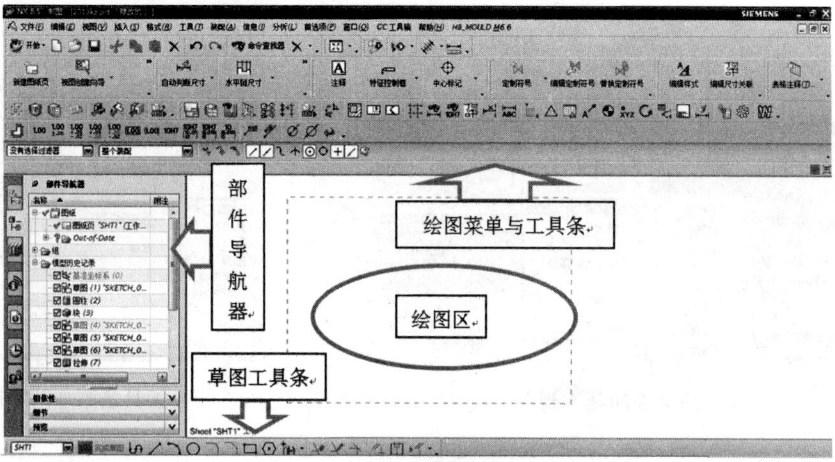
部件导航器
绘图菜单与工具条
绘图区
草图工具条

图 2-9　制图基本环境界面

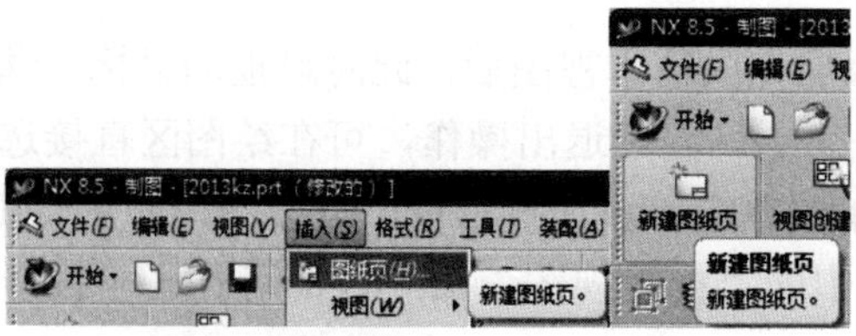
新建图纸页
新建图纸页。

（a）进入“图纸页”对话框的方式

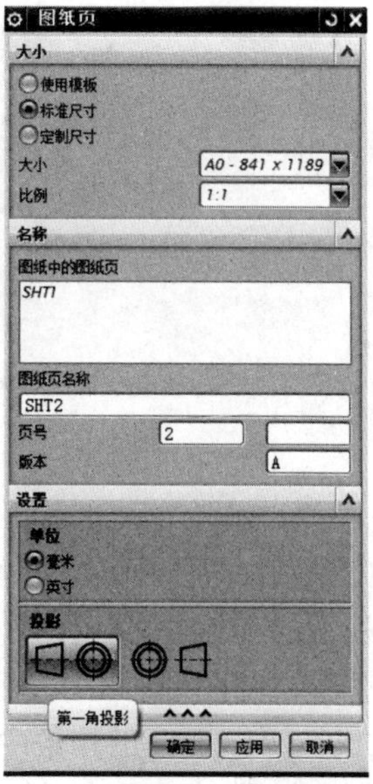
图纸页
大小
使用模板
标准尺寸
定制尺寸
大小
A0 - 841 x 1189
比例
1:1
名称
图纸中的图纸页
SHT1
图纸页名称
SHT2
页号
2
版本
A
设置
单位
毫米
英寸
投影
第一角投影
确定
应用
取消

（b）“图纸页”对话框

图 2-10　新建图纸页设置

3）添加视图

（1）添加基本视图。基本视图是零件向基本投影面投影所得的图形。它包括零件模型的主视图、后视图、俯视图、仰视图、左视图、右视图、等轴测图等。如图 2-11（a）所示，单击菜单栏中的“插入”→“视图”→“基本”命令，或在“图纸”工具条中单击下拉菜单中的“基本视图”命令 基本视图 ，打开“基本视图”对话框，如图 2-11（b）所示，该对话框中已经加载了部件模型文件，可以选择基本视图的放置方法、添加基本视图的种类、基本视图的比例、编辑基本视图的样式等，如图 2-11（c）所示为已经添加的基本视图。

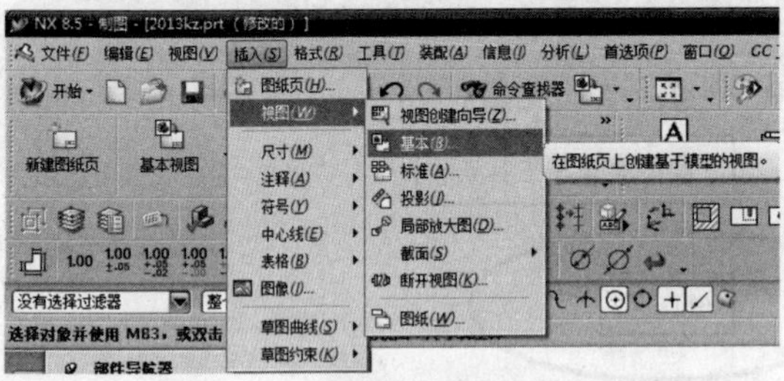
NX 8.5 - 制图 - [2013kz.prt（修改的）]
文件(F) 编辑(E) 视图(V) 插入(S) 格式(R) 工具(T) 装配(A) 信息(I) 分析(L) 首选项(P) 窗口(O)
图纸页(H)...
视图(W)
尺寸(M)
注释(A)
符号(Y)
中心线(E)
表格(B)
图像(I)...
草图曲线(S)
草图约束(K)
视图创建向导(Z)...
基本(B)...
标准(A)...
投影(J)...
局部放大图(D)...
截面(S)
断开视图(K)...
图纸(W)...
在图纸页上创建基于模型的视图。
新建图纸页
基本视图
没有选择过滤器

（a）菜单添加基本视图

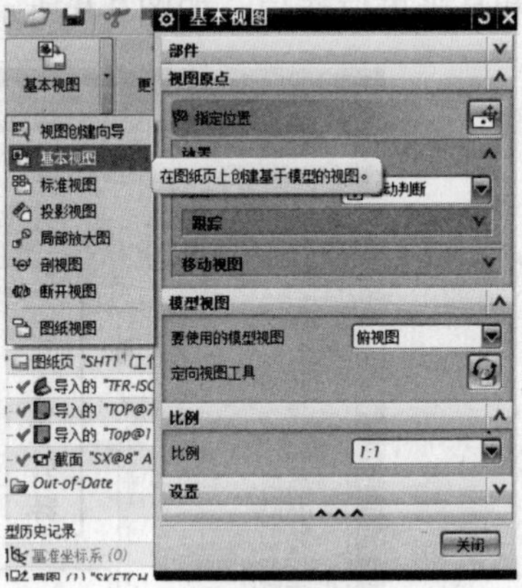
基本视图
部件
视图原点
指定位置
放置
在图纸页上创建基于模型的视图。
跟踪
移动视图
模型视图
要使用的模型视图
俯视图
定向视图工具
比例
1:1
设置
关闭
视图创建向导
基本视图
标准视图
投影视图
局部放大图
剖视图
断开视图
图纸视图

（b）工具条添加基本视图

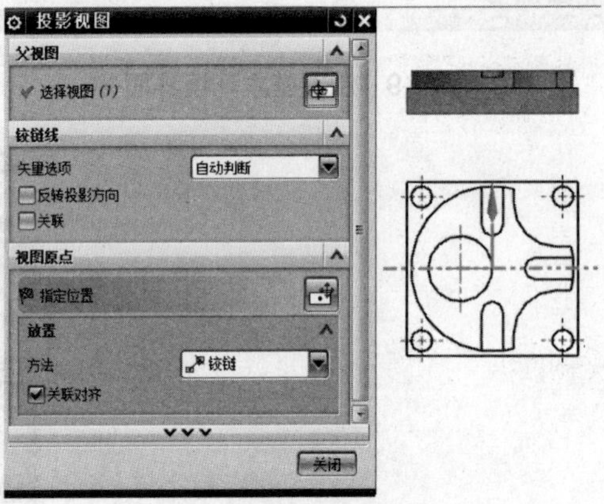
投影视图
父视图
选择视图 (1)
铰链线
矢量选项
自动判断
反转投影方向
关联
视图原点
指定位置
放置
方法
铰链
关联对齐
关闭

（c）完成添加基本视图

图 2-11　“基本视图”设置

（2）添加投影视图。一般情况下，在添加完成基本视图后，此时可拖动鼠标，继续添加基本视图的其他投影视图，如图 2-11（c）所示。若已退出操作，可在绘图区直接选中已添加的基本视图图框右击，在弹出的快捷菜单中单击“添加投影视图”命令，如图 2-12（a）所示,或在“图纸”工具条中单击下拉菜单中的“投影视图”命令，即可打开“投影视图”对话框，如图 2-12（b）所示。

4）添加剖视图

（1）添加全剖视图。如图 2-13（a）所示，在“图纸”工具条中单击下拉菜单中的“剖视图”命令 剖视图 ，打开“剖视图”对话框，如图 2-13（b）所示，同时选中要剖切的父视图。如图 2-13（c）所示，捕捉选择视图的剖切位置并向投影方向引出剖视图即可，完成全剖视图如图 2-13（d）所示。

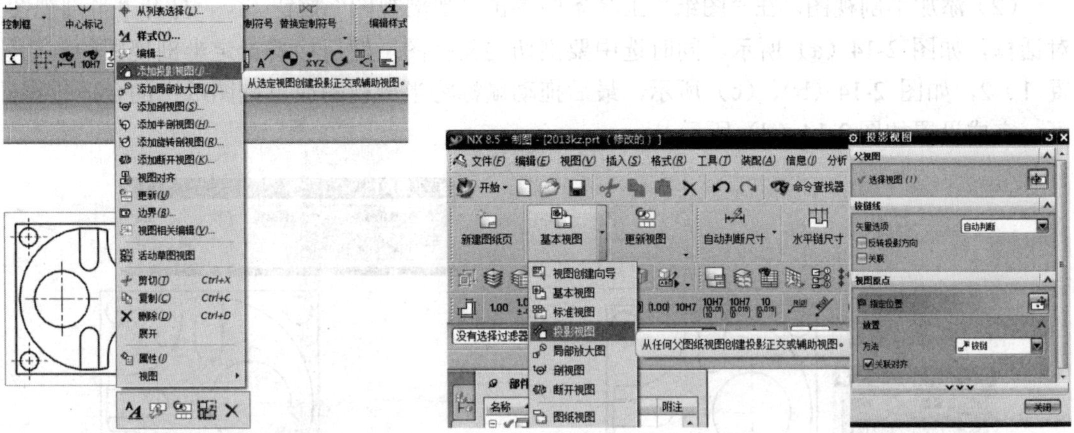

（a）右键添加投影视图　　（b）工具条添加投影视图

图 2-12　添加投影视图

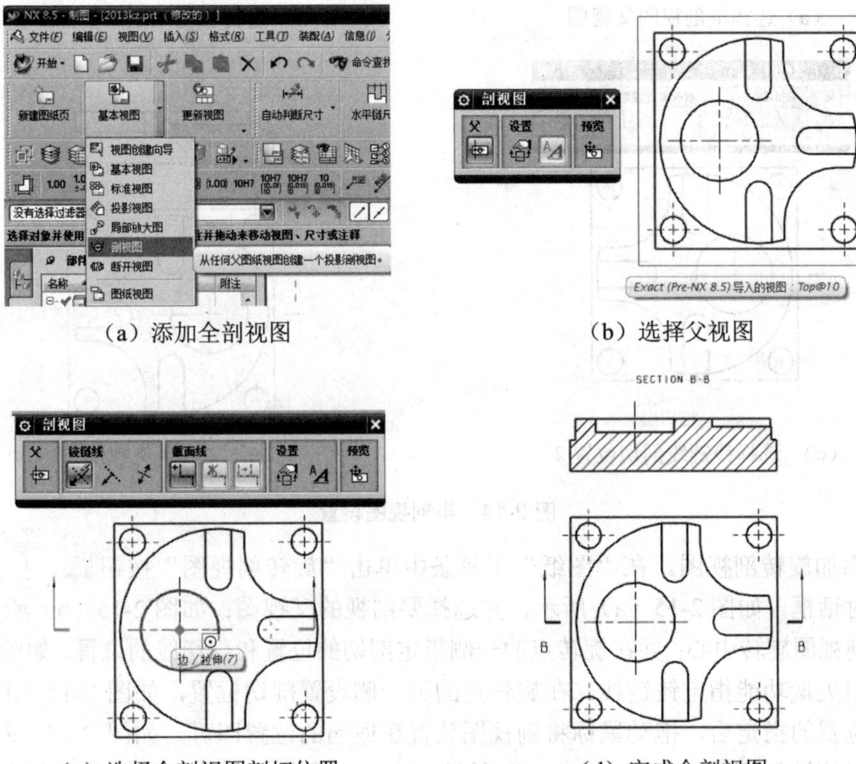

（a）添加全剖视图　　（b）选择父视图

（c）选择全剖视图剖切位置　　（d）完成全剖视图

图 2-13　全剖视图设置

在该对话框中可以单击“剖切线样式”按钮，在打开的“剖切首选项”对话框中可以设置剖切线箭头的大小、样式、颜色、线型、线宽及剖切符号名称等参数。当然这些内容一般会在做投影之前在“首选项”里预先设置好，剖视时默认即可。

（2）添加半剖视图。在“图纸”工具条中单击“半剖视图”按钮，打开“半剖视图”对话框，如图 2-14（a）所示，同时选中要剖切的父视图。然后接着指定半剖视图的剖切位置 1、2，如图 2-14（b）、（c）所示，最后拖动鼠标将半剖视图放置到图纸中的合适位置即可，完成设置如图 2-14（d）所示。

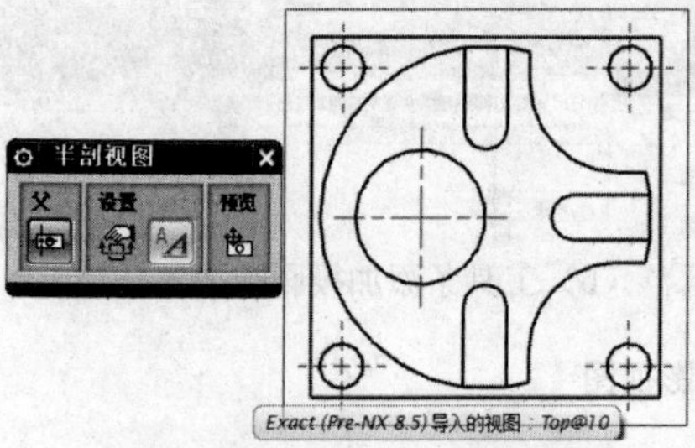
半剖视图
设置
预览
Exact (Pre-NX 8.5) 导入的视图：Top@10

（a）选择半剖视图父视图

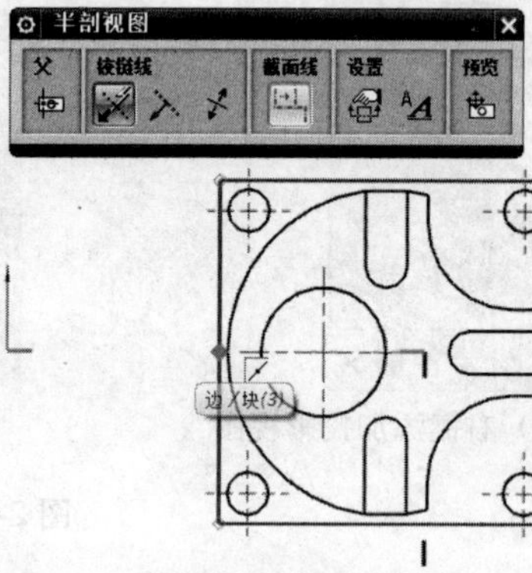
半剖视图
铰链线
截面线
设置
预览
边 / 块(3)

（b）选择铰链线剖切位置 1

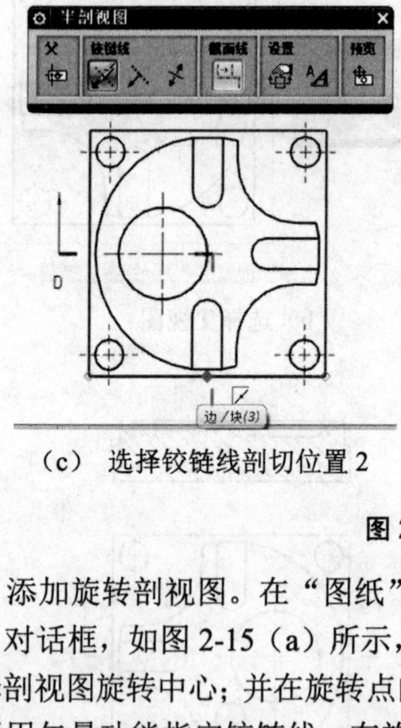
半剖视图
铰链线
截面线
设置
预览
D
边 / 块(3)

（c） 选择铰链线剖切位置 2

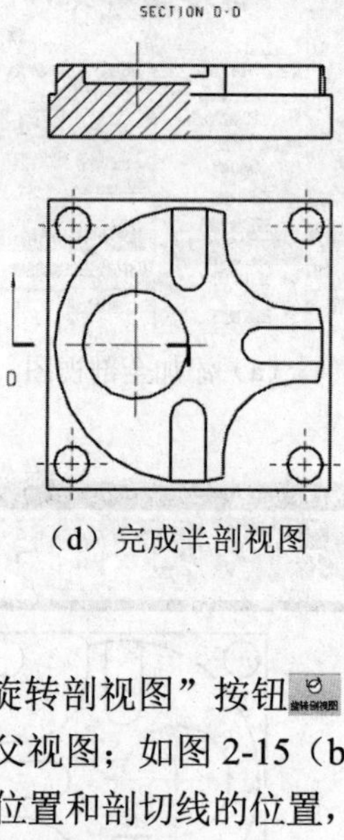
SECTION D-D
D

（d）完成半剖视图

图 2-14　半剖视图设置

（3）添加旋转剖视图。在“图纸”工具条中单击“旋转剖视图”按钮，打开“旋转剖视图”对话框，如图 2-15（a）所示，并选择要剖视的父视图；如图 2-15（b）所示，在视图中选择剖视图旋转中心；并在旋转点的一侧指定剖切的位置和剖切线的位置，如图 2-15（c）所示；再用矢量功能指定铰链线，在旋转点的另一侧设置剖切位置，如图 2-15（d）所示；完成剖切位置的指定后，拖动鼠标将剖视图放置在适当的位置即可，如图 2-15（e）所示；最后，完成旋转剖视图，如图 2-15（f）所示。注意：整个操作过程，直接在绘图区操作即可，无须进行对话框设置。

（4）添加展开剖视图。使用具有不同角度的多个剖切面（所有平面的交线垂直于某一基准平面）对视图进行剖切操作，所得的视图即为展开剖视图。该剖切方法使用于多孔的板类零件，或内部结构复杂的且不对称类零件的剖切操作。

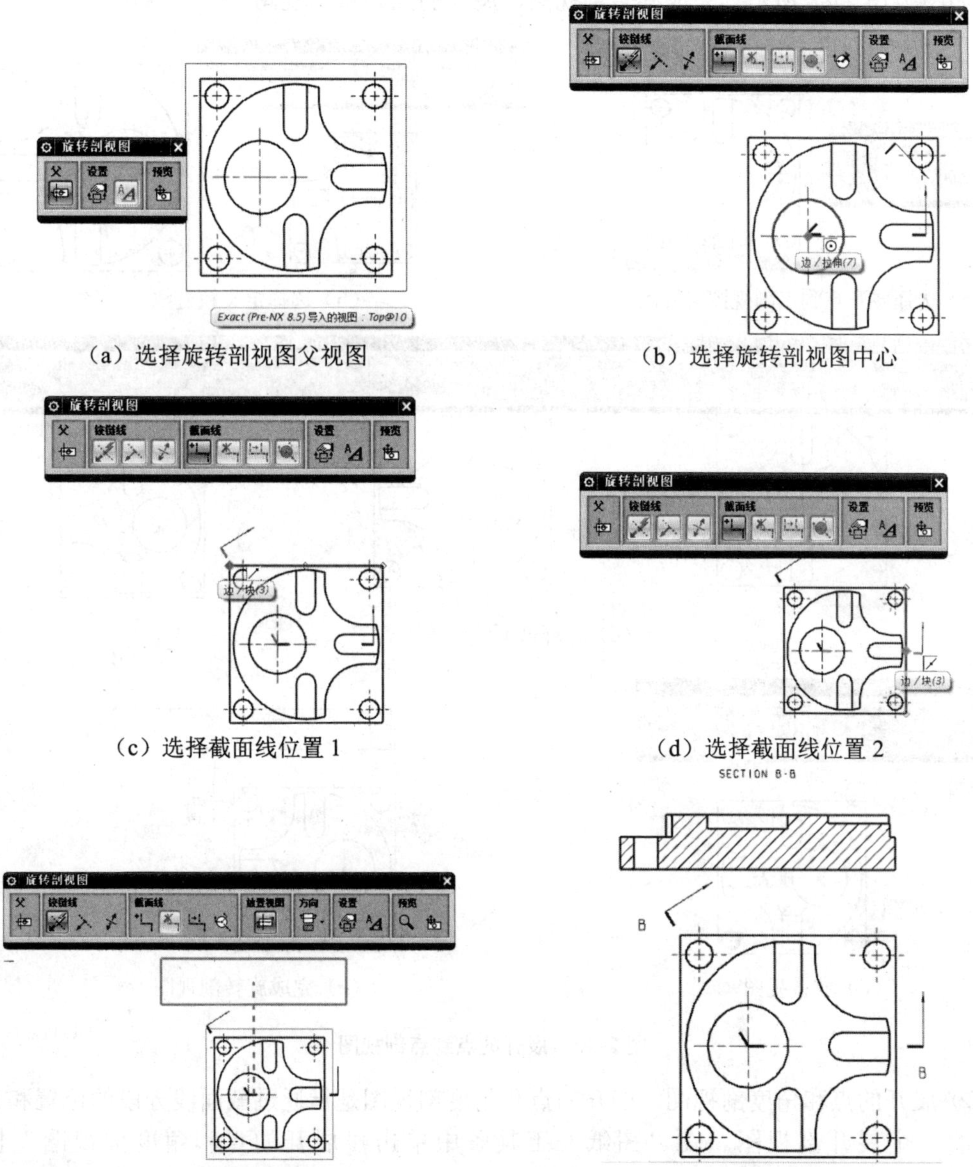

（a）选择旋转剖视图父视图　（b）选择旋转剖视图中心

（c）选择截面线位置 1　（d）选择截面线位置 2

（e）放置旋转剖视图　（f）完成旋转剖视图

图 2-15　旋转剖视图设置

① 展开的点到点剖视图。展开的点到点剖视图是使用任何父视图中连接一系列指定点的剖切线来创建一个展开的剖视图，该剖切线包括多个无折弯段的剖切段。在“图纸”工具条中单击“展开的点到点剖视图”按钮 展开的点到点剖视图，打开其对话框，如图 2-16（a）所示，并选择要剖视的父视图；如图 2-16（b）所示，在视图中选择侧边定义铰链线；接着，选择表示剖切位置关联点若干，如图 2-16（c）所示；完成剖切位置的指定后，单击对话框中的“放置视图”按钮，然后拖动鼠标将剖视图放置在适当的位置即可，如图 2-16（d）所

示；如图 2-16（e）所示为完成旋转剖视图，展开的点到点剖视图。

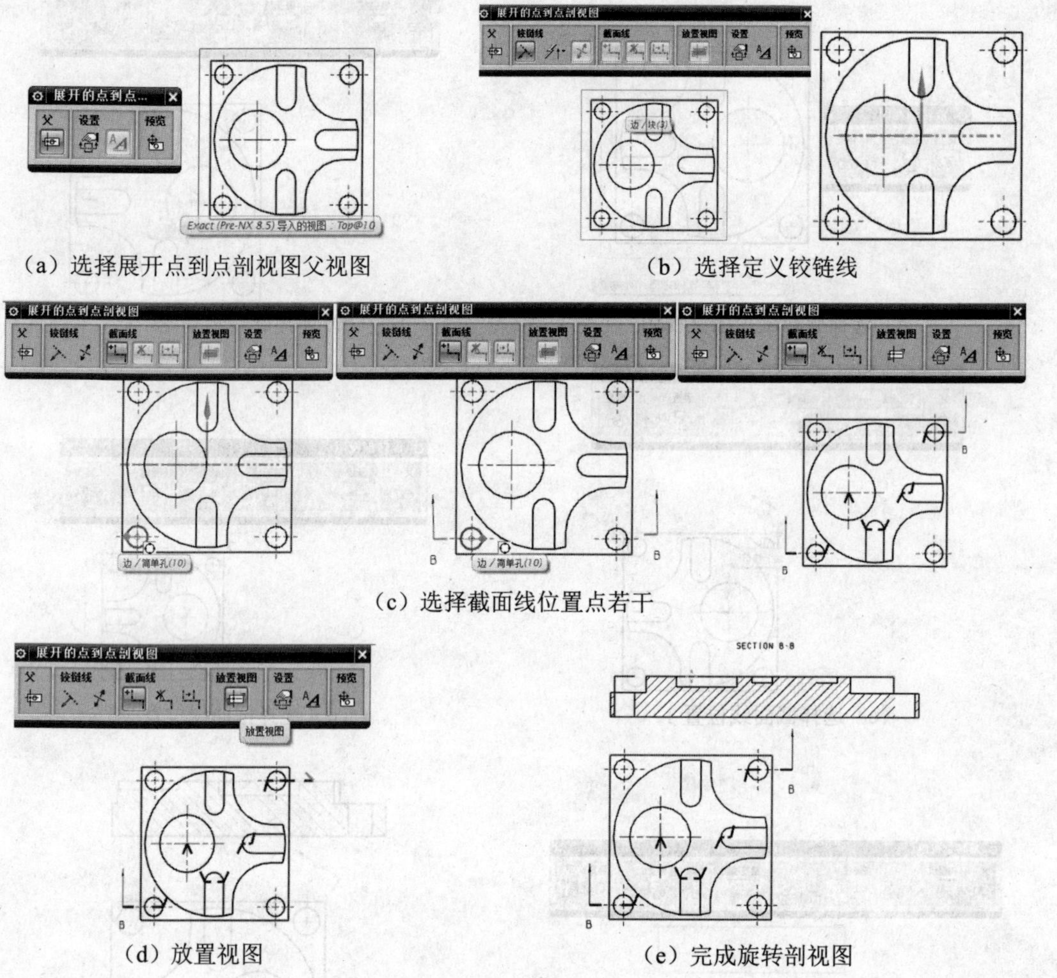

展开的点到点...
父
设置
预览
Exact (Pre-NX 8.5) 导入的视图：Top@10
展开的点到点剖视图
铰链线
截面线
放置视图
边/块(3)
边/简单孔(10)
B
SECTION B-B

（a）选择展开点到点剖视图父视图　（b）选择定义铰链线

（c）选择截面线位置点若干

（d）放置视图　（e）完成旋转剖视图

图 2-16　展开的点到点剖视图

② 展开的点和角度剖视图。展开的点和角度剖视图是指通过截面线分段的位置和角度创建的一个展开剖视图。在“图纸”工具条中单击“展开的点和角度剖视图”按钮 展开的点和角度剖视图，打开其对话框，如图 2-17（a）所示，并选择要剖视的父视图；如图 2-17（b）所示，在视图中选择侧边定义铰链线；单击对话框中的“应用”按钮，可选择表示剖切位置关联点若干（本例选择 4 处圆心位置）来创建截面线，如图 2-17（c）所示；完成剖切位置的指定后，单击对话框中的“确定”按钮，然后拖动鼠标将剖视图放置在适当的位置即可，如图 2-17（d）所示；如图 2-17（e）所示为完成旋转剖视图，展开的点到点剖视图。

（5）创建局部剖视图。添加局部剖视图之前需完成创建局部剖视图的边界。如图 2-18（a）所示，首先选择局部剖视图右击，在弹出的快捷菜单中单击“展开”命令，使其扩大充满视窗，然后单击“曲线”工具条中的“艺术样条”命令，打开“艺术样条”对话框，如图 2-18（b）所示，输入阶次“5”阶，勾选“封闭的”复选框，之后在剖视周边绘制 3 个以上的控点，完成边界绘制，如图 2-18（c）所示，最后，再右击，取消展开视图，如图 2-18（d）所示。

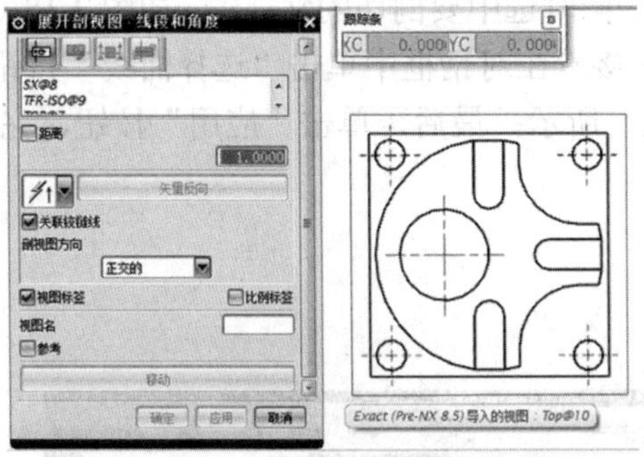
展开剖视图 · 线段和角度
跟踪条
距离
矢量反向
关联铰链线
剖视图方向
正交的
视图标签
比例标签
视图名
参考
移动
确定
应用
取消
Exact (Pre-NX 8.5) 导入的视图：Top@10

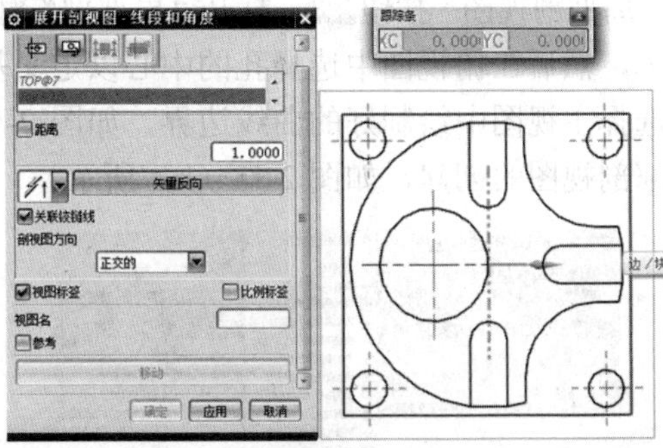
展开剖视图 · 线段和角度
跟踪条
距离
1.0000
矢量反向
关联铰链线
剖视图方向
正交的
视图标签
比例标签
视图名
参考
移动
确定
应用
取消
边 / 块(3)

（a）选择展开点和角度剖视图的父视图　　　　（b）选择定义铰链线

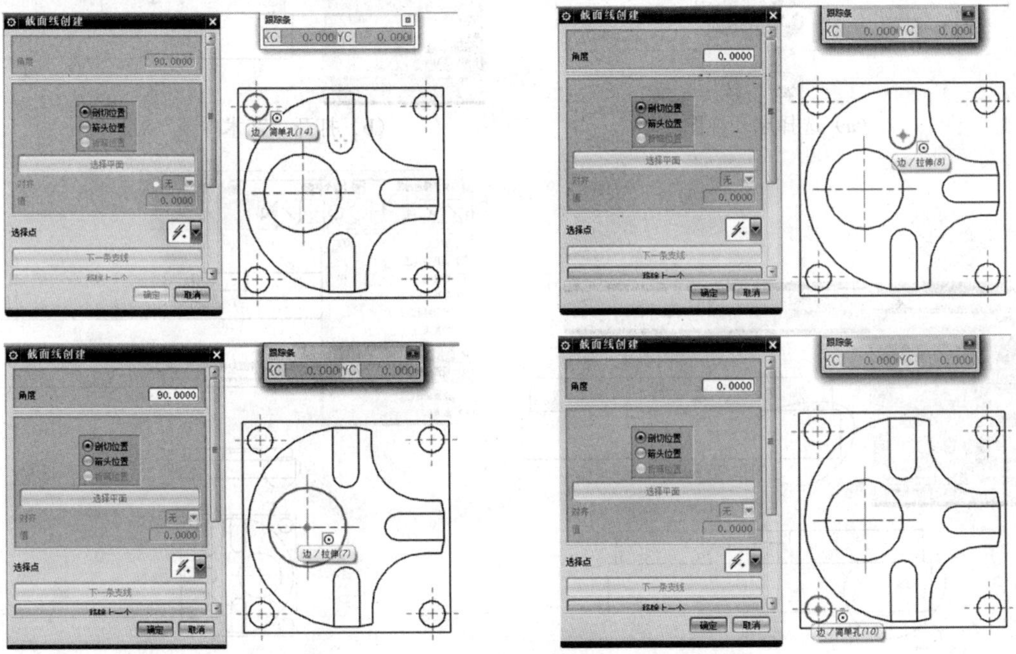
截面线创建
跟踪条
角度
90.0000
0.0000
剖切位置
箭头位置
选择平面
选择点
下一条支线
确定
取消
边 / 简单孔(14)
边 / 拉伸(8)
边 / 拉伸(7)
边 / 简单孔(10)

（c）单击“应用”按钮后，选择剖切位置若干关联点

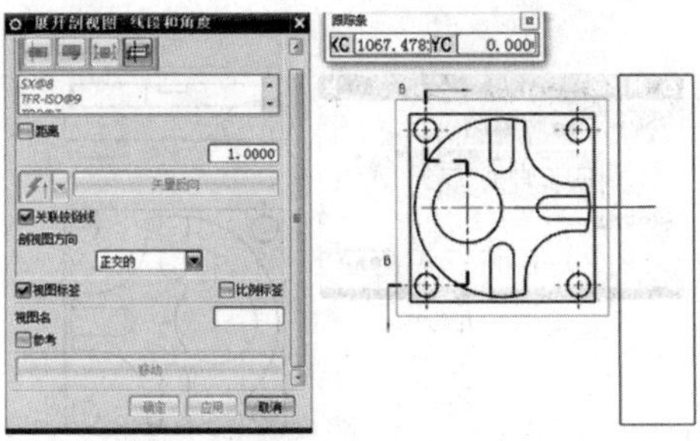
展开剖视图 · 线段和角度
跟踪条
1067.478
1.0000
矢量反向
关联铰链线
剖视图方向
正交的
视图标签
比例标签
视图名
参考
移动
确定
应用
取消
B

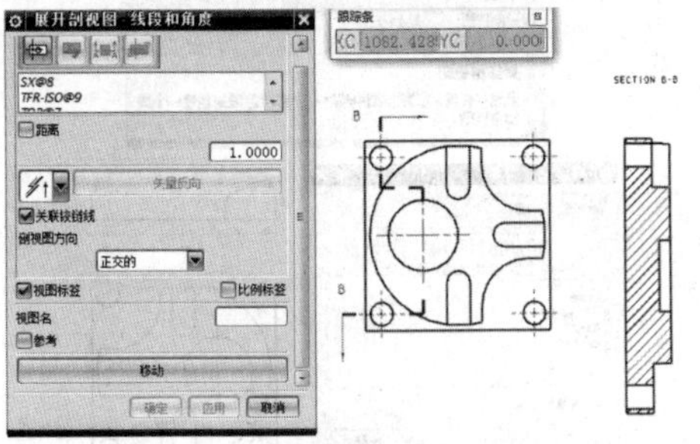
展开剖视图 · 线段和角度
跟踪条
1082.428
1.0000
矢量反向
关联铰链线
剖视图方向
正交的
视图标签
比例标签
视图名
参考
移动
确定
应用
取消
SECTION B-B
B

（d）单击“确定”按钮放置视图　　　　（e）展开的点和角度剖视图

图 2-17　展开的点和角度剖视图

完成边界绘制后，即可创建局部剖视图。如图 2-18（e）所示，在“图纸”工具条中单击“局部剖视图”按钮，打开“局部剖”对话框，同时选中要剖切的父视图；如图 2-18（f）所示，然后在俯视图中选择孔的中心以定义基点；接着在对话框中单击“选择曲线”按钮，并选择主视图中绘制好的曲线边界，如图 2-18（g）所示；最后，单击“应用”按钮，完成局部剖视图的创建，如图 2-18（h）所示。

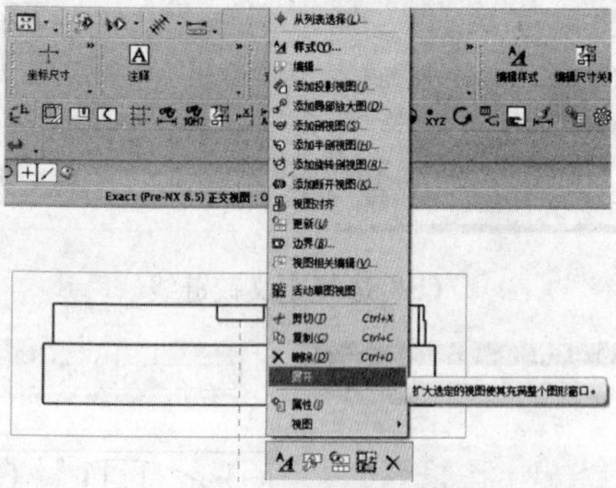

（a）选择展开视图

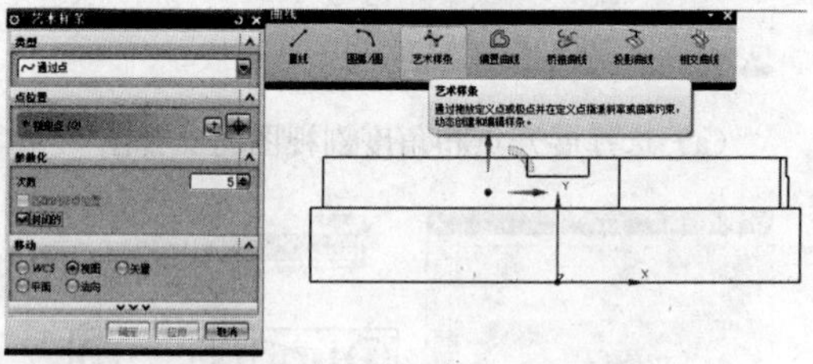

（b）打开“艺术样条”对话框

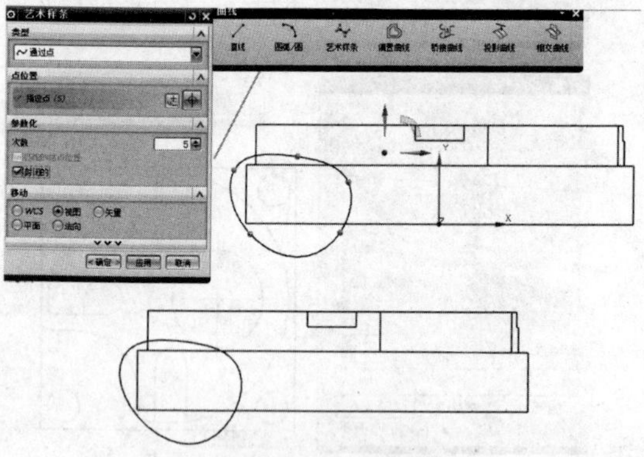

（c）绘制局部剖边界

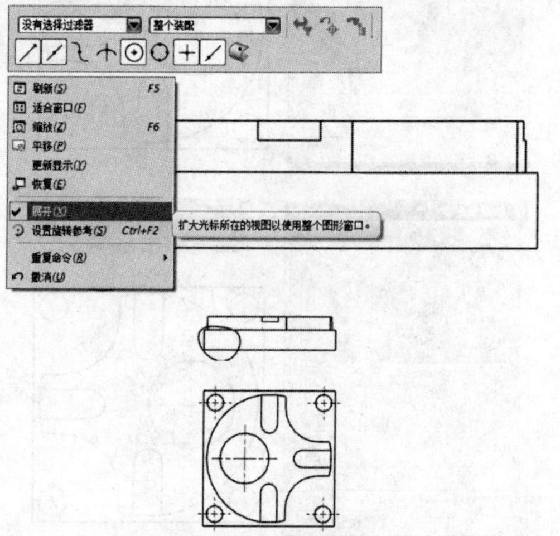

（d）取消展开视图

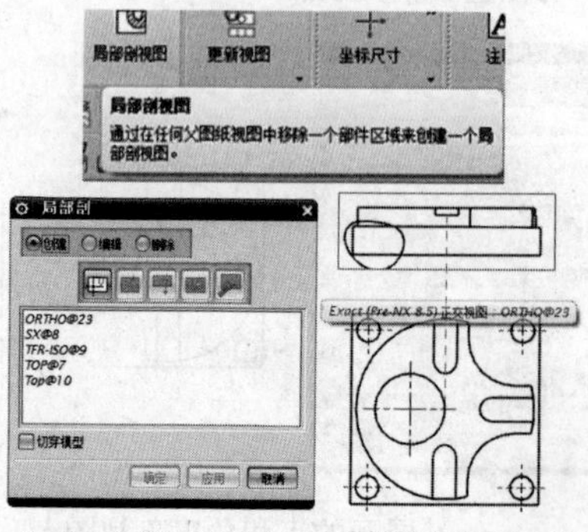

（e）打开“局部剖”对话框并选择视图

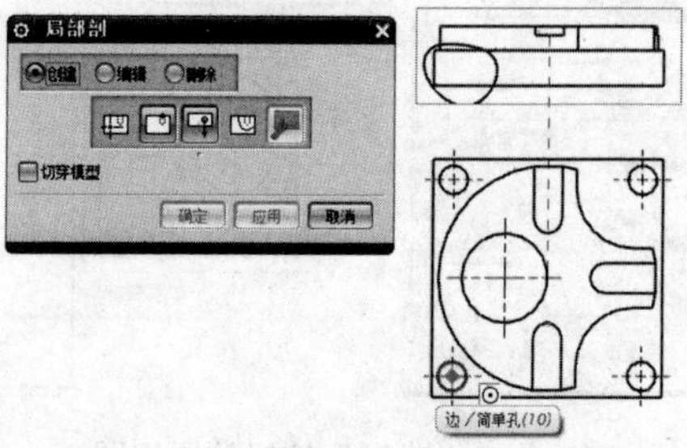

（f）定义基点

图 2-18　创建局部剖视图

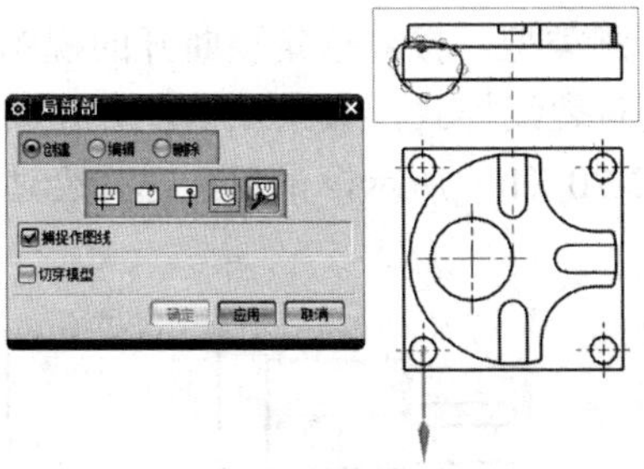

（g）选择曲线

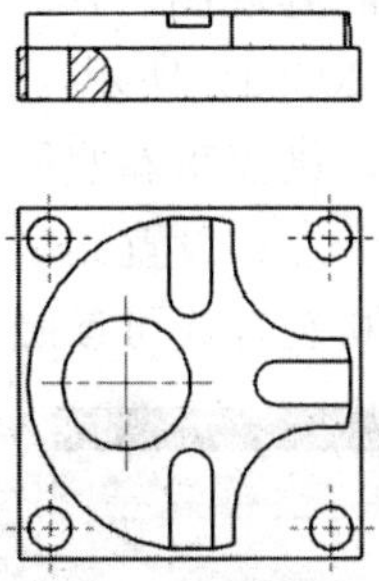

（h）创建完成局部剖视图

图 2-18　创建局部剖视图（续）

（6）创建局部放大图。在“图纸”工具条中单击“局部放大图”按钮 局部放大图，打开其对话框，如图 2-19（a）所示。在对话框中，类型选择默认圆形（也可为矩形），接着指定局部放大图中心点、确定范围边界、设置比例与注释标签等，如图 2-19（b）所示。最后，选择合适位置放置即可，结果如图 2-19（c）所示。

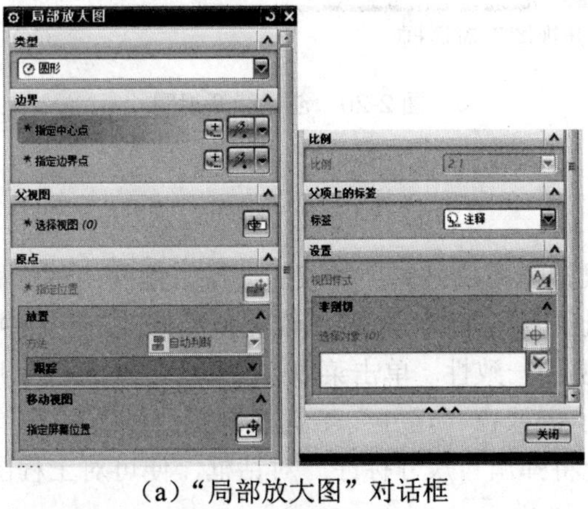

（a）“局部放大图”对话框

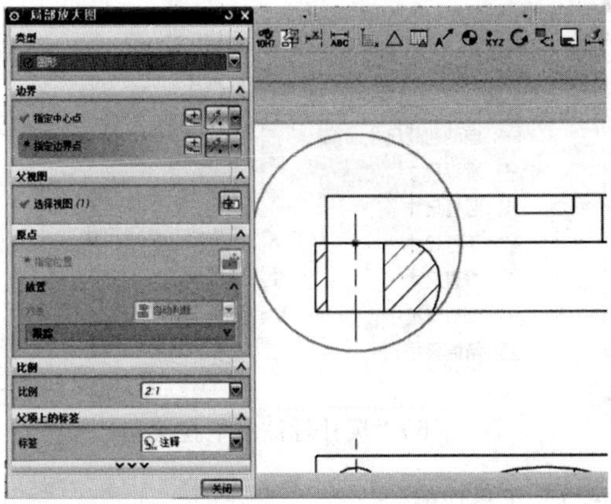

（b）指定中心与边界

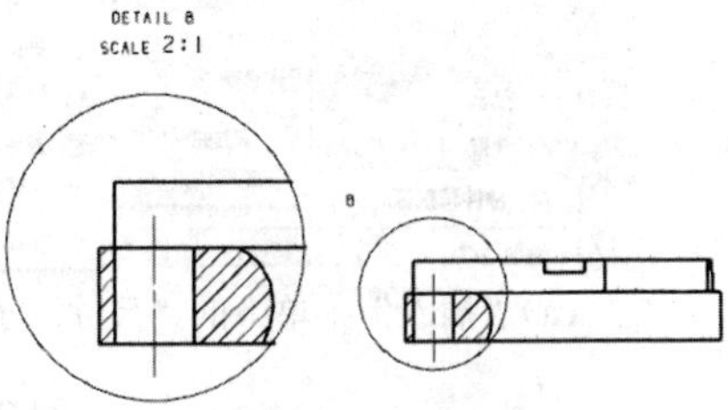
DETAIL B
SCALE 2:1
B

（c）创建完成局部放大图

图 2-19　创建局部放大图

（7）创建断开视图。在“图纸”工具条中单击“断开视图”按钮 断开视图，打开其对话框，如图 2-20（a）所示。在该对话框中，选择单侧类型，接着选定要断开的视图（如果要保留原视图，则需重新复制一个视图）、然后设置断裂线样式，其余默认，并在要断裂的视图位置选中一点、设置比例与注释标签等，如图 2-20（b）所示，最后，选择合适位置放置即可。其他断裂方式可参照设置。

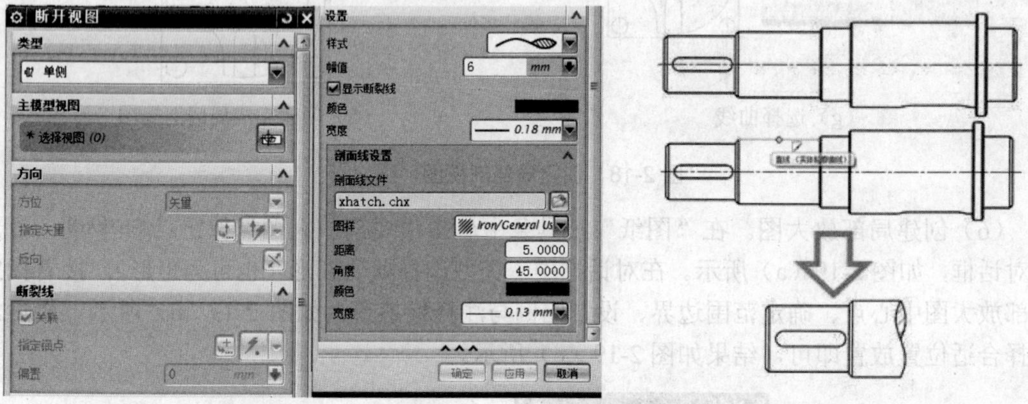
断开视图
类型
单侧
主模型视图
选择视图 (0)
方向
方位
矢量
指定矢量
反向
断裂线
关联
指定锚点
偏置
设置
样式
幅值
6
mm
显示断裂线
颜色
宽度
0.18 mm
剖面线设置
剖面线文件
xhatch. chx
图样
Iron/General Us
距离
5.0000
角度
45.0000
颜色
宽度
0.13 mm
确定
应用
取消

（a）“断开视图”对话框　　（b）创建完成断开视图

图 2-20　创建断开视图

3. 标注功能

1）尺寸标注

UG 制图模块和三维建模模块是完全关联的，在工程图中进行标注尺寸就是直接引用三维模型真实的尺寸，因此无法改动尺寸，若三维被模型修改，制图中的相应尺寸会自动更新，从而保证了工程图与模型的一致性。单击菜单栏中的“插入”→“尺寸”子菜单下的相应命令，如图 2-21（a）所示；或在“尺寸”工具条制图尺寸下拉菜单中单击相应的命令，如图 2-21（b）所示，系统将弹出“尺寸标注”对话框，便可对工程图进行尺寸标注。

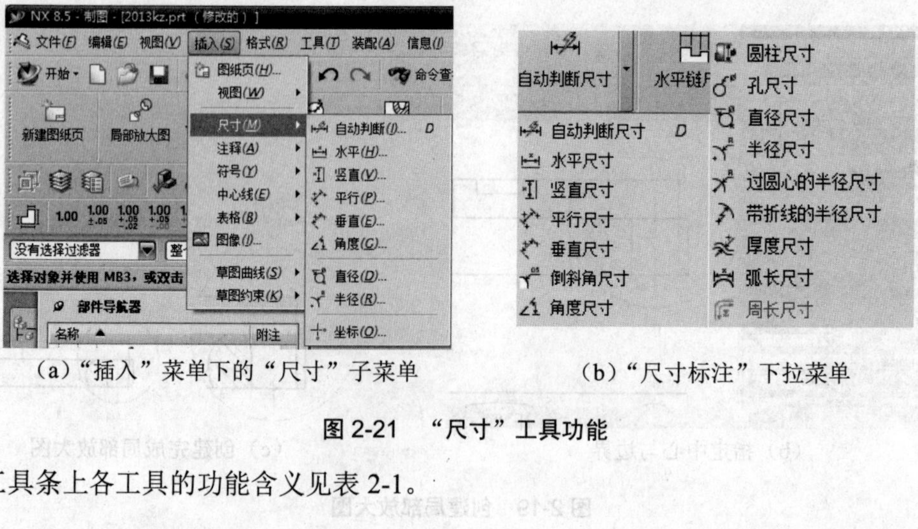
NX 8.5 - 制图 - [2013kz.prt（修改的）]
文件(F)
编辑(E)
视图(V)
插入(S)
格式(R)
工具(T)
装配(A)
信息(I)
开始
图纸页(H)...
视图(W)
尺寸(M)
注释(A)
符号(Y)
中心线(E)
表格(B)
图像(I)...
草图曲线(S)
草图约束(K)
新建图纸页
局部放大图
自动判断(I)...
水平(H)...
竖直(V)...
平行(P)...
垂直(E)...
角度(C)...
直径(D)...
半径(R)...
坐标(O)...
没有选择过滤器
选择对象并使用 MB3，或双击
部件导航器
名称
附注
自动判断尺寸
水平链
自动判断尺寸
水平尺寸
竖直尺寸
平行尺寸
垂直尺寸
倒斜角尺寸
角度尺寸
圆柱尺寸
孔尺寸
直径尺寸
半径尺寸
过圆心的半径尺寸
带折线的半径尺寸
厚度尺寸
弧长尺寸
周长尺寸

（a）“插入”菜单下的“尺寸”子菜单　　（b）“尺寸标注”下拉菜单

图 2-21　“尺寸”工具功能

工具条上各工具的功能含义见表 2-1。

表 2-1　尺寸工具条上各工具功能含义

图标	尺寸名称	含义
	自动判断	根据选定对象和光标位置自动判断尺寸类型进行尺寸标注
	水平	在两点间创建一个水平尺寸
	竖直	在两点间创建一个竖直尺寸
	平行	在两点间创建一个最短尺寸的平行尺寸
	垂直	在一条直线（或中心线）与一个点之间创建一个垂直尺寸
	倒斜角	创建一个 45° 倒斜角尺寸
	成角度	在两条不平行直线之间创建角度尺寸
	圆柱形	在两个对象或点位置之间创建一个圆柱直径尺寸
	孔	创建圆形特征的单一指引线直径尺寸
	直径	创建圆形特征的直径尺寸
	半径	创建一个半径尺寸
	过圆心的半径	创建一个到圆心延长线的半径尺寸
	折叠半径	创建一个大圆弧折叠指引线的半径尺寸
	厚度	创建两条曲线之间的厚度尺寸
	圆弧长	创建一个圆弧长尺寸来测量圆弧周长
	周长	创建周长约束以控制选定直线和圆弧的集体长度
	水平链	创建一组每个尺寸与其相邻尺寸共享端点的水平尺寸
	竖直链	创建一组每个尺寸与其相邻尺寸共享端点的竖直尺寸
	水平基准线	创建一组每个尺寸共享一条公共基线的水平尺寸
	竖直基准线	创建一组每个尺寸共享一条公共基线的竖直尺寸

2）注释标注

单击菜单栏上的“插入”→“注释”命令，或在“注释”工具条中单击“注释”按钮，打开其对话框，如图 2-22（a）所示。“注释”对话框如图 2-22（b）所示,在对话框中可以输入文本并可进行编辑、编辑指引线样式、设置文字样式等，然后即可指定位置引出注释即可。标注效果如图 2-22（c）所示。

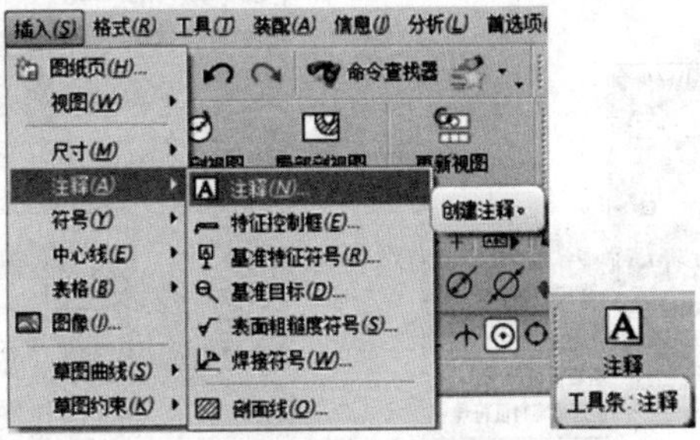
插入(S)
格式(R)
工具(T)
装配(A)
信息(I)
分析(L)
图纸页(H)...
视图(W)
命令查找器
尺寸(M)
注释(A)
注释(N)...
创建注释。
符号(Y)
特征控制框(E)...
中心线(E)
基准特征符号(R)...
表格(B)
基准目标(D)...
图像(I)...
表面粗糙度符号(S)...
草图曲线(S)
焊接符号(W)...
草图约束(K)
剖面线(O)...
注释
工具条: 注释

（a）打开“注释”对话框的方式

图 2-22　注释标注

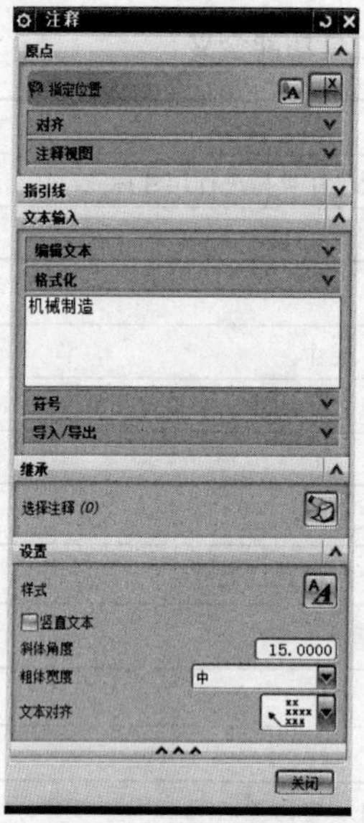
注释
原点
指定位置
对齐
注释视图
指引线
文本输入
编辑文本
格式化
机械制造
符号
导入/导出
继承
选择注释 (0)
设置
样式
竖直文本
斜体角度
15.0000
粗体宽度
中
文本对齐
关闭

（b）“注释”对话框

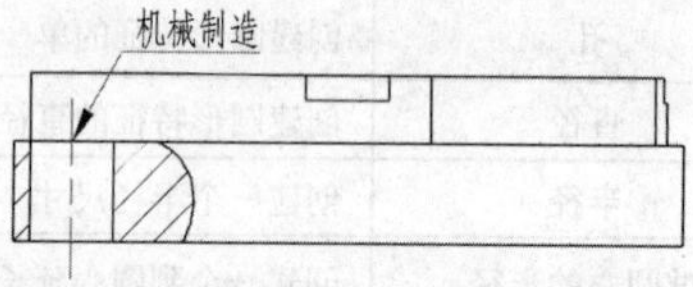
机械制造

（c）注释标注效果

图 2-22　注释标注（续）

3）标注几何公差

（1）标注基准特征符号。单击菜单栏中的“插入”→“注释”→“基准特征符号”命令，或在“注释”工具条中单击“基准特征符号”按钮 基准特征符号，如图 2-23（a）所示，打开其对话框，“基准特征符号”对话框如图 2-23（b）所示,在对话框中可以设置指引线类型与样式等、输入基准符号、设置文字样式等，完成以上设置后，即可指定位置引出标注基准特征符号即可。标注效果如图 2-23（c）所示。

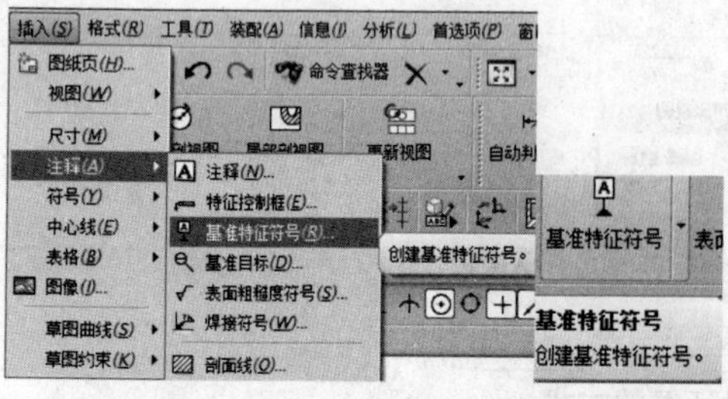
插入(S)
格式(R)
工具(T)
装配(A)
信息(I)
分析(L)
首选项(P)
图纸页(H)...
视图(W)
尺寸(M)
注释(A)
符号(Y)
中心线(E)
表格(B)
图像(I)...
草图曲线(S)
草图约束(K)
命令查找器
注释(N)...
特征控制框(E)...
基准特征符号(S)...
基准目标(D)...
表面粗糙度符号(S)...
焊接符号(W)...
剖面线(O)...
创建基准特征符号。
基准特征符号
基准特征符号
创建基准特征符号。

（a）打开“基准特征符号”对话框方式

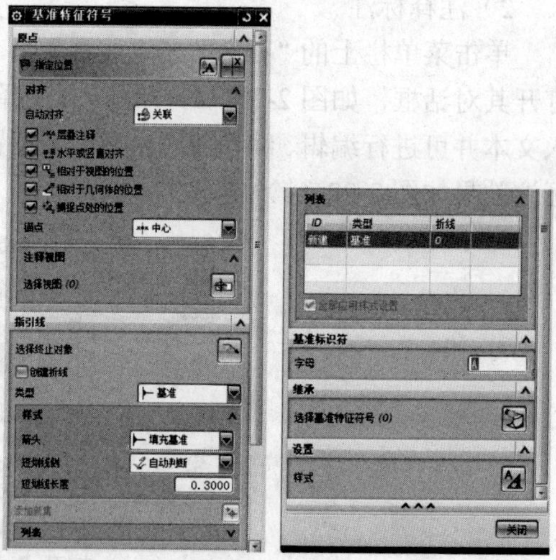
基准特征符号
原点
指定位置
对齐
自动对齐
关联
层叠注释
水平或竖直对齐
相对于视图的位置
相对于几何体的位置
捕捉点处的位置
锚点
中心
注释视图
选择视图 (0)
指引线
选择终止对象
创建折线
类型
基准
样式
箭头
填充基准
短划线侧
自动判断
短划线长度
0.3000
列表
ID
类型
折线
新建
基准
基准标识符
字母
A
继承
选择基准特征符号 (0)
设置
样式
关闭

（b）“基准特征符号”对话框

图 2-23　基准特征符号标注

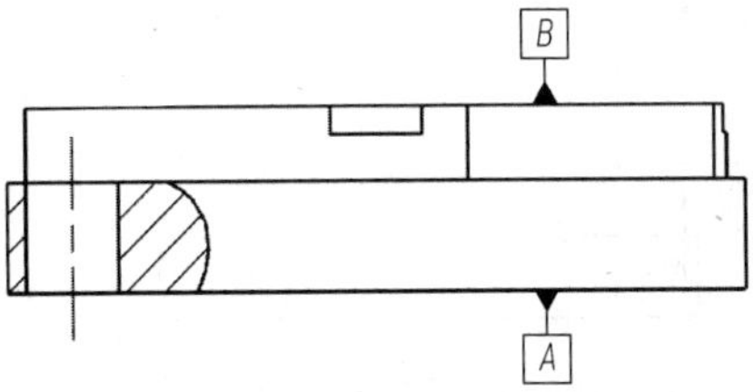
B
A

（c）基准特征符号标注效果

图 2-23　基准特征符号标注（续）

（2）标注特征控制框。单击菜单栏中的“插入”→“注释”→“特征控制框”命令，或在“注释”工具条中单击“特征控制框”按钮，如图 2-24（a）所示，打开其对话框，如图 2-24（b）所示，在对话框中可以设置指引线类型与样式等、选择特征框几何公差特征（14 种）、选择单选按钮或复合框、输入公差大小、选择第一～第三基准参考、输入附加文本、设置文字样式等，完成以上设置后，即可指定位置引出特征控制框即可。标注效果如图 2-24（c）所示。

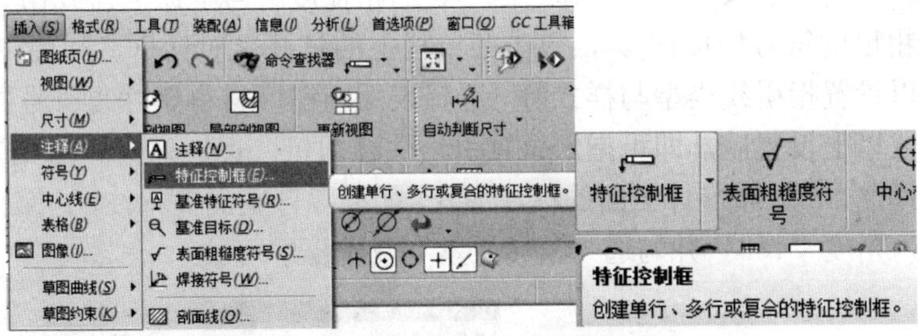
插入(S)　格式(R)　工具(T)　装配(A)　信息(I)　分析(L)　首选项(P)　窗口(O)　GC 工具箱
图纸页(H)...
视图(W)
尺寸(M)
注释(A)
符号(Y)
中心线(E)
表格(B)
图像(I)...
草图曲线(S)
草图约束(K)
注释(N)...
特征控制框(E)...
基准特征符号(R)...
基准目标(D)...
表面粗糙度符号(S)...
焊接符号(W)...
剖面线(O)...
命令查找器
更新视图
自动判断尺寸
创建单行、多行或复合的特征控制框。
特征控制框
表面粗糙度符号
中心
特征控制框
创建单行、多行或复合的特征控制框。

（a）打开“特征控制框”对话框的方式

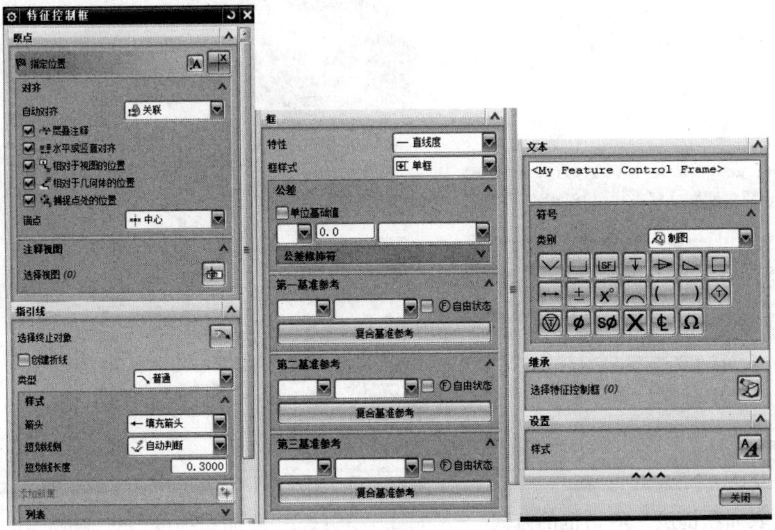
特征控制框
原点
指定位置
对齐
自动对齐
关联
层叠注释
水平或竖直对齐
相对于视图的位置
相对于几何体的位置
捕捉点处的位置
锚点
中心
注释视图
选择视图 (0)
指引线
选择终止对象
创建折线
类型
普通
样式
箭头
填充箭头
短划线侧
自动判断
短划线长度
0.3000
列表
框
特性
直线度
框样式
单框
公差
单位基础值
0.0
公差修饰符
第一基准参考
自由状态
复合基准参考
第二基准参考
第三基准参考
文本
<My Feature Control Frame>
符号
类别
制图
继承
选择特征控制框 (0)
设置
样式
关闭

（b）“特征控制框”对话框

图 2-24　特征控制框标注

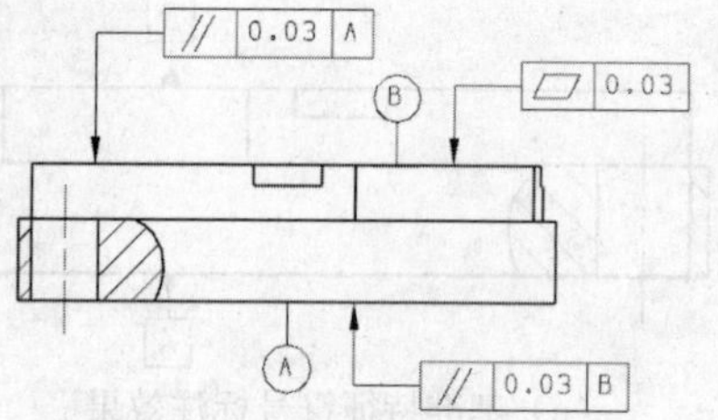
// 0.03 A
B
▱ 0.03
A
// 0.03 B

（c）特征控制框标注效果

图 2-24　特征控制框标注（续）

4）标注表面粗糙度

UG NX 6.0 以下版本首次标注表面粗糙度符号时需修改环境变量，方法如下：在 UG 安装目录的 UGII 目录中找到环境变量设置文件 ugii_env　ug.dat，用记事本打开，将环境变量 UGII_SURFACE_FINISH=OFF 修改为 UGII_SURFACE_FINISH=ON。保存环境变量文件后，重新进入 UG 软件，即可进行表面粗糙度的标注操作。

单击菜单栏上的“插入”→“注释”→“表面粗糙度符号”命令，或在“注释”工具条中单击“表面粗糙度符号”按钮，单击菜单栏上的打开其对话框，如图 2-25（b）所示，在对话框中可以设置指引线类型与样式等、选择表面粗糙度材料属性与符号样式等、设置文字样式等，完成以上设置后，即可指定位置引出注释即可。标注效果如图 2-25（c）所示，默认的是水平标注方式，如零件上面的标注形式，如果零件底面要标注，则需在对话框中“设置”栏中，输入角度“180”并勾选“反转文本”复选框即可。

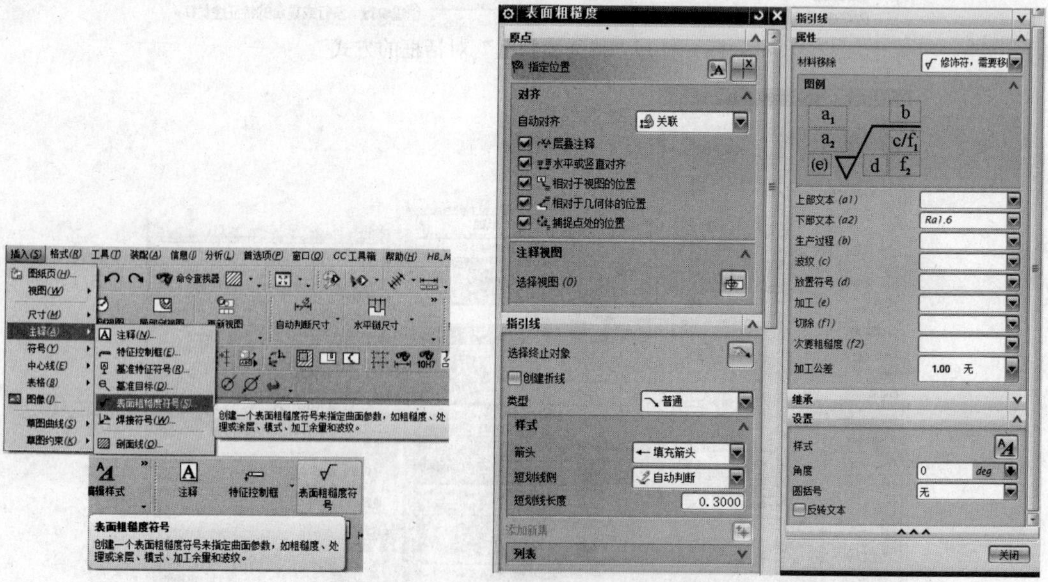
表面粗糙度
原点
指定位置
对齐
自动对齐
关联
层叠注释
水平或竖直对齐
相对于视图的位置
相对于几何体的位置
捕捉点处的位置
注释视图
选择视图 (0)
指引线
选择终止对象
创建折线
类型
普通
样式
箭头
填充箭头
短划线侧
自动判断
短划线长度
0.3000
添加新集
列表
属性
材料移除
修饰符，需要移
图例
上部文本 (a1)
下部文本 (a2)
Ra1.6
生产过程 (b)
波纹 (c)
放置符号 (d)
加工 (e)
切除 (f1)
次要粗糙度 (f2)
加工公差
1.00 无
继承
设置
样式
角度
0
deg
圆括号
无
反转文本
关闭
表面粗糙度符号
创建一个表面粗糙度符号来指定曲面参数，如粗糙度、处理或涂层、模式、加工余量和波纹。

（a）打开“表面粗糙度”对话框的方式　　　　（b）“表面粗糙度”对话框

图 2-25　表面粗糙度标注

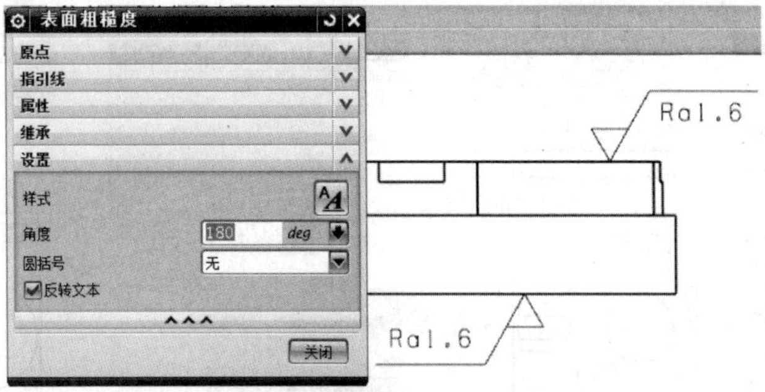
表面粗糙度
原点
指引线
属性
继承
设置
样式
角度
180
deg
圆括号
无
反转文本
关闭
Ra1.6
Ra1.6

（c）表面粗糙度标注效果

图 2-25　表面粗糙度标注（续）

4. 编辑工程图

1）移动/复制视图

该命令可以完成视图准确移动或者复制视图。单击菜单栏上的“编辑”→“视图”→“移动/复制视图”命令[图 2-26（a）]，或在“图纸”工具条中单击“编辑视图”→“移动/复制视图”命令[图 2-26（b）]，打开其对话框，如图 2-26（c）所示，对话框中需选择要移动/复制的视图，若只移动视图，直接单击移动方式（“至一点”/“水平”/“垂直”/“垂直于直线”）即可，如果是复制视图，则需勾选“复制视图”复选框，勾选“距离”复选框可精确移动，如图 2-26（d）所示为复制的效果。

如果移动/复制视图到另一图纸，就要单击移动方式按钮“至另一图纸”，如图 2-26（e）所示，并在新的“视图至另一图纸”对话框中选择“SHT2”选项，然后单击“确定”按钮，双击导航器中的“图纸页 SHT2”选项，即可看到图纸 SHT2 中出现复制的视图，如图 2-26（f）所示。

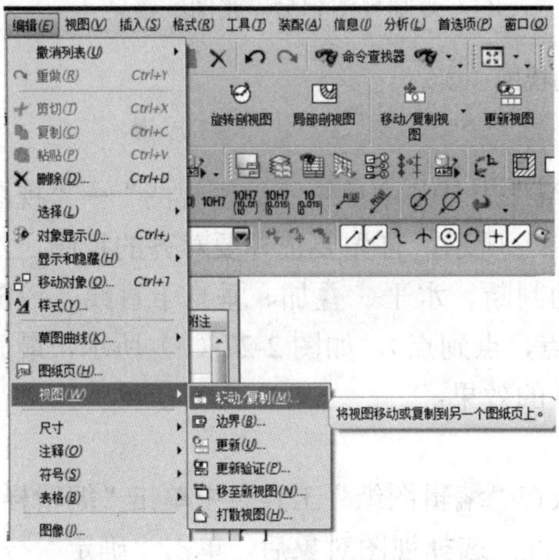
编辑(E)
视图(W)
插入(S)
格式(R)
工具(T)
装配(A)
信息(I)
分析(L)
首选项(P)
窗口(O)
撤消列表(U)
重做(R)
剪切(T)
复制(C)
粘贴(P)
删除(D)...
选择(L)
对象显示(J)...
显示和隐藏(H)
移动对象(O)...
样式(Y)...
草图曲线(K)...
图纸页(H)...
视图(W)
尺寸
注释(O)
符号(S)
表格(B)
图像(I)...
移动/复制(M)...
边界(B)...
更新(U)...
更新验证(P)...
移至新视图(N)...
打散视图(H)...
将视图移动或复制到另一个图纸页上。
旋转剖视图
局部剖视图
移动/复制视图
更新视图

（a）“编辑”菜单打开“移动/复制视图”对话框

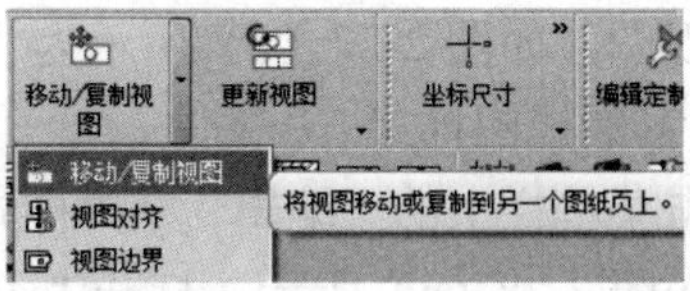
移动/复制视图
更新视图
坐标尺寸
移动/复制视图
视图对齐
视图边界
将视图移动或复制到另一个图纸页上。

（b）“图纸”工具条打开“移动/复制视图”对话框

图 2-26　移动/复制视图

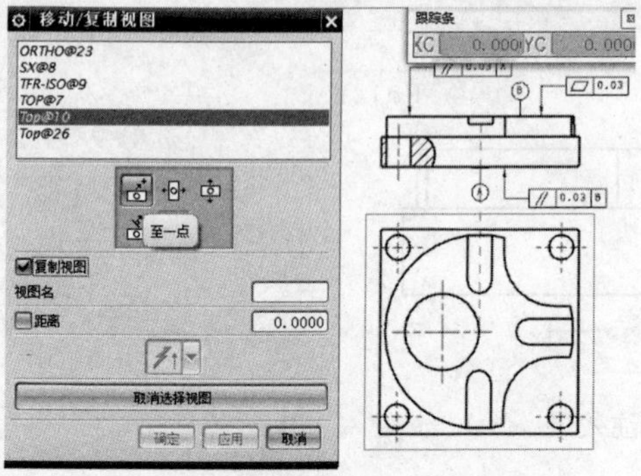
移动/复制视图
ORTHO@23
SX@8
TFR-ISO@9
TOP@7
Top@10
Top@26
至一点
复制视图
视图名
距离
0.0000
取消选择视图
确定
应用
取消
跟踪条
XC
0.000
YC
0.000

（c）“移动/复制视图”对话框

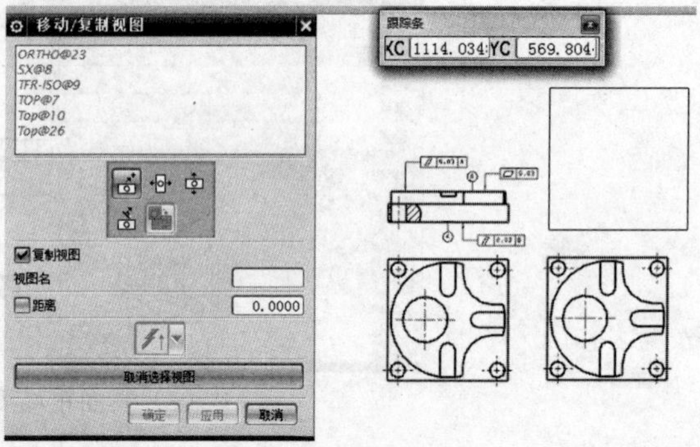
移动/复制视图
ORTHO@23
SX@8
TFR-ISO@9
TOP@7
Top@10
Top@26
复制视图
视图名
距离
0.0000
取消选择视图
确定
应用
取消
跟踪条
XC
1114.034
YC
569.804

（d）复制视图效果

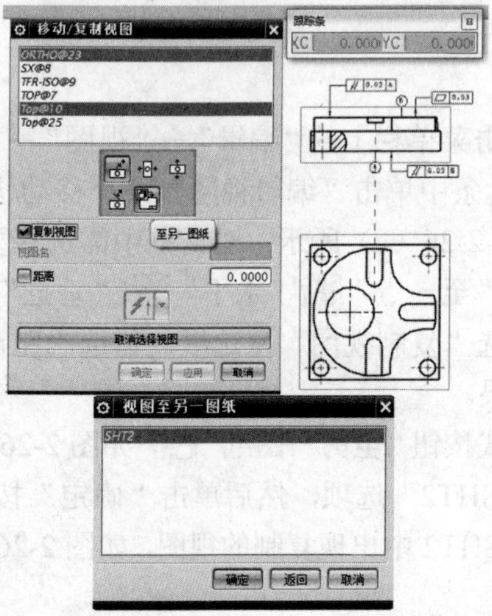
移动/复制视图
ORTHO@23
SX@8
TFR-ISO@9
TOP@7
Top@10
Top@25
至另一图纸
复制视图
视图名
距离
0.0000
取消选择视图
确定
应用
取消
视图至另一图纸
SHT2
确定
返回
取消
跟踪条
XC
0.000
YC
0.000

（e）复制视图到另一张图纸对话框

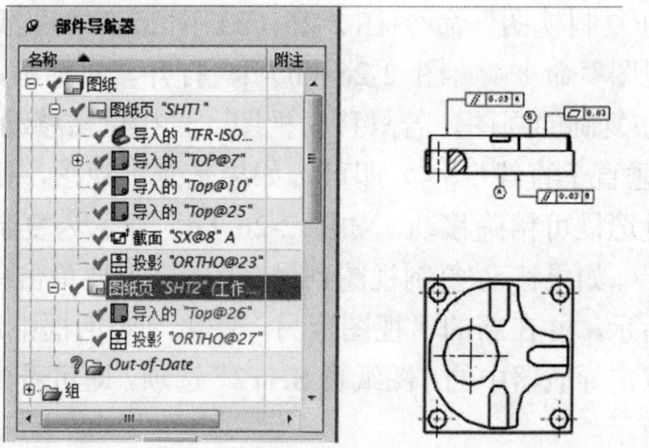
部件导航器
名称
附注
图纸
图纸页 "SHT1"
导入的 "TFR-ISO...
导入的 "TOP@7"
导入的 "Top@10"
导入的 "Top@25"
截面 "SX@8" A
投影 "ORTHO@23"
图纸页 "SHT2" (工作...
导入的 "Top@26"
投影 "ORTHO@27"
Out-of-Date
组

（f）复制视图到另一张图纸效果

图 2-26　移动/复制视图（续）

2）对齐视图

对齐视图是视图之间创建永久对齐。在“图纸”工具条中单击“编辑视图”→“视图对齐”命令 视图对齐，打开其对话框，如图 2-27（a）所示，首先要选择要对齐的视图，然后选择对齐方法（本例选择“竖直”方法,还有自动判断、水平、叠加、垂直于直线、铰链等方式选择），对齐方式选择“至视图”（还有模型点、点到点），如图 2-27（b）所示，最后选择基准视图，如图 2-27（c）所示为“竖直”对齐的效果。

3）编辑视图样式

单击菜单栏上的“编辑”→“样式”命令，或在“编辑图纸”工具条中单击“编辑样式”按钮，如图 2-28（a）所示，打开“类选择”对话框。选择视图对象后，单击“确定”按钮，打开“视图样式”对话框，如图 2-28（b）所示，或在视图对象边框中右击，可直接打开“视图样式”对话框，对话框中的内容与“视图首选项”中的内容一样，可对首选设置内容进行补充或修改。

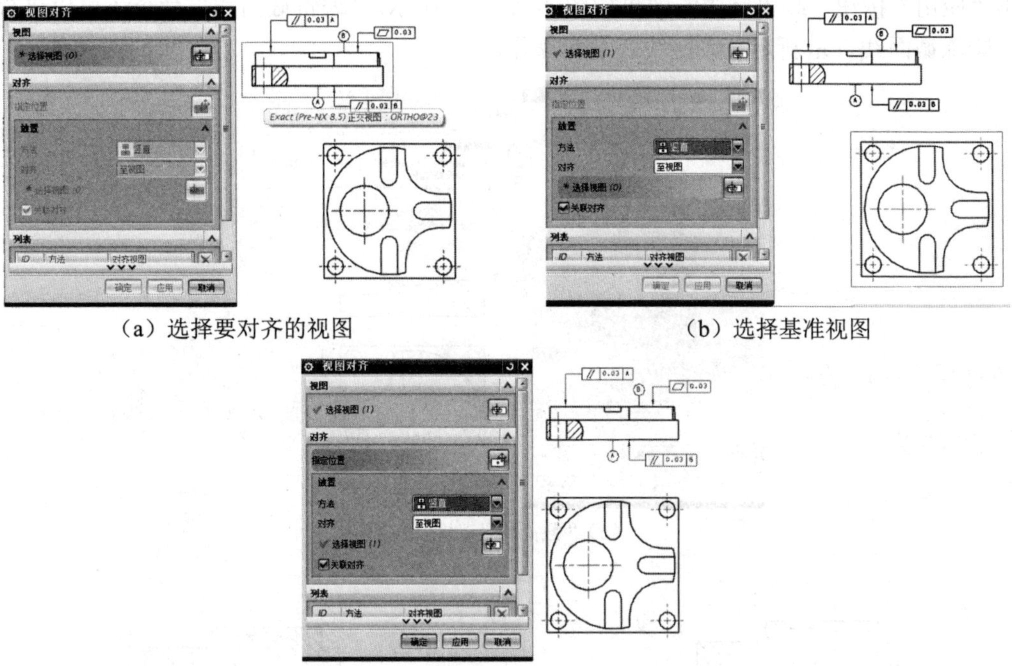

（a）选择要对齐的视图　　（b）选择基准视图

（c）“竖直”对齐效果

图 2-27　创建对齐视图

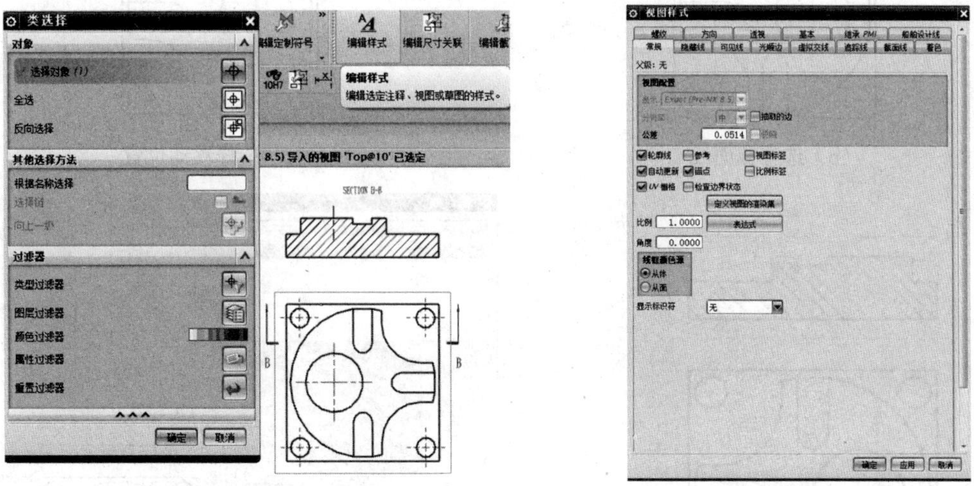

（a）选择视图对象　　（b）“视图样式”对话框

图 2-28　编辑视图样式

4）编辑截面线

在“制图编辑”工具条中单击“编辑截面线”按钮，如图 2-29（a）所示，打开“截面线”对话框，单击“编选择视图”按钮，并选择要编辑的剖视图；选择截面线，如图 2-29（b）所示；接着选择移动的位置，如图 2-29（c）所示；移动后的位置如图 2-29（d）所示；最后单击“应用”按钮，编辑完成的效果如图 2-29（e）所示。“编辑截面线”命令还可以进行添加、删除截面线，重新定义铰链线等编辑操作。

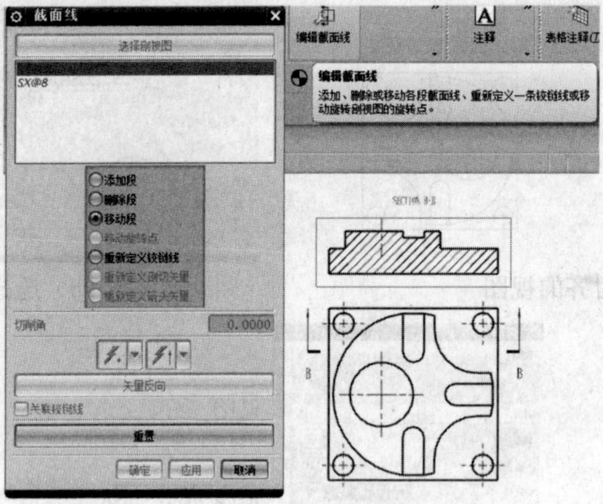
截面线
选择剖视图
SX@8
添加段
删除段
移动段
移动旋转点
重新定义铰链线
重新定义剖切矢量
重新定义箭头矢量
切削角
0.0000
矢量反向
关联铰链线
重置
确定
应用
取消
编辑截面线
注释
编辑截面线
添加、删除或移动各段截面线、重新定义一条铰链线或移动旋转剖视图的旋转点。
SECTION B-B
B
B

（a）“截面线”对话框

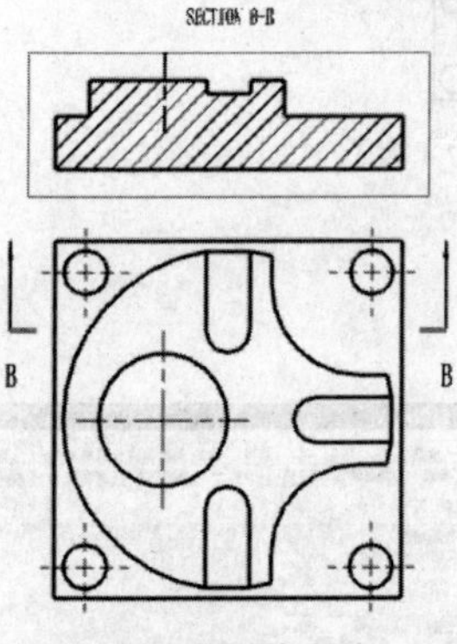
SECTION B-B
B
B

（b）选择截面线

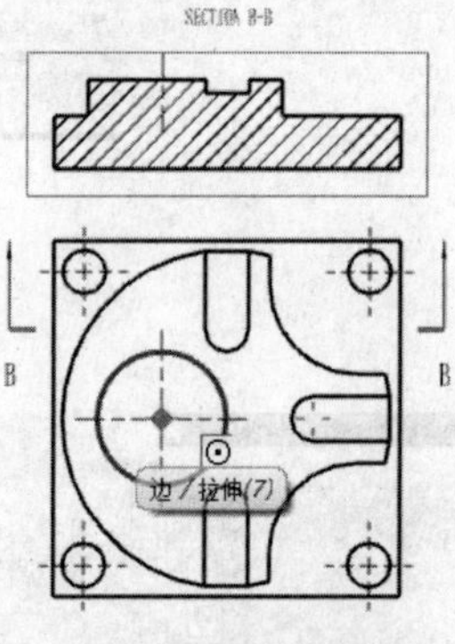
SECTION B-B
B
B
边 / 拉伸(7)

（c）选择移动位置

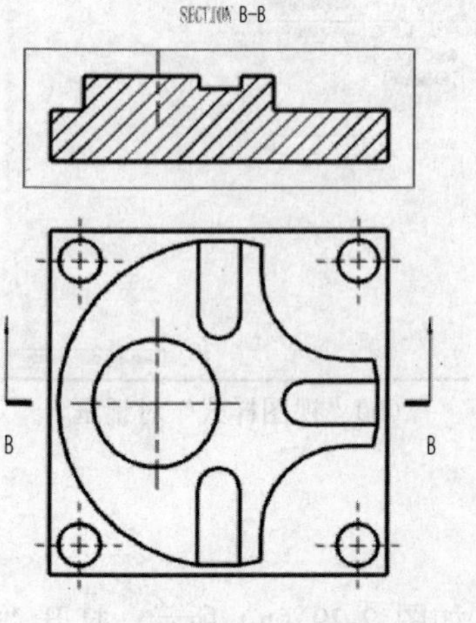
SECTION B-B
B
B

（d）移动到新的位置

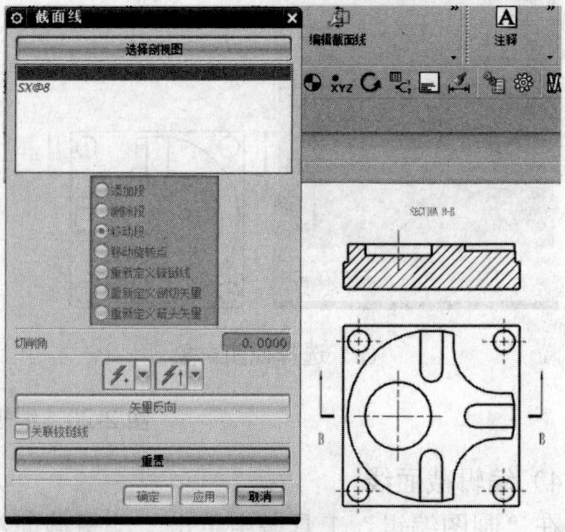
截面线
选择剖视图
SX@8
添加段
删除段
移动段
移动旋转点
重新定义铰链线
重新定义剖切矢量
重新定义箭头矢量
切削角
0.0000
矢量反向
关联铰链线
重置
确定
应用
取消
编辑截面线
注释
SECTION B-B
B
B

（e）编辑完成后的效果图

图 2-29　编辑剖切线

5）视图相关编辑

在“制图编辑”工具条中单击“视图相关编辑”按钮，打开“视图相关编辑”对话框，如图 2-30（a）所示，选中视图对象后，命令按钮被激活。该命令可执行：

（1）添加编辑。

① 擦除对象,用于擦除视图中选择的对象。擦除对象仅仅是将所选取的对象隐藏起来不进行显示，但无法擦除有尺寸标注和与尺寸标注相关的视图对象。

② 编辑完全对象，用于编辑视图中所选整个对象的显示方式，编辑的内容包括颜色、线型和线宽。

③ 编辑着色对象，用于编辑视图中某一部分的显示方式。

④ 编辑对象段，用于编辑视图中所选对象的某个片断的显示方式。

⑤ 编辑剖视图的背景，用于编辑剖视图的背景。

（2）删除编辑。

① 删除选择的擦除，用于删除前面所进行的擦除操作，使删除的对象重新显示出来。

② 删除选择的修改，用于删除所选视图进行的某些修改操作，使编辑的对象回到原来的显示状态。

③ 删除所有修改，用于删除所选视图先前进行的所有编辑，所有编辑过的对象全部回到原来的显示状态。

（3）转换相关性。

① 模型转换到视图，用于转换模型中存在的单独对象到视图中。

② 视图转换到模型，用于转换视图中存在的单独对象到模型中。

（4）编辑对象段操作。在“视图相关编辑”对话框中，单击“编辑对象段”按钮，如图 2-30（b）所示，设置线型“虚线”、线宽“0.50mm”，单击“应用”按钮，打开“编辑对象段”对话框，如图 2-30（c）所示，选择对象段“圆”，如图 2-30（d）所示,单击“确定”按钮，完成编辑对象段，效果如图 2-30（e）所示。

该对话框中主要选项和按钮的含义如下：

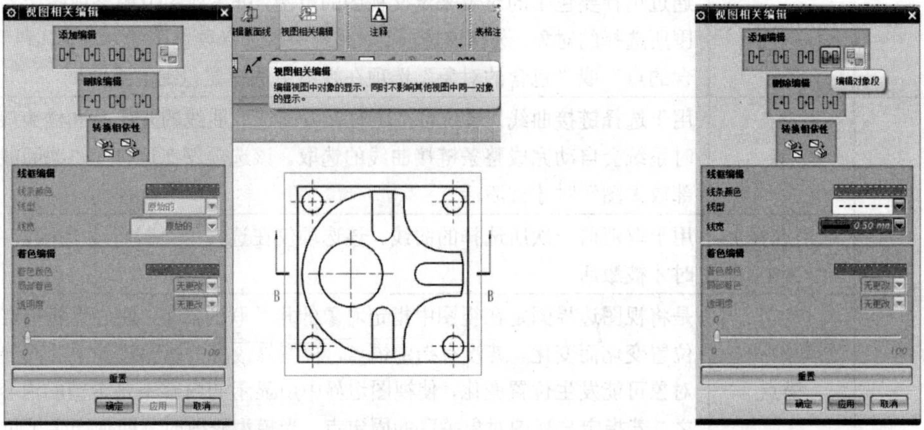
视图相关编辑
添加编辑
删除编辑
转换相依性
线框编辑
着色编辑
重置
确定
应用
取消
视图相关编辑
注释
编辑对象段
B
B

（a）“视图相关编辑”对话框　　（b）编辑对象段

图 2-30　视图相关编辑

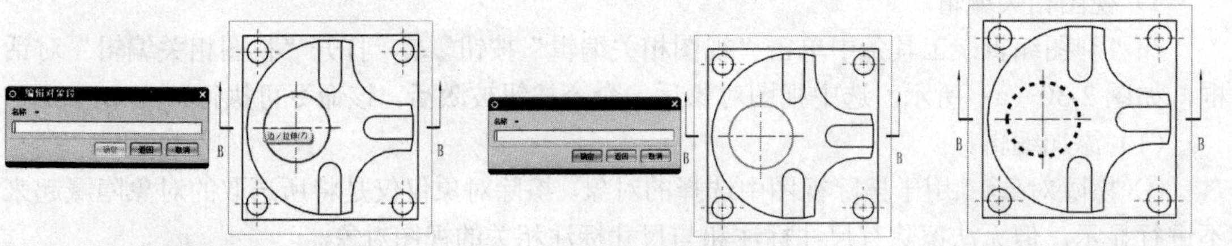

（c）“编辑对象段”对话框　　（d）选择对象段　　（e）编辑完成后的效果图

图 2-30　视图相关编辑（续）

6）视图边界

单击菜单栏中的“编辑”→“视图”→“视图边界”命令，或在“图纸”工具条中单击“编辑视图”→“视图边界”命令，打开其对话框，如图 2-31 所示,选中视图对象后，命令按钮被激活,对话框中各选项的含义见表 2-2。该命令定义视图边界是将视图以所定义的矩形线框或封闭曲线为界限进行显示的操作。在创建工程图的过程中，经常会遇到定义视图边界的情况，例如，在创建局部剖视图的局部剖边界曲线时，需要将视图边界进行放大操作等。

表 2-2　视图边界项目含义

视图边界内容	项目	含义
边界类型	断截线/局部放大图	用于用断开线或局部视图边界线来设置任意形状的视图边界。该选项仅仅显示出被定义的边界曲线围绕的视图部分。选择该选项后，系统提示选择边界线，可用鼠标在视图中选取已定义的断开线或局部视图边界线
	手工生成矩形	用于在定义矩形边界时，在选择的视图中按住鼠标左键并拖动鼠标可生成矩形边界，该边界也可随模型更改而自动调整视图的边界
	自动生成矩形	系统将自动定义一个矩形边界，该边界可随模型的更改而自动调整视图的矩形边界
	由对象定义边界	通过选择要包围的对象来定义视图的范围，可在视图中调整视图边界来包围所选择的对象。选择该选项后，系统提示选择要包围的对象，可利用“包含的点”或“包含的对象”选项在视图中选择要包围的点或线
选项组	链	用于选择链接曲线。系统可按照时针方向选取曲线的开始端和结束段。此时系统会自动完成整条链接曲线的选取。该选项仅在选择了“截断线、局部放大图”时才被激活
	取消选择上一个	用于取消前一次所选择的曲线。该选项仅在选择了“截断线/局部放大图”时才被激活
	锚点	是将视图边界固定在视图中指定对象的相关联的点上，使边界随指定点的位置变化而变化。若没有指定锚点，模型修改时，视图边界中的部分图形对象可能发生位置变化，使视图边界中所显示的内容不是希望的内容。反之，若指定与视图对象关联的固定点，当模型修改时，即使产生了位置变化，视图边界会跟着指定点进行移动

续表

视图边界内容	项目	含义
选项组	边界点	用指定点的方式定义视图的边界范围。该选项仅在选择“截断线/局部放大图”时才会被激活
	包含的点	用于选择视图边界要包围的点。该选项仅在选择“截断线/局部放大图”时才会被激活
	包含的对象	用于选择视图边界要包围的对象。该选项只在选择“由对象定义边界”时才会被激活
	重置	用于放弃所选的视图，以便重新选择其他视图
父项上的标签	无	选择该列表项后，在局部放大图的父视图中将不显示放大部位的边界
	圆	父视图中的放大部位无论是什么形状的边界，都将以圆形边界来显示
	注释	在局部放大图的父视图中将同时显示放大部位的边界和标签
	标签	在父视图中将显示放大部位的边界与标签，并利用箭头从标签指向放大部位的边界
	内嵌的	在父视图中放大视图部位的边界与标签，并将标识嵌入到放大边界曲线中
	边界	在父视图中只能够显示放大部位的原有边界，而不显示放大部位的标签

7）更新视图

在创建工程图的过程中，当需要在工程图和实体模型之间切换，或者需要去掉不必要的显示部分时，可以应用视图的显示和更新操作。所有的视图被更新后将不会有高亮的视图边界。反之，未更新的视图会有高亮的视图边界。在“图纸”工具条中单击“更新视图”按钮 ，将打开“更新视图”对话框，如图 2-32 所示。在图纸页中选择相应的视图，单击“”按钮，即可完成更新。但手工定义的边界只能用手工方式更新。

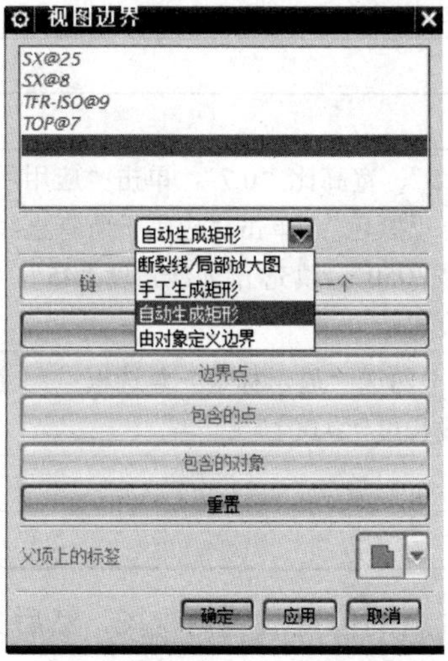
视图边界
SX@25
SX@8
TFR-ISO@9
TOP@7
自动生成矩形
断裂线/局部放大图
手工生成矩形
自动生成矩形
由对象定义边界
边界点
包含的点
包含的对象
重置
父项上的标签
确定
应用
取消

图 2-31 “视图边界”对话框

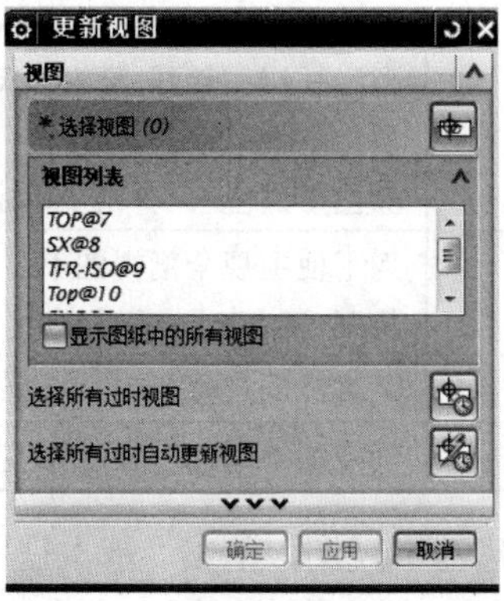
更新视图
视图
* 选择视图 (0)
视图列表
TOP@7
SX@8
TFR-ISO@9
Top@10
显示图纸中的所有视图
选择所有过时视图
选择所有过时自动更新视图
确定
应用
取消

图 2-32 “更新视图”对话框

8）显示图纸页

在“图纸”工具条中单击“显示图纸页”按钮，系统将自动在建模环境和工程图环境之间进行切换，以方便实体模型和工程图之间的对比观察等操作。

9）编辑标注

在 UG NX 工程图中进行标注编辑修改十分方便，主要涉及尺寸、文本、几何公差、表面粗糙度等内容，针对上述内容进行编辑时，一般针对修改的对象选中后右击，找到相应的项目，直接编辑修改并单击“确定”按钮即可。另外，在工程图中进行标注尺寸就是直接引用三维模型真实的尺寸，具有实际的含义，因此如果三维被模型修改，工程图中的相应尺寸会自动更新，从而保证了工程图与模型的一致性。

2.1.3 任务实施

1. 创建凸台零件工程图

本例凸台零件创建一个俯视图、一个全剖的主视图和一个正等侧图。

（1）启动 UG NX 软件，打开凸台三维模型文件，如图 2-1 所示。

（2）在“标准”工具条中单击“开始”→“制图”命令，或者在“应用”工具条中单击“制图”按钮，都可以进入工程图模块，打开[图纸页]对话框，在该对话框中，选择大小“标准尺寸”、“A3-297X420”、比例“1：1”，默认图纸页名称“SHT1”、页号“1”、版本“A”，设置单位“毫米”，选择“第一角投影”，单击“确定”按钮，进入新建图纸页，注意不要勾选“自动启动图纸视图命令”复选框，完成“图纸页”设置。

（3）制图首选项设置见表 2-3。

表 2-3　制图首选项设置

制图首选项	设置内容
背景	白色
视图	边界不勾选“显示边界”复选框
注释	尺寸文字类型“仿宋”、NX 间距因子“0.5”、宽高比“0.7”，单击“应用所有文字类型”按钮；直线/箭头，尺寸线与箭头颜色“黑色”，单击“应用于所有直线和箭头类型”按钮；公差字符大小“2”；单位选择“3.050”；填充/剖面线角度“45”、间距“3”、颜色“黑色”；单击“确定”按钮，完成设置
截面线	为了使主视全剖视图不显示截面线，标签不勾选“显示标签”复选框；尺寸箭头头部长度“0.001”、箭头长度“0.002”、短画线长度“0.001”
视图	可见线为“黑色”
视图标签	剖视图不勾选“显示标签”复选框

（4）创建基本视图，单击“基本视图”命令，在合适的位置放置俯视图，然后关闭命令。

（5）重新打开“基本视图”命令，选择要使用的模型视图“正等侧图”，在合适的位置放置凸台正等侧图，然后关闭命令。

（6）打开“剖视图”命令，在俯视图宽度对称捕捉剖切位置，并在合适位置放置主视图全剖视图，完成凸台零件工程图创建，如图 2-33 所示。

（7）创建中心标记。单击菜单栏中的“插入”→“中心线”→“中心线/螺栓圆中心线/2D 中心线/3D 中心线”命令，或者在“注释”工具条中单击“中心线”→命令，根据需要选择一种合适的中心标记。

凸台零件工程图创建完成如图 2-33 所示。

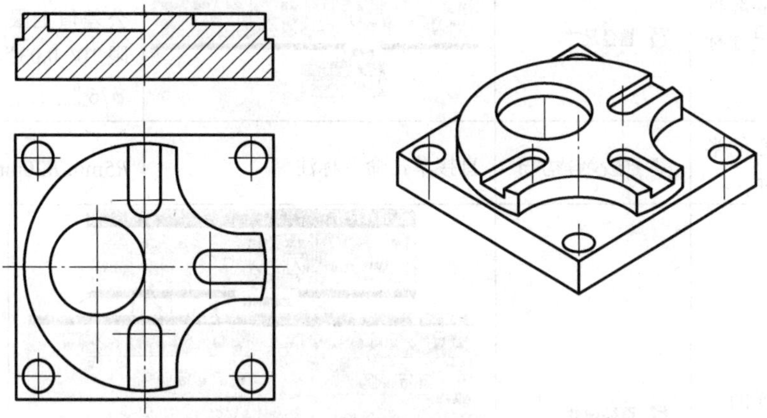

图 2-33　凸台零件工程图

2. 标注凸台零件工程图

1）标注尺寸

在“尺寸”工具条中单击“制图尺寸”→“尺寸标注”命令，本例凸台零件尺寸标注情况见表 2-4。

表 2-4　长轴零件尺寸标注情况见

序号	尺寸类型	命令工具	命令设置	标注说明
1	自由尺寸标注	自动判断尺寸 D	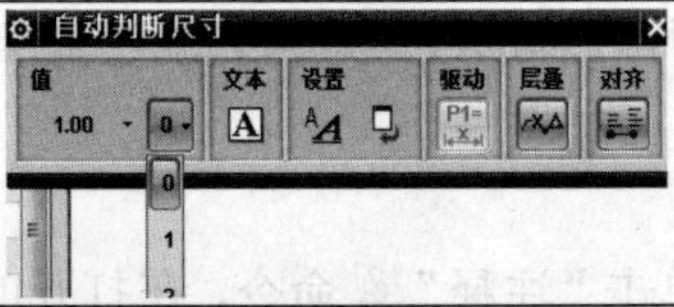	设置值“0”，尺寸不带小数点：80/40/20/15/10
2	对称公差尺寸标注	自动判断尺寸 D	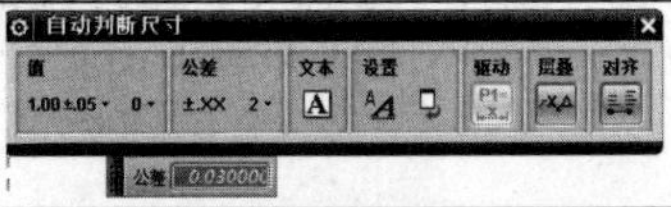	设置值“等双向公差”、“0”，公差“0.03”、“2”：66±0.03
3	非对称公差尺寸标注	自动判断尺寸 D	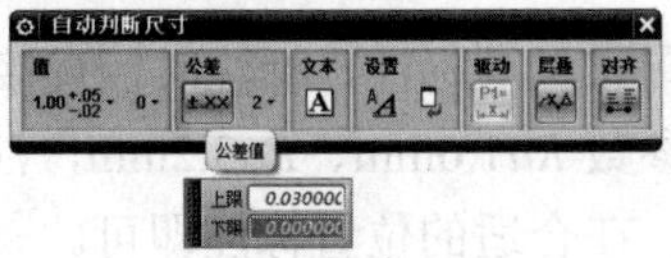	设置值“双向公差”、“0”，公差值上限“0.03/0”、下限“0/−0.03”、“2”：$10^{+0.03}_{0}$、$3^{+0.03}_{0}$、$8^{+0.05}_{0}$、$20^{0}_{-0.03}$

续表

序号	尺寸类型	命令工具	命令设置	标注说明
4	非整数非对称公差尺寸标注	自动判断尺寸 D	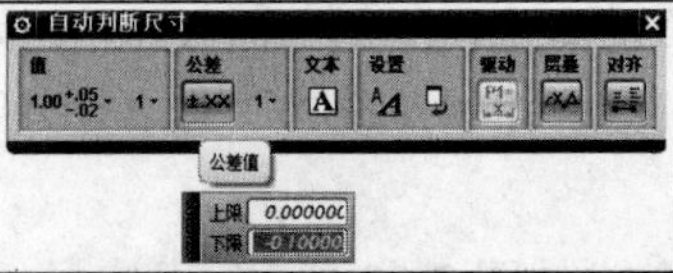自动判断尺寸 值 公差 文本 设置 驱动 层叠 对齐 公差值 上限 下限	设置值“双向公差”、“1”，公差值上限“0”、下限“-0.1”、“1”：$19.8^{0}_{-0.1}$
5	圆的非对称公差尺寸标注	直径尺寸	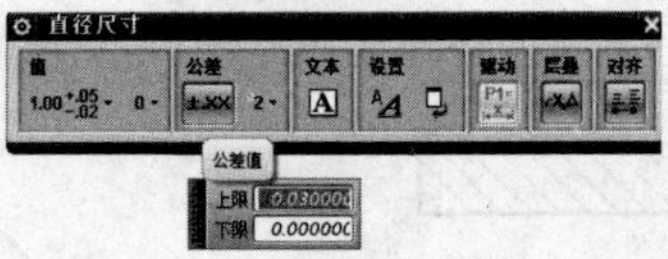直径尺寸 值 公差 文本 设置 驱动 层叠 对齐 公差值 上限 下限	设置值“双向公差”、“0”，公差值上限“+0.03/0”、下限“0/−0.03”、“2”：$\phi30^{+0.03}_{0}$、$\phi76^{0}_{-0.03}$
6	过圆心的半径标注	过圆心的半径尺寸	直接单击命令标注	R5mm/R20mm
7	带注释的尺寸标注	直径尺寸	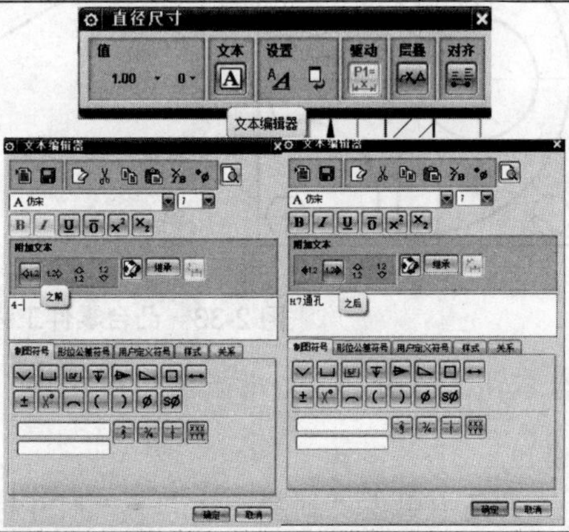直径尺寸 值 文本 设置 驱动 层叠 对齐 文本编辑器 附加文本 之前 之后 H7通孔	设置值“0”打开“文本”对话框，设置之前“4-”、之后“H7 通孔”：4-ϕ10H7 通孔

2）标注几何公差

分别打开“基准特征符号” 基准特征符号 与“特征控制框” 特征控制框 命令，在合适的位置标注基准符号与平行度位置公差。说明：低版本的为方框字母，本例用 UG NX 8.5 版本创建的基准特征符号可为圆圈字母，但基准线与零件图可见线重合，若想创建不重合，需单独绘制一条与零件轮廓线平行的辅助线段即可，创建基准符号使用辅助线为基准，然后隐藏该辅助线即可。

3）标注注释文本

在“注释”工具条中单击“注释” 命令，在打开的对话框中分别输入注释文本并设置：其余（5 号字）；技术要求（7 号字）；技术要求内容（5 号字）等。最后，选择合适位置放置即可。

4）标注表面粗糙度

表面粗糙度按照最新国家标准标注，标注时，直接单击“表面粗糙度符号”命令，在打开的对话框中输入相应的参数 Ra1.6mm、Ra3.2mm，注意底面标注时，需设置角度“180”、勾选“反转文本”复选框，在合适的位置标注即可。

完成视图创建与标注如图 2-34 所示。

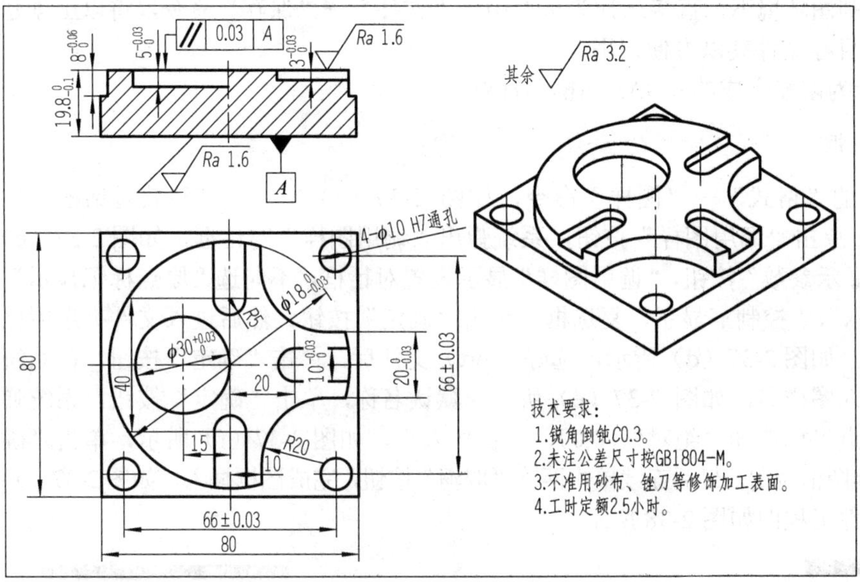
0.03
A
Ra 1.6
Ra 1.6
A
其余
Ra 3.2
4-ϕ10 H7通孔
R5
R20
80
40
20
15
10
66±0.03
80
技术要求:
1.锐角倒钝C0.3。
2.未注公差尺寸按GB1804-M。
3.不准用砂布、锉刀等修饰加工表面。
4.工时定额2.5小时。

图 2-34 凸台零件工程图

213 凸台工程图设计

3. 创建标准图框

为了节省空间，UG 图纸里的图框（含标题栏）均为 Pattern（图样）文件。Pattern，类似 AutoCAD 里的“Block”(块)，作为一个整体操作，也可以“Expand”打散。可类似 AutoCAD，创建 A0、A1、A2、A3、A4 五个图框，可含标题栏。将各个 Pattern（图样）文件存放在固定的文件夹内随时调用。下面进行零件图 A3 标准图框的创建。

（1）新建一个 UG 模型文件，文件名为“GBA3.prt”。

（2）单击“开始”→“制图”命令，进入“图纸页”对话框，如图 2-35（a）所示，大小选择“标准尺寸”、“A3-297×420”,设置单位为“毫米”、“第一角投影”，其余默认，单击“确定”按钮，完成图纸页创建。

（3）修改背景颜色，单击菜单栏中的“首选项”→“可视化”命令，如图 2-35（b）所示，并打开其对话框，图纸部件设置背景为“白色”，单击“确定”按钮，完成背景设置，如图 2-35（c）所示。

（4）按照最新机械制图图框与标题栏国家标准，应用“草图工具”命令，绘制标准图框、标题栏。绘制完成后，可直接选中右击，在弹出的快捷菜单中单击“编辑显示”命令，如图 2-35（d）所示，即可进入“编辑显示”对话框对线宽等进行修改。

（5）文本的输入。直接单击“注释”工具条中的“注释”命令，按照国标规定的字体要求，分别在标题栏不同位置输入不同的字号文字。

（6）单击菜单栏中的“文件”→“选项”→“保存选项”命令，如图 2-35（e）所示，打开“保存选项”对话框，保存图样数据选择“仅图样数据”，如图 2-35（f）所示，单击“确定”按钮，完成保存选项设置。

（7）最后，在制图环境下，直接选择菜单栏中的“文件”→“保存”命令，将以上创建的标准图框保存到目标文件夹以方便调用。

如图 2-36 所示为创建完成的 GBA3 图框与标题栏。

4. 调用标准图框

单击菜单栏上的“格式”→“图样”命令，如图 2-37（a）所示，打开其对话框，如图 2-37（b）所示，单击“调用图样”按钮，系统弹出“调用图样”对话框，如图 2-37（c）所示，单击“图样显示参数”按钮，“调用图样”显示设置对话框，不勾选“原点标记显示”、“最大/最小方块显示”、“控制点显示”复选框，单击“确定”按钮，然后进入文件夹选用已经创建的图框文件，如图 2-37（d）所示，选好（.prt）文件后，单击“确定”按钮，在系统弹出的对话框中输入图样名，如图 2-37（e）所示，默认名称，单击“确定”按钮，系统弹出“点”对话框，点坐标选择“绝对”（0,0），确认插入点，如图 2-37（f）所示，单击“确定”按钮，完成标准图框调用，最后连续单击两次“取消”按钮，完成图框插入，如图 2-37（g）所示。最终凸台零件工程图如图 2-38 所示。

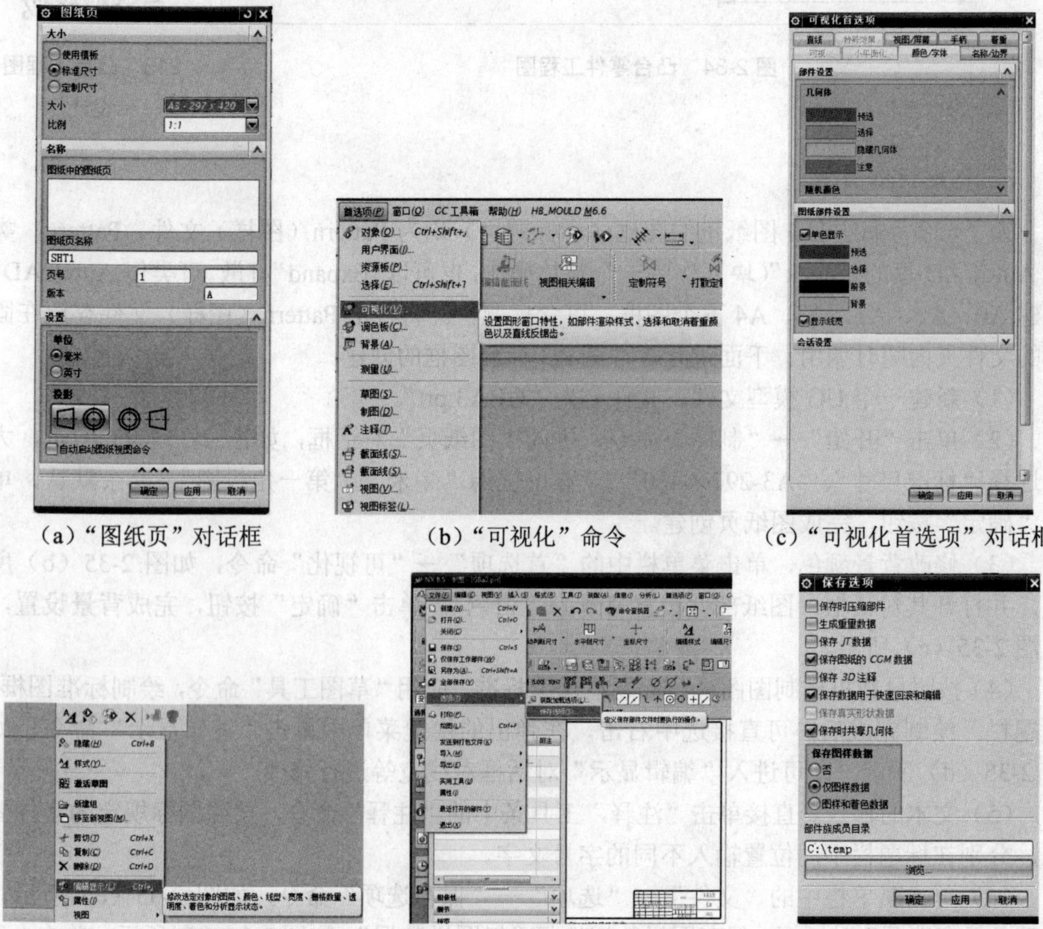
图纸页
可视化首选项
保存选项

（a）“图纸页”对话框　（b）“可视化”命令　（c）“可视化首选项”对话框

（d）“编辑显示”命令　（e）“保存选项”命令　（f）“保存选项”对话框

图 2-35　创建 GBA3 标准图框

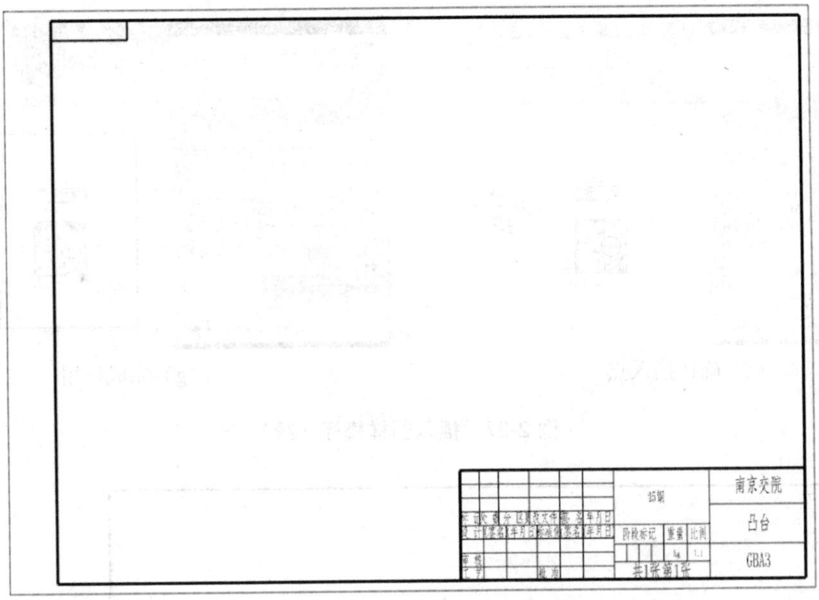
南京交院
凸台
GBA3
共1张第1张

图 2-36　GBA3 标准图框

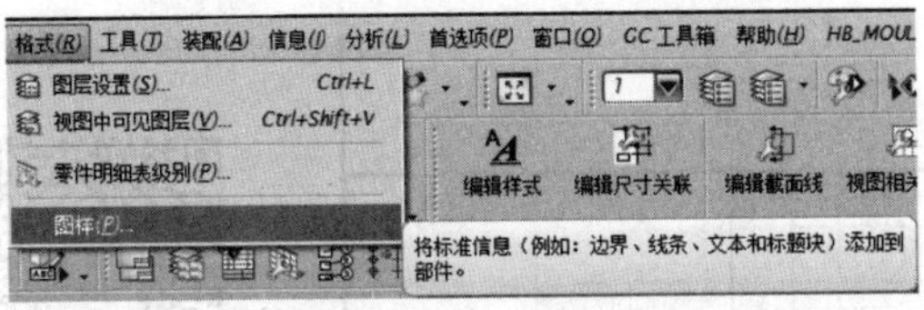
格式(R)
图层设置(S)... Ctrl+L
视图中可见图层(V)... Ctrl+Shift+V
零件明细表级别(P)...
图样(F)...
将标准信息（例如：边界、线条、文本和标题块）添加到部件。
编辑样式
编辑尺寸关联
编辑截面线

（a）“图样”命令

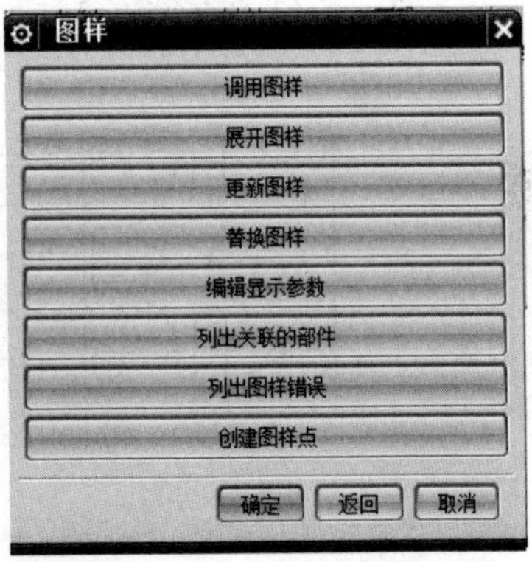
图样
调用图样
展开图样
更新图样
替换图样
编辑显示参数
列出关联的部件
列出图样错误
创建图样点
确定
返回
取消

（b）“图样”对话框

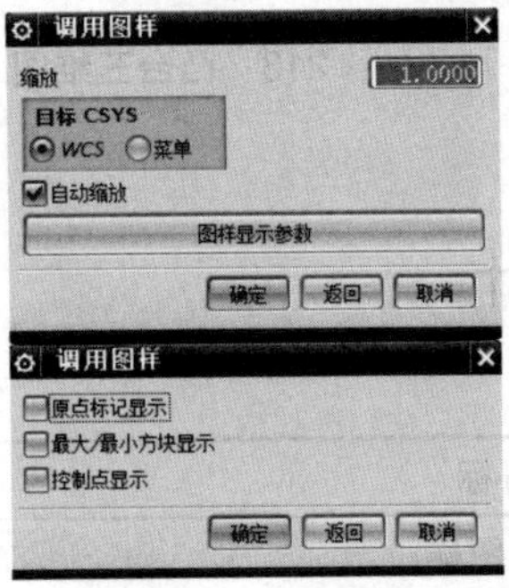
调用图样
缩放
1.0000
目标 CSYS
WCS
菜单
自动缩放
图样显示参数
确定
返回
取消
调用图样
原点标记显示
最大/最小方块显示
控制点显示
确定
返回
取消

（c）设置“调用图样”

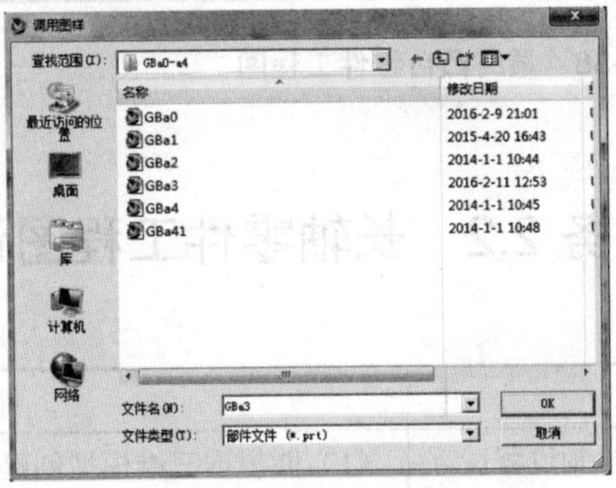
调用图样
名称
修改日期
GBa0
GBa1
GBa2
GBa3
GBa4
GBa41
文件名(N):
文件类型(T):
部件文件 (*.prt)
OK
取消

（d）调用标准图样模板

输入图样名
确定
返回
取消

（e）输入图样名

图 2-37　插入图样模板

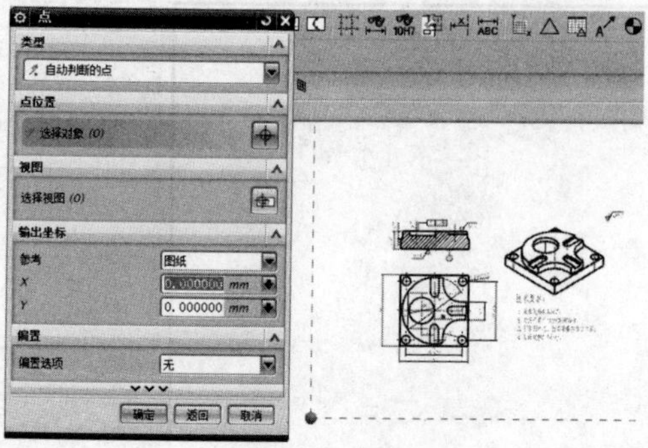
点
类型
自动判断的点
点位置
选择对象 (0)
视图
选择视图 (0)
输出坐标
参考
图纸
X
Y
0.000000 mm
偏置
偏置选项
无
确定
返回
取消

（f）确认插入点

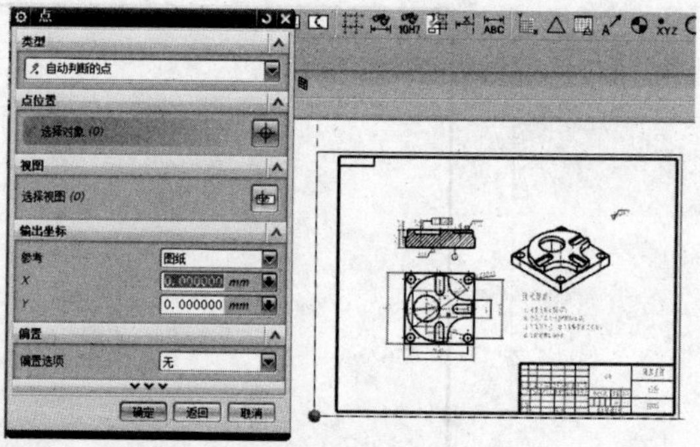
点
类型
自动判断的点
点位置
选择对象 (0)
视图
选择视图 (0)
输出坐标
参考
图纸
X
Y
0.000000 mm
偏置
偏置选项
无
确定
返回
取消

（g）完成调用

图 2-37　插入图样模板（续）

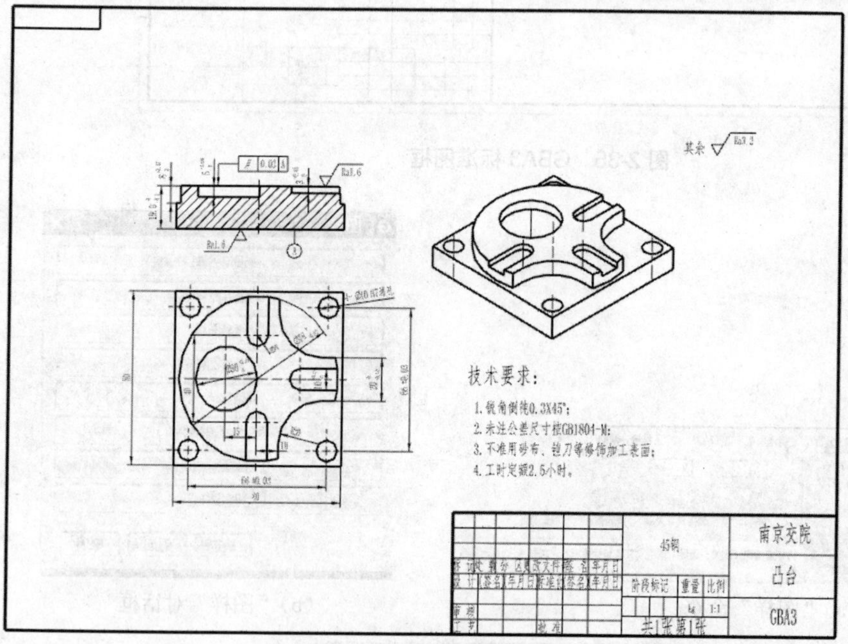
其余 Ra3.2
Ra1.6
Ra1.6
技术要求：
1.锐角倒钝0.3X45°;
2.未注公差尺寸按GB1804-M;
3.不准用砂布、锉刀等修饰加工表面;
4.工时定额2.5小时。
45钢
南京交院
凸台
GBA3
阶段标记
重量
比例
1:1
共1张 第1张

图 2-38　最终凸台零件工程图

213　凸台三维图

任务 2.2　长轴零件工程图设计

知识目标	能力目标
（1）掌握长轴零件工程图的绘制过程； （2）掌握工程图的标注方法； （3）掌握工程图的编辑方法； （4）掌握工程图标注编辑方法；	（1）能根据三维模型创建工程图样； （2）能合理设置制图首选项等制图基本环境； （3）能运用各种视图来表达实体模型； （4）会修改编辑各种视图；

知识目标	能力目标
（5）了解工程图图框调用方法。	（5）会工程图的编辑、标注等修改功能； （6）会创建与调用图框并能输出不同格式的图样文件； （7）能综合应用制图模块制作长轴零件的工程图。

2.2.1　任务导入

任务描述：如图 2-39 所示，完成长轴零件的工程图绘制，凸台三维模型已经完成。

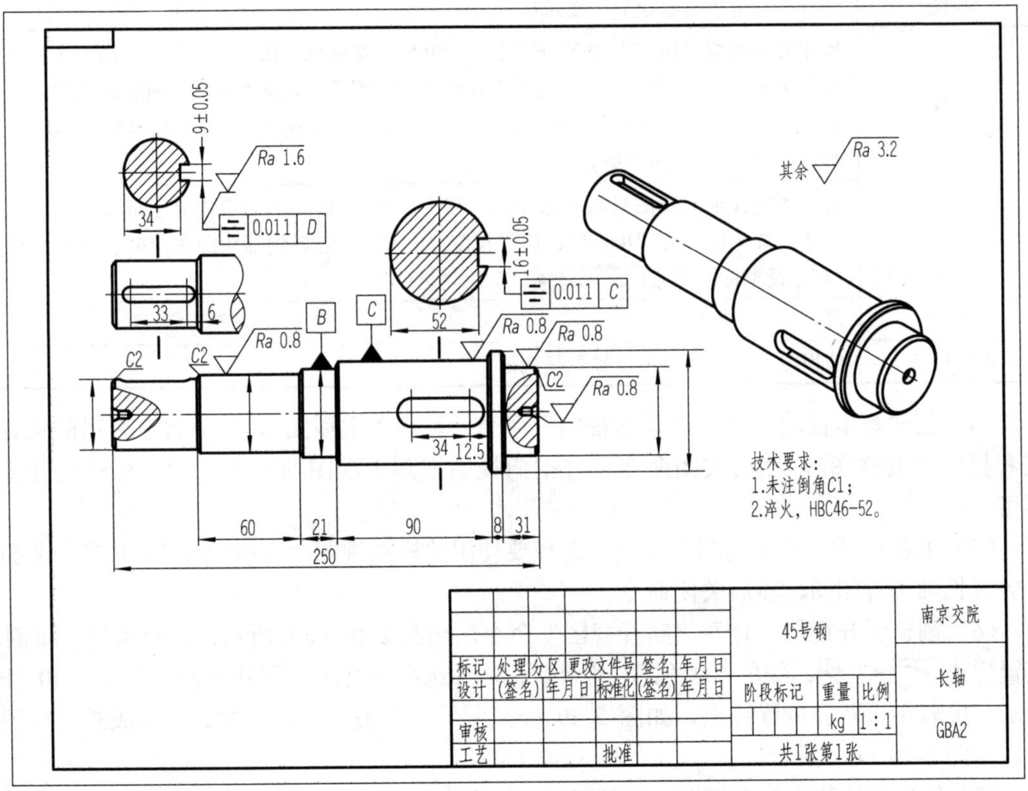

9±0.05
Ra 1.6
34
0.011 D
33
6
16±0.05
0.011 C
52
B
C
Ra 0.8
Ra 0.8
Ra 0.8
Ra 0.8
C2
C2
C2
34
12.5
60
21
90
8
31
250
其余 Ra 3.2
技术要求：
1.未注倒角C1；
2.淬火，HBC46-52。
45号钢
南京交院
长轴
GBA2
标记 处理 分区 更改文件号 签名 年月日
设计 (签名) 年月日 标准化 (签名) 年月日
阶段标记 重量 比例
kg 1:1
审核
工艺 批准
共1张第1张

图 2-39　长轴零件

2.2.2　任务实施

1. 创建长轴零件工程图

本例长轴零件创建一个主视图、一个俯视图的断开视图、两个移除剖面图、两处局部剖视图和一个正等侧图。

（1）启动 UG NX 软件，打开长轴三维模型文件，如图 2-39 所示。

（2）在“标准”工具条中单击“开始”→“制图”命令，或者在“应用”工具条中单击“制图”按钮，都可以进入工程图模块。打开“图纸页”对话框，在该对话框中，选择大小

“标准尺寸”、“A2-420X594”，比例“1∶1”，默认图纸页名称“SHT1”、页号“1”、版本“A”，设置单位“毫米”，选择“第一角投影”，单击“确定”按钮，进入新建图纸页，注意不要勾选“自动启动图纸视图命令”复选框，完成“图纸页”设置。

（3）制图首选项设置见表 2-5。

表 2-5　制图首选项设置

制图首选项	设置内容
背景	白色
视图	边界不勾选“显示边界”复选框
注释	尺寸文字类型“仿宋”、NX 间距因子“0.5”、宽高比“0.7”，单击“应用所有文字类型”按钮；直线/箭头，尺寸线与箭头颜色“黑色”，单击“应用于所有直线和箭头类型”按钮；公差字符大小“2”；单位选择“3.050”；填充/剖面线角度“45”、间距“3”、颜色“黑色”；单击“确定”按钮，完成设置
截面线	为了使主视全剖视图只显示截面线（移出剖面），标签不勾选“显示标签”复选框；尺寸箭头头部长度“0.001”、箭头长度“0.002”、边界到箭头距离“6”、短画线长度“4”，设置标准样式、颜色“黑色”
视图	可见线为“黑色”
视图标签	剖视图不勾选“显示标签”复选框

（4）创建基本视图，单击“基本视图”命令，选择“主视图”，并放置在合适的位置，接着投影“俯视图”，然后关闭命令，并把俯视图拖到主视图的上方，留出标注尺寸位置即可。

（5）重新打开“基本视图”命令，选择要使用的模型视图“正等侧图”，并在合适的位置放置长轴正等侧图，然后关闭命令。

（6）创建断开视图，打开“断开视图”命令，如图 2-40（a）所示，选择类型“单侧”，设置样式、颜色“黑色”，其余默认，并选中俯视图，默认方向，如图 2-40（b）所示，接着指定断裂位置锚点，如图 2-40（c）所示，单击“确定”按钮，完成断开视图创建，如图 2-40（d）所示。

（7）创建两处移出剖面视图。打开“剖视图”命令，选中主视图，并在键槽部位捕捉剖切位置（最好捕捉键槽中点位置，以方便后面对齐），如图 2-41（a）所示，并在合适位置放置右侧剖视图。用同样的方法创建左侧的剖视图，但要选中断开图的左端，如图 2-41（b）所示。

然后修改剖视图样式。选中剖视图右击，在弹出的快捷菜单中单击“样式”命令，打开“样式”对话框，单击“截面线”选项卡，不勾选“背景”复选框，然后单击“确定”按钮，完成右侧修改，如图 2-41（c）所示。长轴左侧剖视图修改方式与右侧一样，修改完成的效果如图 2-41（d）所示。最后把两个剖视图移到主视图的正上方，再应用“视图对齐”命令设置“竖直”方法、“点到点”方式，只要在视图中确定“指定静止视点”、“指定当前视点”，单击“确定”按钮即可，对齐后的效果如图 2-41（e）所示。

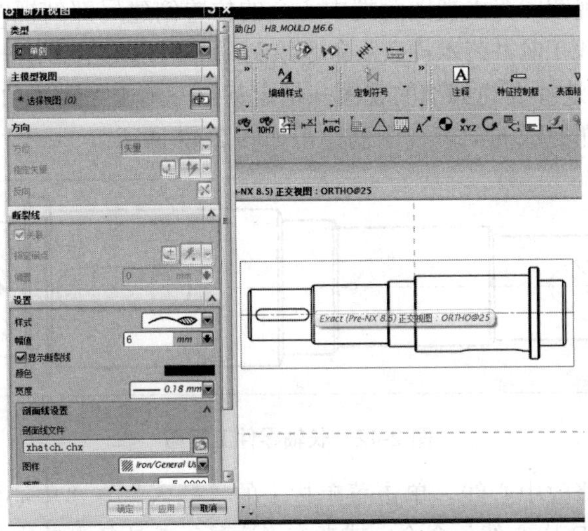
断开视图
类型
主模型视图
选择视图 (0)
方向
断裂线
设置
样式
幅值
显示断裂线
颜色
宽度
剖面线设置
剖面线文件
xhatch.chx
图样
确定
应用
取消
编辑样式
定制符号
注释
特征控制框
Exact (Pre-NX 8.5) 正交视图：ORTHO@25

（a）设置“断开视图”

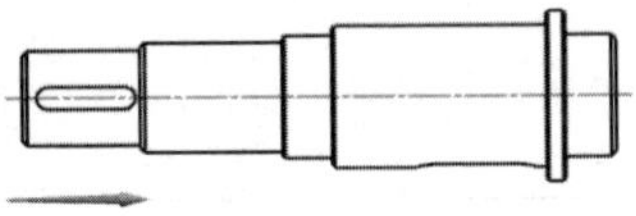

（b）选择断开视图

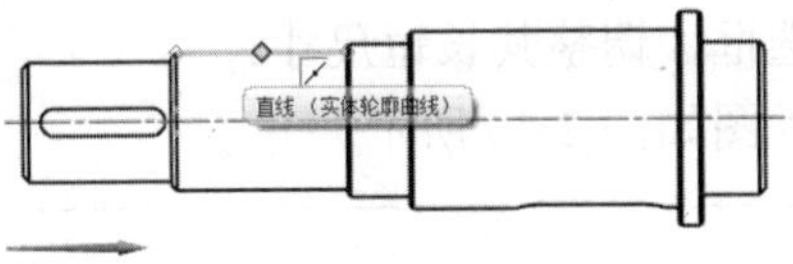
直线（实体轮廓曲线）

（c）选择断开锚点

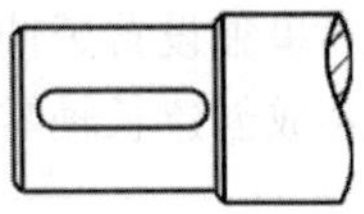

（d）完成创建断开视图

图 2-40　创建断开视图

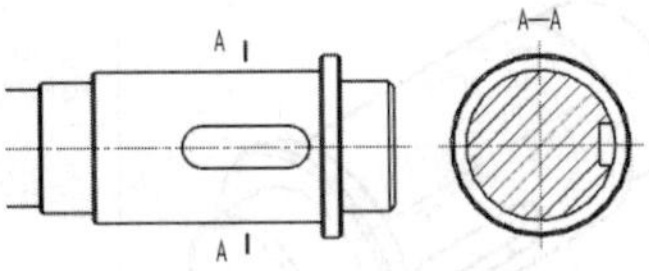
A
A—A
A

（a）右侧剖视图

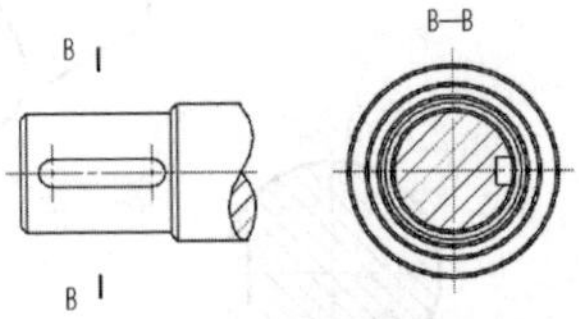
B
B—B
B

（b）左侧剖视图

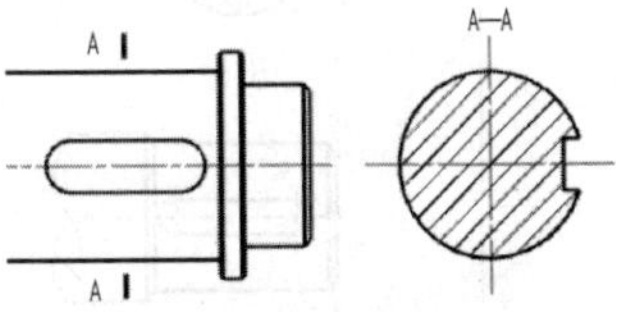
A
A—A
A

（c）右侧截面图

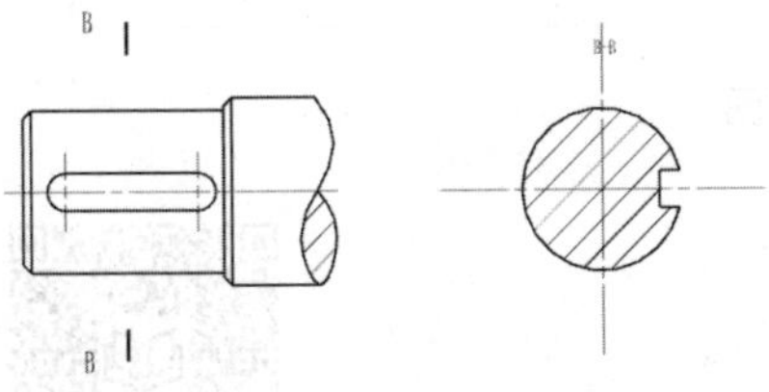
B
B-B
B

（d）左侧截面图

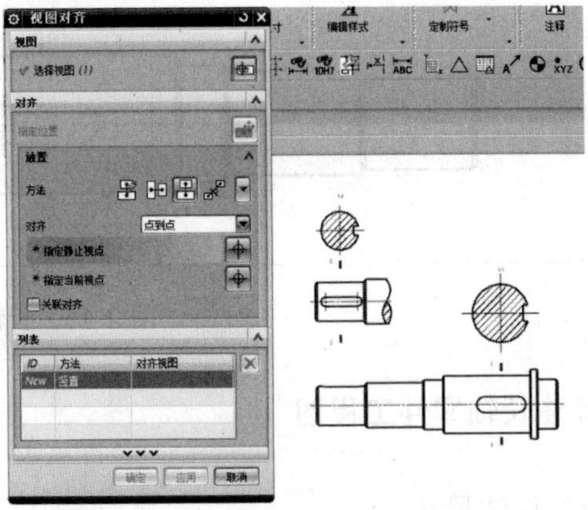
视图对齐
视图
选择视图 (1)
对齐
设置
方法
对齐
点到点
指定静止视点
指定当前视点
关联对齐
列表
ID
方法
对齐视图
确定
应用
取消
编辑样式
定制符号
注释

（e）完成创建两处移出截面图

图 2-41　创建 2 处截面图

（8）创建局部剖视图，在主视图两端中心孔的位置创建局部剖视图，创建顺序：右击视图打开展开→应用曲线工具“艺术样条”命令绘制局部剖视范围曲线→右击关闭展开→打开“局部剖视图”命令→选择要局部剖的视图→指定基点→单击“选择曲线”按钮，选择曲线，最后单击“确定”按钮完成局部剖视图创建，如图 2-42 所示。

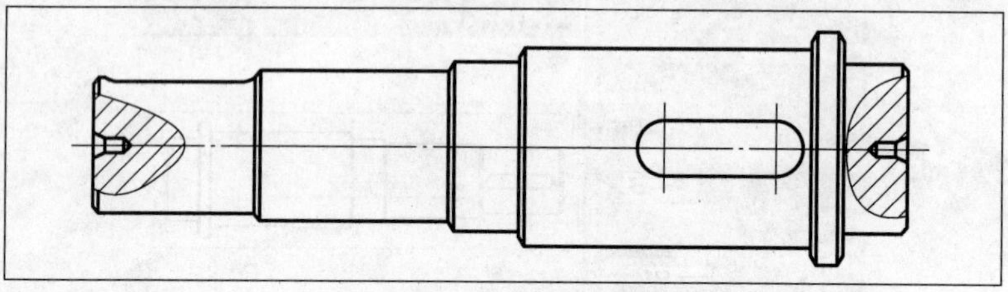

图 2-42　长轴零件工程图

（9）补充创建、修改中心线。单击菜单栏上的“插入”→“中心线”→“中心线/螺栓圆中心线/2D 中心线/3D 中心线”命令，或者在“注释”工具条中单击“中心线”→命令，根据需要选择一种合适的中心标记。对于长短不合适的中心线可直接双击该“中心线”，可勾选“单独设置延伸”复选框，调整其长短尺寸。

完成创建长轴零件工程图如图 2-43 所示。

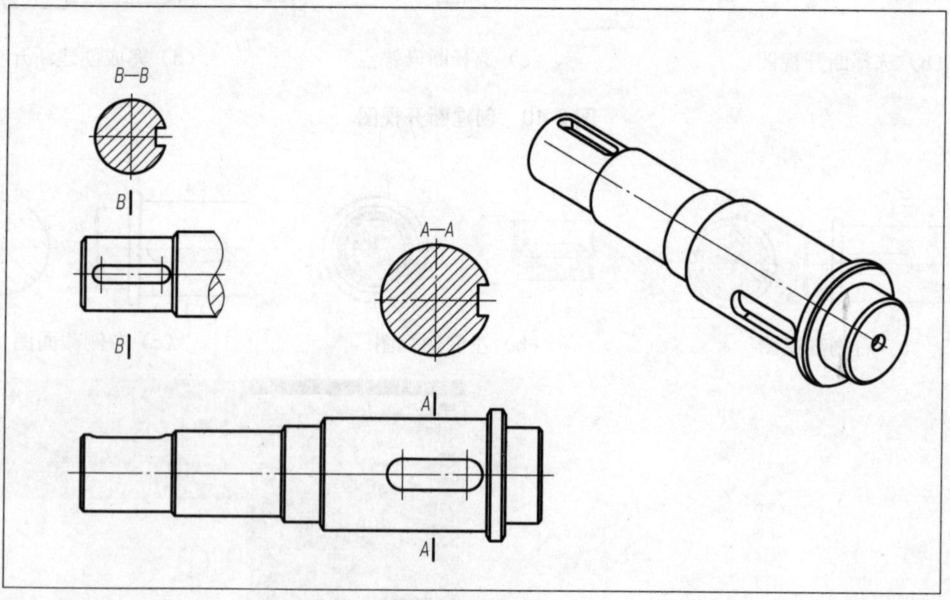
B—B
B
B
A—A
A
A

图 2-43　长轴零件工程图

2．标注长轴零件工程图

1）标注尺寸

在“尺寸”工具条中单击“制图尺寸”→“尺寸标注”命令，本例长轴零件尺寸标注情况见表 2-6。

2220　轴工程二维图

表 2-6　长轴零件尺寸标注情况

序号	尺寸类型	命令工具	命令设置	标注说明
1	自由尺寸标注	自动判断尺寸 D	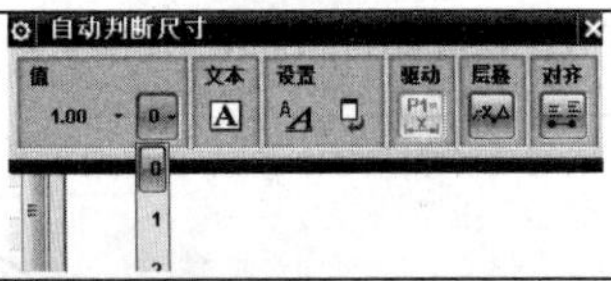	设置值“0”，尺寸不带小数点：60/21/90/8/21/250/34/12.5/33/6/52/34
2	对称公差尺寸标注	自动判断尺寸 D	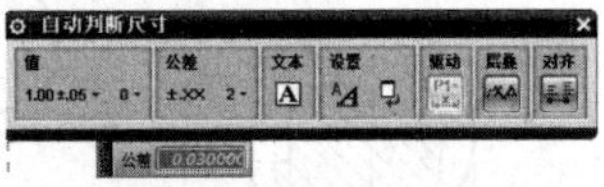	设置值“等双向公差”、“0”，公差“0.05”、“2”：9±0.05、16±0.05
3	非对称公差圆柱尺寸标注	圆柱尺寸		设置值“双向公差”、“0”，公差值上限“0.01”、下限“−0.05/0.055”、“2/3”：$\phi39_{-0.05}^{+0.01}$、$\phi45_{-0.05}^{+0.01}$、$\phi50_{-0.05}^{+0.01}$、$\phi58_{-0.055}^{+0.010}$、$\phi50_{-0.055}^{+0.010}$、$\phi70_{-0.055}^{+0.010}$

2）标注几何公差

分别打开“基准特征符号” 基准特征符号 与“特征控制框” 特征控制框 命令，在合适的位置标注基准符号与平行度位置公差。说明：低版本的为方框字母，本例用 UG NX 8.5 版本创建的基准特征符号可为圆圈字母，但基准线与零件图可见线重合，本例在基准符号位置绘制一段平行于轮廓的草图直线作为辅助线，标注完成基准符号后，隐藏该辅助线即可。注意，A、B、C、D 四处基准符号要与尺寸线对齐，行为公差也有 4 处需与尺寸线对齐，标注时要注意。

3）标注注释文本

单击“注释”工具条中的“注释” 注释 命令，在打开的对话框中分别输入注释文本并设置：C2/2-GB 4459.5/12.6（3.5 号字引出标注，并双击引线修改成无箭头，其中 C2 共 3 处）；其余（5 号字）；技术要求（7 号字）；技术要求内容（5 号字）等。最后，选择合适位置放置即可。

4）标注表面粗糙度

表面粗糙度按照最新国家标准标注，标注时，直接单击“注释”工具条中的“表面粗糙度符号”命令，打开其对话框，输入相应的参数 *Ra*0.8mm（共 4 处，其中端部引出标注，并双击引线修改为无箭头）、*Ra*1.6mm（共两处，需设置角度“90”）、*Ra*3.2mm（共 1 处）。

如图 2-44 所示，完成视图创建与标注的长轴零件工程图。

3. 调用标准图框

单击菜单栏上的“格式”→“图样”命令，如图 2-45（a）所示，打开其对话框，如图 2-45（b）所示，单击“调用图样”按钮，系统弹出“调用图样”对话框，如图 2-45（c）所示，单击“图样显示参数”按钮，弹出“调用图样”显示设置对话框，不勾选“原点标记显示”、“最大/最小方块显示”、“控制点显示”复选框，单击“确定”按钮，然后进入文件夹选用已经创建的图框文件，如图 2-45（d）所示，选好（.prt）文件后，单击“确定”

2221　绘制轴工程图

按钮，在系统弹出的对话框框中输入“图样名”，如图 2-45（e）所示，默认名称，单击“确定”按钮，系统弹出“点”对话框，一般点坐标选择“绝对”(0,0)，确认插入点，如图 2-45（f）所示，单击“确定”按钮，完成标准图框调用，最后连续单击两次单击“取消”按钮，完成图框调用。最终长轴零件工程图如图 2-46 所示。

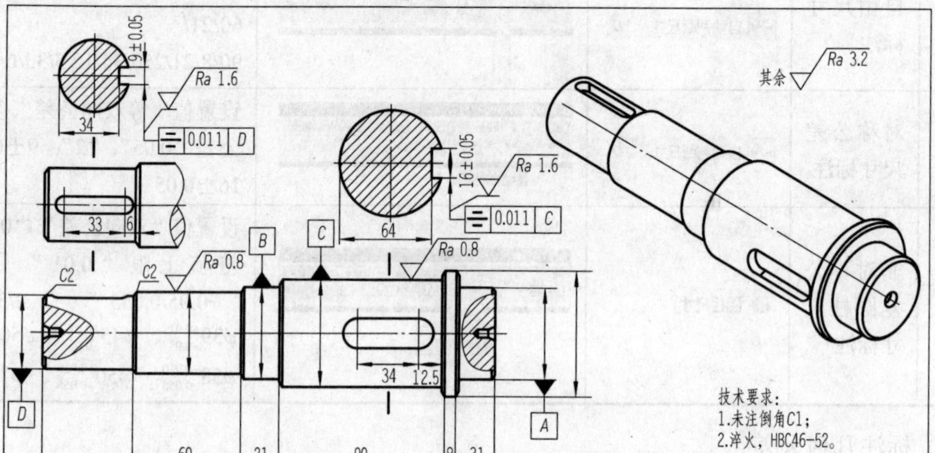

9±0.05
Ra 1.6
34
0.011 D
16±0.05
Ra 1.6
0.011 C
64
其余 Ra 3.2
33
6
B
C
Ra 0.8
Ra 0.8
C2
C2
34
12.5
D
A
技术要求：
1.未注倒角C1；
2.淬火，HBC46-52。
60
21
90
8
31
250

图 2-44　长轴零件工程图

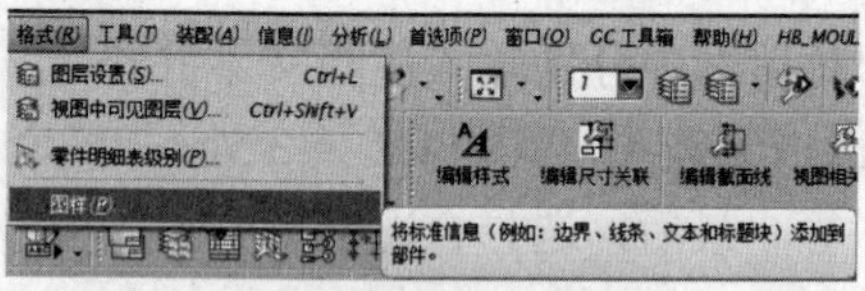

（a）“图样”命令

（b）“图样”对话框

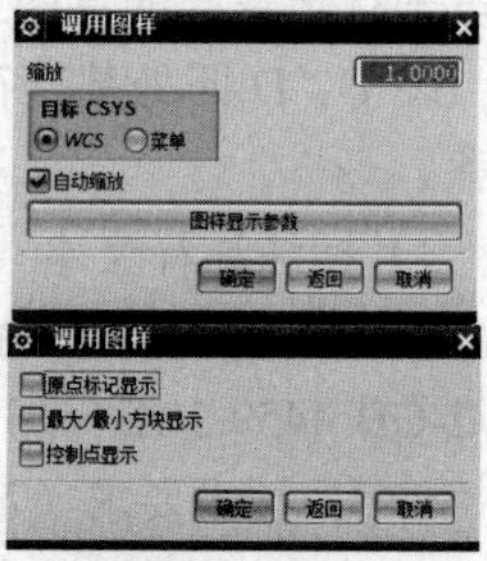

（c）设置“调用图样”

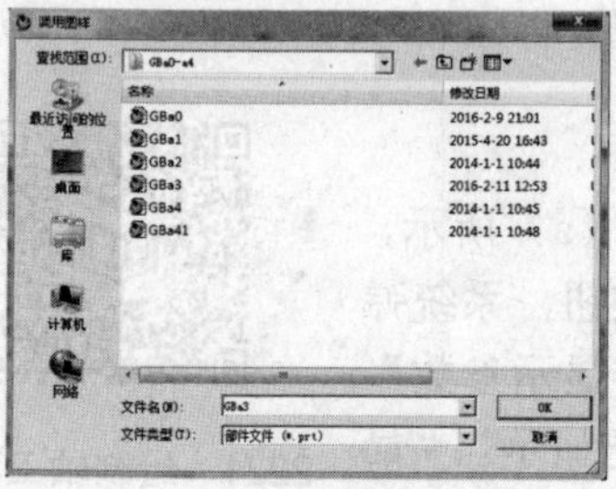

（d）选择调用图样文件

（e）输入图样名

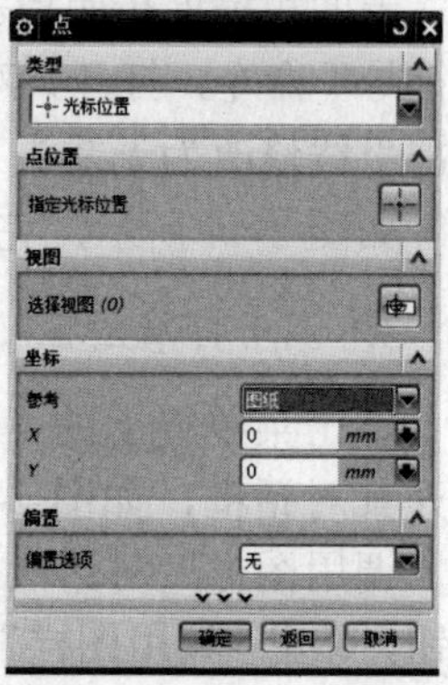

（f）确认插入点坐标

图 2-45　调用图框

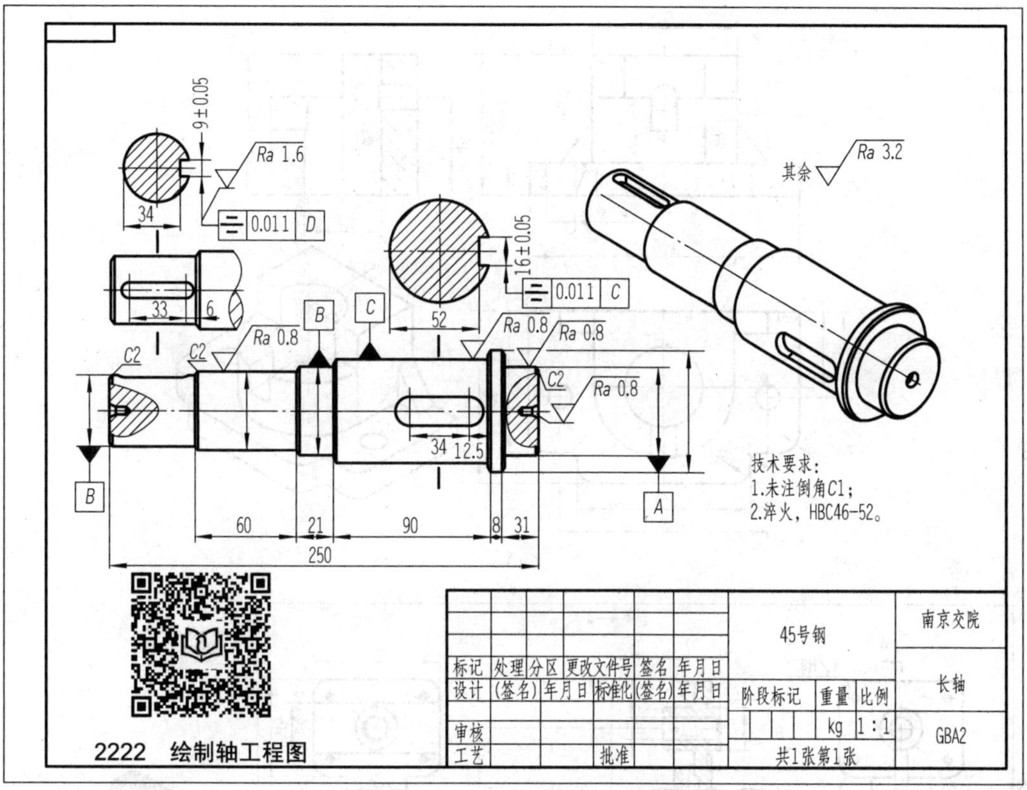
9±0.05
Ra 1.6
34
0.011 D
33
6
16±0.05
0.011 C
52
B
C
C2
C2
Ra 0.8
Ra 0.8
Ra 0.8
C2
Ra 0.8
34
12.5
B
A
60
21
90
8
31
250
其余 Ra 3.2
技术要求：
1.未注倒角C1；
2.淬火，HBC46-52。
2222　绘制轴工程图
45号钢
南京交院
标记 处理 分区 更改文件号 签名 年月日
设计 (签名) 年月日 标准化 (签名) 年月日
阶段标记 重量 比例
长轴
审核
kg 1 : 1
GBA2
工艺
批准
共1张第1张

图 2-46　最终长轴零件工程图

项目 2 小结

本项目主要介绍了 UG 制图环境的设置，工程图的视图创建与编辑方法、标注与编辑方法、工程图样的制作等，并结合生产企业典型案例进行了工程图的制作实战，通过本项目的学习，能够达到创建企业复杂实体的工程图的目标。

技能实训

1．完成国标 A1、A2 图框与标题栏的制作并正确保存。

2．根据图 2-47 所示的图形尺寸要求，完成其三维建模，并创建工程图样。

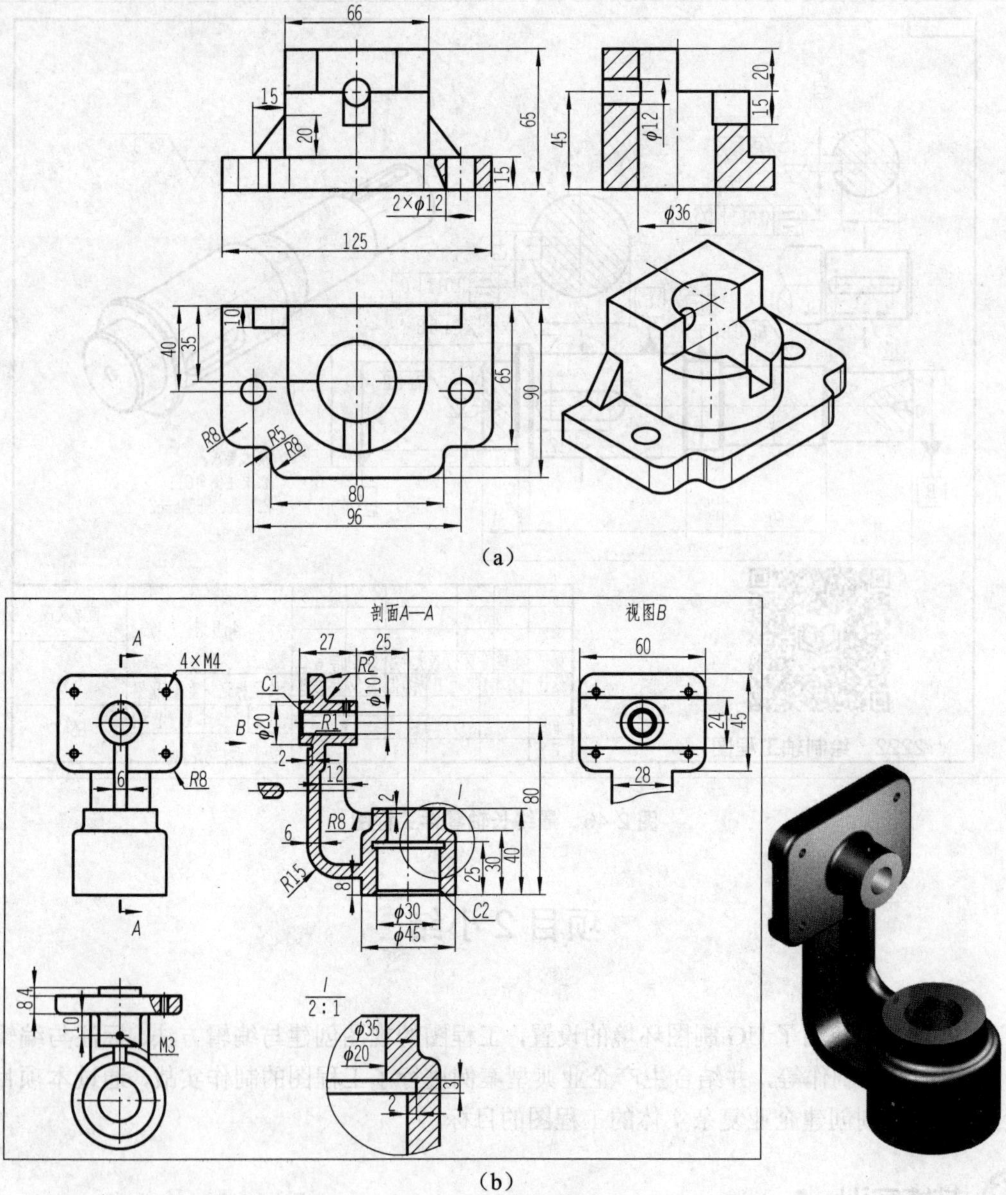
（a）
剖面A—A
视图B
4×M4
2×ϕ12
（b）

图 2-47　创建工程图

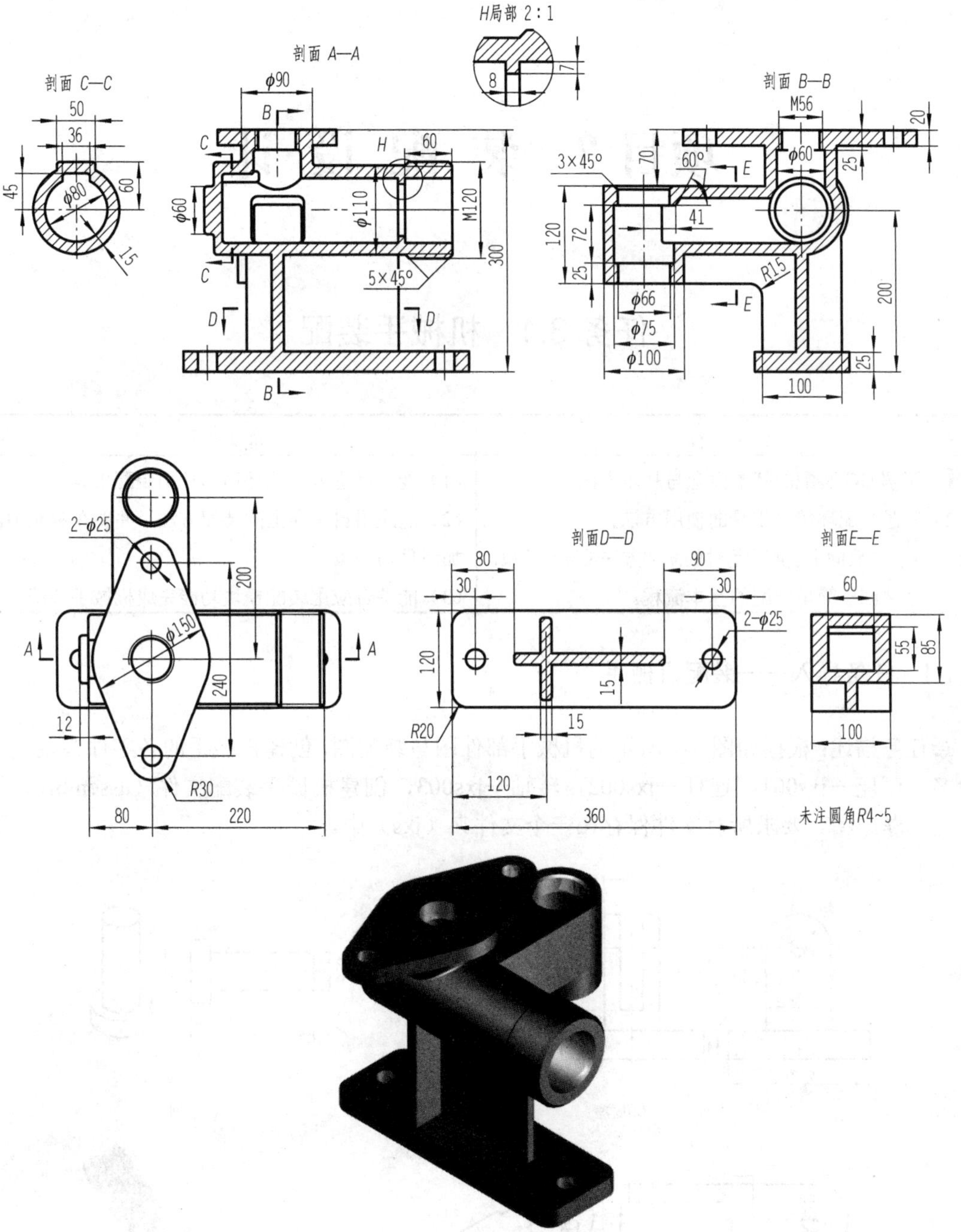

H局部 2:1
剖面 A—A
剖面 C—C
剖面 B—B
剖面D—D
剖面E—E
未注圆角R4~5
3×45°
5×45°
M56
M120
2−ϕ25
ϕ150
R30
R20
R15

(c)

图 2-47　创建工程图（续）

项目 3　装 配 设 计

任务 3.1　机械手装配

知识目标	能力目标
（1）了解 UG 装配的基本概念与基本方法； （2）熟悉装配环境与工具的使用方法； （3）掌握自底向上装配中组件的添加方法及装配约束； （4）掌握创建简单装配的基本流程。	（1）能正确进入装配环境与使用装配工具； （2）能应用自底向上的装配方法，并能在装配中添加组件与约束； （3）能综合应用装配模块功能完成机械手装配。

3.1.1　任务导入——装配机械手

任务描述：根据如图 3-1 所示的机械手部件图与装配图，创建机械手的各零件模型文件，命名：底座—jxs001，连杆—jxs002，转轴—jxs003，创建机械手装配文件（assembly），最后完成爆炸图。要求所有文件保存在一个文件夹（jxs）中。

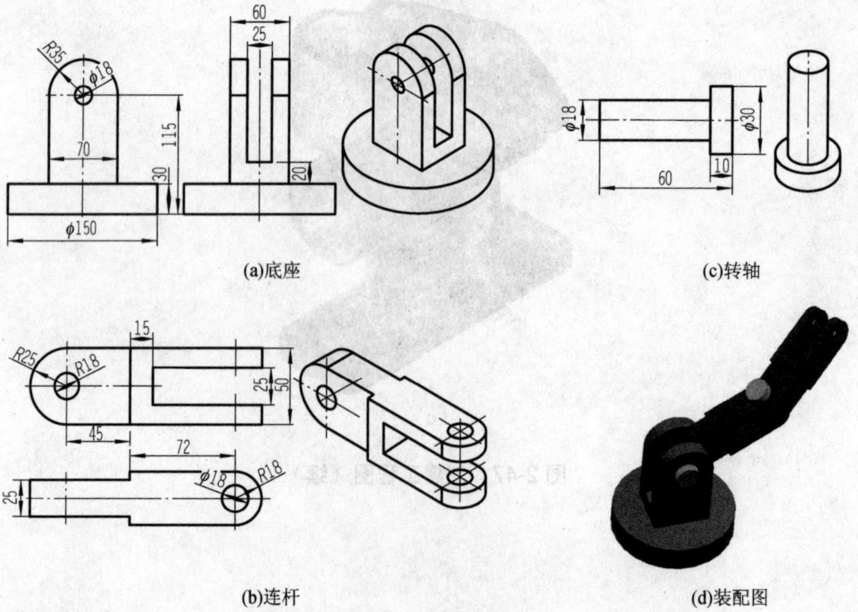
R35
φ18
70
115
30
φ150
60
25
20
(a)底座
φ18
φ30
10
60
(c)转轴
R25
R18
15
25
50
45
72
φ18
R18
25
(b)连杆
(d)装配图

图 3-1　机械手装配

3.1.2 知识链接

1. 基本概念

1）装配

（1）装配。UG NX 的装配就是在装配的各个部件之间建立配对关系，并且通过配对关系在部件之间建立约束关系，从而确定部件在装配体中的准确位置。在装配操作中，部件的几何体被引用到装配环境中，而不是被复制到装配环境中。不管如何编辑部件和在何处编辑部件，整个装配部件都保持着关联性。如果某部件被修改，则引用它的装配部件自动更新，以反映部件的最新变化，如图 3-2 所示为装配与组件的关系。

装配建模的过程是建立组件装配关系的过程。装配体直接引用各零件的主要几何体，这个设计系统采用的是树状管理模式，一个装配件内可以包含多个子装配和零件，层次清楚并且易于管理。

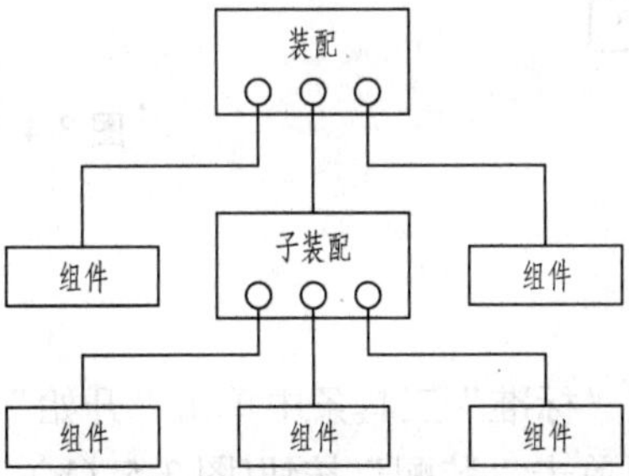
装配
组件
子装配
组件
组件
组件
组件

图 3-2 装配与组件关系

（2）组件。在装配系统中，组件可以指装配进来的单个部件，也可以指子装配。子装配是在高一级装配中被用作组件的装配，子装配也拥有自己的组件。

在装配环境中，部件的状态分为工作部件和显示部件。需要时，可直接在导航器中右击进行设置。工作部件是部件在装配体中的一种状态，在装配环境中，工作部件只有一个。只有工作部件才能进行编辑修改。当某个部件被定义为工作部件时，其余部件均显示为灰色。当保存文件时，总是保存工作部件。显示部件是部件在装配体中的另一种状态，屏幕上能看到的部件都是显示部件，当某个部件被单独定义为显示部件时，在图形窗口中只显示该部件本身。

在 UG NX 中允许向任何一个.prt 的文件添加部件构成装配，因此任何一个.prt 文件都可以作为装配部件，一般装配时，最好新建一个装配文件，方便编辑。当存储一个装配部件文件时，各部件的实际集合数据并不是存储在装配部件中，而是存储在其相应的各个部件（即零件文件）中。

（3）装配约束。所谓装配约束就是将添加的组件按相互配合关系组装到一起，并使其始终保持设定的配合关系，同时也确定了组件在装配模型中的位置。装配约束用来限制装配组件的自由度，包括线性自由度和旋转自由度，依据配对约束限制自由度的多少可以分为完全约束和欠约束两类。

2）装配方法

（1）自底向上装配。如图 3-3 所示，自底向上装配，指的是先零件建模，然后到总装配体中装配零件。它的优点是直接精准装配，简单、快速。这种装配方法在产品设计中应用较为普遍。

（2）自顶向下装配。如图 3-4 所示，自顶向下装配，指的是先建装配图，然后在总装配图中建模零件图。它的优点就是方便边设计、边改、边装配。

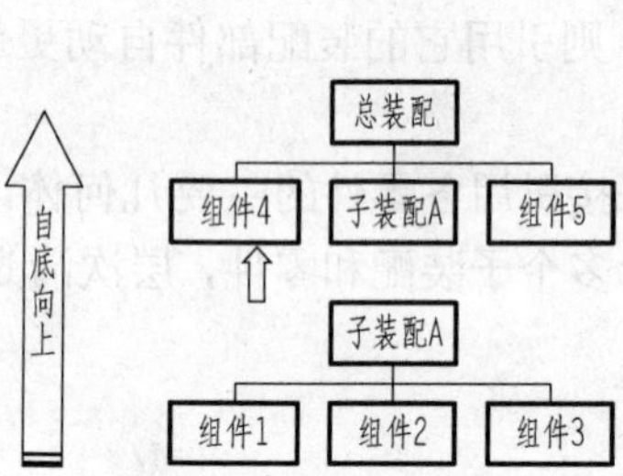
自底向上
总装配
组件4
子装配A
组件5
子装配A
组件1
组件2
组件3

图 3-3　自底向上装配

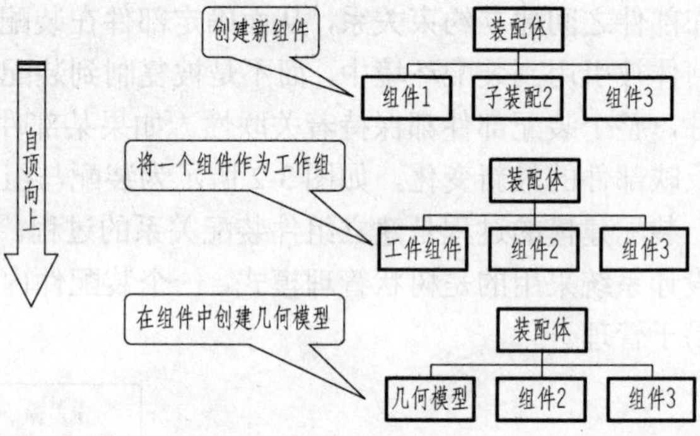
自顶向上
创建新组件
装配体
组件1
子装配2
组件3
将一个组件作为工作组
装配体
工件组件
组件2
组件3
在组件中创建几何模型
装配体
几何模型
组件2
组件3

图 3-4　自顶向下装配

2. 装配基本功能

1）装配环境

用户可在打开软件后，在“标准”工具条中单击“开始”→“装配”命令[图 3-5（a）]，或者在“应用模块”工具条中单击“装配”按钮[图 3-5（b）]，都可以进入装配应用模块。

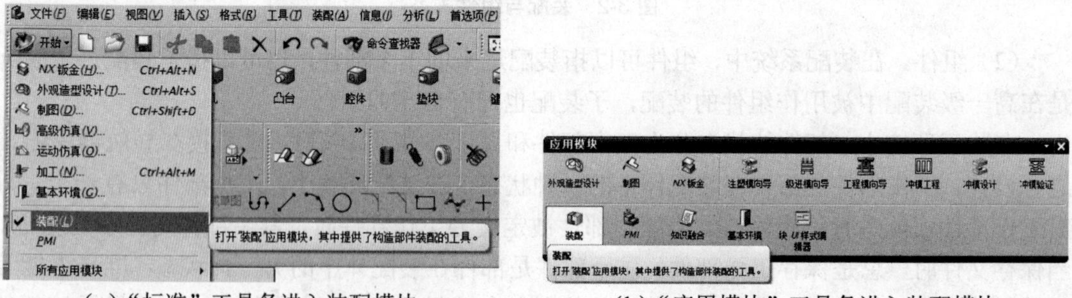
应用模块
打开"装配"应用模块，其中提供了构造部件装配的工具。

（a）“标准”工具条进入装配模块　　（b）“应用模块”工具条进入装配模块

图 3-5　进入装配模块

UG 装配基本环境界面如图 3-6 所示，基本环境主要由装配区、菜单与工具条区、装配导航区、装配工具条区构成。

2）装配导航器

用户在 UG NX 工作环境左侧的资源导航条中单击图标，系统便会打开“装配导航器”窗口，如图 3-7 所示。“装配导航器”是将部件的装配结构用图形表示，类似于树的结构，每个组件在装配树上显示为一个节点，通过“装配导航器”能更清楚地表达装配关系，它提供了一种在装配中选择组件和操作组件的简单方法。右击“装配导航器”组件，在弹出的快捷菜单中可以选择并改变工作部件、改变显示部件、隐藏与显示组件、替换引用集等，如图 3-8 所示。

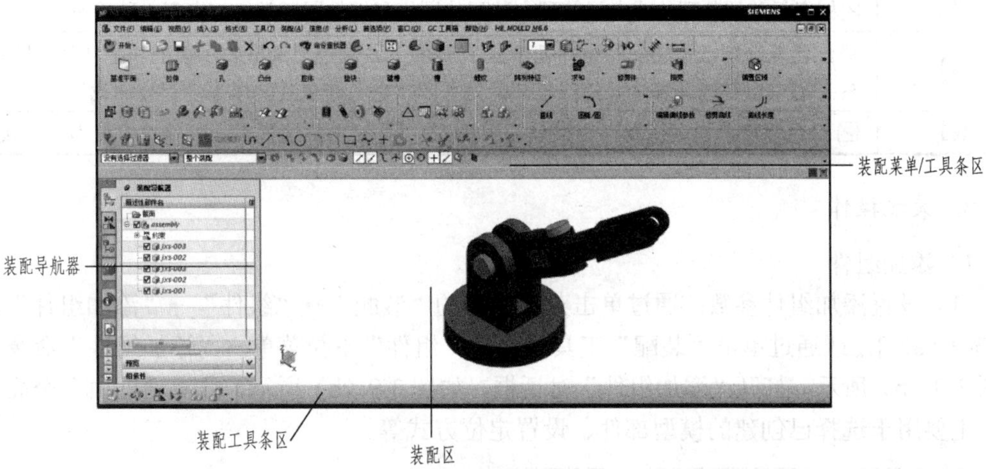
装配菜单/工具条区
装配导航器
装配工具条区
装配区

图 3-6　装配基本环境界面

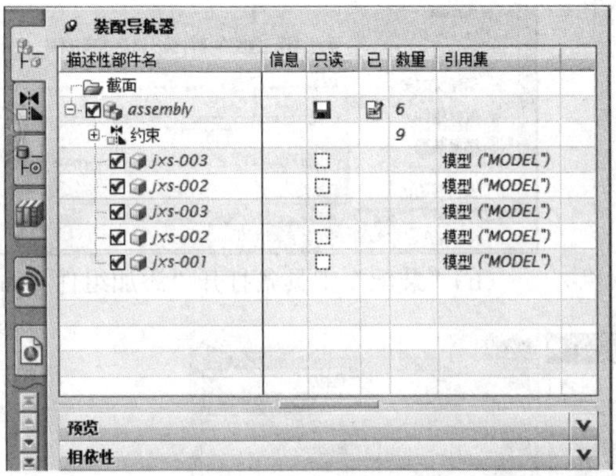
装配导航器
描述性部件名
信息
只读
已
数量
引用集
截面
assembly
6
约束
9
jxs-003
jxs-002
jxs-003
jxs-002
jxs-001
模型 ("MODEL")
预览
相依性

图 3-7　“装配导航器”窗口

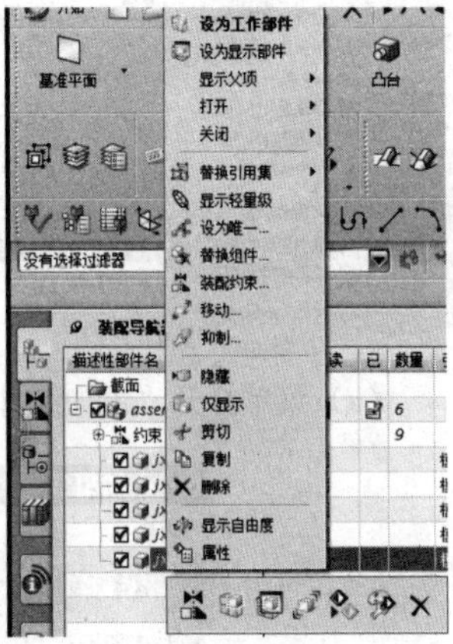
设为工作部件
设为显示部件
显示父项
打开
关闭
替换引用集
显示轻量级
设为唯一...
替换组件...
装配约束...
移动...
抑制...
隐藏
仅显示
剪切
复制
删除
显示自由度
属性
基准平面
凸台
没有选择过滤器

图 3-8　“部件选择”快捷菜单

“装配导航器”窗口中各图标的含义见表 3-1。

表 3-1　“装配导航器”窗口中各图标的含义

图标	含义
⊟	在装配体树形结构展开的情况下，单击减号表示折叠装配或子装配，装配或子装配将被叠成一个节点
⊞	在装配体树形结构折叠的情况下，单击加号表示展开装配或子装配
	表示组件。当图标为黄色时，表示该组件被完全加载；当图标为灰色且边缘仍是实线时，表示该组件被部分加载；当图标为灰色且边缘线是虚线时，表示该组件没有被加载

续表

图标	含义
	图标表示总的装配体或者子装配。装配体图标和组件图标类似，也有 3 种状态
☑	☑红色复选框表示装配和组件处于显示状态；☑灰色复选框表示装配和组件处于隐藏状态；□空白复选框表示组件或子装配为关闭状态（即在装配体中没有被加载）
☑	☑绿色复选框被表示组件约束是显示状态，□空白复选框表示组件的约束为关闭状态

3．装配操作

1）添加组件

（1）设置添加组件参数。通过单击菜单栏上的“装配”→“组件”→“添加组件”命令[图 3-9（a）]，或通过单击“装配”工具条中的“组件”下拉菜单→“添加组件”命令，如图 3-9（b）所示，打开“添加组件”对话框，如图 3-9（b）所示，该对话框由多个面板构成，主要用于选择已创建的模型部件、设置定位方式等。

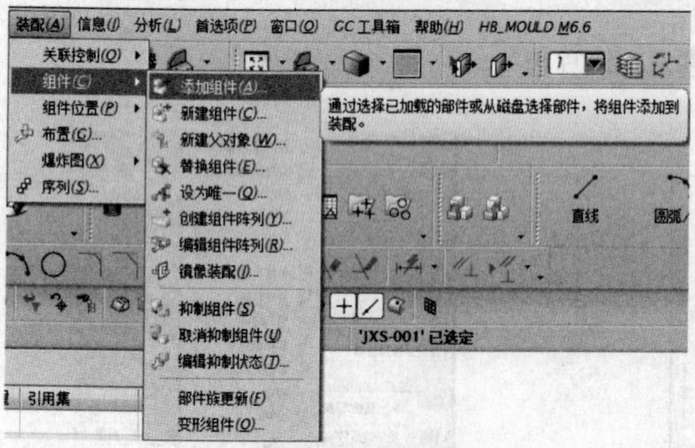
装配(A)
信息(I)
分析(L)
首选项(P)
窗口(O)
GC工具箱
帮助(H)
HB_MOULD M6.6
关联控制(O)
组件(C)
组件位置(P)
布置(C)...
爆炸图(X)
序列(S)...
添加组件(A)...
新建组件(C)...
新建父对象(W)...
替换组件(E)...
设为唯一(Q)...
创建组件阵列(Y)...
编辑组件阵列(R)...
镜像装配(I)...
抑制组件(S)
取消抑制组件(U)
编辑抑制状态(T)...
部件族更新(F)
变形组件(O)...
通过选择已加载的部件或从磁盘选择部件，将组件添加到装配。
直线
圆弧
'JXS-001' 已选定
引用集

（a）菜单打开“添加组件”命令

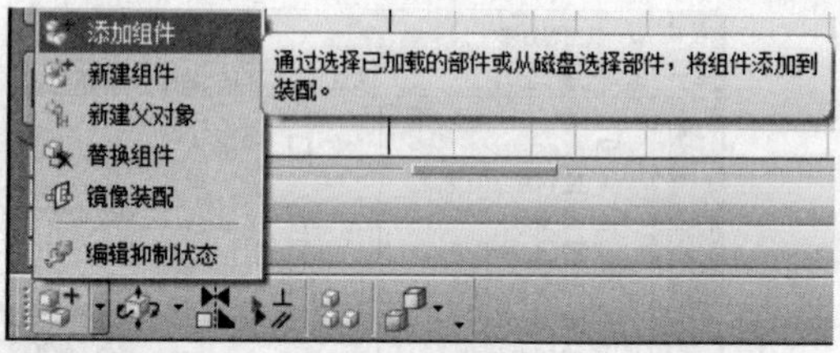
添加组件
新建组件
新建父对象
替换组件
镜像装配
编辑抑制状态
通过选择已加载的部件或从磁盘选择部件，将组件添加到装配。

（b）“装配”工具条打开“添加组件”命令

添加组件
部件
* 选择部件 (0)
已加载的部件
jxs-001.prt
jxs-002.prt
最近访问的部件
打开
重复
数量
1
放置
定位
绝对原点
分散
绝对原点
选择原点
通过约束
移动
复制
多重添加
设置
名称
引用集
模型
图层选项
图层
模型
整个部件
空
预览
预览
确定
应用
取消

（c）“添加组件”对话框

图 3-9　打开“添加组件”对话框

“添加组件”对话框设置内容含义见表 3-2。

表 3-2 “添加组件”对话框设置内容含义

选项	功能	含义
部件	选择部件	单击“选择部件”按钮，直接选择绘图区域中的零部件模型
	已加载的部件	这些组件当前已被加载到装配体中
	最近访问的部件	这些组件是之前选择的时候单击过的
	打开	单击“打开”按钮，可以从目标文件夹中选择已经完成建模的装配部件
放置（定位）	绝对原点	添加组件的位置与原坐标系位置（即绝对位置）保持一致。一般第一个添加的组件采用绝对方式定位
	选择原点	通过选择原点的方式添加组件
	通过约束	将按添加约束条件指定组件在装配中的位置，这直接影响到装配关系的正确与否
	移动	通过“类选择”对话框选定组件，将组件添加到装配中后重新定位
复制	多重添加	设置多重组件添加方式，主要用于装配过程中重复使用的相同组件，包括“无”、“添加后重复”、“添加后创建阵列”3 个列表选项。其中“添加后重复”，在装配操作后将再次弹出相应对话框，即可执行定位操作，而无须重新添加。 如果一个组件装配在同一个装配体中的不同位置，可以通过设置组件名来区别不同位置的相同组件
设置引用集	模型	只包含部件的实体特征，其余的都忽略，是常用的选项
	整个部件	包含该部件创建过程中的全部特征，如建模中使用的坐标系、辅助曲线等一起添加进来，一般不选。若开始添加进来，后期也可以通过导航工具右键快捷菜单的“替换引用集”命令更换
	空	不包含零件的任何对象特征，即在装配体中不显示该零件

（2）创建组件阵列。单击“装配”工具条中的“组件”命令，在打开的“添加组件”对话框中选择要阵列的组件之后，选择复制“添加后创建阵列”，其他设置与添加组件一样。如图 3-10（a）所示为创建线性阵列，如图 3-10（b）所示图为创建圆形阵列，创建方法与实体建模时的阵列方式一样。装配阵列也有线性（矩形）和圆形两种。另外还有一种是借助实体建模时用的实例特征作为参考来创建阵列。

方法	说明	图解
创建线性阵列	选择方向定义后，设置 X 和 Y 方向偏移值（可正可负）和阵列的数目，即可创建线性装配阵列，如图 3-10（a）所示。	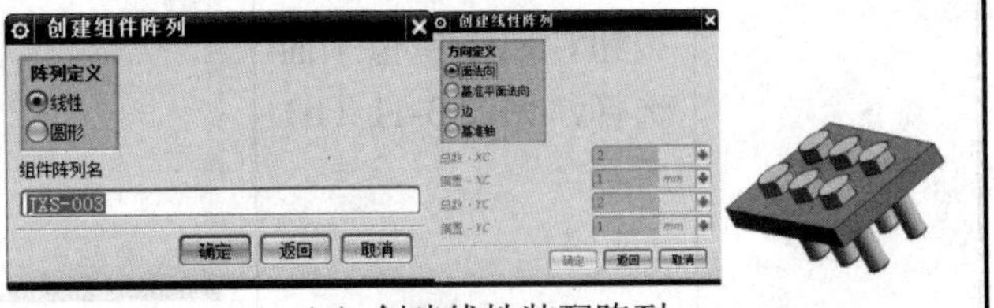创建组件阵列 阵列定义 线性 圆形 组件阵列名 确定 返回 取消 创建线性阵列 方向定义 （a）创建线性装配阵列

方法	说明	图 解
创建圆形阵列	从给出的 3 种方法中选择一种来确定圆形阵列的回转轴，并设置阵列的数目和阵列后每两个零件之间的角度，即可创建线性装配阵列，如图 3-10（b）所示。	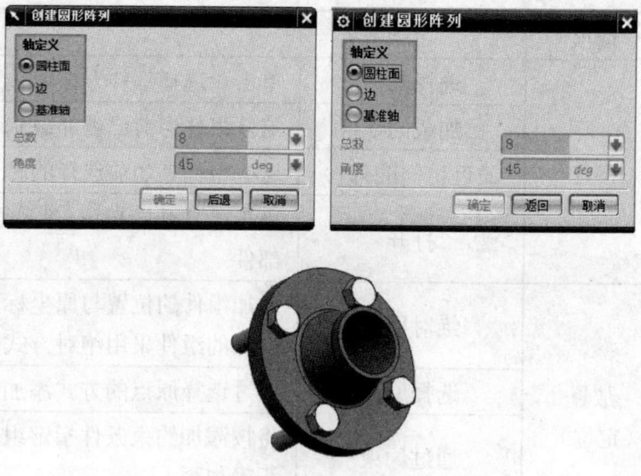创建圆形阵列 轴定义 圆柱面 边 基准轴 总数 角度 确定 后退 取消 创建圆形阵列 轴定义 圆柱面 边 基准轴 总数 角度 确定 返回 取消 （b）创建圆形装配阵列
		图 3-10　创建装配阵列

（3）镜像装配。

步骤	说　明	图　解
（1）启动镜像装配向导。	单击“装配”工具条中的“镜像装配”命令，打开“镜像装配向导”对话框，单击“下一步”按钮，进入选择镜像组件的对话框，如图 3-11（a）所示。	镜像装配向导 镜像步骤 欢迎 选择组件 Mirror Assemblies Wizard 欢迎使用‘镜像装配向导’ 本向导将协助您创建镜像组件： 对称组件可以重用和重定位。 非对称组件可以重用和重定位 或可经反射后创建新部件。 新的反射部件几何体可以关联至原几何体 或者不关联。 <上一步 下一步> 取消 （a）镜像装配向导
（2）选择镜像组件。	在装配模型图中选择要镜像的组件，继续单击“下一步”按钮，启动镜像平面选择，如图 3-11（b）所示。	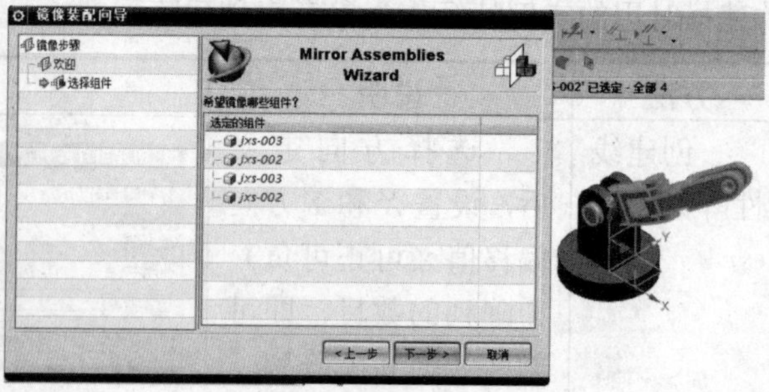镜像装配向导 镜像步骤 欢迎 选择组件 Mirror Assemblies Wizard 希望镜像哪些组件？ 选定的组件 jxs-003 jxs-002 jxs-003 jxs-002 <上一步 下一步> 取消 （b）选择镜像组件

步骤	说明	图解
（3）选择镜像平面。	选择基准平面 *XOY* 作为镜像平面，如图 3-11（c）所示。	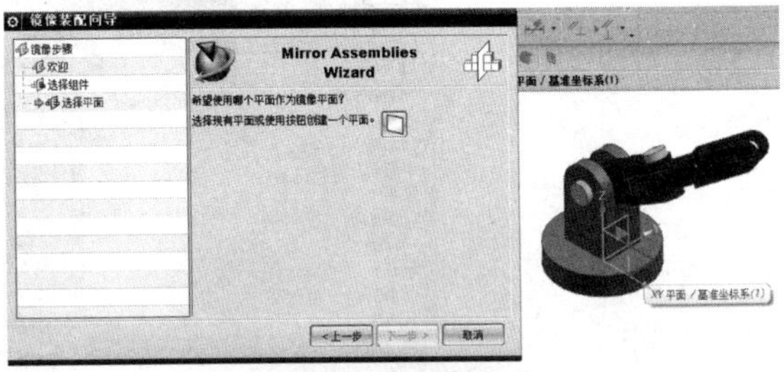 （c）选择镜像平面
（4）完成镜像设置操作。	完成镜像组件、镜像平面选择后，“下一步”按钮由暗变亮，单击该按钮，镜像组件生成，如图 3-11（d）所示。	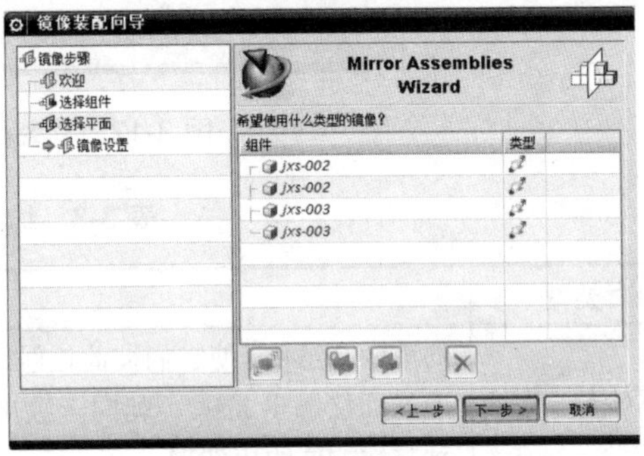 （d）完成镜像设置
（5）创建镜像组件。	生成镜像体后，单击“镜像设置向导”对话框中的“完成”按钮即可，如图 3-11（e）所示。	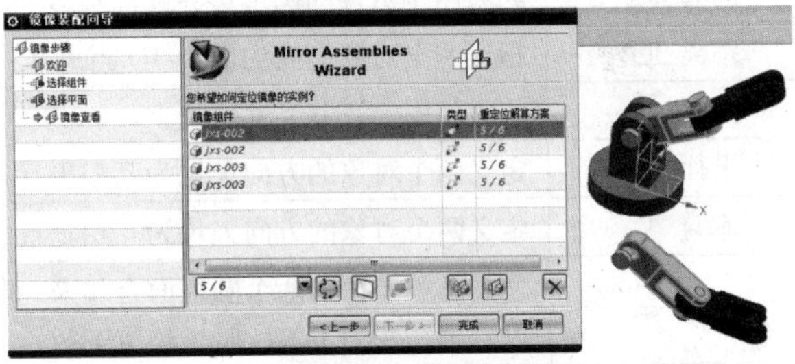 （e）完成创建镜像组件
（6）镜像组件效果图。	单击“完成”按钮后，对话框消失，镜像组件创建完成，效果图如图 3-11（f）所示。	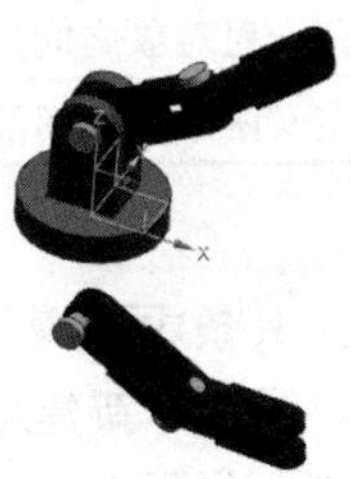 （f）镜像组件效果图 **图 3-11 镜像装配**

2）装配约束

当采用自底向上的装配设计方式时，除了第一个组件采用绝对坐标系定位方式添加外，接下来的组件添加定位后，均采用装配约束方式。单击“装配”工具条中的“装配约束”

命令，打开其对话框，如图 3-12 所示，该对话框中包括 10 种装配约束类型，其含义见表 3-3。

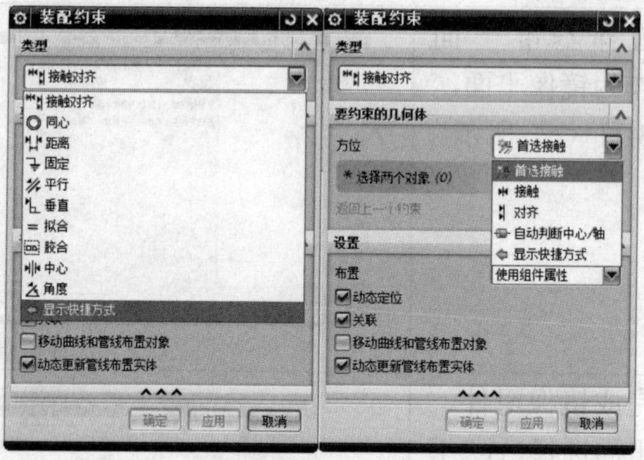
装配约束
类型
接触对齐
同心
距离
固定
平行
垂直
拟合
胶合
中心
角度
显示快捷方式
移动曲线和管线布置对象
动态更新管线布置实体
确定
应用
取消
要约束的几何体
方位
首选接触
接触
对齐
自动判断中心/轴
选择两个对象 (0)
设置
布置
使用组件属性
动态定位
关联

图 3-12 “装配约束”对话框

表 3-3 约束类型含义

约束类型	含义
接触对齐	约束两个组件，使它们彼此接触或对齐。是最常用的约束，一般有首选接触 首选接触 、面对面接触 接触 、朝向一致接触 对齐、自动判断中心/轴 自动判断中心/轴 等 4 种二次方位约束选项
同心	约束两个组件的圆形边界或椭圆边界，以使中心重合，并使边界的面共面
距离	指定两个对象之间的最小 3D 距离
固定	将组件固定在其当前位置上
平行	定义两个对象的方向矢量为互相平行
垂直	定义两个对象的方向矢量为互相垂直
拟合 =	使具有等半径的两个圆柱面合起来。此约束对确定孔中销或螺栓的位置很有用。如果以后半径变为不等，则该约束无效
胶合	将组件“焊接”在一起，使它们作为刚体移动
中心	使一对对象之间的一个或两个对象居中，或使一对对象沿着另一个对象居中
角度	定义两个对象间的角度尺寸

3）爆炸图

单击“装配”工具条中“爆炸图” 命令，打开“爆炸图”工具条，如图 3-13（a）所示，在该工具条中，通过“新建爆炸图”命令，可以手工或自动创建爆炸图，并且可以对爆炸图进行删除、取消、显示无爆炸、显示爆炸状态、显示隐藏组件等操作。

（1）自动爆炸操作过程。 首先单击“新建爆炸图”按钮，如图 3-13（a）所示，打开其对话框，如图 3-13（b）	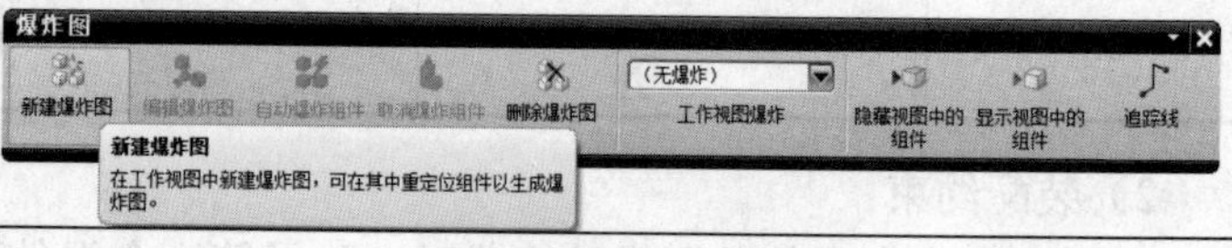爆炸图 新建爆炸图 编辑爆炸图 自动爆炸组件 取消爆炸组件 删除爆炸图 (无爆炸) 工作视图爆炸 隐藏视图中的组件 显示视图中的组件 追踪线 新建爆炸图 在工作视图中新建爆炸图，可在其中重定位组件以生成爆炸图。 （a）爆炸图工具条

所示，给爆炸图命名，选择默认，单击“确定”按钮，激活所有命令。单击“自动爆炸组件”按钮，弹出“类选择”对话框，如图 3-13（c）所示，全选添加的模型图，单击“确定”按钮，弹出“自动爆炸组件”对话框，如图 3-13（d）所示，输入距离“50”，单击“确定”按钮，完成自动爆炸，其效果图如图 3-13（e）所示。

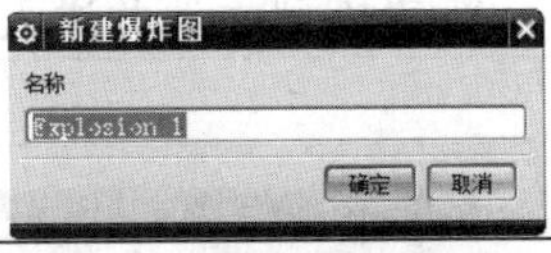
新建爆炸图
名称
Explosion 1
确定
取消
（b）新建爆炸图

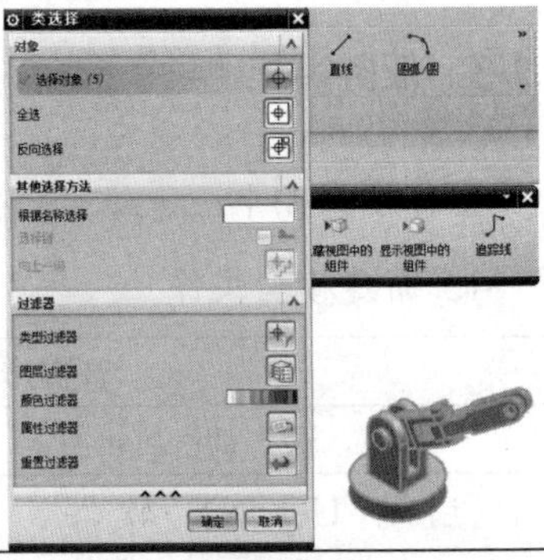
（c）自动爆炸类选择

自动爆炸组件
距离
50.0000
添加间隙
确定
返回
取消
（d）输入自动爆炸组件距离

（e）自动爆炸效果

（2）手工爆炸操作过程。

首先单击“新建爆炸图”按钮，如图 3-13（a）所示，打开其对话框，如图 3-13（b）所示，给爆炸图命名，选择默认，单击“确定”按钮，激活所有命令。单击“编辑爆炸组件”按钮，如图 3-13（f）所示，弹出“编辑爆炸图”对话框，如图 3-13（g）所示，选择除底座以外的模型图为编辑对象，选择“移动对象”选项，在模型图中生成动态坐标系，如图 3-13（h）所示，单击坐标系箭头，根据需要输入距离参数，并单击“应用”按钮，完成一次移动，然后再进行重复操作，继续移动组件，最后单击“确定”按钮，完成手工编辑爆炸操作，其效果图如图 3-13（i）所示。

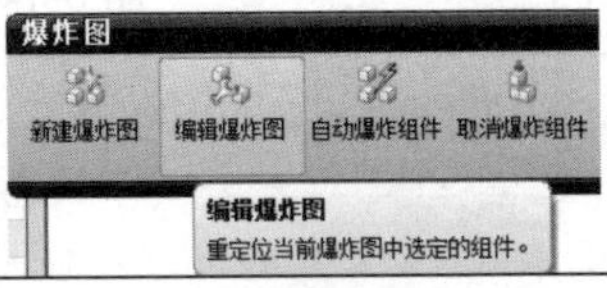
爆炸图
新建爆炸图
编辑爆炸图
自动爆炸组件
取消爆炸组件
编辑爆炸图
重定位当前爆炸图中选定的组件。
（f）编辑爆炸图

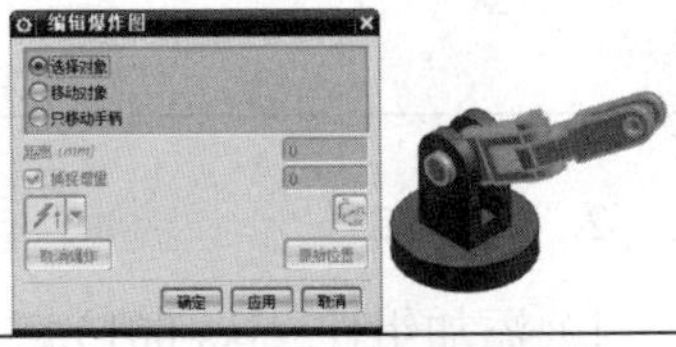
（g）选择编辑对象

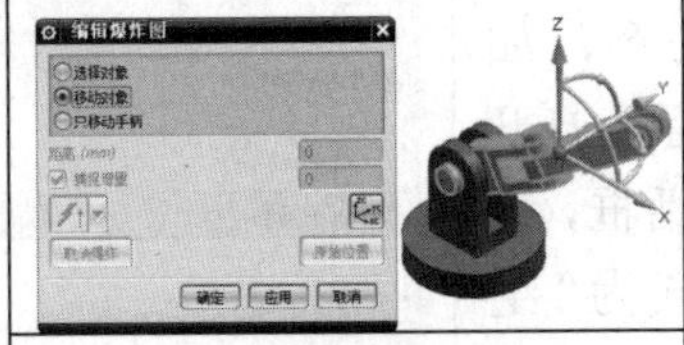
（h）移动对象

（i）手动编辑爆炸效果

图 3-13 创建爆炸图

3.1.3 任务实施

操作步骤如下：

1. 新建模型文件

<table>
<tr><th colspan="2">实施步骤 1：新建模型文件并进入装配环境</th></tr>
<tr><th>说　明</th><th>图　解</th></tr>
<tr><td>启动 UG NX 软件，在“D:\jxs\”目录下新建模型文件，并将其命名为“assembly.prt”，如图 3-14 所示，单击“确定”按钮之后，进入模型环境，并单击菜单栏中的“开始”→“装配”命令，进入装配环境。</td><td>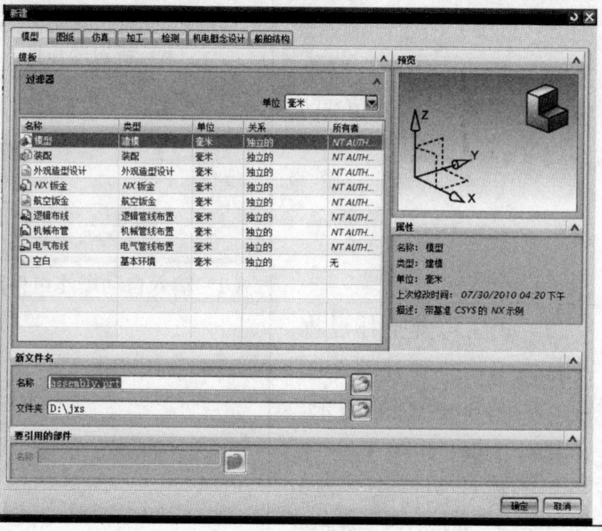
新建
模型
图纸
仿真
加工
检测
机电概念设计
船舶结构
模板
过滤器
单位 毫米
名称
类型
单位
关系
所有者
模型
建模
装配
外观造型设计
NX 钣金
航空钣金
逻辑布线
逻辑管线布置
机械布管
机械管线布置
电气布线
电气管线布置
空白
基本环境
独立的
无
预览
属性
名称：模型
类型：建模
单位：毫米
上次修改时间：07/30/2010 04:20 下午
描述：带基准 CSYS 的 NX 示例
新文件名
名称 assembly.prt
文件夹 D:\jxs
要引用的部件
确定
取消
图 3-14　新建装配文件</td></tr>
</table>

2. 添加组件

1）添加组件（jxs-001）

<table>
<tr><th colspan="3">实施步骤 2：添加组件（jxs-001）</th></tr>
<tr><th>步骤</th><th>说　明</th><th>图　解</th></tr>
<tr><td>（1）设置添加底座组件参数。</td><td>单击“装配”工具条中的“组件下拉菜单→“添加组件”命令，如图 3-15（a）所示，打开“添加组件“对话框，设置部件定位方式为“绝对原点”，引用集为“模型”。</td><td>
添加组件
部件
* 选择部件 (0)
已加载的部件
jxs-001.prt
jxs-002.prt
最近访问的部件
打开
重复
数量
放置
定位
绝对原点
分散
复制
设置
名称
引用集
模型
图层选项
原始的
图层
预览
预览
确定
应用
取消
（a）“添加组件“对话框</td></tr>
</table>

步骤	说　明	图　解
（2）选择底座组件。	完成设置后，单击“打开”按钮，打开“部件名“对话框，如图3-15（b）所示，选择底座部件“jxs-001”，单击“ok”按钮，完成组件选择。	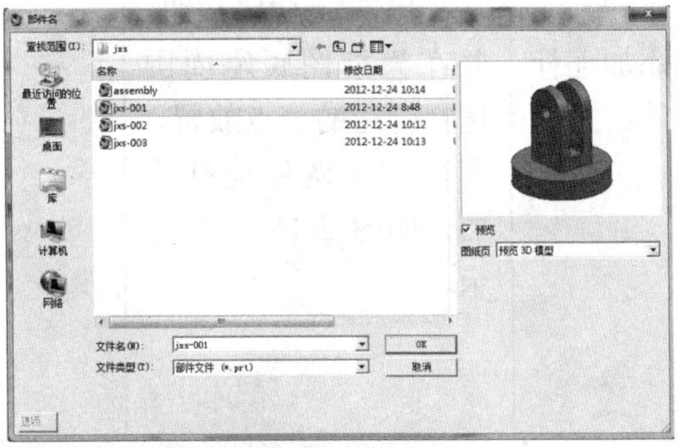部件名 assembly jxs-001 jxs-002 jxs-003（b）打开底座部件
（3）完成底座添加。	最后，单击“添加组件”对话框中的“应用”按钮，完成底座部件添加，如图3-15（c）所示。	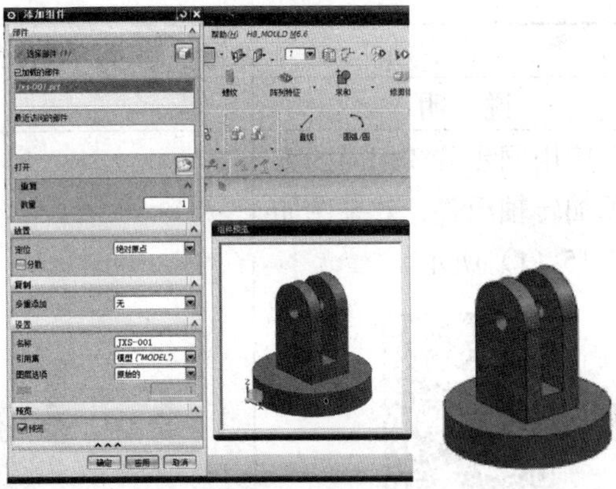添加组件（c）完成添加底座部件

2）添加组件（jxs-002）

实施步骤3：添加组件（jxs-002）		
步骤	说　明	图　解
（1）设置添加连杆组件参数。	应用同步骤2相同的方法添加连杆组件，但在“添加组件”对话框中，设置重复数量“2”，设置定位“选择原点”并勾选“分散”复选框，如图3-15（d）所示。	添加组件（d）设置添加连杆组件参数

步骤	说　明	图　解
（2）完成添加连杆组件。	单击“应用”按钮，并在模型图底座周围选择合适的一点放置，即可完成两件连杆添加，如图 3-15（e）所示。	 （e）完成添加连杆组件

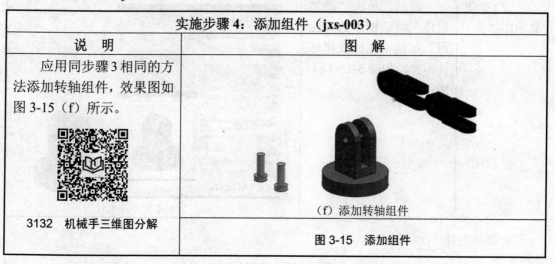

3）添加组件（jxs-003）

实施步骤 4：添加组件（jxs-003）	
说　明	图　解
应用同步骤 3 相同的方法添加转轴组件，效果图如图 3-15（f）所示。 3132　机械手三维图分解	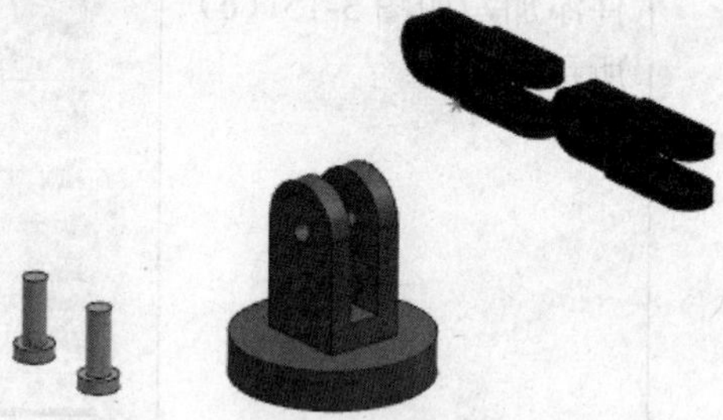 （f）添加转轴组件
	图 3-15　添加组件

3. 添加装配约束

1）固定底座

实施步骤 5：固定底座	
说　明	图　解
单击“装配”工具条中的“装配约束”命令，打开其对话框，类型选择“固定”，选中底座模型图，单击“应用”按钮，完成底座固定，如图 3-16（a）所示。	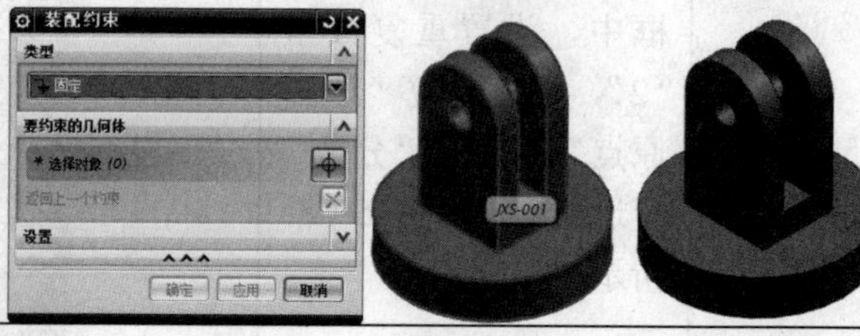装配约束 类型 固定 要约束的几何体 选择对象 (0) 设置 确定 应用 取消 JXS-001 （a）固定底座

2）装配连杆

实施步骤6：装配连杆		
步骤	说　明	图　解
（1）选定约束面。	在“装配约束”对话框中，选择类型“接触对齐”，选择方位“面对面接触”，选中底座支撑板内侧面，并选中连杆转轴孔的一个侧面，完成约束面选择后的效果如图3-16（b）所示。	 装配约束 类型 接触对齐 要约束的几何体 方位 接触 选择两个对象 (0) 返回上一个约束 设置 确定 应用 取消 （b）选择连杆装配约束面
（2）对齐转轴中心。	完成连杆装配约束面选择后，接着设置对齐方位为“自动判断中心/轴”，并选择底座与连杆的转轴孔的中心线，如图3-16（c）所示。	 装配约束 类型 接触对齐 要约束的几何体 方位 选择两个对象 (0) 返回上一个约束 设置 确定 应用 取消 （c）对齐旋转中心
（3）设置转角。	在底座与连杆共面上各选一条棱边（要求不平行），并按住“圆球”旋转到合适位置，或者直接输入角度“135”，单击“应用”按钮，完成连杆装配，如图3-16（d）所示。	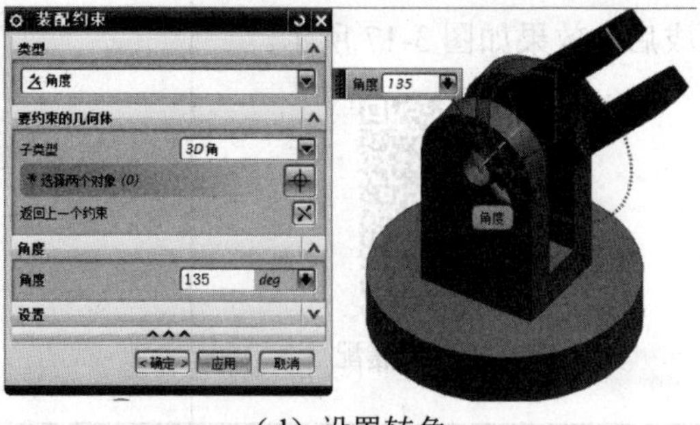 装配约束 类型 角度 要约束的几何体 子类型 3D 角 选择两个对象 (0) 返回上一个约束 角度 角度 135 deg 设置 确定 应用 取消 角度 135 角度 （d）设置转角

3）装配转轴

实施步骤 7：装配转轴		
步骤	说　明	图　解
（1）选定约束面。	在“装配约束”对话框中，选择类型“接触对齐”，选择方位“面对面接触”接触，选中底座支撑板外侧面，并选中转轴的内环面，完成约束面选择后的效果如图 3-16（e）所示。	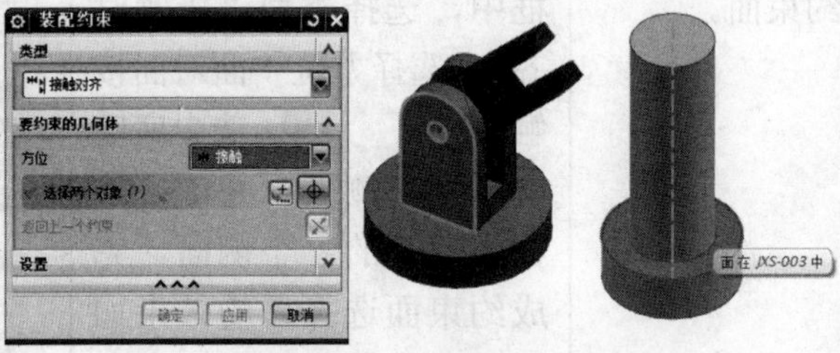装配约束 类型 接触对齐 要约束的几何体 方位 接触 选择两个对象 (1) 返回上一个约束 设置 确定 应用 取消 面在 JXS-003 中 （e）选择转轴装配约束面
（2）对齐转轴中心。	完成转轴装配约束面选择后，接着设置对齐方位为“自动判断中心/轴”，并选择底座与转轴孔的中心线，如图 3-16（f）所示。	 （f）对齐转轴中心 图 3-16　装配转轴

4）装配另一连杆和转轴

实施步骤 8：装配另一连杆和转轴	
说　明	图　解
按照同步骤 6、7 的方法，完成装配另一连杆和转轴，完成后的效果如图 3-17 所示。 313　机械手装配	 图 3-17　装配另一连杆和转轴

4. 装配显示

<table>
<tr><th colspan="2">实施步骤9：去约束显示</th></tr>
<tr><td>说 明</td><td>图 解</td></tr>
<tr><td>在软件左侧“装配导航器”中，右击装配“约束”条，在弹出的快捷菜单中不勾选“在图形窗口中显示约束”、“在图形窗口中显示受抑制约束”复选框即可，装配显示效果如图 3-18 所示。</td><td>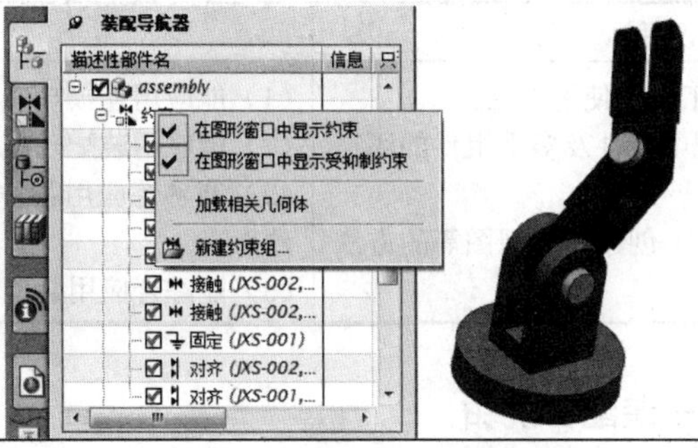
装配导航器
描述性部件名
信息
assembly
在图形窗口中显示约束
在图形窗口中显示受抑制约束
加载相关几何体
新建约束组...
接触 (JXS-002,...
接触 (JXS-002,...
固定 (JXS-001)
对齐 (JXS-002,...
对齐 (JXS-001,...
图 3-18 去约束显示效果图 3131 机械手三维图</td></tr>
</table>

5. 爆炸图

<table>
<tr><th colspan="2">实施步骤10：爆炸图</th></tr>
<tr><td>说 明</td><td>图 解</td></tr>
<tr><td>按照指示链接中“爆炸图”的介绍，手工添加爆炸图，效果如图 3-19 所示。</td><td>
图 3-19 机械手爆炸图</td></tr>
</table>

313a 机械手二维图　313b 机械手二维图　313c 机械手二维图

任务 3.2　台虎钳装配

知识目标	能力目标
（1）掌握装配环境与工具的使用方法； （2）掌握自底向上装配中组件及多重组件的添加方法； （3）掌握添加装配约束、创建爆炸视图等的方法与技巧。	（1）能应用建模功能完成创建装配组件的模型文件； （2）能应用装配功能模块正确使用装配工具； （2）能熟练应用各种装配功能，在装配中添加组件与约束； （3）能综合应用装配模块功能完成台虎钳的装配。

3.2.1　任务导入——装配台虎钳

任务描述：根据如图 3-20（a）～（j）所示的台虎钳部件图与装配图，创建台虎钳的各零件模型文件，命名：底座—dizuo，螺杆—luogan，方块螺母—fangkuailuomu，活动钳口—huodongqiankou，钳口板—qiankouban，沉头螺钉—chentouluoding，螺钉—luoding，螺母—luomu，创建机械手装配文件（thq-zp），最后完成爆炸图。要求所有文件保存在一个文件夹（thq）中。

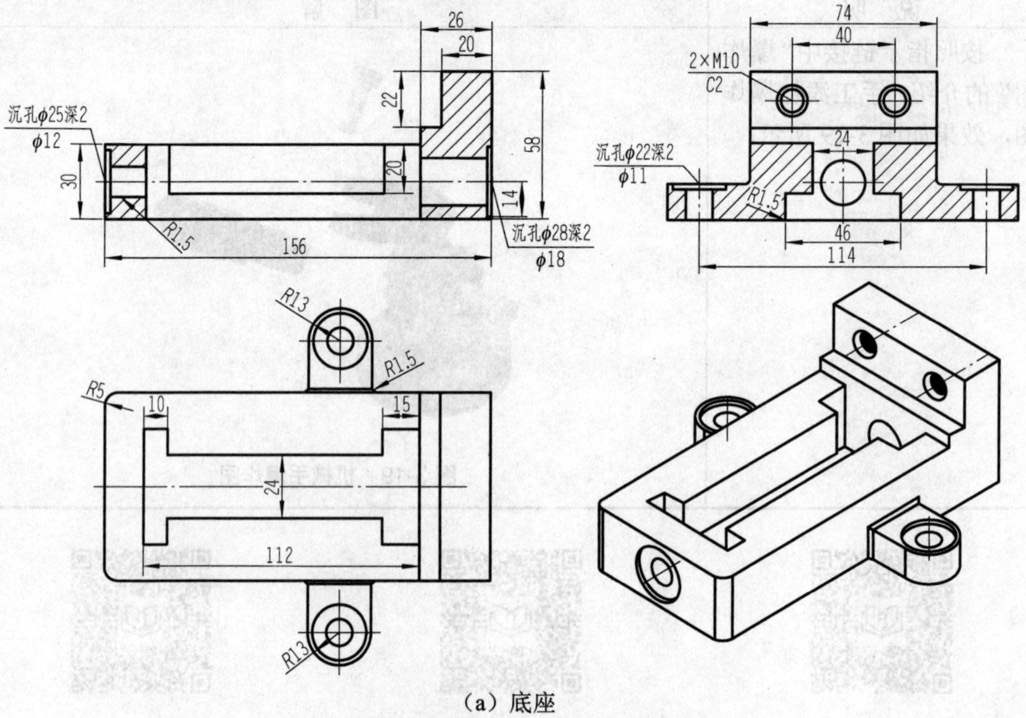

26
20
22
沉孔φ25深2
φ12
30
20
58
14
R1.5
156
沉孔φ28深2
φ18
74
40
2×M10
C2
24
沉孔φ22深2
φ11
R1.5
46
114
R13
R1.5
R5
10
15
24
112
R13

（a）底座

图 3-20　台虎钳装配

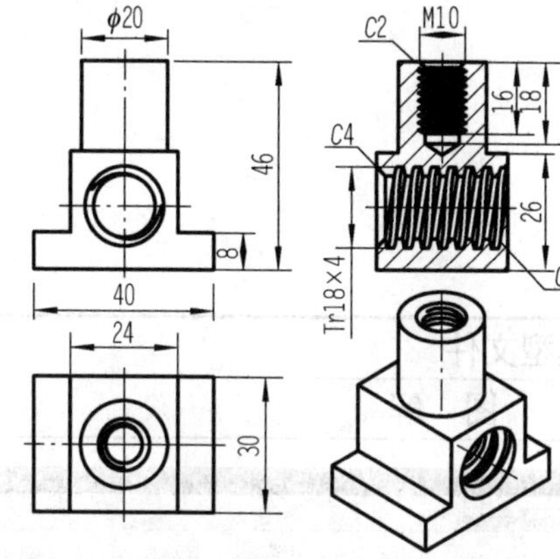
ϕ20
C2
M10
16
18
46
C4
26
8
40
Tr18×4
C4
24
30

(c)方块螺母

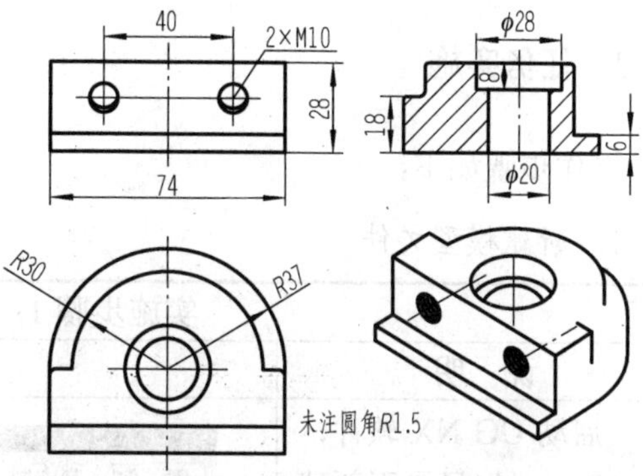
40
2×M10
ϕ28
28
18
8
6
74
ϕ20
R30
R37
未注圆角R1.5

(d)活动钳口

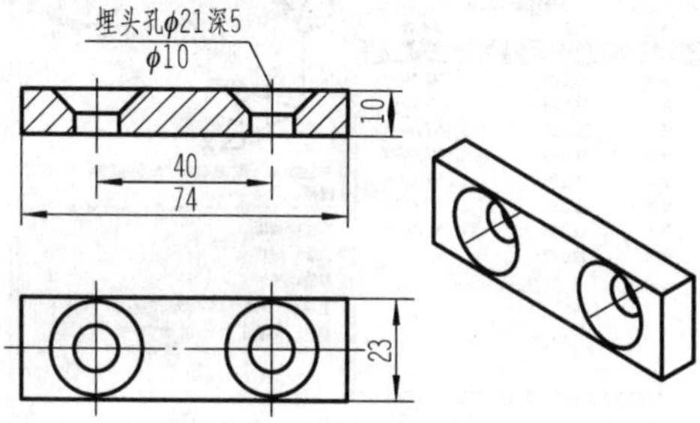
埋头孔ϕ21深5
ϕ10
10
40
74
23

(e)钳口板

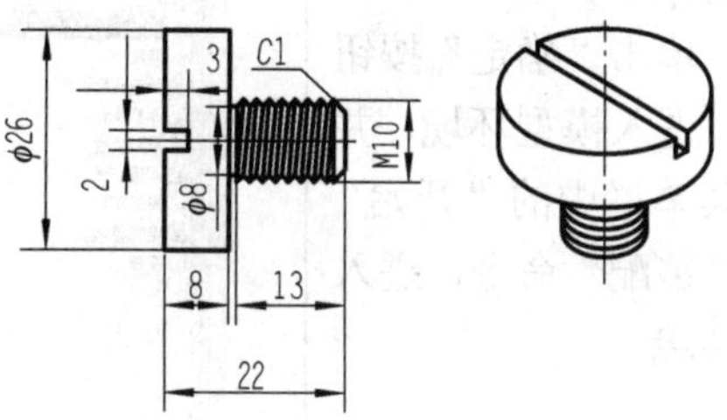
3
C1
ϕ26
2
ϕ8
M10
8
13
22

(f)沉头螺钉

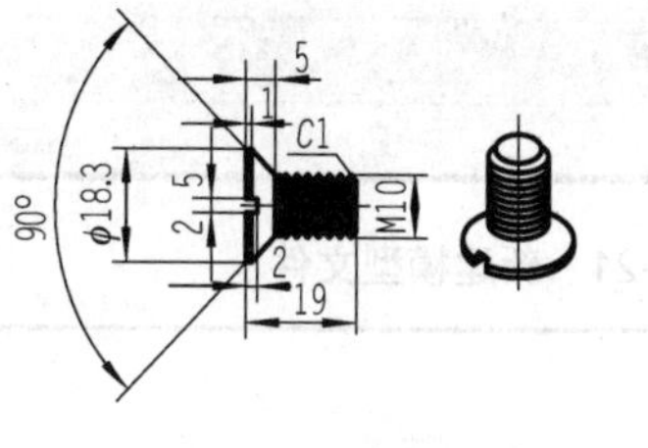
5
1
C1
90°
ϕ18.3
2.5
2
M10
2
19

(g) 螺钉

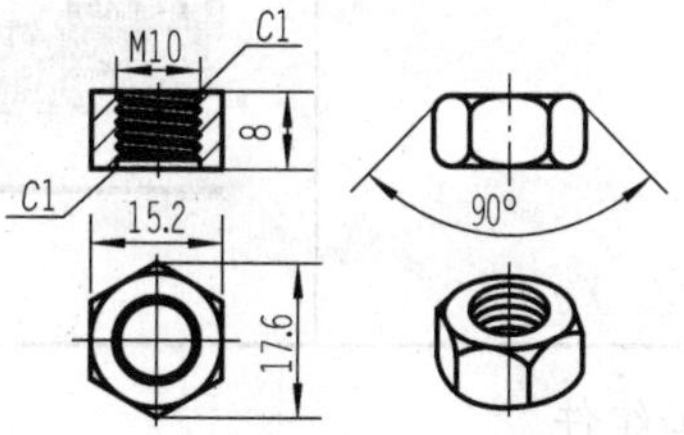
M10
C1
8
C1
15.2
90°
17.6

(h)螺母

(i) 装配图

(j)爆炸图

3221 台虎钳三维图

图 3-20 台虎钳装配（续）

3.2.2 任务实施

操作步骤如下：

1. 新建模型文件

<table>
<tr><th colspan="2">实施步骤 1：新建模型文件</th></tr>
<tr><th>说 明</th><th>图 解</th></tr>
<tr><td>启动 UG NX 软件，在“D:\thq\”目录下新建模型文件，并将其命名为“thq-zp.prt”，如图 3-21 所示，单击“确定”按钮之后，进入模型环境，并单击菜单栏中的“开始”下的“装配”命令，进入装配环境。</td><td>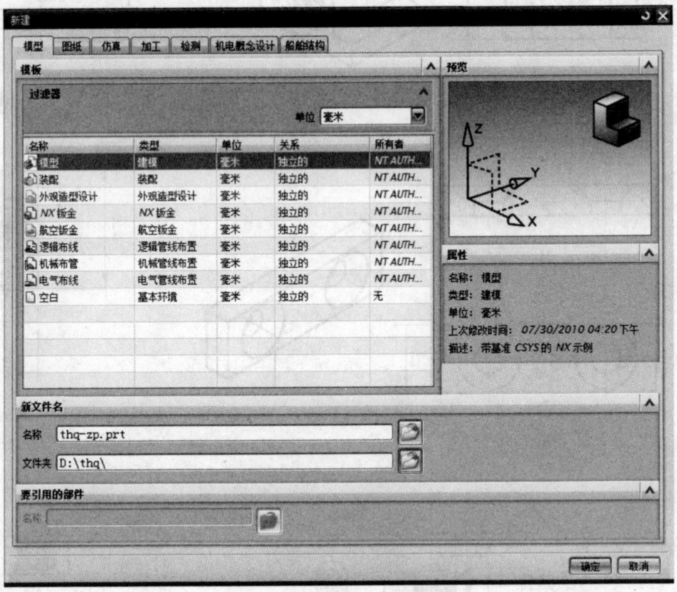
新建
模型
图纸
仿真
加工
检测
机电概念设计
船舶结构
模板
过滤器
单位 毫米
名称 类型 单位 关系 所有者
模型 建模 毫米 独立的 NT AUTH...
装配 装配 毫米 独立的 NT AUTH...
外观造型设计 外观造型设计 毫米 独立的 NT AUTH...
NX 钣金 NX 钣金 毫米 独立的 NT AUTH...
航空钣金 航空钣金 毫米 独立的 NT AUTH...
逻辑布线 逻辑管线布置 毫米 独立的 NT AUTH...
机械布管 机械管线布置 毫米 独立的 NT AUTH...
电气布线 电气管线布置 毫米 独立的 NT AUTH...
空白 基本环境 毫米 独立的 无
预览
属性
名称：模型
类型：建模
单位：毫米
上次修改时间：07/30/2010 04:20 下午
描述：带基准 CSYS 的 NX 示例
新文件名
名称 thq-zp.prt
文件夹 D:\thq\
要引用的部件
名称
确定
取消
图 3-21 新建模型文件</td></tr>
</table>

2. 添加组件

1）添加底座组件（dizuo）

<table>
<tr><th colspan="3">实施步骤 2：添加底座组件（dizuo）</th></tr>
<tr><th>步骤</th><th>说 明</th><th>图 解</th></tr>
<tr><td>（1）设置添加组件参数。</td><td>单击“装配”工具条中的“组件”→“添加组件”命令，如图 3-22（a）所示，打开“添加组件”对话框，设置部件定位方式为“绝对原点”，引用集为“模型”。</td><td>
添加组件
部件
选择部件 (1)
已加载的部件
dizuo.prt
最近访问的部件
打开
重复
数量 1
放置
定位 绝对原点
分散
复制
多重添加 无
设置
名称 DIZUO
引用集 模型 ("MODEL")
图层选项 原始的
预览
预览
确定
应用
取消
（a）“添加组件”对话框</td></tr>
</table>

步骤	说 明	图 解
（2）选择底座部件。	完成设置后，单击“打开”按钮，打开“部件名”对话框，如图 3-22（b）所示，选择底座部件“jxs-001”，单击“ok”按钮，完成组件选择。	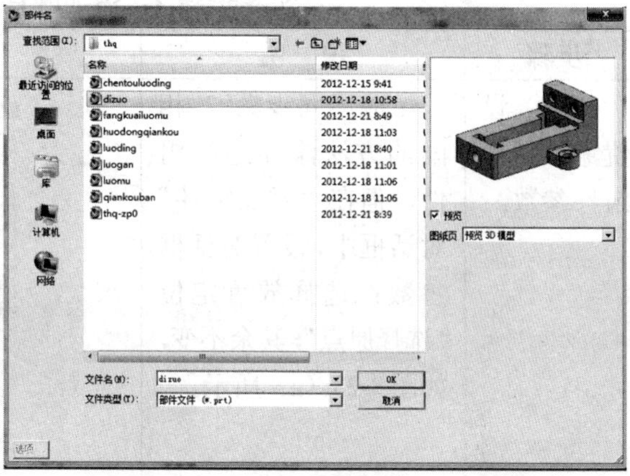 部件名 查找范围(I): thq 名称 修改日期 chentouluoding dizuo fangkuailuomu huodongqiankou luoding luogan luomu qiankouban thq-zp0 最近访问的位置 桌面 库 计算机 网络 预览 文件名(N): dizuo 文件类型(T): 部件文件 (*.prt) OK 取消 （b）选择底座部件
（3）完成底座部件添加。	最后，单击“添加组件”对话框中的“应用”按钮，完成底座部件添加，如图 3-22（c）所示。	 添加组件 部件 选择部件 (1) 已加载的部件 dizuo.prt 最近访问的部件 打开 重复 数量 放置 定位 绝对原点 分散 复制 多重添加 无 设置 名称 DIZUO 引用集 模型 ("MODEL") 图层选项 原始的 预览 确定 应用 取消 组件预览 （c）完成添加底座部件
		图 3-22 添加底座组件

2）添加螺杆组件（luogan）

实施步骤 3：添加螺杆组件（luogan）		
步骤	**说　明**	**图　解**
（1）设置添加螺杆组件参数。	应用同步骤 2 相同的方法添加连杆组件，但在“添加组件”对话框中，设置对话框参数：选择放置定位“选择原点”，其余不变，如图 3-23（a）所示。	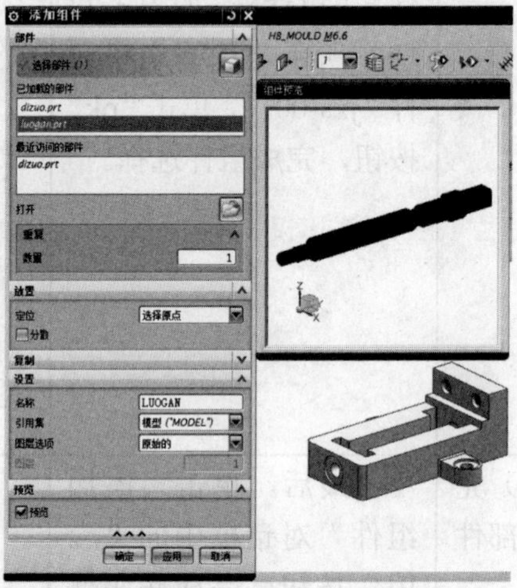 （a）设置添加螺杆组件参数
（2）完成添加螺杆组件。	单击“应用”按钮，弹出“点”的坐标选择对话框，在模型图底座周围选择合适的一点放置，即可完成螺杆添加，如图 3-23（b）所示。	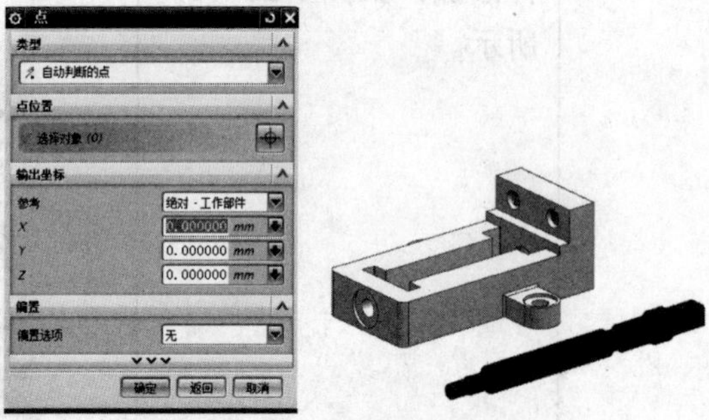 （b）完成添加螺杆组件
		图 3-23　添加螺杆组件

3）添加方块螺母组件（fangkuailuomu）

实施步骤 4：添加方块螺母组件（fangkuailuomu）	
说　明	**图　解**
应用同步骤 3 相同的方法添加方块螺母组件，效果图如图 3-24 所示。	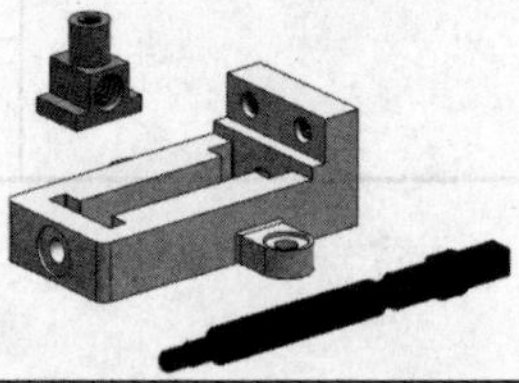
	图 3-24　添加方块螺母组件

4）添加活动钳口组件（huodongqiankou）

实施步骤 5：添加活动钳口组件（huodongqiankou）	
说　明	**图　解**
应用同步骤 3 相同的方法添加活动钳口组件，效果图如图 3-25 所示。	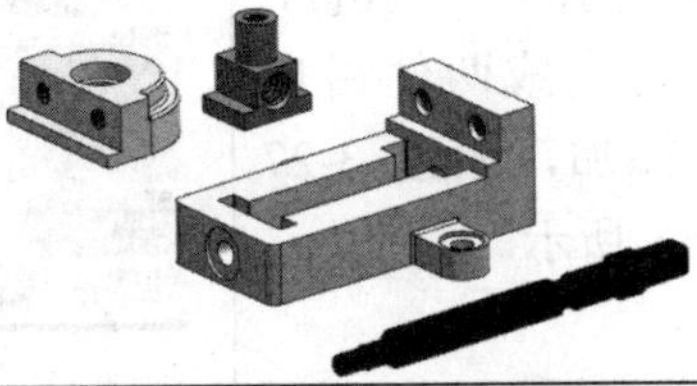 图 3-25　添加活动钳口组件

5）添加沉头螺钉组件（chentouluoding）

实施步骤 6：添加沉头螺钉组件（chentouluoding）	
说　明	**图　解**
应用同步骤 3 相同的方法添加沉头螺钉组件，效果图如图 3-26 所示。	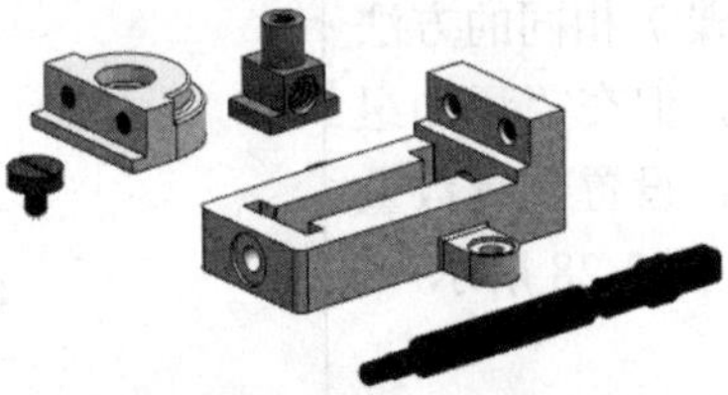 图 3-26　添加沉头螺钉组件

6）添加 2 件钳口板组件（qiankouban）

实施步骤 7：添加 2 件钳口板组件（qiankouban）		
步骤	**说　明**	**图　解**
（1）设置添加活动钳口组件参数。	应用同步骤 3 相同的方法添加钳口板组件，但在“添加组件”对话框中，设置重复数量“2”，放置勾选“分散”复选框，如图 3-27（a）所示。	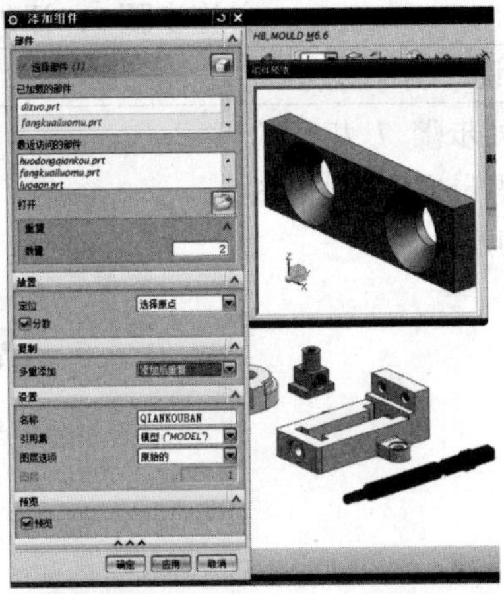添加组件 dizuo.prt fangkuailuomu.prt huodongqiankou.prt QIANKOUBAN （a）添加两件活动钳口组件参数设置

步骤	说　明	图　解
（2）完成钳口板 2 件添加。	单击“应用”按钮，并在模型图中选择合适的一点放置，即可完成两件钳口板添加，如图 3-27（b）所示。	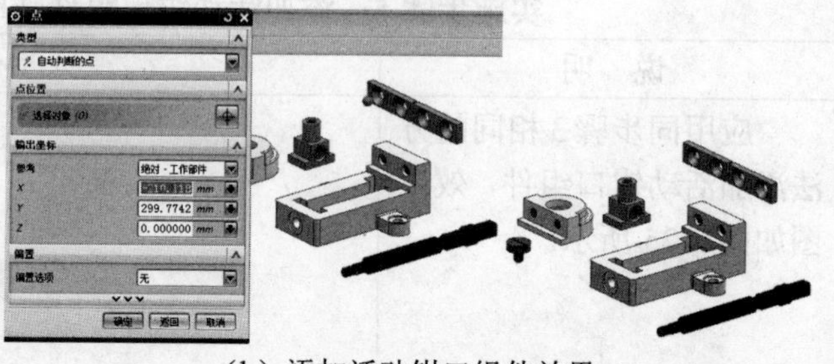 （b）添加活动钳口组件效果 图 3-27　添加两件钳口板组件

7）添加螺钉组件（luoding）

实施步骤 8：添加螺钉组件（luoding）	
说　明	图　解
应用同步骤 7 相同的方法添加螺钉组件，但在“添加组件”对话框中，设置重复数量“4”，效果图如图 3-28 所示。	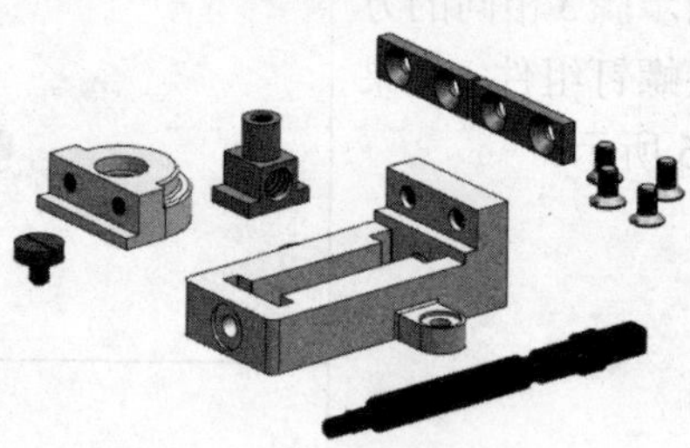 （k） 图 3-28　添加螺钉组件

8）添加螺母组件（luomu）

实施步骤 9：添加螺母组件（luomu）	
说　明	图　解
应用同步骤 7 相同的方法添加螺母组件，效果图如图 3-29 所示。	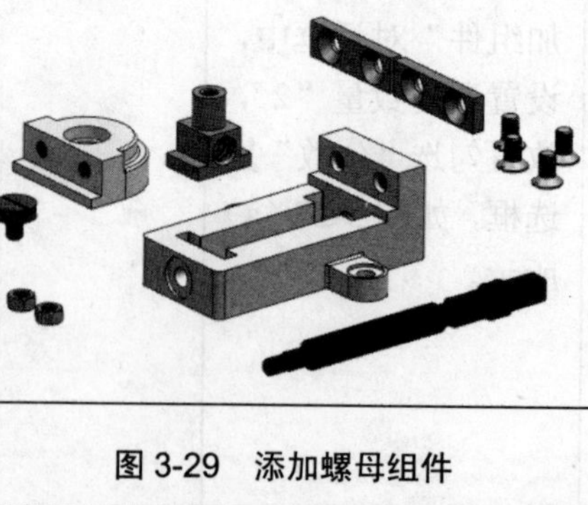 图 3-29　添加螺母组件

3. 添加装配约束

1）固定底座

实施步骤10：固定底座	
说　明	图　解
单击“装配”工具条中的“装配约束”命令，打开其对话框，选择类型“固定”，选中底座模型图，单击“应用”按钮，完成底座固定，如图3-30所示，在底座模型图上生成一个固定约束符号。	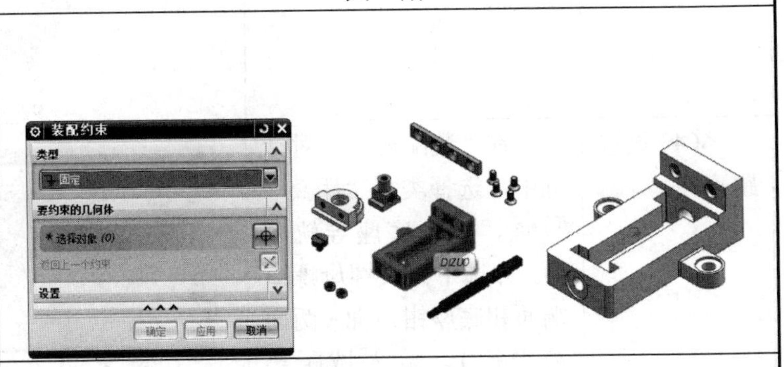 装配约束 类型 固定 要约束的几何体 选择对象 (0) 设置 确定 应用 取消 DIZUO 图3-30　固定底座

2）装配方块螺母

实施步骤11：装配方块螺母		
步骤	说　明	图　解
（1）选择约束水平面。	在“装配约束”对话框中，选择类型“接触对齐”，选择方位“面对面接触”[⏮ 接触]。在模型图中，选择底座导轨底面，并选择方块螺母接触上面，完成约束面选择后的效果图如图3-31（a）所示。	 装配约束 类型 接触对齐 要约束的几何体 方位 接触 选择两个对象 (1) 设置 确定 应用 取消 （a）选择约束水平面
（2）选择约束侧面。	继续应用方法（1），选中底座侧面，并选中方块螺母接触侧面，完成约束面选择后的效果图如图3-31（b）所示。	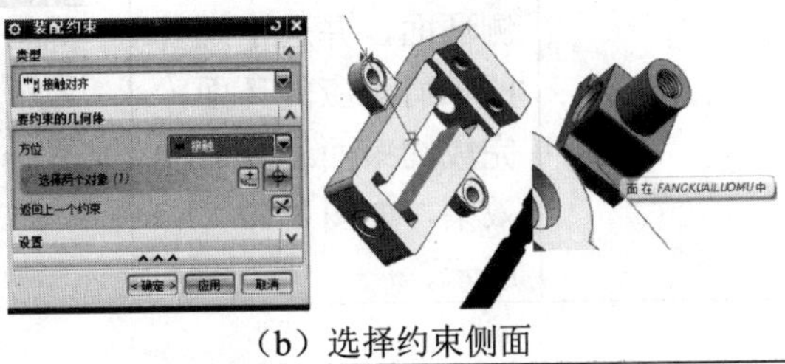 装配约束 类型 接触对齐 要约束的几何体 方位 接触 选择两个对象 (1) 设置 确定 应用 取消 （b）选择约束侧面

步骤	说　明	图　解
（3）两次约束效果。	两次约束效果图如图 3-31（c）所示。	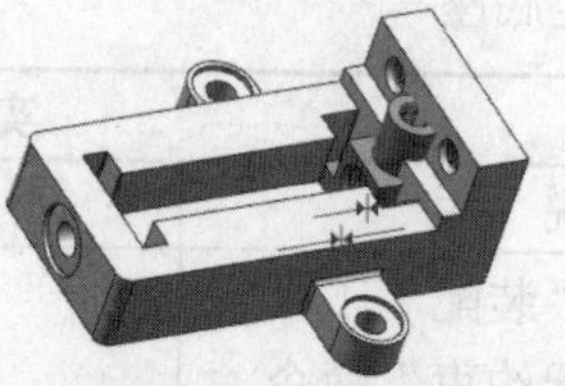 （c）两次约束效果图
（4）设置距离。	在“装配约束”对话框中，选择类型“距离”[距离图标]，选中底座导轨底面，并选中方块螺母螺口端面和底座钳口面（两面需平行），输入域距离“80”，完成约束面选择后的效果图如图 3-31（d）所示。	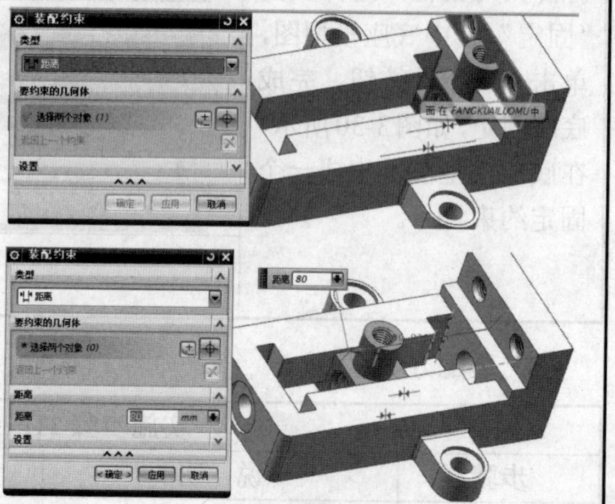 （d）设置距离 图 3-31　装配方块螺母

3）装配螺杆

实施步骤 12：装配螺杆		
步骤	说　明	图　解
（1）选择约束面。	在“装配约束”对话框中，选择类型“接触对齐”，选择方位“面对面接触”[接触图标]，选中底座孔外侧环面，并选中螺杆的轴肩对应的环面，完成约束面选择后的效果，如图 3-32（a）所示。	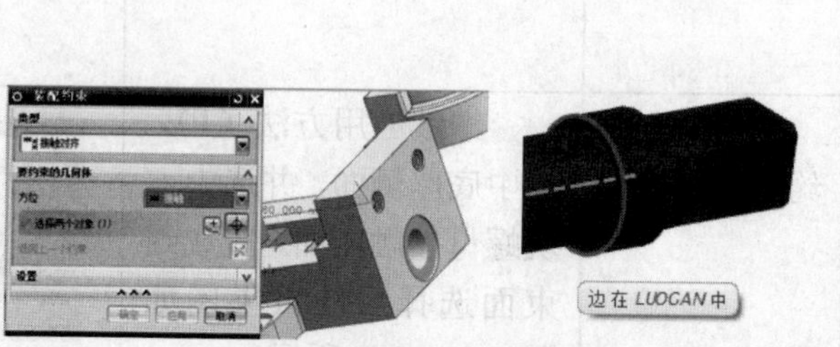 （a）选择转轴装配约束面

步骤	说 明	图 解
（2）面对面约束效果。	面对面约束效果图如图 3-32(b)所示。	装配约束 类型 接触对齐 要约束的几何体 方位 选择两个对象 (1) 返回上一个约束 设置 确定 应用 取消 中心线 在 LUOGAN 中 （b）面对面约束效果图
（3）对齐转轴中心。	完成转轴装配约束面选择后，接着设置对齐方位为“自动判断中心/轴”，并选择底座孔与转轴的中心线，如图 3-32（c）所示。	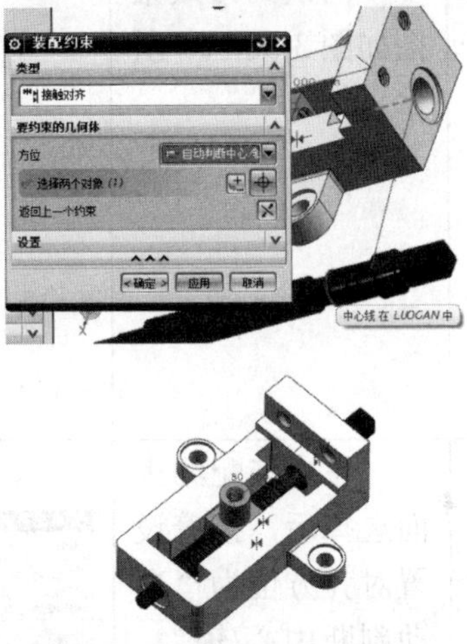装配约束 类型 接触对齐 要约束的几何体 方位 选择两个对象 (1) 返回上一个约束 设置 确定 应用 取消 中心线 在 LUOGAN 中 （c）对齐转轴中心 **图 3-32 装配螺杆**

4）装配活动钳口

实施步骤 13：装配活动钳口		
步骤	说 明	图 解
（1）选择约束水平面。	在“装配约束”对话框中，选择类型“接触对齐”，选择方位“面对面接触”[接触]，选择底座上面，并选择动钳口底面，完成约束面选择后的效果图如图 3-33（a）所示。	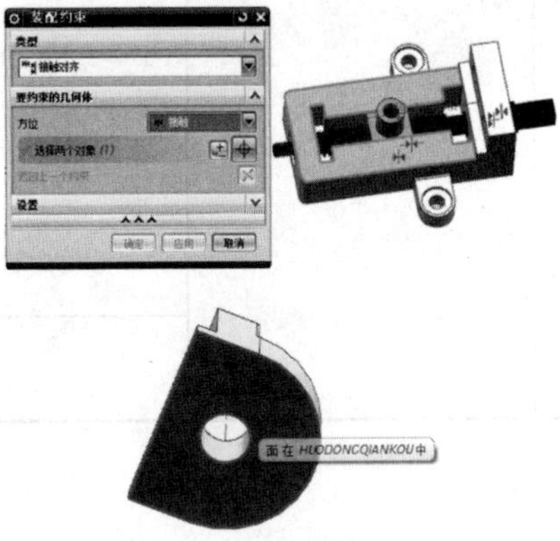装配约束 类型 接触对齐 要约束的几何体 方位 接触 选择两个对象 (1) 返回上一个约束 设置 确定 应用 取消 面 在 HUODONCQIANKOU 中 （a）选择约束水平面

步骤	说　明	图　解
（2）选择约束侧面。	继续应用方法（1），选择底座侧面，并选择方块螺母接触侧面，完成约束面选择后的效果图如图 3-33（b）所示。	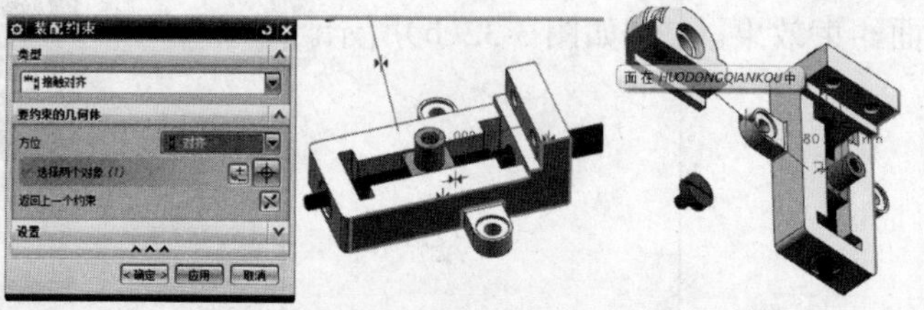 （b）选择约束侧面
（3）两次约束效果。	两次约束效果图如图 3-33（c）所示。	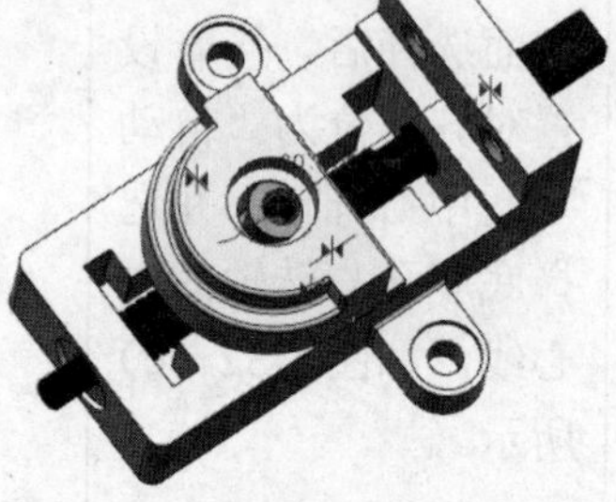 （c）活动钳口两次约束效果图
（4）对齐中心。	完成装配约束面选择后，接着设置对齐方位为“自动判断中心/轴”，并选择活动钳口内孔与方块螺母圆柱的中心线，如图 3-33（d）所示。	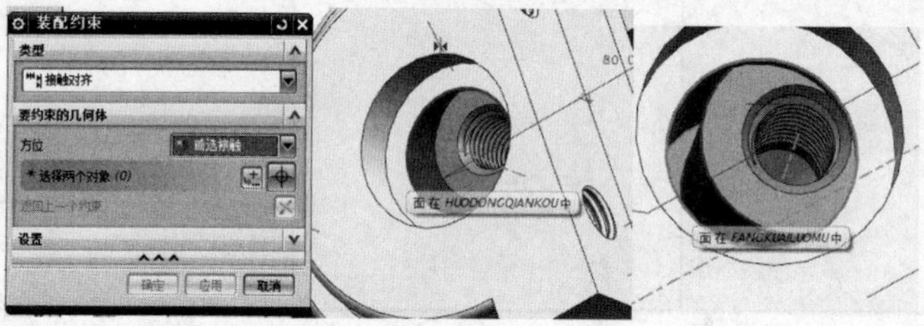 （d）选择中心线
（5）完成约束效果。	完成约束效果图如图 3-33（e）所示。	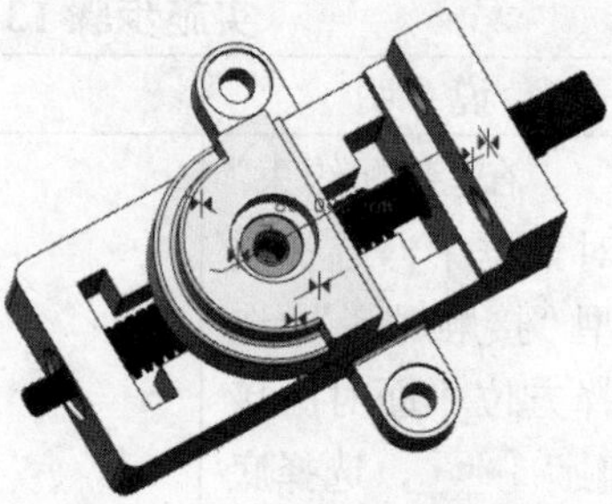 （e）活动钳口装配效果图
		图 3-33　装配活动钳口

5）装配沉头螺钉

实施步骤 14：装配沉头螺钉		
步骤	说　明	图　解
（1）选择约束水平面。	在“装配约束”对话框中，选择类型“接触对齐”，选择方位“面对面接触”［接触］，选择活动钳口内环面，并选择沉头螺钉底环面，如图 3-34（a）所示。	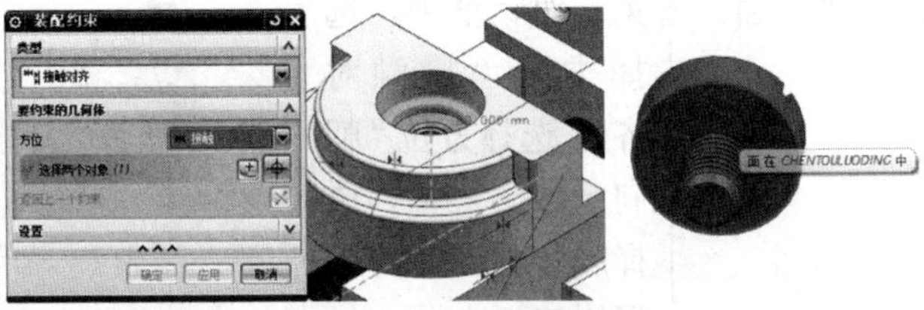 （a）选择约束面
（2）选择约束面。	完成约束面选择后的效果图如图 3-34（b）所示。	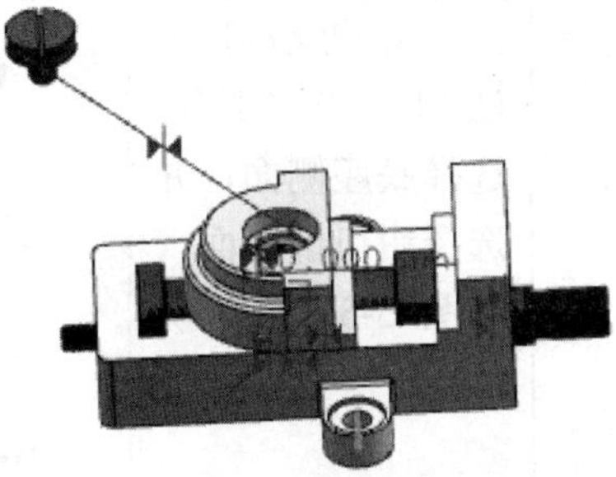 （b）完成约束面选择后的效果
（3）对齐中心。	完成装配约束面选择后，接着设置对齐方位为“自动判断中心/轴”，并选择活动钳口沉孔与沉头螺钉圆柱的中心线，如图 3-34（c）所示。	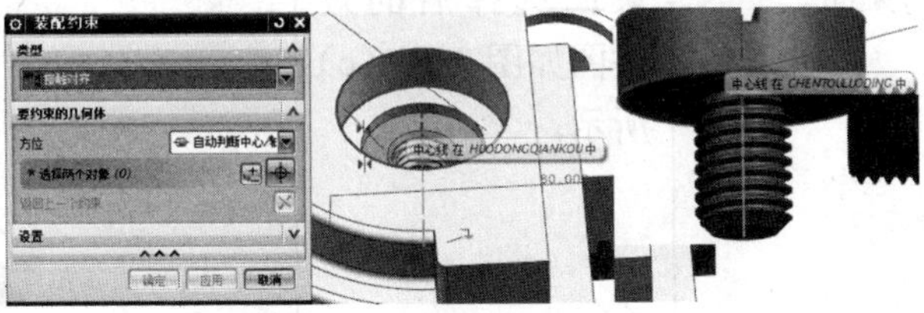 （c）选择约束侧面
（4）两次约束效果。	两次约束效果图如图 3-34（d）所示。	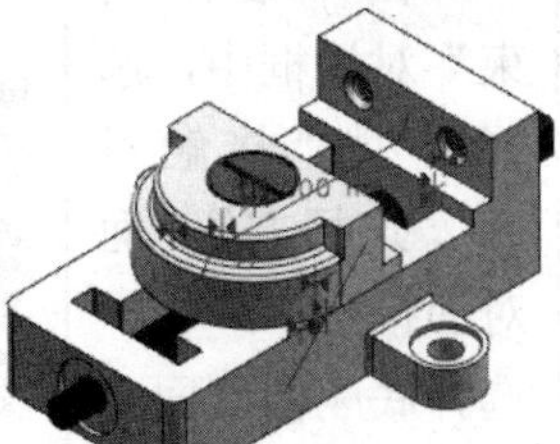 （d）沉头螺钉装配效果图 **图 3-34　装配沉头螺钉**

6）装配钳口板

实施步骤 15：装配钳口板		
步骤	说明	图解
（1）选择约束水平面。	在“装配约束”对话框中，选择类型“接触对齐”，选择方位“朝向一致”对齐，选择底座上面，并选择钳口板上面，如图 3-35（a）所示。	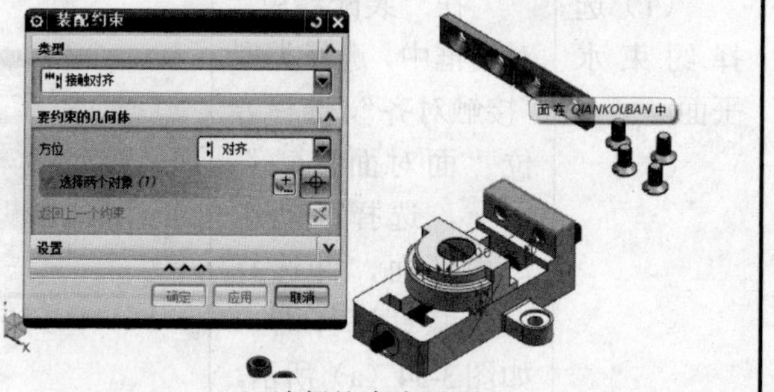装配约束 类型 接触对齐 要约束的几何体 方位 对齐 选择两个对象 (1) 返回上一个约束 设置 确定 应用 取消 面 在 QIANKOUBAN 中 （a）选择约束水平面
（2）选择约束侧面。	继续应用方法（1），设置不变，选择底座侧面，并选择钳口板侧面，如图 3-35（b）所示。	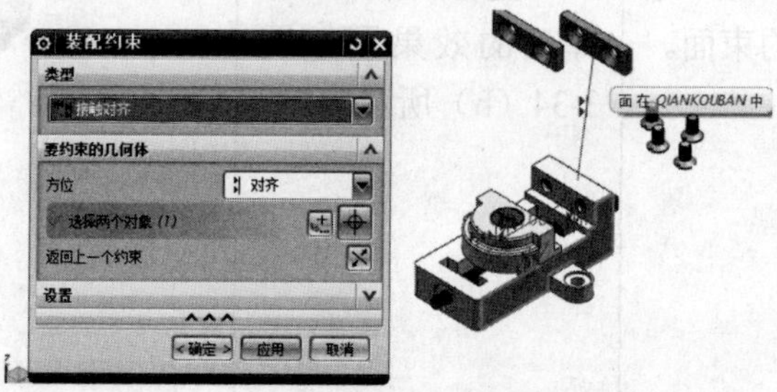装配约束 类型 接触对齐 要约束的几何体 方位 对齐 选择两个对象 (1) 返回上一个约束 设置 <确定> 应用 取消 面 在 QIANKOUBAN 中 （b）选择约束水平面
（3）选择约束面。	完成两次约束面选择后的效果图如图 3-35（c）所示。	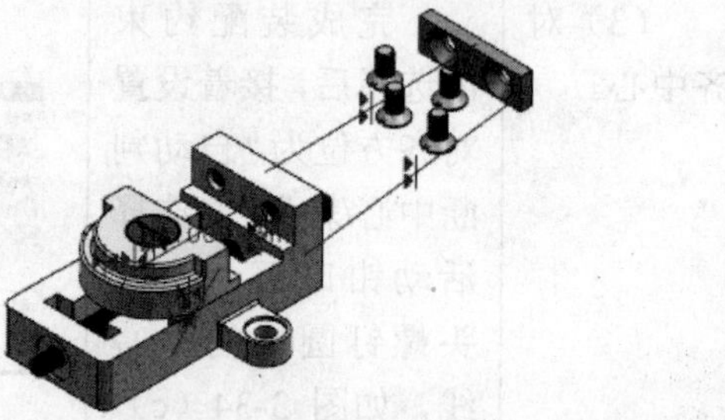 （c）完成约束面选择后的效果图
（4）选择面对面约束。	在“装配约束”对话框中，选择类型“接触对齐”，选择方位“面对面接触”接触，选择底座内侧面，并选择钳口板接触面，如图 3-35（d）所示。	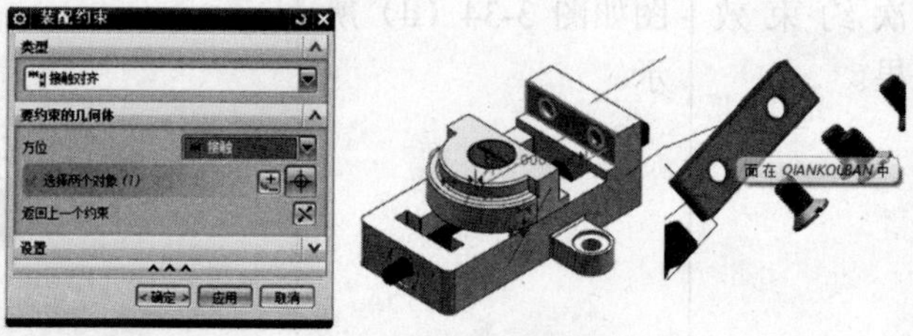装配约束 类型 接触对齐 要约束的几何体 方位 接触 选择两个对象 (1) 返回上一个约束 设置 <确定> 应用 取消 面 在 QIANKOUBAN 中 （d）选择面对面约束

步骤	说明	图解
（5）选择约束面。	完成 3 次约束面选择后的效果图如图 3-35（e）所示。	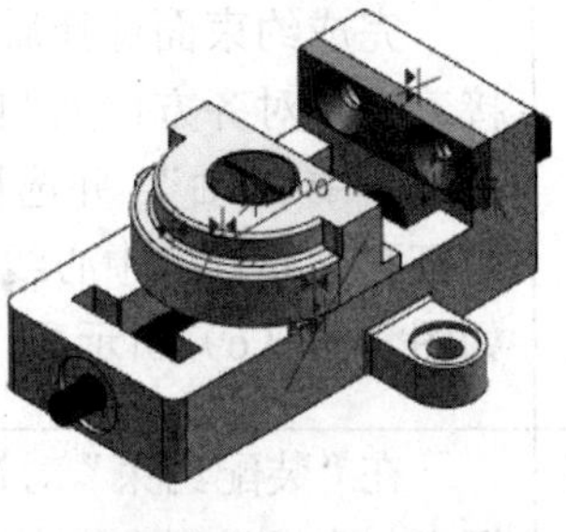 （e）完成约束面选择后的效果
（6）装配效果。	重复步骤（1）～（5）方法，完成另一块钳口板的装配。其效果图如图 3-35（f）所示。	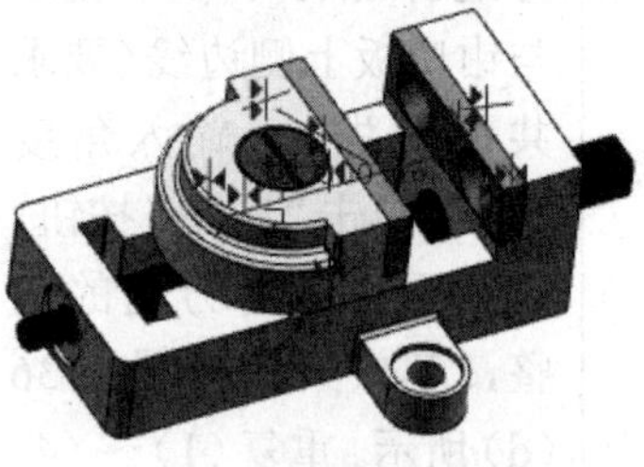 （f）活动钳口装配效果图 图 3-35　装配钳口板

7）装配螺钉

实施步骤 16：装配螺钉		
步骤	说明	图解
（1）选择约束面。	在“装配约束”对话框中，选择类型“接触对齐”，选择方位“朝向一致”对齐，选择钳口板沉孔面，并选择螺钉平面，如图 3-36（a）所示。	 （a）选择约束水平面
（2）选择约束面。	完成约束面选择后的效果图如图 3-36（b）所示。	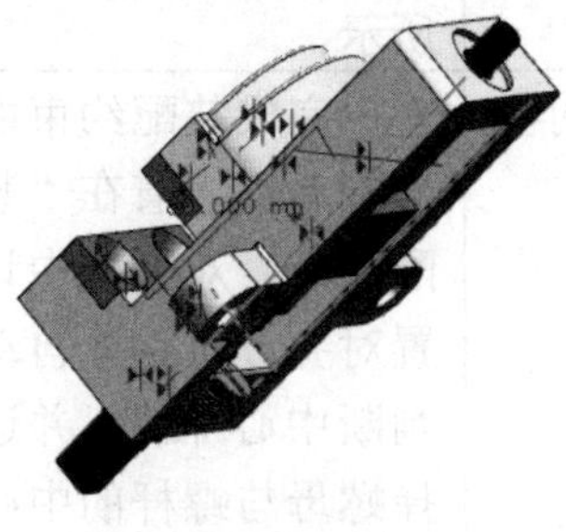 （b）完成约束面选择效果图

步骤	说明	图解
（3）对齐中心。	完成约束面选择后，接着设置对齐方位为“自动判断中心/轴”，并选择螺钉孔与螺钉的中心线，如图 3-36（c）所示。	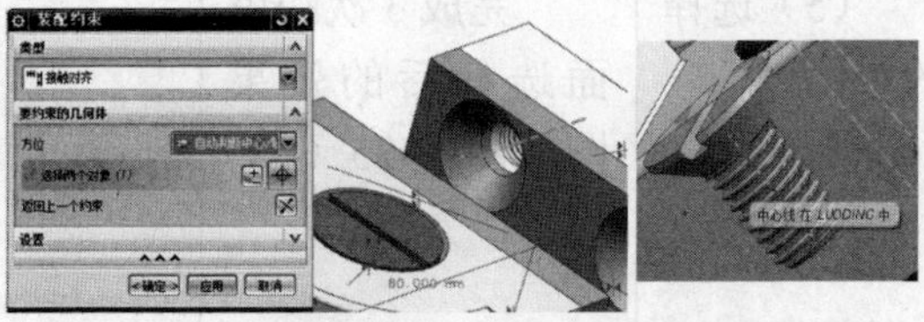 （c）选择螺钉孔与螺钉的中心线
（4）调整平口螺钉方向。	在“装配约束”对话框中，选择类型“角度”，并选择螺钉平口一侧边与钳口板上侧边线（要求共面的先），输入角度“45”，单击“应用”按钮，完成平口螺钉方向的调整，其效果图如图 3-36（d）所示。重复（1）～（4）继续装配其余 3 个螺钉。	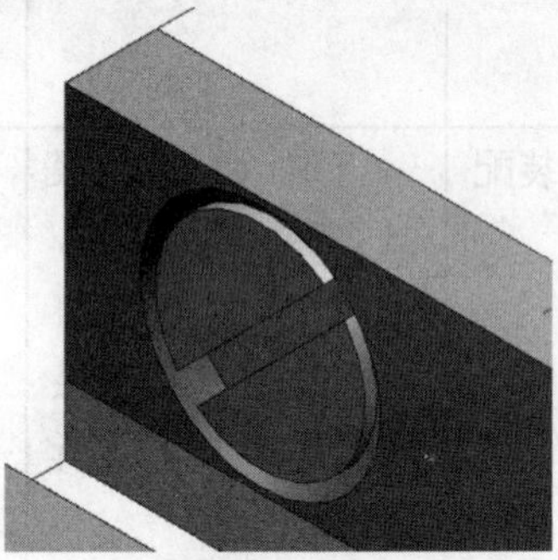 （d）调整平口螺钉方向 图 3-36　装配螺钉

8）装配螺母

实施步骤 17：装配螺母		
步骤	说　明	图　解
（1）选择约束水平面。	在“装配约束”对话框中，选择类型“接触对齐”，选择方位“面对面接触”接触，选择底座装配环面，并选择螺母接触环面，如图 3-37（a）所示。	 （a）选择约束水平面
（2）对齐中心。	完成装配约束面选择后，接着在“装配约束”对话框中设置对齐方位为“自动判断中心/轴”，并选择螺母与螺杆的中心线，如图 3-37（b）所示。	 （b）对齐中心

<table>
<tr><th>步骤</th><th>说　明</th><th>图　解</th></tr>
<tr><td rowspan="2">（3）完成约束效果图。</td><td rowspan="2">完成后约束效果图如图 3-41（c）所示。继续采用相同的方法装配另一个螺母。</td><td>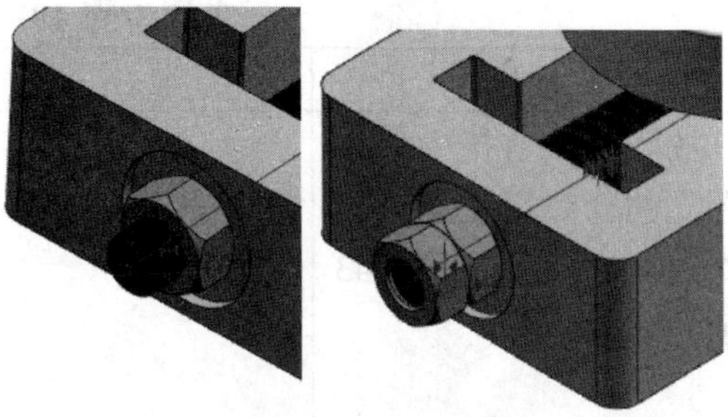
（c）活动钳口装配效果图</td></tr>
<tr><td>图 3-41　添加装配约束</td></tr>
</table>

4. 装配显示

<table>
<tr><th colspan="3">实施步骤 18：装配显示</th></tr>
<tr><th>步骤</th><th>说　明</th><th>图　解</th></tr>
<tr><td>（1）完成装配效果图。</td><td>所有装配约束完成后的效果图如图 3-42（a）所示。</td><td>
（a）带约束显示装配效果图</td></tr>
<tr><td rowspan="2">（2）去约束显示。</td><td rowspan="2">在软件左侧“装配导航器”中右击装配“约束”条，在弹出的快捷菜单中不勾选“在图形窗口中显示约束”、“在图形窗口中显示受抑约束”复选框即可，去装配约束的显示效果如图 3-42（b）所示。</td><td>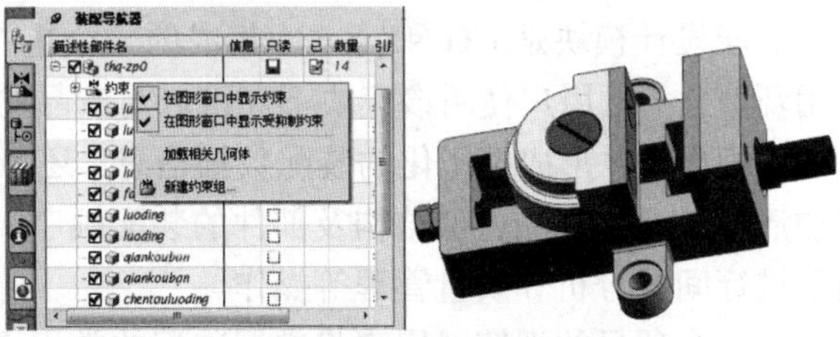
装配导航器
描述性部件名
信息
只读
已
数量
thq-zp0
14
约束
在图形窗口中显示约束
在图形窗口中显示受抑制约束
加载相关几何体
新建约束组...
luoding
luoding
qiankouban
qiankouban
chentouluoding
（b）去约束显示效果图</td></tr>
<tr><td>图 3-42　去约束显示装配图</td></tr>
</table>

322a　台虎钳装配

5. 爆炸图

<table>
<tr><th colspan="2">实施步骤 19：创建爆炸图</th></tr>
<tr><th>说　明</th><th>图　解</th></tr>
<tr><td>按照知识链接中“爆炸图”的介绍，手工添加爆炸图，效果图如图 3-43 所示。</td><td>
图 3-43　台虎钳爆炸图
322b　台虎钳爆炸图视频</td></tr>
</table>

项目 3 小结

装配设计模块是 UG NX 8.5 中集成的一个重要应用模块，也是用户进行产品设计的最终应用环节之一。用户使用该模块不仅可以对产品的各个零部件进行装配操作，得到完整的产品装配模型，并形成电子化的装配数据信息。还可以对整个装配体执行爆炸操作，从而可以更加清晰地显示产品内部结构及部件的装配顺序。除此之外，用户也可以借助该模块对装配模型进行间隙分析和质量管理等操作。

通过本项目的训练，用户将掌握装配的常用操作，如装配定位、爆炸图操作、引用集、组建阵列、镜像组建、WAVE 几何链接器等技巧。本项目主要介绍任务装配的方法与条件等简单的装配基本操作，通过简单实例介绍装配操作的方法与流程，并通过生产中典型台钳装配实例进一步理解装配的过程，在拓展训练中分析电磁阀端盖装配以深入了解装配的实质及其在实际应用中的意义。

技能训练

1. 根据图 3-44 给定千斤顶零件的图形尺寸及装配关系要求，完成零件实体建模并装配、生成爆炸图。

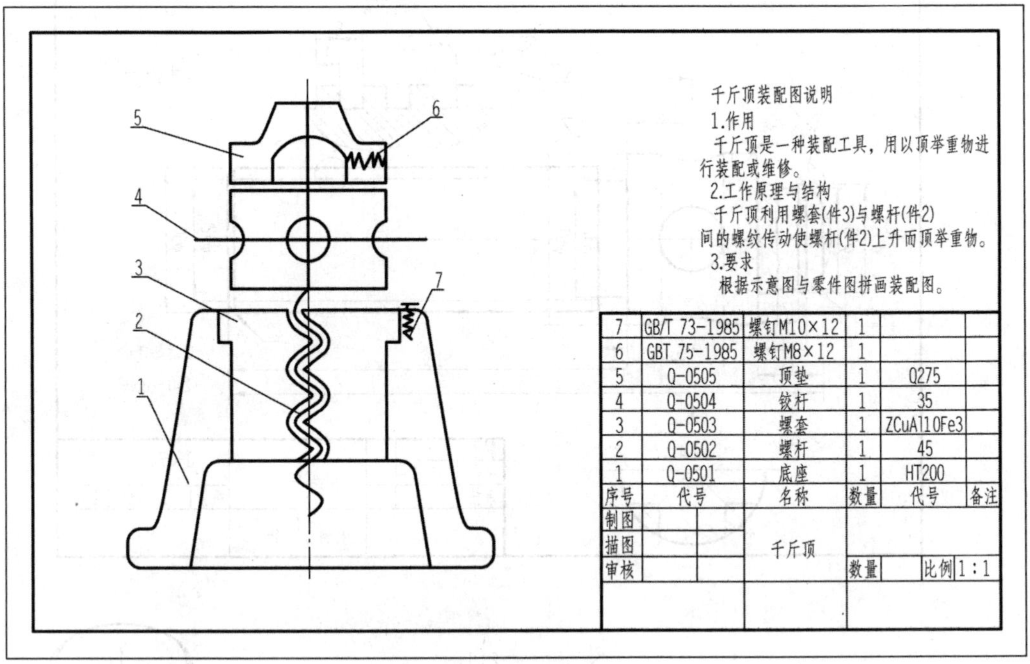

千斤顶装配图说明
1.作用
千斤顶是一种装配工具，用以顶举重物进行装配或维修。
2.工作原理与结构
千斤顶利用螺套(件3)与螺杆(件2)间的螺纹传动使螺杆(件2)上升而顶举重物。
3.要求
根据示意图与零件图拼画装配图。
1
2
3
4
5
6
7
7 GB/T 73-1985 螺钉M10×12 1
6 GBT 75-1985 螺钉M8×12 1
5 Q-0505 顶垫 1 Q275
4 Q-0504 铰杆 1 35
3 Q-0503 螺套 1 ZCuAl10Fe3
2 Q-0502 螺杆 1 45
1 Q-0501 底座 1 HT200
序号 代号 名称 数量 代号 备注
制图
描图
审核
千斤顶
数量
比例 1:1

(a) 千斤顶装配关系

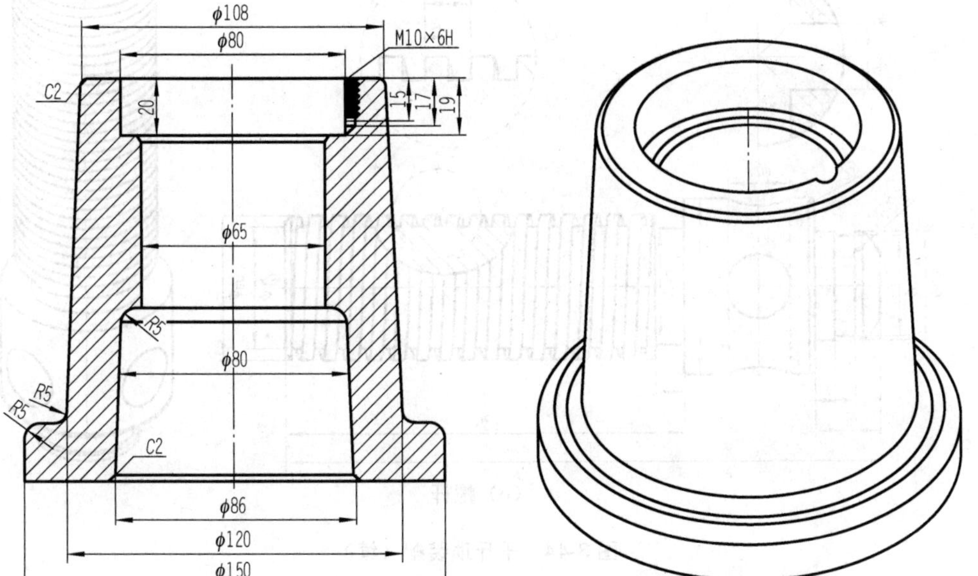

ϕ108
ϕ80
M10×6H
C2
20
15
17
19
ϕ65
R5
ϕ80
R5
R5
C2
ϕ86
ϕ120
ϕ150

(b) 底座

图 3-44 千斤顶装配

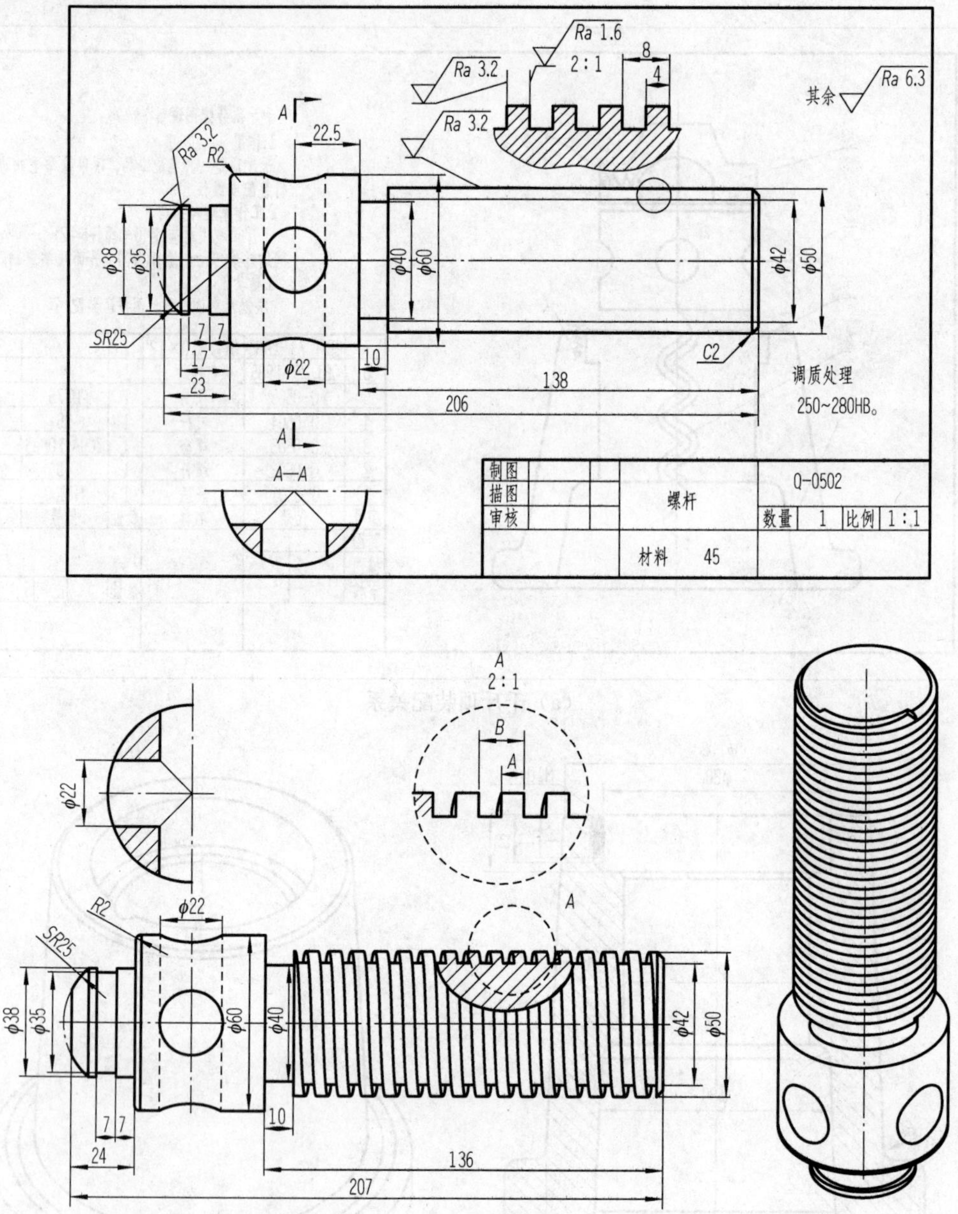
Ra 1.6
2 : 1
8
4
Ra 3.2
Ra 3.2
其余 Ra 6.3
A
22.5
Ra 3.2
R2
φ38
φ35
φ40
φ60
φ42
φ50
SR25
7 7
17
23
φ22
10
138
206
C2
调质处理
250~280HB。
A
A—A
制图
描图
审核
螺杆
Q-0502
数量 1 比例 1 : 1
材料 45
A
2 : 1
B
A
A
φ22
R2
φ22
SR25
φ38
φ35
φ60
φ40
φ42
φ50
7 7
24
10
136
207

（c）螺杆

图 3-44　千斤顶装配（续）

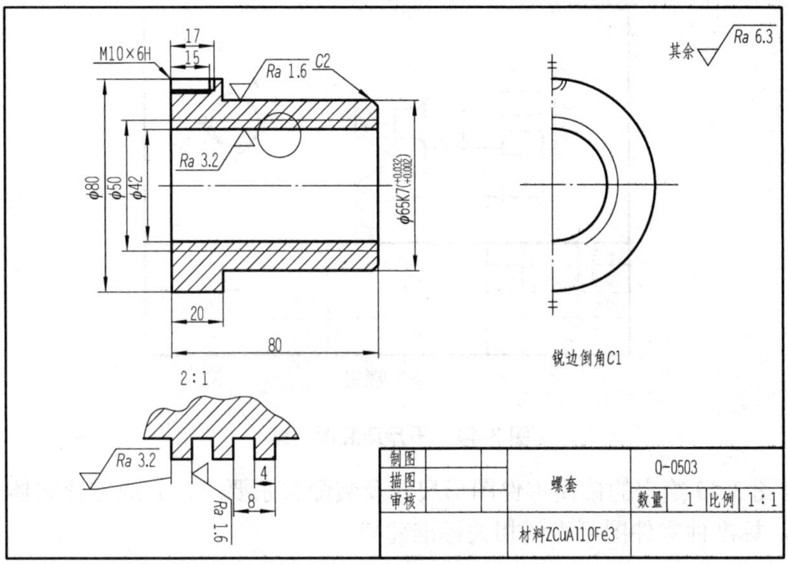
M10×6H
17
15
Ra 1.6
C2
其余 Ra 6.3
Ra 3.2
ϕ80
ϕ50
ϕ42
ϕ65K7(+0.032/+0.002)
20
80
锐边倒角C1
2:1
Ra 3.2
4
8
Ra 1.6
制图
描图
审核
螺套
Q-0503
数量 1 比例 1:1
材料ZCuAl10Fe3

（d）螺套

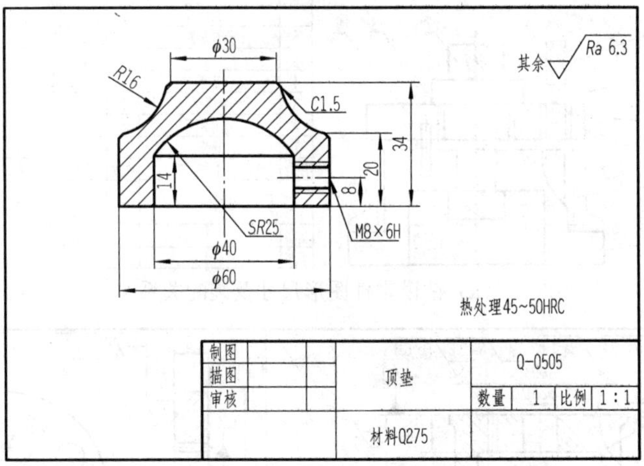
ϕ30
R16
C1.5
其余 Ra 6.3
34
20
14
8
SR25
M8×6H
ϕ40
ϕ60
热处理45~50HRC
制图
描图
审核
顶垫
Q-0505
数量 1 比例 1:1
材料Q275

（e）顶垫

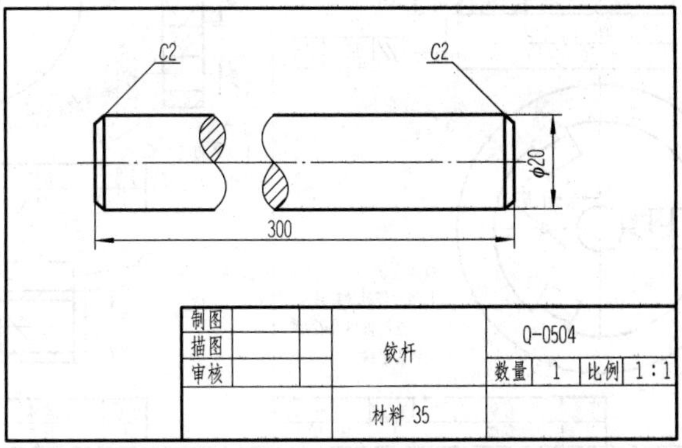
C2
C2
ϕ20
300
制图
描图
审核
铰杆
Q-0504
数量 1 比例 1:1
材料 35

（f）绞杆

图 3-44　千斤顶装配（续）

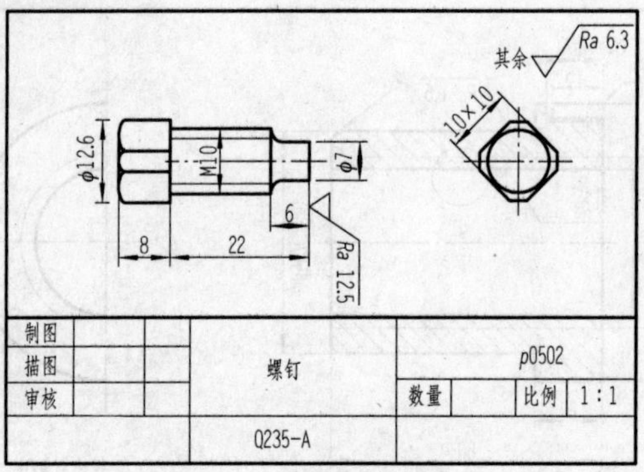
其余 Ra 6.3
10×10
ϕ12.6
M10
ϕ7
6
8
22
Ra 12.5
制图
描图
审核
螺钉
p0502
数量
比例 1∶1
Q235-A

（g）螺钉

图 3-44　千斤顶装配（续）

2．根据图 3-45 给定的钻模零件图形尺寸及装配关系要求，完成零件实体建模并装配、生成爆炸图，标准件零件图可查阅相关标准建模。

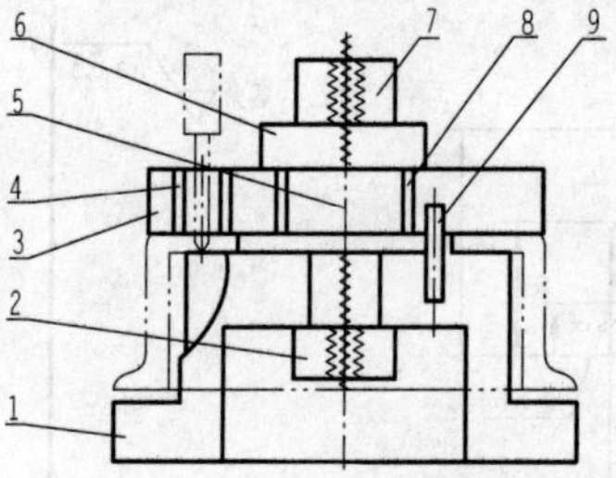
1
2
3
4
5
6
7
8
9

9	销Aϕ5×28	1	40	GB/T 119-2000
8	衬套	1	45	
7	特制螺母	1	Q235	
6	开口垫圈	1	Q235	
5	轴	1	45	
4	钻套	1	70	
3	钻模板	1	45	
2	螺母M16	1	Q235	GB/T 6170-2015
1	底座	1	HT150	
序号	名称	数量	数量	备注
钻模		比例		
		共 张		第 张
制图				
审核				

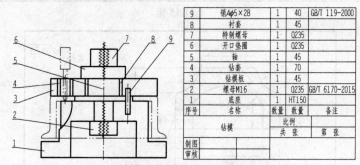

（a）钻模零件图形尺寸及装配关系

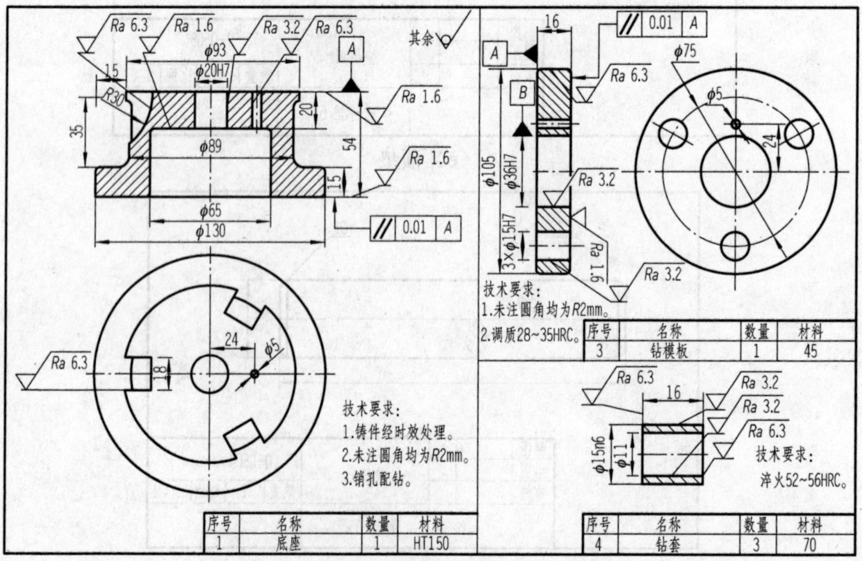
Ra 6.3
Ra 1.6
Ra 3.2
Ra 6.3
其余
ϕ93
ϕ20H7
15
R30
35
20
54
15
ϕ89
ϕ65
ϕ130
A
Ra 1.6
Ra 1.6
0.01 A
Ra 6.3
24
ϕ5
18
技术要求:
1.铸件经时效处理。
2.未注圆角均为R2mm。
3.销孔配钻。
序号 名称 数量 材料
1 底座 1 HT150
16
0.01 A
A
B
Ra 6.3
ϕ105
ϕ36H7
3×ϕ15H7
Ra 3.2
Ra 1.6
Ra 3.2
ϕ75
ϕ5
24
技术要求:
1.未注圆角均为R2mm。
2.调质28~35HRC。
序号 名称 数量 材料
3 钻模板 1 45
Ra 6.3
16
Ra 3.2
Ra 3.2
Ra 6.3
ϕ15n6
ϕ11
技术要求:
淬火52~56HRC。
序号 名称 数量 材料
4 钻套 3 70

（b）底座、钻模板与钻套零件图

图 3-45　钻模零件图及装配关系

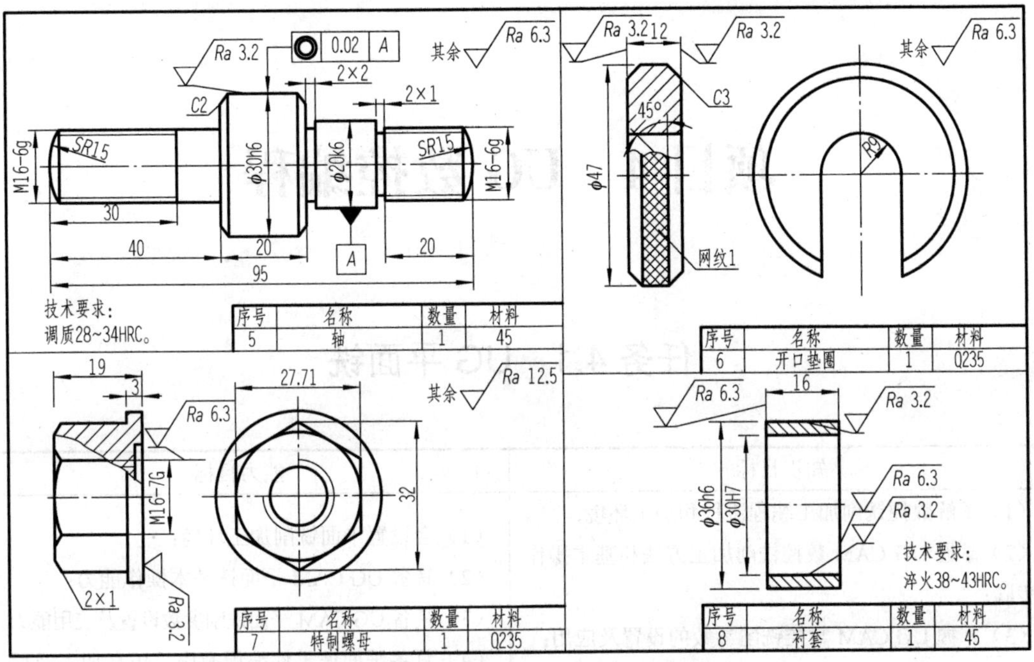

Ra 3.2
0.02 A
其余 Ra 6.3
2×2
2×1
C2
SR15
M16-6g
φ30h6
φ20k6
30
40
20
20
95
A
技术要求：
调质28~34HRC。
序号 名称 数量 材料
5 轴 1 45
Ra 3.2
12
Ra 3.2
其余 Ra 6.3
C3
45°
φ47
R9
网纹1
序号 名称 数量 材料
6 开口垫圈 1 Q235
19
3
27.71
其余 Ra 12.5
Ra 6.3
M16-7G
32
2×1
Ra 3.2
序号 名称 数量 材料
7 特制螺母 1 Q235
Ra 6.3
16
Ra 3.2
φ36h6
φ30H7
Ra 6.3
Ra 3.2
技术要求：
淬火38~43HRC。
序号 名称 数量 材料
8 衬套 1 45

（c）轴、特制螺母、开口垫圈与衬套零件图

图 3-45　钻模零件图及装配关系（续）

项目 4　UG 数控编程

任务 4.1　UG 平面铣

知识目标	能力目标
（1）了解数控铣削加工编程流程和加工环境； （2）掌握 UG CAM 数控铣削加工方法和基本操作步骤； （3）掌握 UG CAM 数控铣削参数的设置及应用； （4）熟练掌握平面铣零件加工的编程方法与步骤； （5）掌握后处理生成程序应用到实际机床加工的方法与步骤。	（1）会设置平面铣削加工环境； （2）具备 UG CAM 平面铣基本操作能力； （3）具备 UG CAM 平面铣削参数设置及应用能力； （4）具备平面铣零件编程操作、仿真加工及后处理能力； （5）具备应用后处理程序实际机床加工能力。

4.1.1　任务导入——加工凹槽

任务描述：铣削方槽零件，尺寸如图 4-1 所示，材料为 ZL104，毛坯尺寸为 80mm×80mm×15mm，要求对零件的方槽及上表面进行粗精加工。

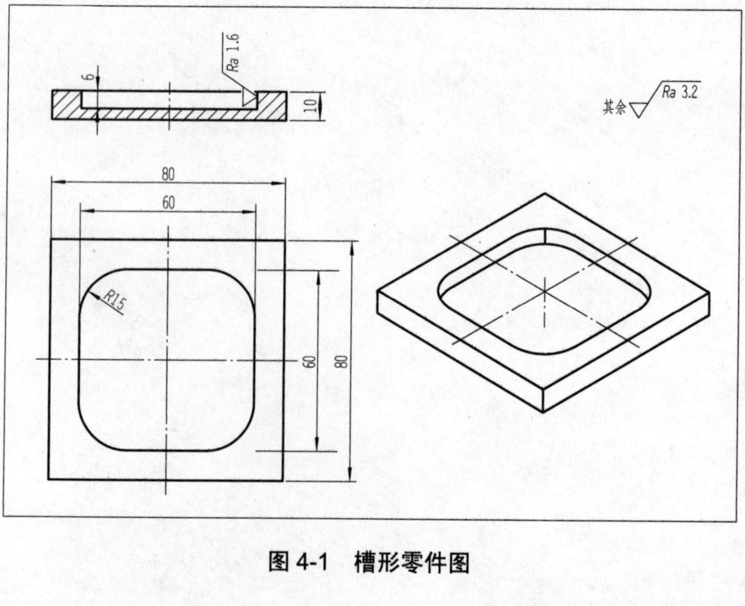

Ra 1.6
6
10
其余
Ra 3.2
80
60
R15
60
80

图 4-1　槽形零件图

4.1.2　知识链接

1. UG NX CAM 模块简介

UG NX CAM 加工模块具有非常强大的数控编程功能，能够编写铣削、钻削、车削、线切割等加工路经并能处理 NC 数据。UG NX CAM 模块中包含多种加工类型，如车削、铣削、钻削、线切割等。

1）UG 自动编程加工一般流程

UG 自动编程加工是指系统根据用户指定的加工刀具、加工方法、加工几何体和加工顺序等信息来创建数控程序，然后把程序输入到相应的数控机床中，数控程序将控制数控机床自动加工生成零件。因此在编写数控程序之前，用户需要根据图样的加工要求和零件的几何形状确定刀具加工、加工方法和加工顺序。

2）UG NX CAM 加工环境

在建模环境下，单击“标准”工具条中的“开始”→“加工”命令，或单击“应用模块”工具条中的“加工”命令，或按 Ctrl+Alt+M 快捷键即可进入“加工环境”对话框，如图 4-3 所示。选择“要创建的 CAM 设置”选项后，单击“确定”按钮，即可进入加工环境，界面如图 4-4 所示。CAM 设置选项见表 4-1。

<table>
<tr>
<td rowspan="2">UG 编程加工流程一般包括：
（1）图样分析和零件几何形状的分析。
（2）创建零件的模型。
（3）根据模型确定加工类型、加工刀具、加工方法和加工顺序。
（4）生成刀具轨迹。
（5）后置处理输出数控程序。
UG NX CAM 模块操作流程如图 4-2 所示。</td>
<td>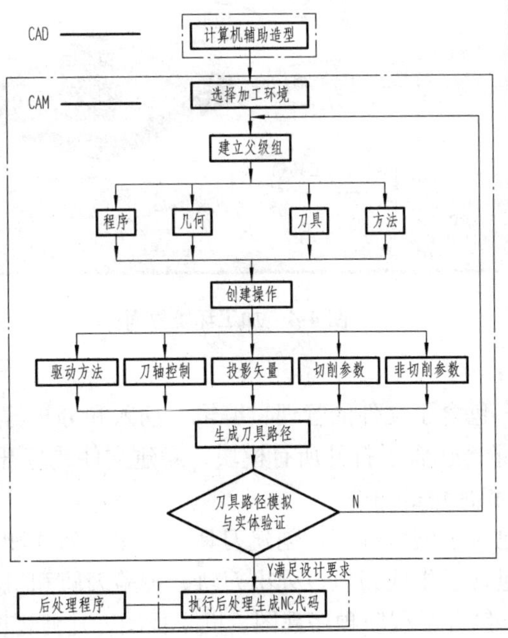
CAD
计算机辅助造型
CAM
选择加工环境
建立父级组
程序
几何
刀具
方法
创建操作
驱动方法
刀轴控制
投影矢量
切削参数
非切削参数
生成刀具路径
刀具路径模拟与实体验证
N
Y满足设计要求
后处理程序
执行后处理生成NC代码</td>
<td>
加工环境
要创建的 CAM 设置
mill_planar
mill_contour
mill_multi-axis
mill_multi_blade
drill
hole_making
turning
wire_edm
确定
取消</td>
</tr>
<tr>
<td>图 4-2　UG NX CAM 模块操作流程图</td>
<td>图 4-3　加工环境设置选项</td>
</tr>
</table>

表 4-1　常用要创建的 CAM 设置含义与应用

设置选项	名称	应用
mill_planar	平面铣	用于钻、平面粗铣、半精铣、精铣
mill_contour	轮廓铣	用于钻、平面铣、固定轴轮廓铣的粗铣、半精铣、精铣
mill_multi_axis	多轴铣	用于钻、平面铣、固定轴轮廓铣、可变轴轮廓铣的粗铣、半精铣、精铣
drill	钻削	用于钻、粗铣、半精铣、精铣
holl_making	孔加工	用于钻孔
turning	车削加工	用于车削
wire_edm	线切割加工	用于线切割加工
maching_knowledge	加工知识	用于钻、锪孔、铰、埋头孔加工、镗孔、型腔铣、面铣和攻螺纹

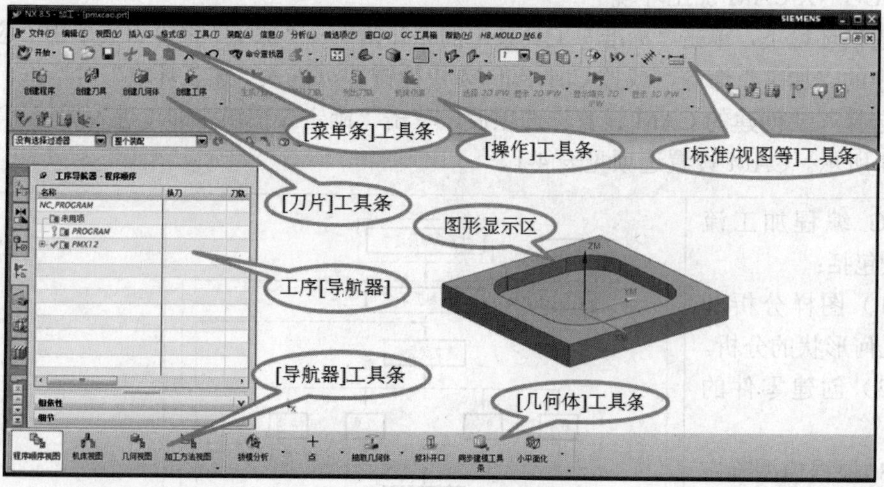
[菜单条]工具条
[操作]工具条
[标准/视图等]工具条
[刀片]工具条
图形显示区
工序[导航器]
[导航器]工具条
[几何体]工具条

图 4-4　加工环境界面

主要工具说明如下：

“菜单条”工具条：包含了文件的管理、编辑、插入和分析等命令。

“标准/视图”工具条：包含了打开所有模块、新建文件或打开文件、保存文件、命令查找器、产品的显示效果和视角等命令。

“刀片”工具条：包含了创建程序、创建刀具、创建几何体和创建操作等命令。

“操作”工具条：包含了生成刀轨、列出刀轨、校验刀轨和机床仿真等命令。

“导航器”工具条：包含了程序顺序视图、机床视图、几何视图和加工方法视图等项目。

“工序导航器”：显示“导航器”工具条中不同视图标签下的操作内容，并可以根据显示的内容进行编辑等操作。

“几何体”工具条：包含了所有分析、几何体、曲线等下拉菜单等。

“图形显示区”：显示加工操作过程中的零件模型、仿真加工刀轨等。

3. 工序导航器的应用

在加工环境主界面左侧单击“工序导航器”命令，即可显示“工序导航器”选项卡，如图 4-5 所示。右击“工序导航器-几何”导航栏的“未用项”选项，弹出快捷菜单，如图 4-6 所示，通过该菜单可以插入工序、程序组、刀具、几何体等操作，也可以右击“工序导航器-几何”导航栏的“MCS_MILL”命令，可以在弹出的快捷菜单中进行编辑等操作；双击“MCS_MILL”命令，可进入加工坐标系设置；单击 MCS_MILL 前面的“+”展开，再双击“WORKPIECE”命令，可进行毛坯几何体等的设置。

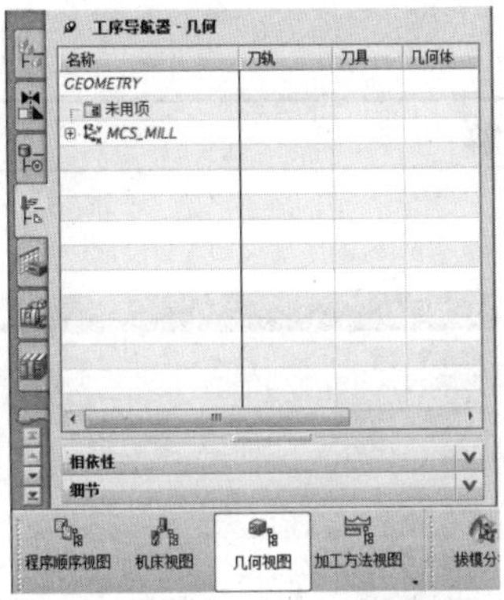

工序导航器 - 几何
名称
刀轨
刀具
几何体
GEOMETRY
未用项
MCS_MILL
相依性
细节
程序顺序视图
机床视图
几何视图
加工方法视图

图 4-5　工序导航器

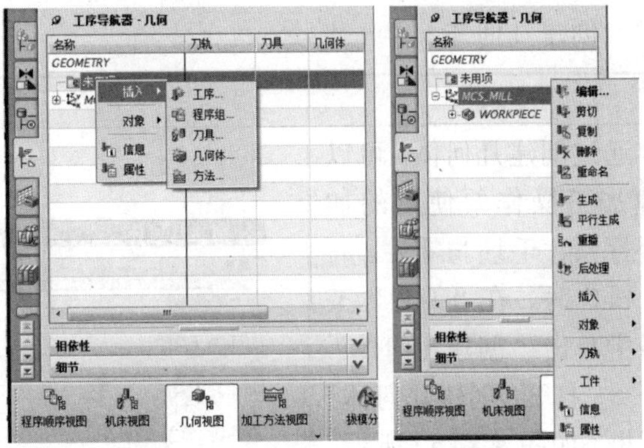

工序导航器 - 几何
GEOMETRY
插入
对象
信息
属性
工序...
程序组...
刀具...
几何体...
方法...
MCS_MILL
WORKPIECE
编辑...
剪切
复制
删除
重命名
生成
平行生成
重播
后处理
刀轨
工件

图 4-6　“未用项”快捷菜单

2. 创建加工基本操作

UGCAM 操作时，应遵循一定的顺序和原则。企业编程师习惯首先创建加工所需要使用的刀具，接着设置加工坐标和毛坯，然后设置加工公差等一些公共参数。希望 UGCAM 初学者能像这些编程师一样养成良好的编程习惯。

1）创建刀具

说明	图解
在“刀片”工具条中，单击“创建刀具”命令，打开“创建刀具”对话框，如图 4-7（a）所示，输入刀具的名称“T1D20”。接着单击“确定”按钮，打开“铣刀-5-参数”对话框，输入刀具直径和底圆角半径及刀具号，如图 4-7（b）所示。最后单击“确定”按钮，完成刀具创建。	创建刀具 类型 mill_planar 从库中调用刀具 刀具子类型 位置 刀具 GENERIC_MACHIN 名称 t1d20 确定 应用 取消 铣刀-5 参数 尺寸 (D) 直径 20.0000 75.0000 50.0000 材料：HSS 刀具号 长度调整 刀具补偿 （a）“创建刀具”对话框（b）“铣刀-5-参数”对话框
	图 4-7　创建刀具

说明	图解
注意：①输入刀具名称时，系统不区分大小写，只需要输入小写字母即可，系统会自动将字母转为大写状态； ② 在“创建刀具”对话框中，若单击“应用”按钮（对话框不关闭，还可以继续创建其他刀具），若单击“确定”按钮，则“创建刀具”对话框消失； ③ 设置刀具参数时，只需要设置刀具的直径和底圆角半径即可，其他参数按默认即可； ④ 加工时，编程人员还需要编写加工工艺说明卡，注明刀具的类型和实际长度。	

2）创建几何体

说明	图解
通过创建几何体，可以创建加工操作要使用的加工坐标系、毛坯与零件。 操作时，在“刀片”工具条中单击“创建几何体”命令，打开“创建几何体”对话框，如图 4-8（a）所示；在“创建几何体”对话框中可选择铣削类型、几何体子类型、位置、名称，然后单击“确定”按钮，即可进入几何体的创建。	创建几何体 类型 mill_planar 几何体子类型 位置 几何体 GEOMETRY 名称 MCS 确定 应用 取消 MCS 机床坐标系 指定 MCS 细节 参考坐标系 安全设置 安全设置选项 自动平面 安全距离 10.0000 下限平面 避让 布局和图层 确定 取消 （a）“创建几何体”对话框　（b）“MCS”对话框
在操作子类型中，可以创建加工坐标系、指定毛坯、指定部件及边界等。如图 4-8（b）所示为“MCS”对话框，可以创建坐标系；如图 4-8（c）所示为“工件”对话框，可以指定毛坯与部件等；如图 4-8（d）所示为“铣削边界”对话框，可以指定部件与毛坯边界。	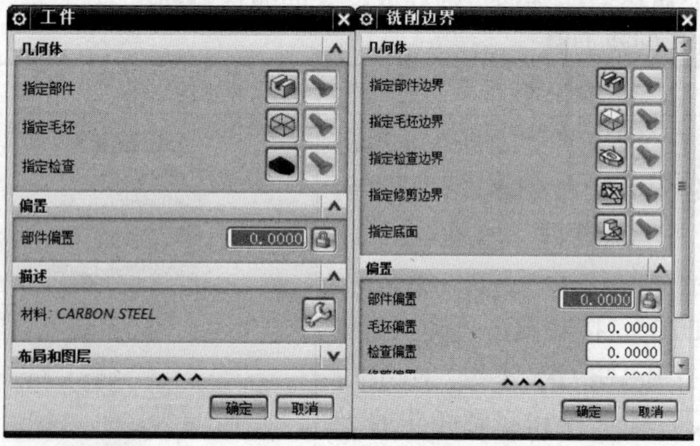工件 几何体 指定部件 指定毛坯 指定检查 偏置 部件偏置 0.0000 描述 材料: CARBON STEEL 布局和图层 确定 取消 铣削边界 几何体 指定部件边界 指定毛坯边界 指定检查边界 指定修剪边界 指定底面 偏置 部件偏置 0.0000 毛坯偏置 0.0000 检查偏置 0.0000 确定 取消 （c）“工件”对话框　（d）“铣削边界”对话框 图 4-8　创建几何体

3）创建工序

步骤	说明	图　解
（1）选择创建类型。	在“刀片”工具条中单击“创建工序”命令，打开其对话框，在类型选项中，常见铣削类型有：图 4-9（a）所示的平面铣（mill_planar）类型、图 4-9（b）所示的型腔铣（mill_contour）类型。选择类型后，接着选择操作子类型（常见铣削工序子类型见表 4-2）、程序、刀具、几何体、加工方法，然后命名工序名称即可。	创建工序 类型 mill_planar mill_contour 工序子类型 位置 程序 刀具 几何体 方法 NC_PROGRAM NONE MCS_MILL METHOD 名称 FACE_MILLING CAVITY_MILL 确定 应用 取消 （a）平面铣类型　（b）型腔铣类型 图 4-9　加工类型
（2）设置加工余量及公差。	通常加工分为粗加工、半精加工和精加工 3 个阶段，不同阶段其余量及加工公差的设置都是不同的，下面介绍设置余量及公差的方法。 单击“导航器”工具条中的“加工方法视图”命令，左侧“工序导航器-加工方法”导航栏显示如图 4-10（a）所示。	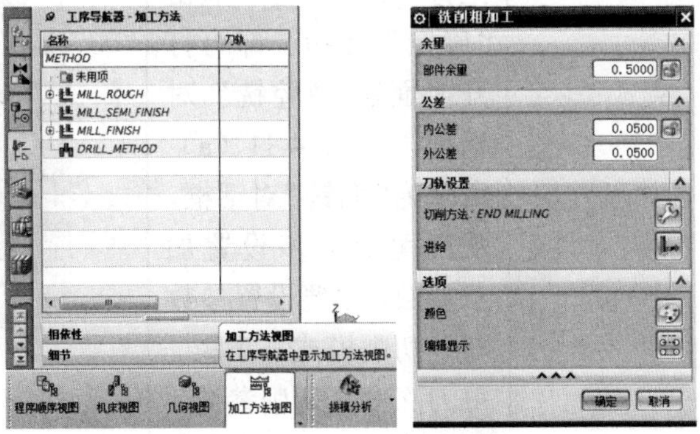工序导航器 - 加工方法 名称 刀轨 METHOD 未用项 MILL_ROUGH MILL_SEMI_FINISH MILL_FINISH DRILL_METHOD 相依性 细节 加工方法视图 在工序导航器中显示加工方法视图。 程序顺序视图 机床视图 几何视图 加工方法视图 铣削粗加工 余量 部件余量 0.5000 公差 内公差 0.0500 外公差 0.0500 刀轨设置 切削方法: END MILLING 进给 选项 颜色 编辑显示 确定 取消 （a）加工方法视图　（b）设置粗加工余量及公差

步骤	说明	图　解
（3）设置加工余量及公差。	在导航栏中双击“ MILL_ROUGH ” 命令，打开“铣削方法”对话框，然后设置部件的余量“0.5”。内公差“0.05”、外公差“0.05”，如图 4-10（b）所示，最后单击“确定”按钮，完成设置。 用同样的方法设置半精加工和精加工的余量和公差，半精加工余量“0.15～0.3”、内外公差“0.03”，精加工余量“0”、内外公差“0.01”，结果如图 4-10（c）、（d）所示。	铐削半精加工 余量 部件余量 0.1500 公差 内公差 0.0300 外公差 0.0300 刀轨设置 切削方法: END MILLING 进给 选项 颜色 编辑显示 确定 取消 （c）半精加工余量及公差 铣削精加工 余量 部件余量 0.0000 公差 内公差 0.0100 外公差 0.0100 刀轨设置 切削方法: END MILLING 进给 选项 颜色 编辑显示 确定 取消 （d）精加工余量及公差 **图 4-10　设置加工余量及公差**
（4）设置加工参数。	完成加工精度与余量设置后，在“创建工序”对话框中单击“确定”按钮，即可打开“面铣/型腔铣”对话框，如图 4-11（a）所示为“面铣”对话框，从而可进一步设置加工参数，主要设置参数有：切削模式、步距、每刀深度、切削参数、非切削移动、进给率等。	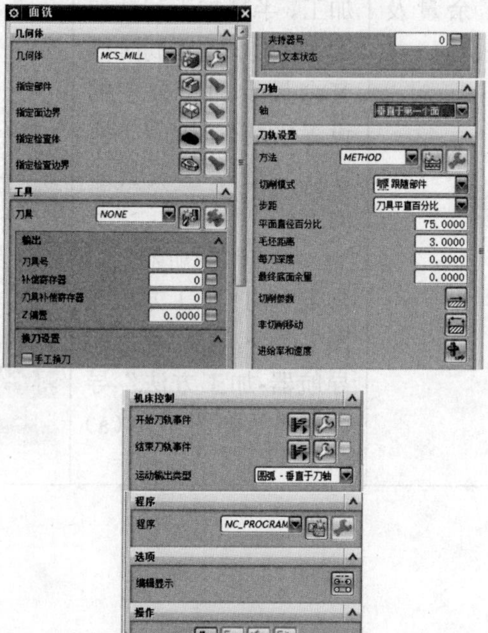面铣 几何体 几何体 MCS_MILL 指定部件 指定面边界 指定检查体 指定检查边界 工具 刀具 NONE 输出 刀具号 0 补偿寄存器 0 刀具补偿寄存器 0 Z 偏置 0.0000 换刀设置 手工换刀 夹持器号 0 文本状态 刀轴 轴 刀轨设置 方法 METHOD 切削模式 跟随部件 步距 刀具平直百分比 平面直径百分比 75.0000 毛坯距离 3.0000 每刀深度 0.0000 最终底面余量 0.0000 切削参数 非切削移动 进给率和速度 机床控制 开始刀轨事件 结束刀轨事件 运动输出类型 圆弧 - 垂直于刀轴 程序 程序 NC_PROGRAM 选项 编辑显示 操作 确定 取消 （a）“面铣”对话框

步骤	说明	图　解
（5）生成加工刀轨。	（3）在“面铣”对话框中，完成参数设置后，单击“操作”区域中的“生成”按钮，即可生成加工刀轨，如图 4-11（b）所示。	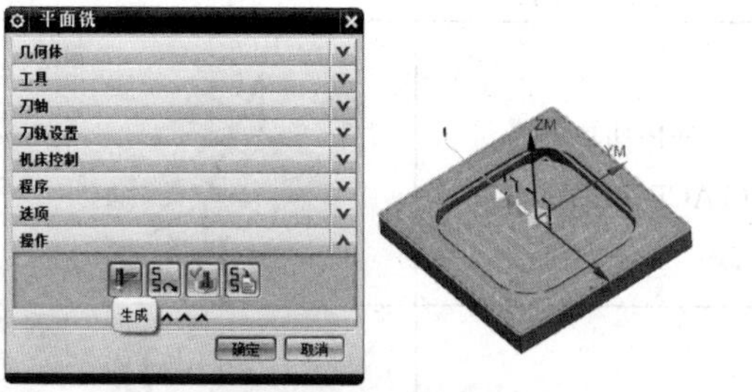平面铣 几何体 工具 刀轴 刀轨设置 机床控制 程序 选项 操作 生成 确定 取消 ZM YM （b）生成刀轨
（6）仿真加工。	（4）最后，单击“操作”区域中的“确认”按钮，打开“刀轨可视化”对话框，如图 4-9（b）所示，默认设置，选择 2D 动态/3D 动态，并单击“播放”按钮，即可进行仿真加工，2D 动态/3D 动态仿真加工效果如图 4-9（c）所示。	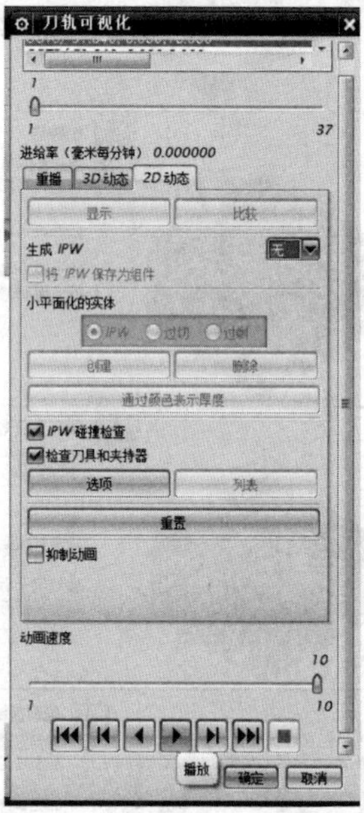刀轨可视化 进给率（毫米每分钟） 0.000000 重播 3D 动态 2D 动态 显示 比较 生成 IPW 小平面化的实体 IPW 碰撞检查 检查刀具和夹持器 选项 列表 重置 抑制动画 动画速度 播放 确定 取消 （b）“刀轨可视化”对话框 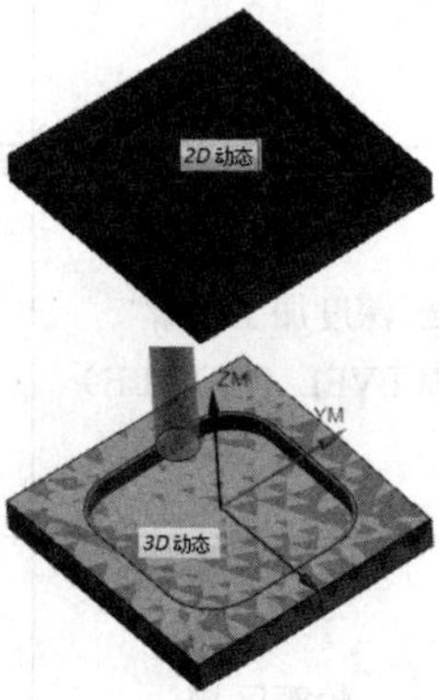2D 动态 3D 动态 ZM YM （c）2D 动态/3D 动态仿真加工效果 **图 4-11　创建工序**

表 4-2　常用的操作子类型说明

操作子类型	图　解	加工范畴
平面铣 （PLANAR_MILL）	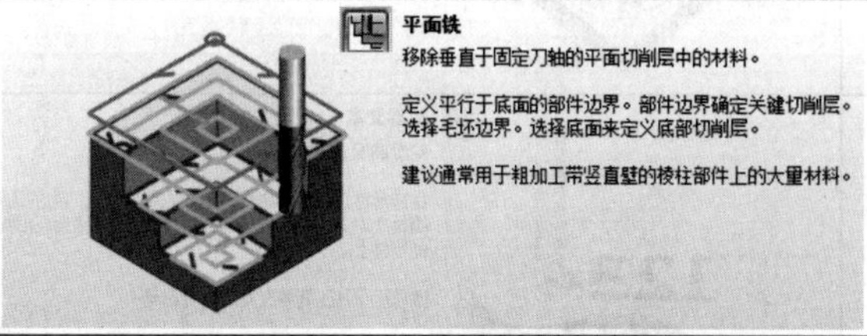平面铣 移除垂直于固定刀轴的平面切削层中的材料。 定义平行于底面的部件边界。部件边界确定关键切削层。选择毛坯边界。选择底面来定义底部切削层。 建议通常用于粗加工带竖直壁的棱柱部件上的大量材料。	适用于加工阶梯平面区域，使用的刀具多为平底刀

续表

操作子类型	图　　解	加工范畴
使用边界面铣（FACE_MILLING）	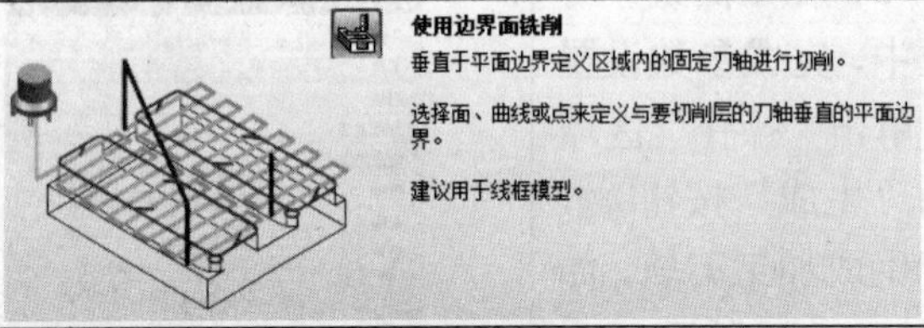使用边界面铣削 垂直于平面边界定义区域内的固定刀轴进行切削。 选择面、曲线或点来定义与要切削层的刀轴垂直的平面边界。 建议用于线框模型。	适用于平面区域的精加工，使用的刀具多为平底刀
平面文本（PLANAR_TEXT）	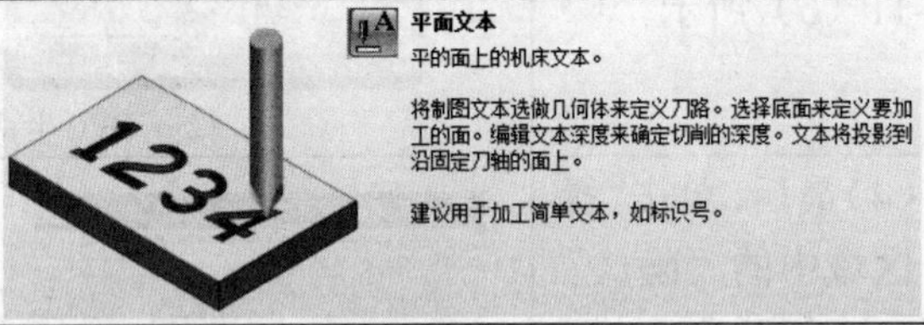平面文本 平的面上的机床文本。 将制图文本选做几何体来定义刀路。选择底面来定义要加工的面。编辑文本深度来确定切削的深度。文本将投影到沿固定刀轴的面上。 建议用于加工简单文本，如标识号。 1234	适用在平面上加工制图文本字体
型腔铣（CAVITY_MILL）	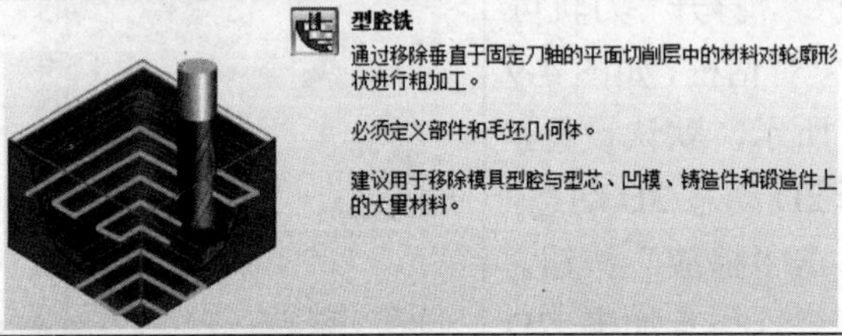型腔铣 通过移除垂直于固定刀轴的平面切削层中的材料对轮廓形状进行粗加工。 必须定义部件和毛坯几何体。 建议用于移除模具型腔与型芯、凹模、铸造件和锻造件上的大量材料。	适用于模坯的开粗和二次开粗加工，使用的刀具多为圆角刀或平底刀
深度加工轮廓（ZLEVEL_PROFILE）	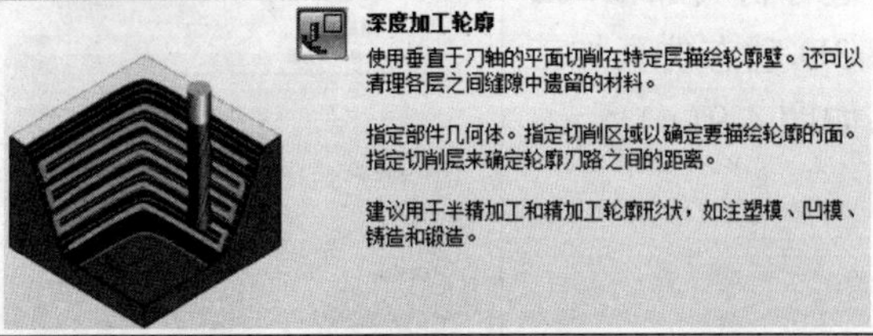深度加工轮廓 使用垂直于刀轴的平面切削在特定层描绘轮廓壁。还可以清理各层之间缝隙中遗留的材料。 指定部件几何体。指定切削区域以确定要描绘轮廓的面。指定切削层来确定轮廓刀路之间的距离。 建议用于半精加工和精加工轮廓形状，如注塑模、凹模、铸造和锻造。	适用于模具中陡峭区域的半精加工和精加工，使用的刀具多为球刀（圆鼻刀）
轮廓区域（CONTOUR_AREA）	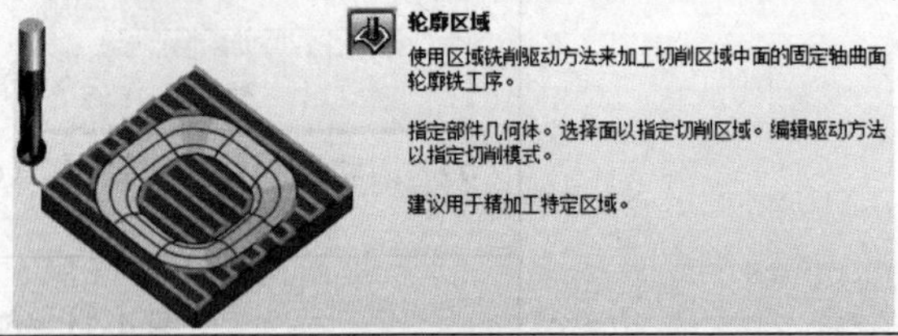轮廓区域 使用区域铣削驱动方法来加工切削区域中面的固定轴曲面轮廓铣工序。 指定部件几何体。选择面以指定切削区域。编辑驱动方法以指定切削模式。 建议用于精加工特定区域。	适用于模具中平缓区域的半精加工和精加工，使用的刀具多为球刀
固定轴轮廓铣（FIXED_CONTOUR）	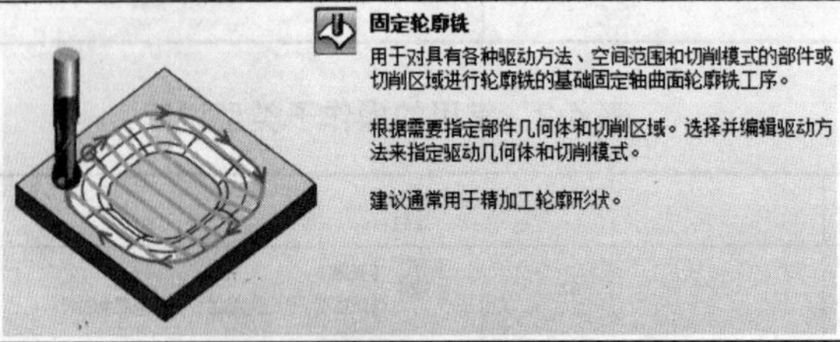固定轮廓铣 用于对具有各种驱动方法、空间范围和切削模式的部件或切削区域进行轮廓铣的基础固定轴曲面轮廓铣工序。 根据需要指定部件几何体和切削区域。选择并编辑驱动方法来指定驱动几何体和切削模式。 建议通常用于精加工轮廓形状。	适用于模具轮廓的精加工
轮廓文本（CONTOUR_TEXT）	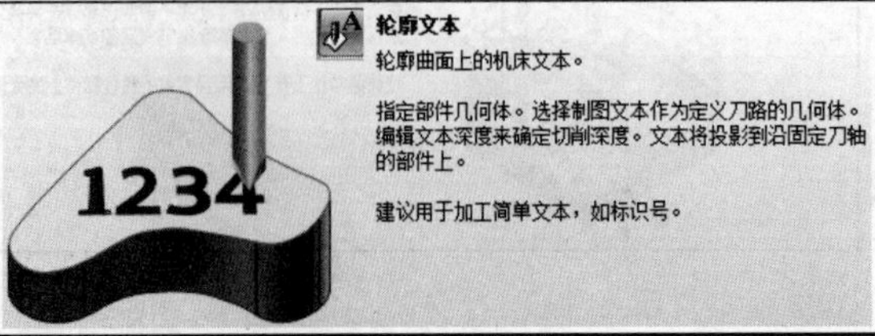轮廓文本 轮廓曲面上的机床文本。 指定部件几何体。选择制图文本作为定义刀路的几何体。编辑文本深度来确定切削深度。文本将投影到沿固定刀轴的部件上。 建议用于加工简单文本，如标识号。 1234	适用在轮廓曲面上加工制图文本字体

4）后处理

<table>
<tr><th>步骤</th><th>说 明</th><th>图 解</th></tr>
<tr><td>（1）打开“后处理”命令。</td><td>在“操作”工具条中单击“后处理”命令，如图 4-12（a）所示；或者右击“工序导航器-几何”导航栏中创建完成的工序 PLANAR_MILL_ROUGH，在弹出的快捷菜单中单击“后处理”命令，如图 4-12（b）所示，打开“后处理”对话框，如图 4-12（c）所示。</td><td>
生成刀轨
确认刀轨
列出刀轨
机床仿真
后处理
车间文档
工具条: 操作
后处理
对选定的刀轨进行后处理
（a）“操作”工具条打开“后处理”命令
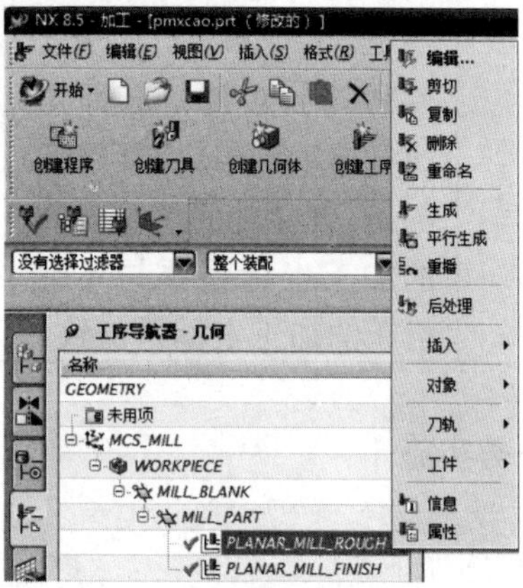
NX 8.5 - 加工 - [pmxcao.prt（修改的）]
文件(F) 编辑(E) 视图(V) 插入(S) 格式(R)
开始
创建程序
创建刀具
创建几何体
没有选择过滤器
整个装配
工序导航器 - 几何
名称
GEOMETRY
未用项
MCS_MILL
WORKPIECE
MILL_BLANK
MILL_PART
PLANAR_MILL_ROUGH
PLANAR_MILL_FINISH
编辑...
剪切
复制
删除
重命名
生成
平行生成
重播
后处理
插入
对象
刀轨
工件
信息
属性
（b）“工序导航器”右键快捷菜单打开“后处理”命令</td></tr>
<tr><td>（2）设置后处理参数。</td><td>在“后处理”对话框中，如图 4-12（c）所示，选择后处理器“普通机”，选择输出文件的文件名及文件夹，默认文件扩展名“NC”，设置单位“公制/部件”，其余默认。</td><td>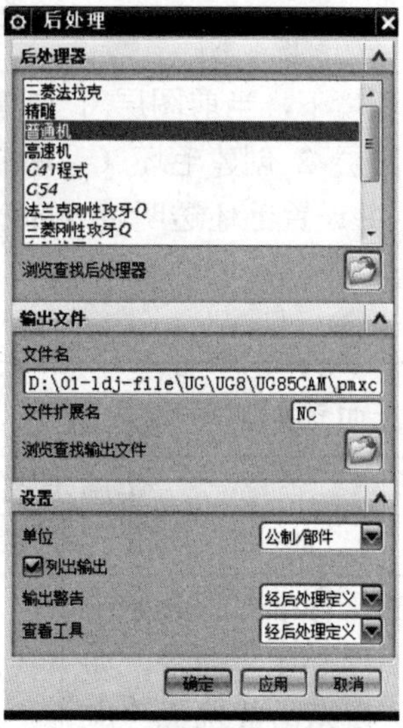
后处理
后处理器
三菱法拉克
精雕
普通机
高速机
G41程式
G54
法兰克刚性攻牙Q
三菱刚性攻牙Q
浏览查找后处理器
输出文件
文件名
D:\01-ldj-file\UG\UG8\UG85CAM\pmxc
文件扩展名
NC
浏览查找输出文件
设置
单位
公制/部件
列出输出
输出警告
经后处理定义
查看工具
经后处理定义
确定
应用
取消
（c）“后处理”对话框</td></tr>
</table>

步骤	说　明	图　解
（3）生成 NC 程序清单文件。	完成“后处理”对话框设置后，单击“确定”按钮，即可弹出程序清单“信息”窗口，如图 4-12（d）所示，同时在所选择的文件夹中生成了程序清单 NC 文件，把这个文件传输到数控机床即可执行自动加工。需要注意的是，创建几何体时设置的加工坐标系要与实际机床的加工坐标系一致。	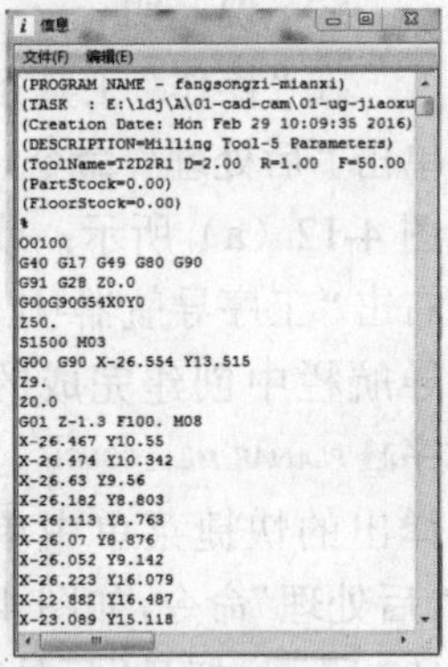信息 文件(F) 编辑(E) (PROGRAM NAME - fangsongzi-mianxi) (TASK : E:\ldj\A\01-cad-cam\01-ug-jiaoxu (Creation Date: Mon Feb 29 10:09:35 2016) (DESCRIPTION=Milling Tool-5 Parameters) (ToolName=T2D2R1 D=2.00 R=1.00 F=50.00 (PartStock=0.00) (FloorStock=0.00) % O0100 G40 G17 G49 G80 G90 G91 G28 Z0.0 G00G90G54X0Y0 Z50. S1500 M03 G00 G90 X-26.554 Y13.515 Z9. Z0.0 G01 Z-1.3 F100. M08 X-26.467 Y10.55 X-26.474 Y10.342 X-26.63 Y9.56 X-26.182 Y8.803 X-26.113 Y8.763 X-26.07 Y8.876 X-26.052 Y9.142 X-26.223 Y16.079 X-22.882 Y16.487 X-23.089 Y15.118 （d）生成刀轨 **图 4-12　创建工序**

4.1.3　任务实施

任务实施如下：

1. 建模

实施步骤 1：建模	
说　明	图　解
在建模环境下，当前图层 1 创建凹槽零件模型，图层 2 创建毛坯（毛坯高出零件 0.5mm），并设置毛坯透明度为 80%，如图 4-13 所示。	 **图 4-13　凹槽建模**

2. 进入平面铣加工环境

实施步骤 2：进入平面铣加工环境	
说　明	图　解
（1）单击“标准”工具条中的“开始”→“加工”命令，如图 4-14（a）所示。或选择“应用模块”工具条中的“加工”命令，或按 Ctrl+Alt+M 快捷键，即可进入“加工环境”对话框，如图 4-14（b）所示。	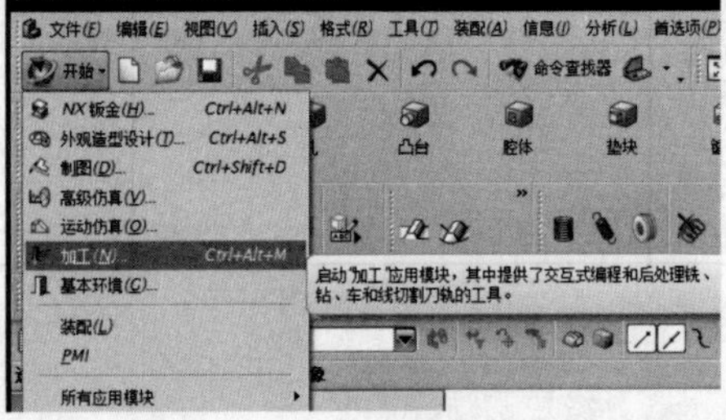NX 8.5 - 建模 - [pmxcao.prt（修改的）] 文件(F) 编辑(E) 视图(V) 插入(S) 格式(R) 工具(T) 装配(A) 信息(I) 分析(L) 首选项(P) 开始 命令查找器 NX 钣金(H)... Ctrl+Alt+N 外观造型设计(T)... Ctrl+Alt+S 制图(D)... Ctrl+Shift+D 高级仿真(V)... 运动仿真(O)... 加工(N)... Ctrl+Alt+M 基本环境(C)... 装配(L) PMI 所有应用模块 凸台 腔体 垫块 启动"加工"应用模块，其中提供了交互式编程和后处理铣、钻、车和线切割刀轨的工具。 （a）“标准”工具条中的“加工”命令

说　明	图　解
（2）在“加工环境”对话框中，选择要创建的 CAM 设置“mill_ planar”选项后，如图 4-14（b）所示，单击“确定”按钮，即可进入加工环境，界面如图 4-15 所示。	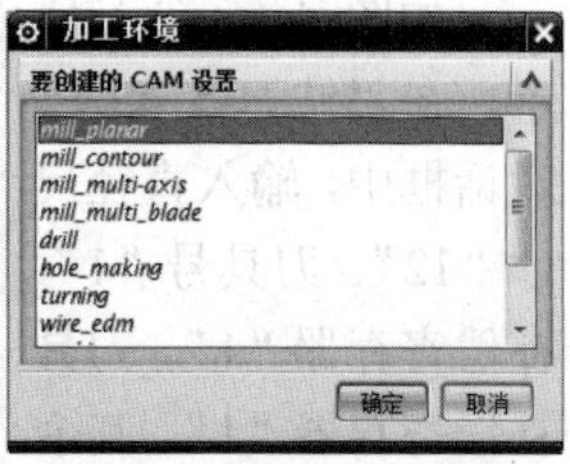 加工环境 要创建的 CAM 设置 mill_planar mill_contour mill_multi-axis mill_multi_blade drill hole_making turning wire_edm 确定 取消 （b）“加工环境”对话框 **图 4-14　设置加工环境**
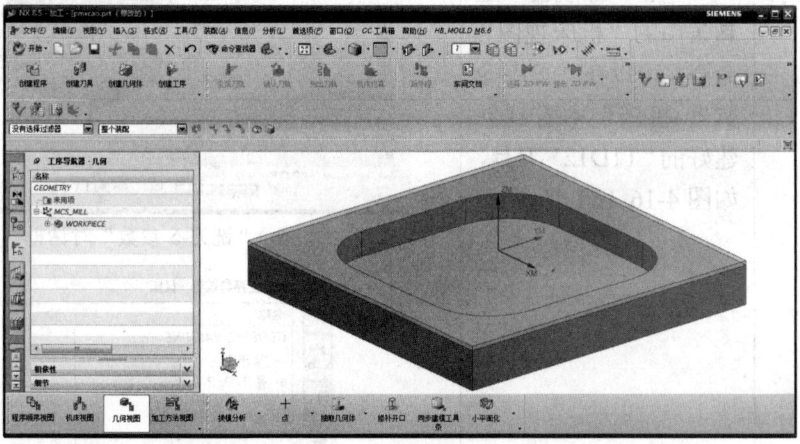 **图 4-15　平面铣加工环境界面**	

3. 创建刀具

实施步骤 3：创建刀具		
步骤	说　明	图　解
（1）打开“创建刀具”对话框。	选择“刀片”工具条“创建刀具”命令，打开其对话框，选择刀具子类型“MILL”，输入刀具名称“T1D12”（不区分大小写），其余默认，如图 4-16（a）所示，单击“确定”按钮，打开“铣刀-5 参数”对话框，如图 4-16（b）所示。	 创建刀具 类型 mill_planar 库 从库中调用刀具 从库中调用设备 刀具子类型 MILL 位置 刀具 GENERIC_MACHIN 名称 t1d12 确定 应用 取消 （a）“创建刀具”对话框

<table>
<tr><th>步骤</th><th>说 明</th><th>图 解</th></tr>
<tr><td>（2）设置刀具参数。</td><td>如图 4-16（b）所示，在“铣刀-5 参数”对话框中，输入直径尺寸“12”、刀具号“1”、补偿寄存器“1”、刀具补偿寄存器“1”，其余默认，单击“确定”按钮，完成 1 号刀具创建。</td><td rowspan="2">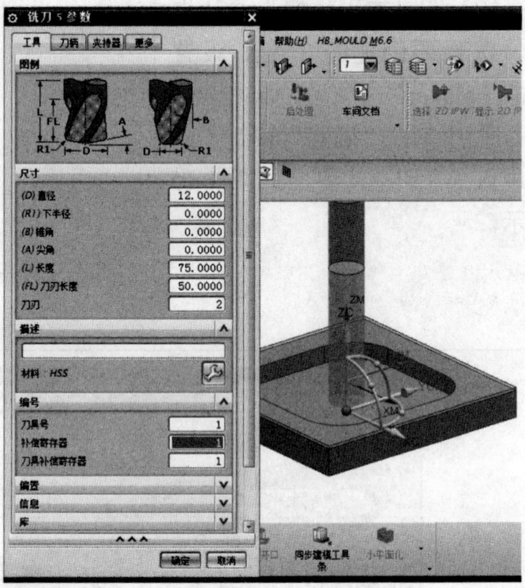
铣刀-5 参数
工具
刀柄
夹持器
更多
图例
尺寸
(D) 直径 12.0000
(R1) 下半径 0.0000
(B) 锥角 0.0000
(A) 尖角 0.0000
(L) 长度 75.0000
(FL) 刀刃长度 50.0000
刀刃 2
描述
材料：HSS
编号
刀具号 1
补偿寄存器 1
刀具补偿寄存器 1
偏置
信息
库
确定
取消
（b）“铣刀-5 参数”对话框
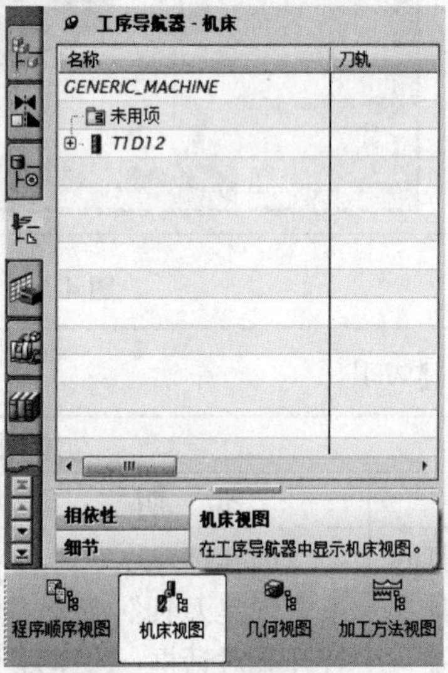
工序导航器 - 机床
名称
刀轨
GENERIC_MACHINE
未用项
T1D12
相依性
细节
机床视图
在工序导航器中显示机床视图。
程序顺序视图
机床视图
几何视图
加工方法视图
（c）显示刀具

图 4-16　创建刀具</td></tr>
<tr><td>（3）显示刀具。</td><td>单击“导航器”工具条中的“机床视图”命令，可以在“工序导航器-机床”中看到创建好的“T1D12”刀具，如图 4-16（c）所示。</td></tr>
</table>

4. 建立加工坐标系

<table>
<tr><th colspan="3">实施步骤 4：建立加工坐标系</th></tr>
<tr><th>步骤</th><th>说　明</th><th>图　解</th></tr>
<tr><td>（1）显示“MCS_MILL”。</td><td>单击“导航器”工具条中的“几何视图”命令，在左侧“工序导航器-几何”导航栏显示了“MCS_MILL”、“WORKPIECE”等内容，如图 4-17（a）所示。</td><td rowspan="2">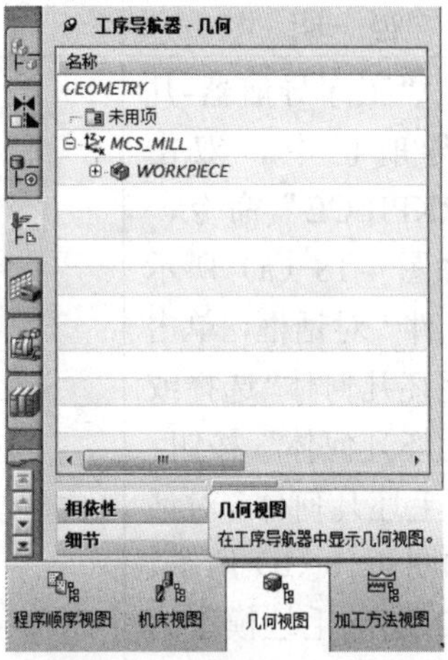
工序导航器 - 几何
名称
GEOMETRY
未用项
MCS_MILL
WORKPIECE
相依性
细节
几何视图
在工序导航器中显示几何视图。
程序顺序视图
机床视图
几何视图
加工方法视图
（a）“工序导航器-几何”显示
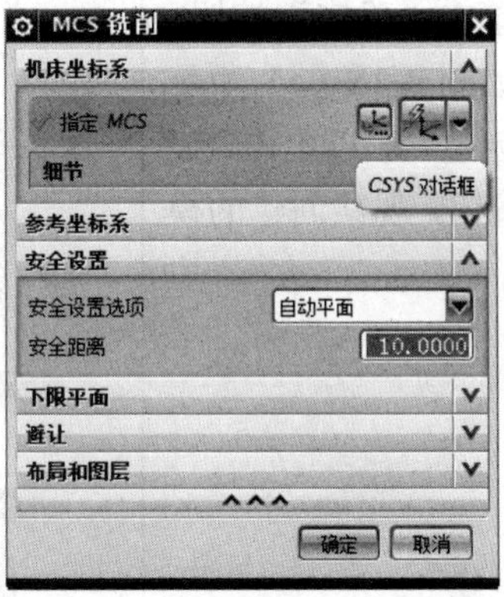
MCS 铣削
机床坐标系
指定 MCS
细节
CSYS 对话框
参考坐标系
安全设置
安全设置选项
自动平面
安全距离
10.0000
下限平面
避让
布局和图层
确定
取消
（b）“MCS 铣削”对话框</td></tr>
<tr><td>（2）打开“MCS 铣削”对话框。</td><td>在“工序导航器-几何”中，双击“MCS_MILL”命令，打开如图 4-17（b）所示“MCS 铣削”对话框，选择默认安全距离“10”，其余默认。</td></tr>
<tr><td rowspan="2">（3）设置加工坐标系。</td><td rowspan="2">单击机床坐标系上的“CSYS 会话”命令，打开“CSYS”对话框，设置加工坐标系在毛坯上表面中心，其余默认，完成设置如图 4-17（c）所示的加工坐标系，单击“确定”按钮返回“MCS 铣削”对话框，再次单击“确定”按钮，完成加工坐标系的创建。</td><td>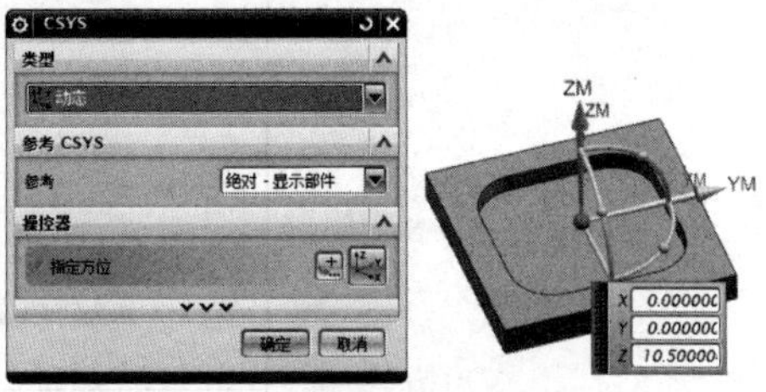
CSYS
类型
动态
参考 CSYS
参考
绝对 - 显示部件
操控器
指定方位
确定
取消
ZM
YM
（c）设置加工坐标系</td></tr>
<tr><td>图 4-17　建立加工坐标系</td></tr>
</table>

5. 创建几何体

1）指定毛坯几何体

实施步骤 5：指定毛坯	
说　明	图　解
在“工序导航器-几何”导航栏中，双击“WORKPIECE”命令，打开如图 4-18（a）所示的“工件”对话框，单击指定毛坯几何体“选择或编辑毛坯几何体”按钮，打开“毛坯几何体”对话框，如图 4-18（b）所示，指定 2 层的毛坯模型为“毛坯几何体”，其余默认，单击“确定”按钮，完成如图 4-18（c）所示毛坯创建，可以单击“显示”按钮，观察创建的模型。	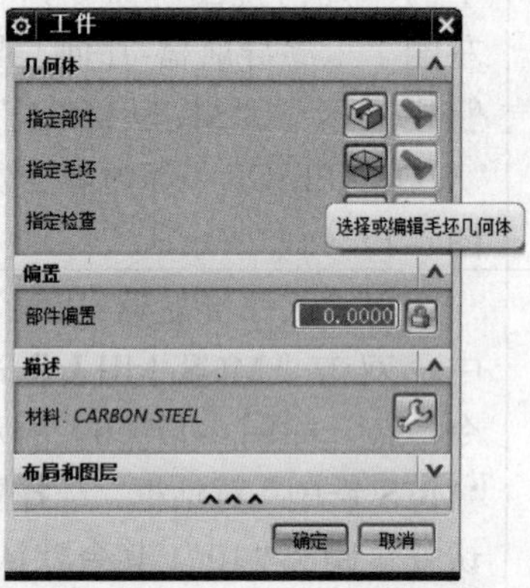工件 几何体 指定部件 指定毛坯 指定检查 选择或编辑毛坯几何体 偏置 部件偏置 0.0000 描述 材料：CARBON STEEL 布局和图层 确定 取消 （a）“工件”对话框 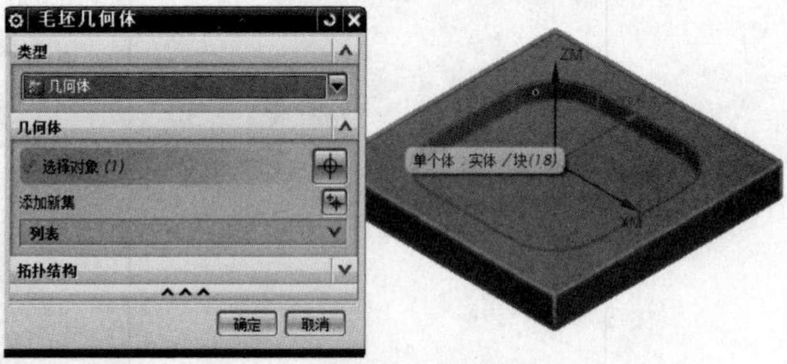毛坯几何体 类型 几何体 几何体 选择对象 (1) 添加新集 列表 拓扑结构 确定 取消 ZM 单个体 · 实体 / 块(18) XM （b）选择毛坯几何体 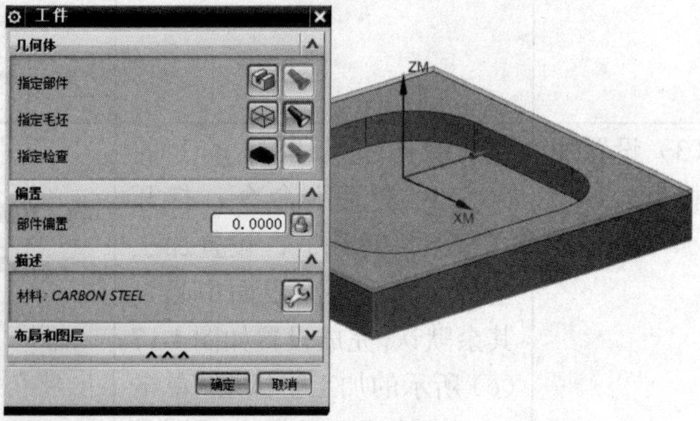工件 几何体 指定部件 指定毛坯 指定检查 偏置 部件偏置 0.0000 描述 材料：CARBON STEEL 布局和图层 确定 取消 ZM XM （c）显示毛坯 图 4-18　指定毛坯几何体

2）指定部件几何体

实施步骤 6：指定部件	
说　明	图　解
在“工件”对话框中，如图 4-19（a）所示，单击指定部件几何体“选择或编辑部件几何体”按钮，打开“部件几何体”对话框，如图 4-19（b）所示，指定图层 1 的零件模型为“部件几何体”，其余默认，单击“确定”按钮，完成如图 4-19（c）所示部件的指定，可以单击“显示”按钮，观察创建的模型。 最后，单击“确定”按钮，完成毛坯与部件的指定。	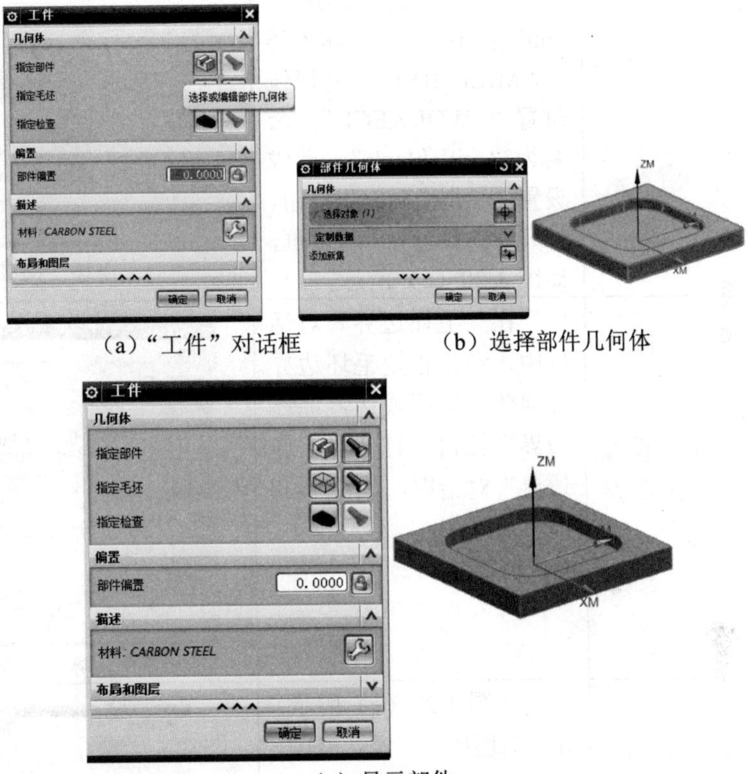 工件 几何体 指定部件 指定毛坯 选择或编辑部件几何体 指定检查 偏置 部件偏置 0.0000 描述 材料: CARBON STEEL 布局和图层 确定 取消 部件几何体 几何体 选择对象 (1) 定制数据 添加新集 ZM XM （a）“工件”对话框　（b）选择部件几何体 （c）显示部件 图 4-19　指定部件几何体

3）指定毛坯边界

实施步骤 7：指定毛坯边界		
步骤	说　明	图　解
（1）打开“创建几何体”对话框。	如图 4-20（a）所示，单击“刀片”工具条中的“创建几何体”命令，打开其对话框，如图 4-20（b）所示。	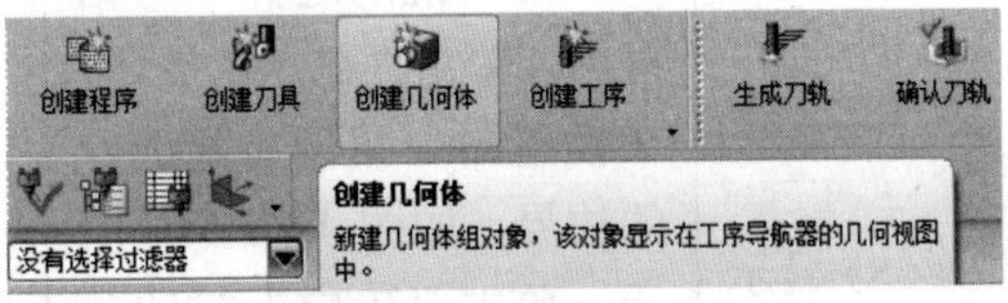 创建程序 创建刀具 创建几何体 创建工序 生成刀轨 确认刀轨 没有选择过滤器 创建几何体 新建几何体组对象，该对象显示在工序导航器的几何视图中。 （a）“创建几何体”命令

步骤	说　明	图　解
（2）设置创建毛坯子类型。	在“创建几何体”对话框中，如图 4-20（b）所示，依次选择类型“mill_planar”、几何体子类型“MILL_BND”、几何体位置“ WORKECE”，命名为“mill_blank”，完成设置。单击“确定”按钮，打开“铣削边界”对话框，如图 4-20（c）所示。	 （b）“创建几何体”对话框
（3）设置毛坯边界参数。	在“毛坯边界”对话框中，单击指定毛坯边界几何体“选择或边界毛坯边界”按钮，打开“毛坯边界”对话框，如图 4-20（d）所示。	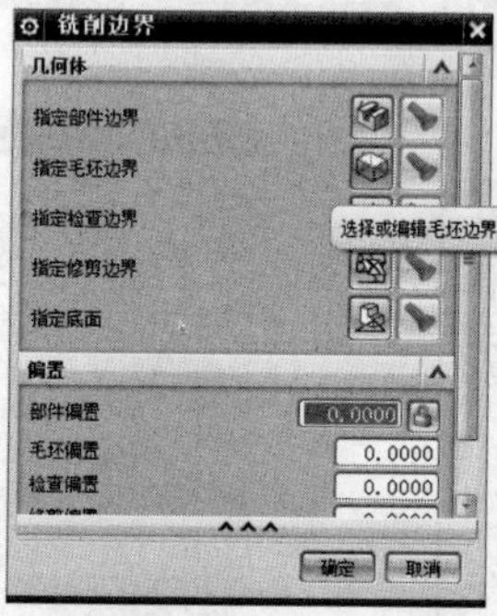 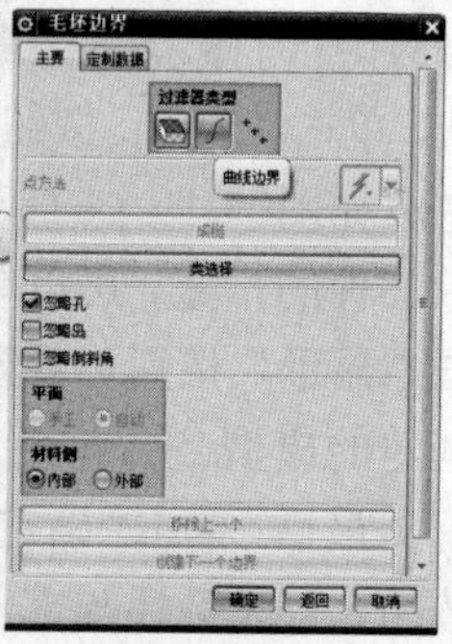 （c）“铣削边界”对话框　（d）“毛坯边界”对话框
（4）选择毛坯边界。	如图 4-20（e）所示，在“毛坯边界”对话框中，设置过滤器类型为“曲线边界”，其余默认，在毛坯零件模型的上表面依次选择 4 条边线，单击“确定”按钮，返回“铣削边界”对话框，完成毛坯边界设定。	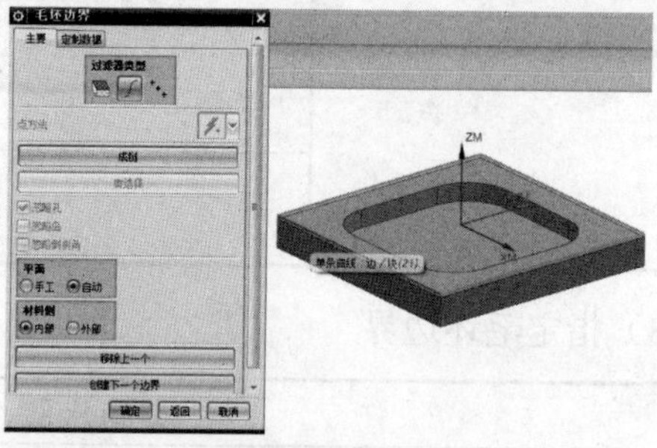 （e）选择毛坯边界
（5）显示毛坯边界。	在“铣削边界”对话框中，单击“显示”按钮，在模型图中即可显示选好的边界，如图 4-20（f）所示，单击“确定”按钮，完成毛坯边界设置。	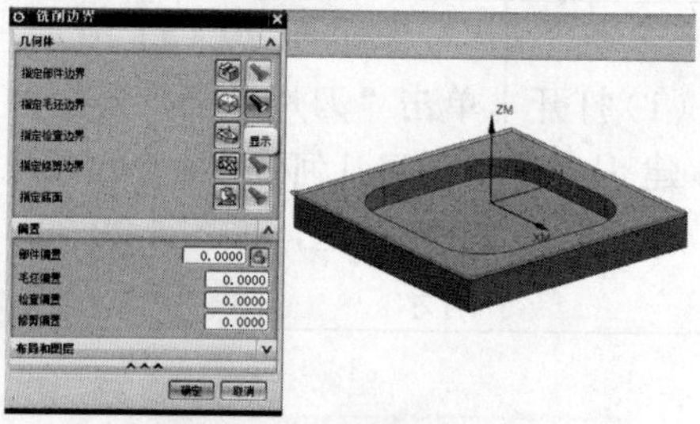 （f）显示毛坯边界 **图 4-20　指定毛坯边界**

4）指定部件边界

实施步骤 8：指定部件边界		
步骤	说　明	图　解
（1）设置图层。	单击“实用”工具条中的“图层设置”命令，打开其对话框，不勾选图层“2”，使其不可见，如图 4-21（a）所示，完成设置后，模型图中毛坯消失，关闭“图层设置”对话框。	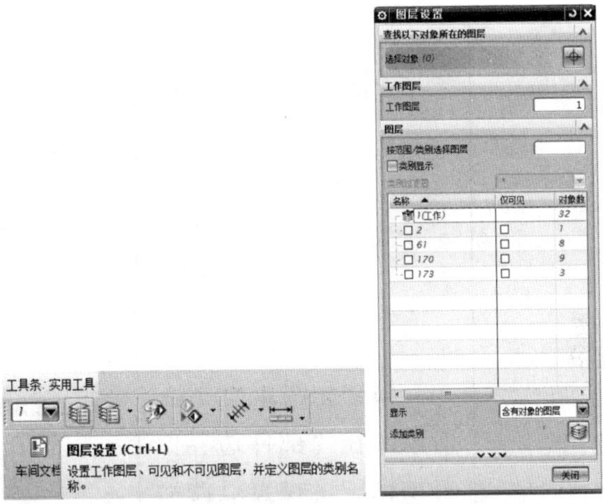 图层设置 查找以下对象所在的图层 工作图层 图层 名称 仅可见 对象数 1(工作) 2 61 170 173 显示 含有对象的图层 添加类别 关闭 工具条: 实用工具 图层设置 (Ctrl+L) 设置工作图层、可见和不可见图层，并定义图层的类别名称。 车间文档 （a）设置图层 2 不可见
（2）设置创建部件子类型。	单击“刀片”工具条中的“创建几何体”命令，打开其对话框，如图 4-21（b）所示，在“创建几何体”对话框中，依次选择类型“mill_planar”、几何体子类型“MILL_BND”、几何体位置“MILL_BLANK”，命名为“mill_part”，完成设置。	 创建几何体 类型 mill_planar 几何体子类型 MILL_BND 位置 几何体 MILL_BLANK 名称 MILL_part 确定 应用 取消 （b）“创建几何体”对话框
（3）设置部件边界类型。	（3）单击“确定”按钮，打开“铣削边界”对话框，如图 4-21（c）所示，单击指定部件边界几何体“选择或边界毛坯边界”按钮，打开“部件边界”对话框，如图 4-21（d）所示。	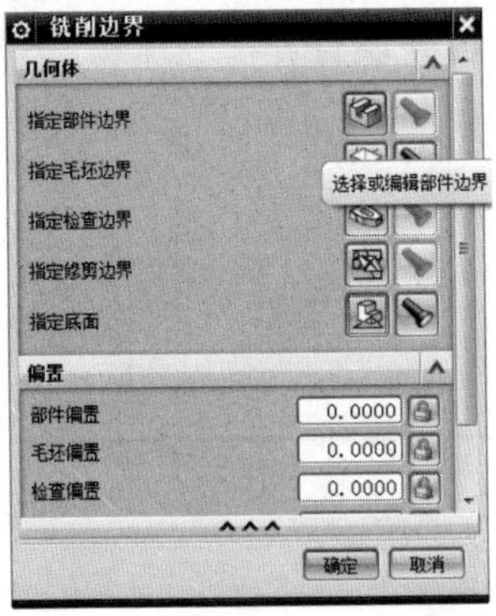 铣削边界 几何体 指定部件边界 指定毛坯边界 选择或编辑部件边界 指定检查边界 指定修剪边界 指定底面 偏置 部件偏置 0.0000 毛坯偏置 0.0000 检查偏置 0.0000 确定 取消 （c）“铣削边界”对话框

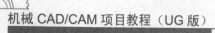

步骤	说　明	图　解
		 部件边界 主要 定制数据 过滤器类型 面边界 点方法 成链 类选择 忽略孔 忽略岛 忽略倒斜角 平面 手工 自动 确定 返回 取消 （d）“部件边界”对话框
（4）选择部件边界。	（4）如图 4-21（e）所示，在“部件边界”对话框中，设置过滤器类型为“面边界”，其余默认，选择部件模型的底面与上表面，单击“确定”按钮，返回“铣削边界”对话框，完成部件边界设定。	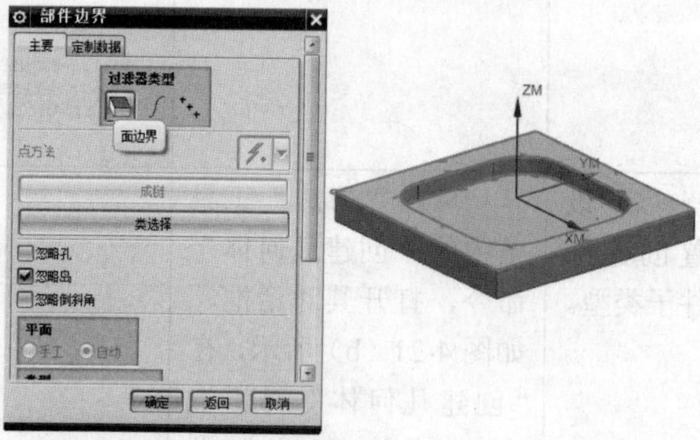 部件边界 主要 定制数据 过滤器类型 面边界 点方法 成链 类选择 忽略孔 忽略岛 忽略倒斜角 平面 手工 自动 确定 返回 取消 ZM YM XM （e）选择部件边界
（5）显示部件边界。	（5）在“铣削边界”对话框中，单击“显示”按钮，在模型图中即可显示选好的面边界，如图 4-21（f）所示，单击“确定”按钮，完成部件边界设置。	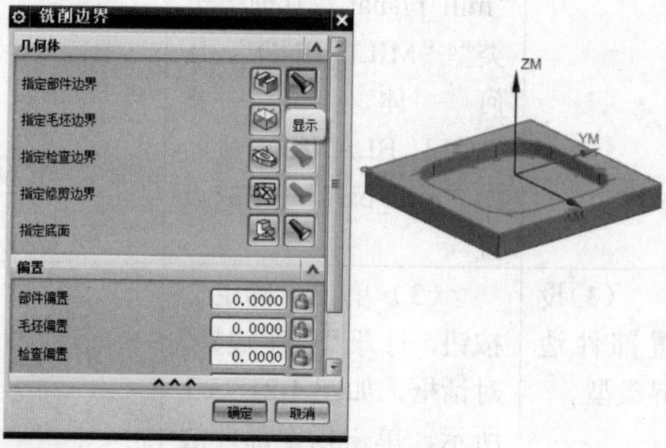 铣削边界 几何体 指定部件边界 指定毛坯边界 显示 指定检查边界 指定修剪边界 指定底面 偏置 部件偏置 0.0000 毛坯偏置 0.0000 检查偏置 0.0000 确定 取消 ZM YM XM （f）显示部件边界 **图 4-21　指定部件边界**

6. 创建粗加工工序

1）设置创建工序参数

<table>
<tr><th colspan="2">实施步骤 9：设置创建工序参数</th></tr>
<tr><th>说　明</th><th>图　解</th></tr>
<tr><td>单击“刀片”工具条中的“创建工序”命令，如图 4-22（a）所示，打开其对话框，依次设置类型“mill_ planar”、工序子类型“平面铣”、程序“NC_PROGRAM”、刀具“T1D12（铣刀-5 参数）”、几何体“MILL_PART”、方法“MILL_ROUGH”，命名为“PLANAR _MILL_ROUGH”，完成操作参数设置，单击“确定”按钮，打开如图 4-22（b）所示的“平面铣”对话框。</td><td>
创建工序
类型
mill_planar
工序子类型
位置
程序
NC_PROGRAM
刀具
T1D12 (铣刀-5 参数
几何体
MILL_PART
方法
MILL_ROUGH
名称
PLANAR_MILL_rough
确定
应用
取消
（a）“创建工序”对话框
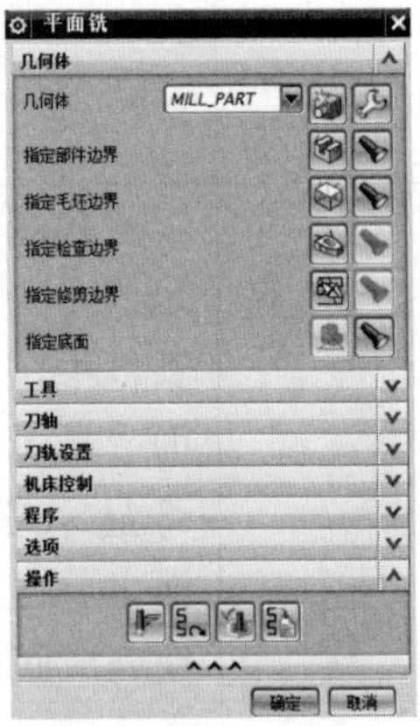
平面铣
几何体
几何体
MILL_PART
指定部件边界
指定毛坯边界
指定检查边界
指定修剪边界
指定底面
工具
刀轴
刀轨设置
机床控制
程序
选项
操作
确定
取消
（b）“平面铣”对话框
图 4-22　设置创建工序参数</td></tr>
</table>

2）指定底面

<table>
<tr><th colspan="3">实施步骤 10：指定底面</th></tr>
<tr><th>步骤</th><th>说　明</th><th>图　解</th></tr>
<tr><td>（1）指定底面。</td><td>在“平面铣”对话框中，如图 4-23(a)所示，单击“选择或编辑底面几何体”按钮，打开“平面”对话框，如图 4-23（b）所示，默认设置，选定对象为“槽的底面”，单击“确定”按钮返回。</td><td>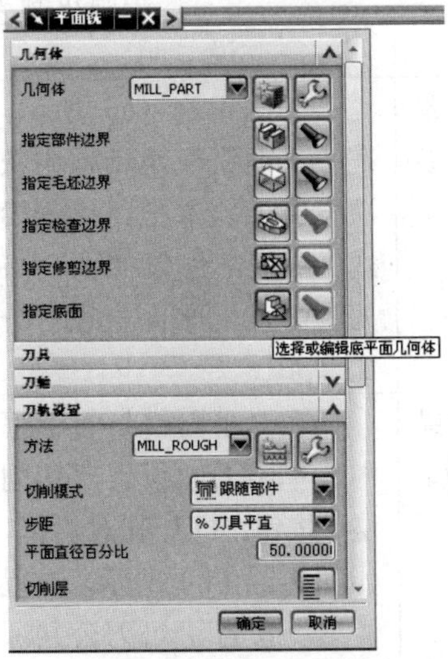
平面铣
几何体
几何体
MILL_PART
指定部件边界
指定毛坯边界
指定检查边界
指定修剪边界
指定底面
选择或编辑底平面几何体
刀具
刀轴
刀轨设置
方法
MILL_ROUGH
切削模式
跟随部件
步距
% 刀具平直
平面直径百分比
50.0000
切削层
确定
取消
（a）“创建工序”对话框</td></tr>
</table>

步骤	说　明	图　解
		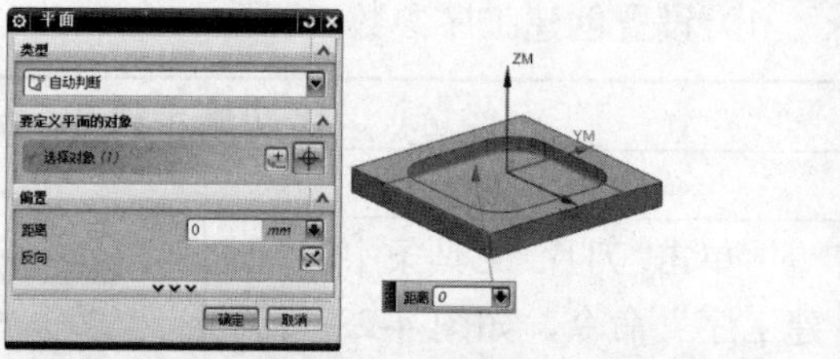平面 类型 自动判断 要定义平面的对象 选择对象 (1) 偏置 距离 反向 确定 取消 ZM YM 距离（b）选定对象
（2）显示指定底面。	如图 4-23（c）所示，在“平面铣”对话框中，单击指定底面“显示”按钮，即可显示零件模型底面，单击“确定”按钮完成底面指定。	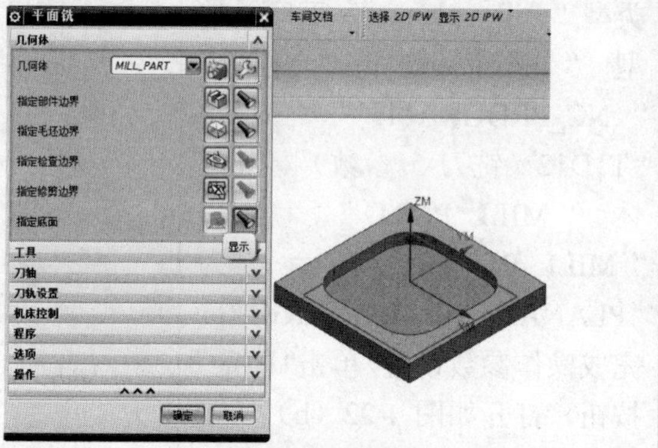平面铣 几何体 几何体 MILL_PART 指定部件边界 指定毛坯边界 指定检查边界 指定修剪边界 指定底面 显示 工具 刀轴 刀轨设置 机床控制 程序 选项 操作 确定 取消 车间文档 选择 2D IPW 显示 2D IPW ZM YM（c）显示指定底面 **图 4-23　指定底面**

3）设置刀轨参数

实施步骤 11：设置刀轨参数		
步骤	**说　明**	**图　解**
（1）设置刀轨基本参数。	如图 4-24（a）所示，在“平面铣”对话框中依次设置刀轨参数：切削模式“跟随部件”、步距“%刀具平直”、平面直径百分比“50”。	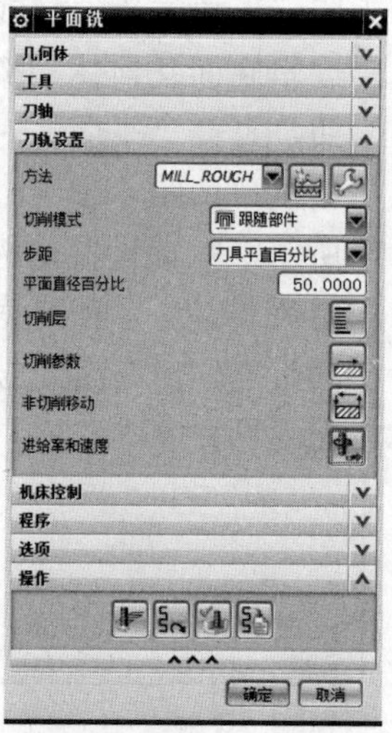平面铣 几何体 工具 刀轴 刀轨设置 方法 MILL_ROUGH 切削模式 跟随部件 步距 刀具平直百分比 平面直径百分比 50.0000 切削层 切削参数 非切削移动 进给率和速度 机床控制 程序 选项 操作 确定 取消（a）“平面铣”对话框
（2）设置切削层参数。	在“平面铣”对话框中，单击刀轨设置“切削层”按钮，打开其对话框，如图 4-24（b）所示，设置类型“恒定”，每刀公共深度“1”，其余默认，单击“确定”按钮返回“平面铣”对话框。	

步骤	说　明	图　解
		切削层 类型 恒定 每刀深度 公共 1.0000 刀颈安全距离 增量侧面余量 0.0000 临界深度 临界深度顶面切削 确定 取消 （b）“切削层”对话框
（3）设置切削参数。	在“平面铣”对话框中，单击刀轨设置“切削参数”按钮，打开其对话框，如图 4-24（c）所示，单击“余量”选项卡，设置部件余量“0.5”、其他余量“0”、内公差“0.05”、外公差“0.05”，单击“确定”按钮返回“平面铣”对话框（若提前设置好，可省此步）。	切削参数 连接 空间范围 更多 策略 余量 拐角 余量 部件余量 0.5000 最终底面余量 0.0000 毛坯余量 0.0000 检查余量 0.0000 修剪余量 0.0000 公差 内公差 0.0500 外公差 0.0500 确定 取消 （c）“切削参数”对话框
（4）设置进给和速度。	在“平面铣”对话框中，单击“进给和速度”按钮，打开“进给和速度”对话框，如图 4-24（d）所示，勾选“主轴速度(rpm)”复选框，设置主轴速度“2000”、进给率切削“150”，单击“确定”按钮返回“平面铣”对话框。	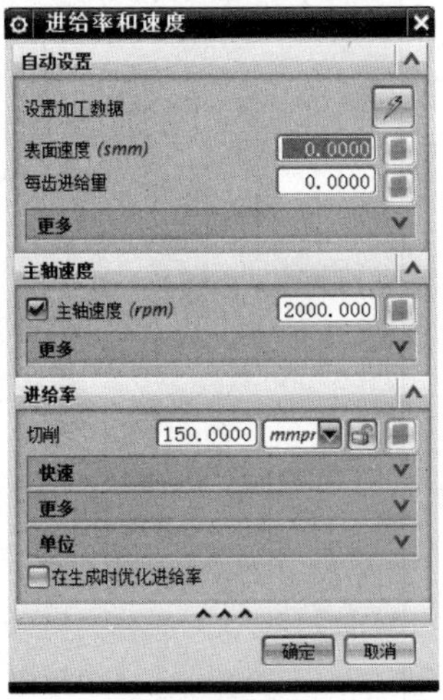进给率和速度 自动设置 设置加工数据 表面速度 (smm) 0.0000 每齿进给量 0.0000 更多 主轴速度 主轴速度 (rpm) 2000.000 更多 进给率 切削 150.0000 mmpr 快速 更多 单位 在生成时优化进给率 确定 取消 （d）“进给率和速度”对话框
		图 4-24　设置刀轨参数

4）仿真加工

实施步骤 12：仿真加工		
步骤	说　明	图　解
（1）生成刀轨。	在“平面铣”对话框中，单击“生成”按钮，显示刀轨如图 4-25（a）所示。	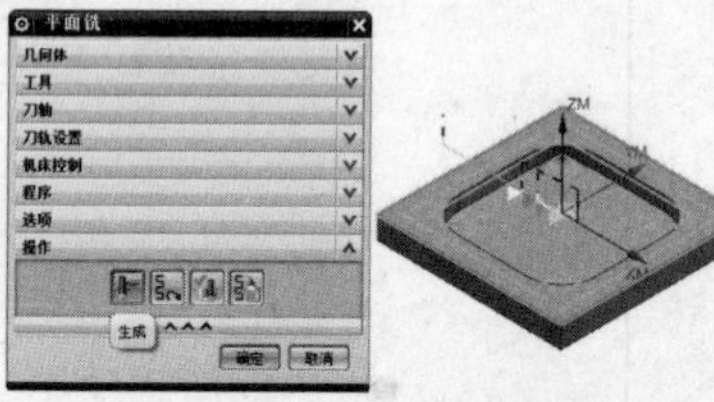 （a）生成刀轨
（2）仿真加工。	在“平面铣”对话框中，如图 4-25（b）所示，单击“确认”按钮，打开“刀轨可视化”对话框。选择 2D（或 3D）模式，其余默认，如图 4-25（c）所示，单击“播放”按钮，即可进行仿真加工验证，如图 4-25（d）所示为仿真加工结果，最后单击“确定”按钮返回“平面铣”对话框，再次单击“确定”按钮，完成仿真加工。	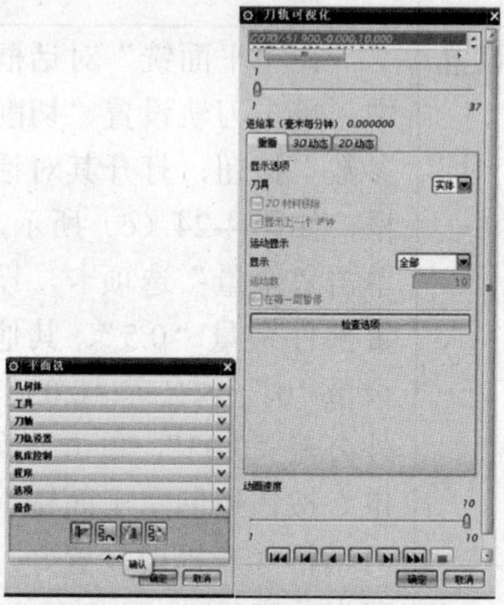 （b）打开“刀轨可视化”对话框 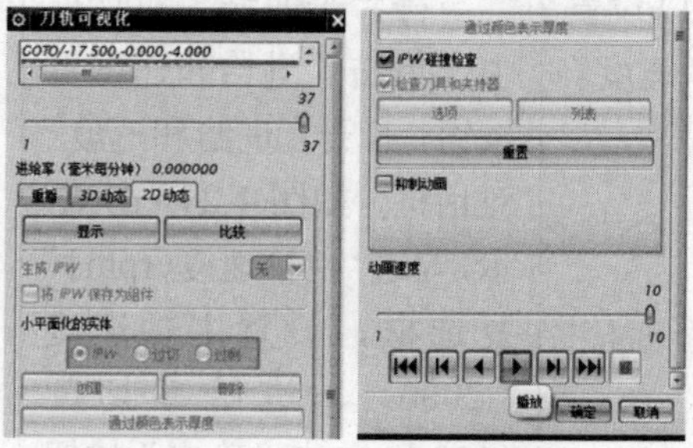 （c）“2D 动态”标签选项 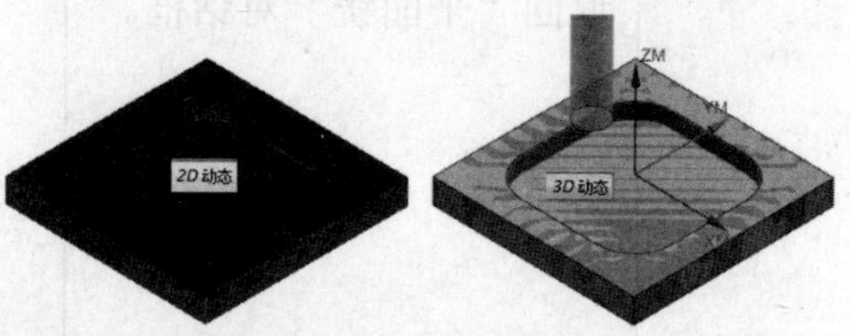 （d）2D/3D 仿真加工结果 图 4-25　仿真加工

7. 创建精加工工序

1）复制工序

实施步骤13：创建精加工工序	
说　明	**图　解**
右击“工序导航器-几何”导航栏中创建完成的工序 PLANAR_MILL_ROUGH ，如图4-26（a）所示，在弹出的快捷菜单中单击“复制”命令，再右击选择“粘贴”命令，如图4-26（b）所示。在左侧导航栏中出现 PLANAR_MILL_ROUGH_COPY 复制工序。如图4-26（c）所示。右击该工序，在弹出的快捷菜单中单击“重命名”命令，修改其名称为“PLANAR_MILL_FINISH”。	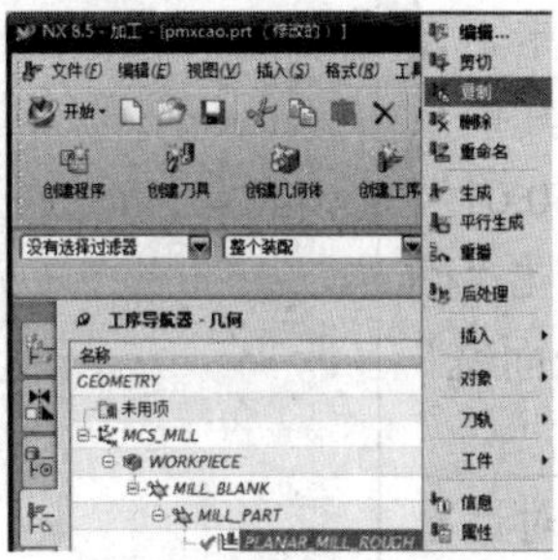 （a）复制工序 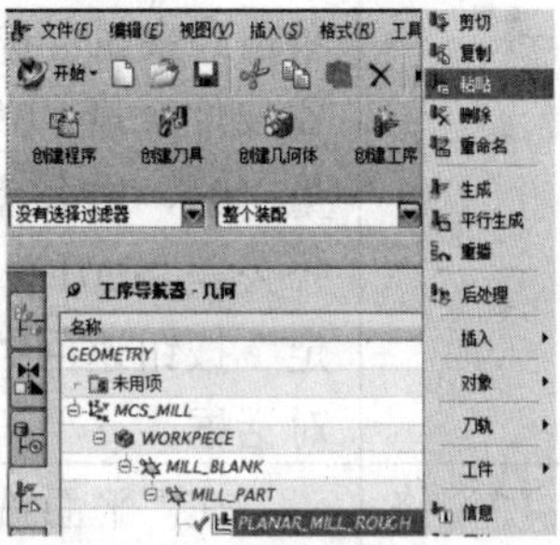 （b）粘贴工序  工序导航器 - 几何 名称 GEOMETRY 未用项 MCS_MILL WORKPIECE MILL_BLANK MILL_PART PLANAR_MILL_ROUGH PLANAR_MILL_ROUGH_COPY 工序导航器 - 几何 名称 GEOMETRY 未用项 MCS_MILL WORKPIECE MILL_BLANK MILL_PART PLANAR_MILL_ROUGH PLANAR_MILL_FINISH （c）修改复制工序名
	图4-26　创建精加工工序

2）修改工序刀轨参数

实施步骤14：修改精加工工序参数		
步骤	**说　明**	**图　解**
（1）修改刀轨基本参数。	在“工序导航器-几何”导航栏中，双击工序 PLANAR_MILL_FINISH ，打开“平面铣”对话框，如图4-27（a）所示。修改刀轨基本参数设置：方法“MILL_FINISH”、切削模式“轮廓加工”，如图4-27（b）所示。	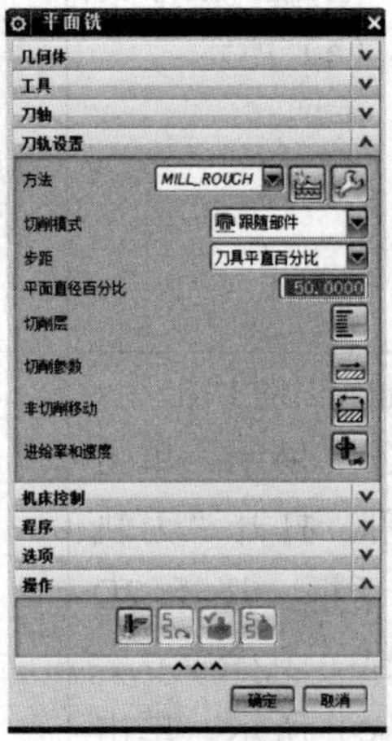 平面铣 几何体 工具 刀轴 刀轨设置 方法 MILL_ROUGH 切削模式 跟随部件 步距 刀具平直百分比 平面直径百分比 50.0000 切削层 切削参数 非切削移动 进给率和速度 机床控制 程序 选项 操作 确定 取消 （a）“平面铣”对话框 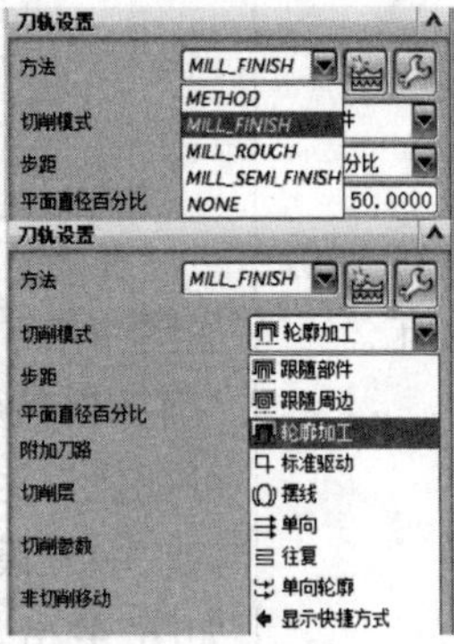 刀轨设置 方法 MILL_FINISH METHOD MILL_FINISH MILL_ROUGH MILL_SEMI_FINISH NONE 切削模式 步距 平面直径百分比 50.0000 刀轨设置 方法 MILL_FINISH 切削模式 轮廓加工 步距 平面直径百分比 附加刀路 切削层 切削参数 非切削移动 跟随部件 跟随周边 轮廓加工 标准驱动 摆线 单向 往复 单向轮廓 显示快捷方式 （b）修改刀轨基本参数

步骤	说　明	图　解
（2）修改切削参数。	在“平面铣”对话框中，单击刀轨设置“切削参数”按钮，打开其对话框，如图 4-27（c）所示，单击“余量”选项卡，设置部件余量“0”、其他余量“0”、内公差“0.01”、外公差“0.01”，单击“确定”按钮返回“平面铣”对话框。	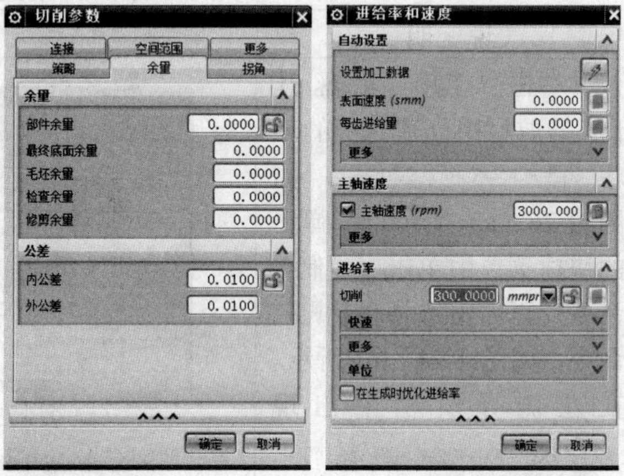 切削参数 连接 空间范围 更多 策略 余量 拐角 部件余量 最终底面余量 毛坯余量 检查余量 修剪余量 公差 内公差 外公差 确定 取消 进给率和速度 自动设置 设置加工数据 表面速度 (smm) 每齿进给量 主轴速度 主轴速度 (rpm) 3000.000 进给率 切削 300.0000 快速 单位 在生成时优化进给率 （c）“切削参数”对话框　（d）“进给率和速度”对话框 图 4-27　修改精加工工序参数
（3）修改进给率和速度。	在“平面铣”对话框中，单击“进给率和速度”按钮，打开其对话框，如图 4-27（d）所示，修改主轴速度为“3000”，进给率切削为“300”，单击“确定”按钮返回“平面铣”对话框。	

3）仿真加工

实施步骤 15：仿真加工		
步骤	说　明	图　解
（1）生成刀轨。	在“平面铣”对话框中，单击“生成”按钮，显示刀轨如图 4-28（a）所示。	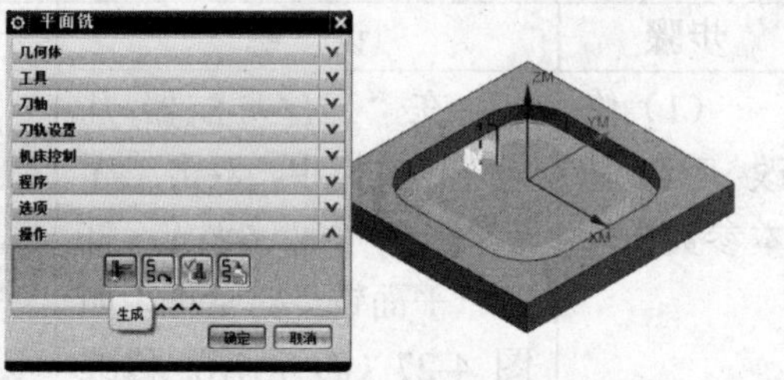 平面铣 几何体 工具 刀轴 刀轨设置 机床控制 程序 选项 操作 生成 确定 取消 （a）生成刀轨
（2）仿真加工。	在“平面铣”对话框中，如图 4-28（b）所示，单击“确认”按钮，打开“刀轨可视化”对话框。选择 2D（或 3D）模式，其余默认，如图 4-28（c）所示，单击“播放”按钮，即可进行仿	 平面铣 几何体 工具 刀轴 刀轨设置 机床控制 程序 选项 操作 确认 确定 取消 （b）打开“刀轨可视化”对话框

步骤	说　明	图　解
	真加工验证，2D 仿真加工结果如图 4-28（c）右侧所示，最后单击“确定”按钮返回“平面铣”对话框，再次单击“确定”按钮，完成仿真加工。	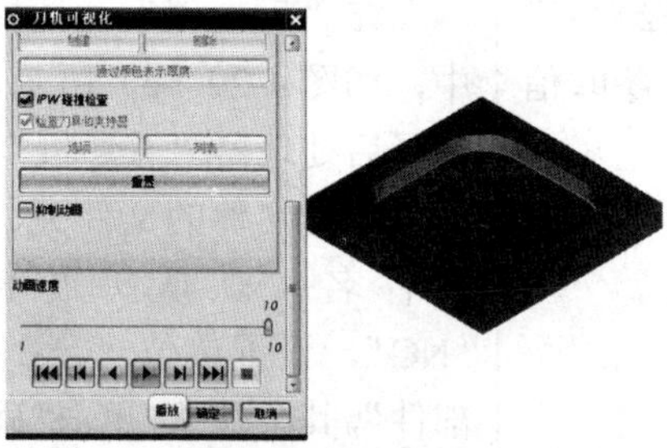 （c）2D 仿真加工结果 图 4-28　仿真加工

8. 后处理生成 NC 程序清单

实施步骤 16：后处理生成 NC 程序清单		
步骤	说　明	图　解
（1）打开后处理命令。	单击“操作”工具条中的“后处理”命令，如图 4-29（a）所示，或者在左侧“工序导航器-几何”导航栏中，如图 4-29（b）所示，右击 PLANAR_MILL_ROUGH 工序，在弹出的快捷菜单中单击“后处理”命令，即可打开如图 4-29（c）所示的“后处理”对话框。	 （a）通过“操作”工具条打开后处理命令 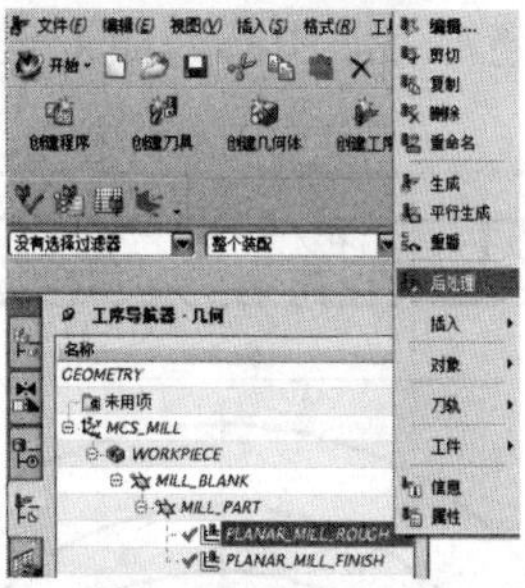 （b）通过“操作导航器”打开后处理命令 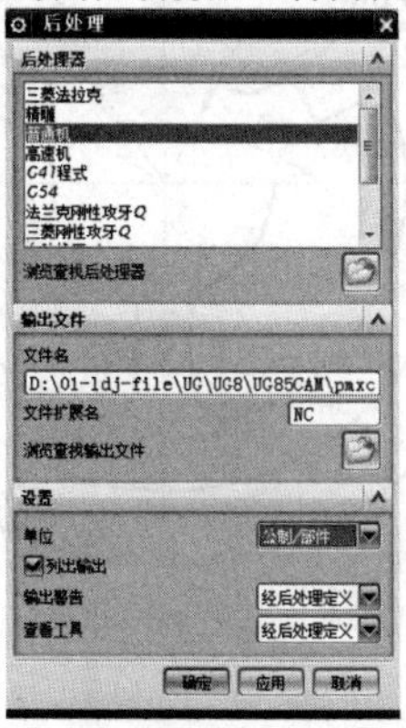 （c）“后处理”对话框

<table>
<tr><th>步骤</th><th>说　明</th><th>图　解</th></tr>
<tr><td>（2）生成程序清单信息。</td><td>在“后处理”对话框中，如图 4-29（c）所示，选择后处理器“普通机”，设置输出文件的文件夹、文件名，默认扩展名“NC”，设置单位“公制/部件”，其余默认，单击“确认”按钮，即可生成程序清单信息，如图 4-29（d）所示，单击“关闭”按钮，完成后处理操作。</td><td>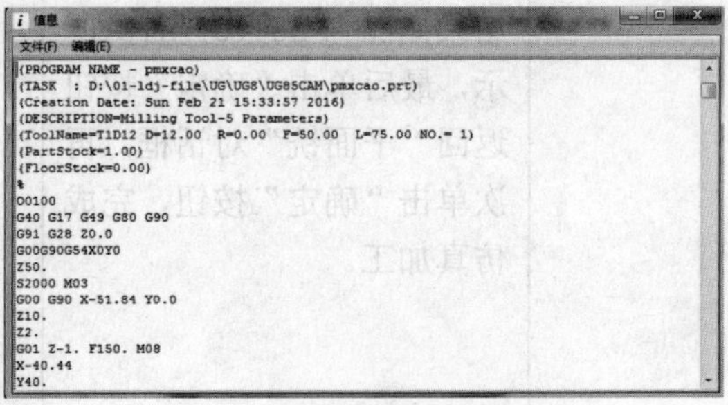
信息
文件(F) 编辑(E)
(PROGRAM NAME - pmxcao)
(TASK : D:\01-ldj-file\UG\UG8\UG85CAM\pmxcao.prt)
(Creation Date: Sun Feb 21 15:33:57 2016)
(DESCRIPTION=Milling Tool-5 Parameters)
(ToolName=T1D12 D=12.00 R=0.00 F=50.00 L=75.00 NO.= 1)
(PartStock=1.00)
(FloorStock=0.00)
%
O0100
G40 G17 G49 G80 G90
G91 G28 Z0.0
G00G90G54X0Y0
Z50.
S2000 M03
G00 G90 X-51.84 Y0.0
Z10.
Z2.
G01 Z-1. F150. M08
X-40.44
Y40.
（d）后处理程序信息

图 4-29　后处理</td></tr>
<tr><td colspan="3">完成后处理之后，可以到目标文件夹中找到生成的程序文件，用记事本打开即可，该程序可直接传输到机床进行在线加工，也可以重新命名（如 O0015）先传到机床系统里，再调出程序执行加工。</td></tr>
</table>

4.1.4　任务延伸——加工轮毂凸模

任务描述：铣削轮毂凸模零件，尺寸如图 4-30 所示，毛坯为ϕ200mm×25mm，材料为 45 号钢，毛坯上表面中心为加工坐标系原点，创建平面铣加工。

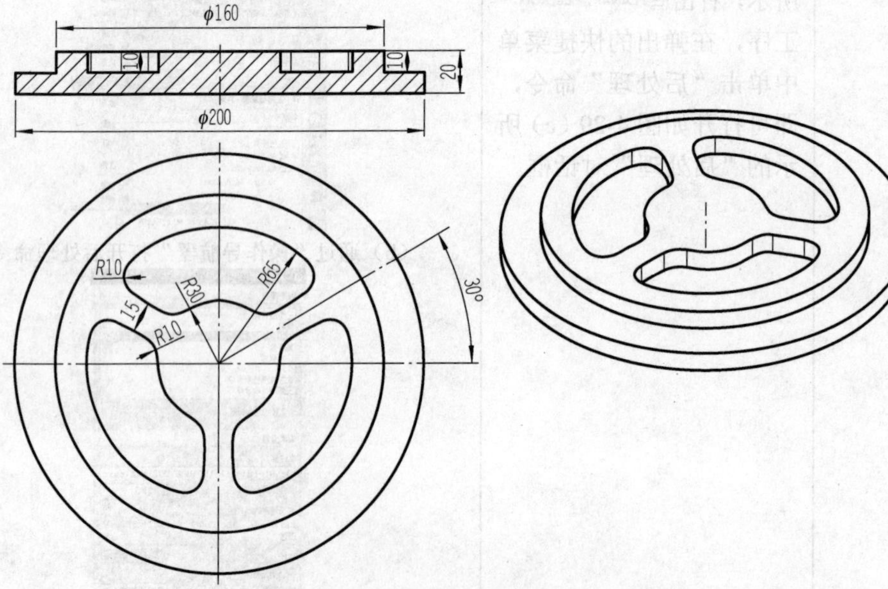
ϕ160
10
10
20
ϕ200
R10
R30
R65
30°
15
R10

图 4-30　轮毂凸模

任务实施如下：

1. 建模

实施步骤 1：建模	
说 明	图 解
完成轮毂凸模零件建模，同时完成毛坯造型（毛坯高度 22mm），并把毛坯设计成 80%透明模型，如图 4-31 所示。	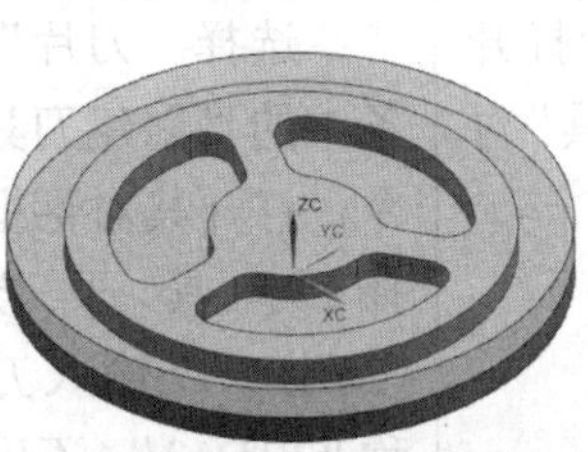 图 4-31 创建零件与毛坯模型

2. 进入平面铣加工环境

实施步骤 2：进入平面铣加工环境	
说 明	图 解
选择“标准”工具条中的“开始”→“加工”命令，即可进入“加工环境”对话框，选择要创建的 CAM 设置为“mill_planar”选项后，如图 4-32 所示,单击“确定”按钮，即可进入加工环境，界面如图 4-33 所示。	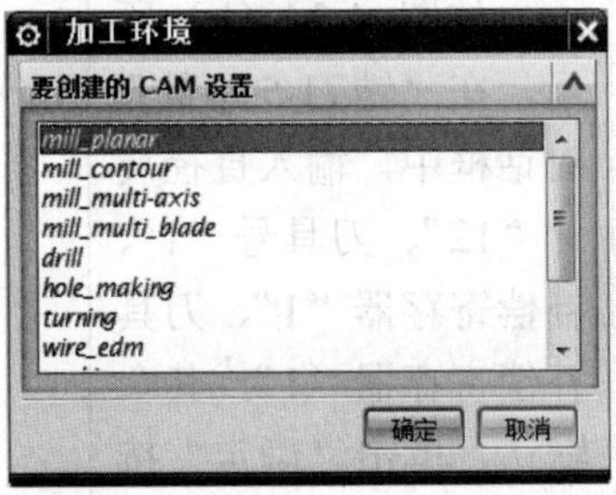 加工环境 要创建的 CAM 设置 mill_planar mill_contour mill_multi-axis mill_multi_blade drill hole_making turning wire_edm 确定 取消 图 4-32 “加工环境”对话框
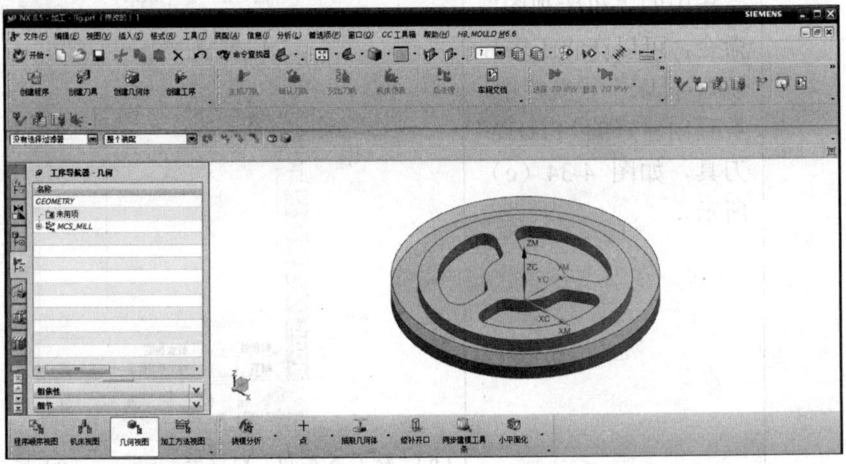 图 4-33 平面铣加工环境界面	

3. 创建刀具

<table>
<tr><th colspan="3">实施步骤 3：创建刀具</th></tr>
<tr><th>步骤</th><th>说 明</th><th>图 解</th></tr>
<tr><td>（1）打开“创建刀具”对话框。</td><td>选择“刀片”工具条中的“创建刀具”命令，打开其对话框，选择刀具子类型“MILL”，输入刀具名称“T1D12”（不区分大小写），其余默认，如图 4-34（a）所示，单击“确定”按钮，打开“铣刀-5 参数”对话框，如图 4-34（b）所示。</td><td>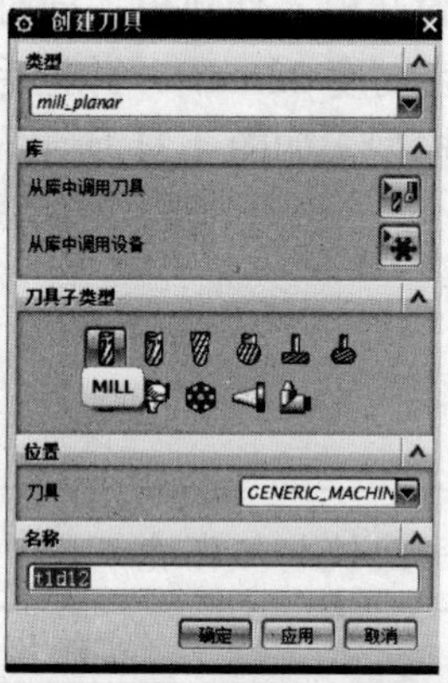
创建刀具
类型
mill_planar
库
从库中调用刀具
从库中调用设备
刀具子类型
MILL
位置
刀具
GENERIC_MACHIN
名称
t1d12
确定
应用
取消
（a）“创建刀具”对话框</td></tr>
<tr><td>（2）设置刀具参数。</td><td>如图 4-34（b）所示，在“铣刀-5 参数”对话框中，输入直径尺寸“12”、刀具号“1”、补偿寄存器“1”、刀具补偿寄存器“1”，其余默认，单击“确定”按钮，完成 1 号刀具创建。</td><td>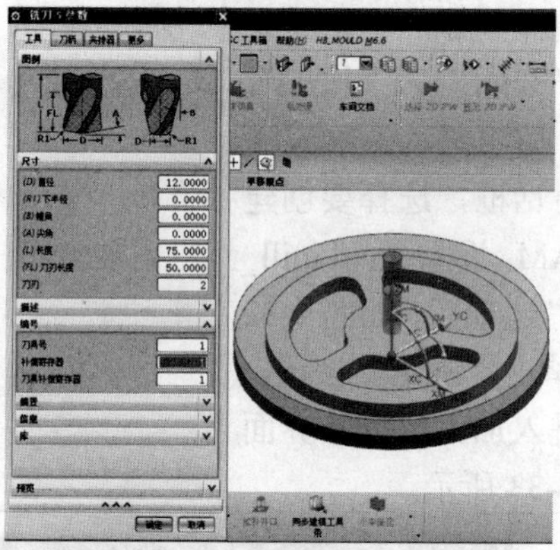</td></tr>
<tr><td>（3）显示刀具。</td><td>单击“导航器”工具条中的“机床视图”命令，可以在“工序导航器-机床”导航栏中，看到创建好的“T1D12”刀具，如图 4-34（c）所示。</td><td>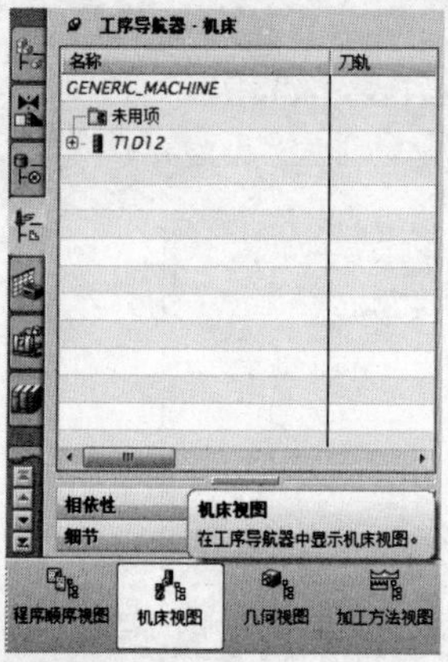
工序导航器 - 机床
名称
刀轨
GENERIC_MACHINE
未用项
T1D12
相依性
细节
机床视图
在工序导航器中显示机床视图。
程序顺序视图
机床视图
几何视图
加工方法视图
（b）“铣刀-5 参数”对话框　（c）显示 1 号刀具
图 4-34　创建 1 号刀具</td></tr>
</table>

4. 建立加工坐标系

实施步骤 4：建立加工坐标系		
步骤	**说 明**	**图 解**
（1）显示“MCS_MILL”。	单击“导航器”工具条中的“几何视图”命令，在左侧“工序导航器-几何”导航栏中显示了“MCS_MILL”、“WORKPIECE”等内容，如图 4-35（a）所示。	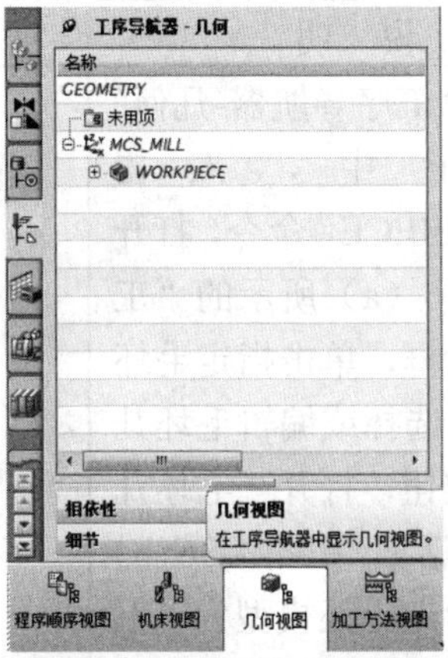工序导航器 - 几何 名称 GEOMETRY 未用项 MCS_MILL WORKPIECE 相依性 细节 几何视图 在工序导航器中显示几何视图。 程序顺序视图 机床视图 几何视图 加工方法视图 （a）“工序导航器-几何”显示
（2）打开“MCS 铣削”对话框。	在“工序导航器-几何”导航栏中，双击“MCS_MILL”命令，打开如图 4-35（b）所示“MCS 铣削”对话框，选择默认安全距离“10”等设置。	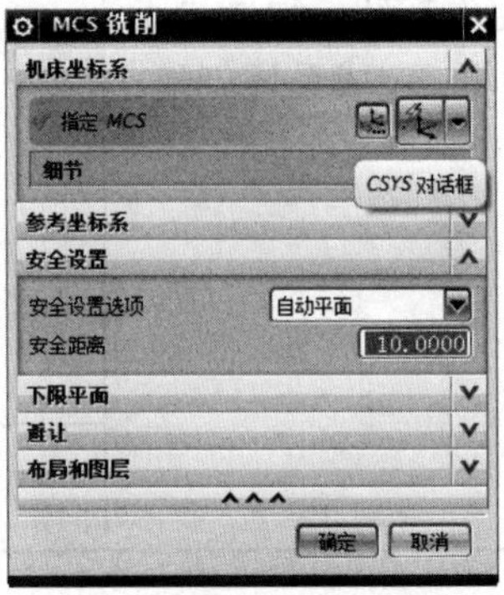MCS 铣削 机床坐标系 指定 MCS 细节 CSYS 对话框 参考坐标系 安全设置 安全设置选项 自动平面 安全距离 10.0000 下限平面 避让 布局和图层 确定 取消 （b）“MCS 铣削”对话框
（3）设置加工坐标系。	如图 4-35（b）所示“MCS 铣削”的对话框，单击机床坐标系“CSYS 对话框”命令，打开“CSYS”对话框，设置加工坐标系在毛坯上表面中心，其余默认，完成设置如图 4-35（c）所示的加工坐标系，单击“确定”返回“MCS 铣削”对话框，再次单击“确定”按钮，完成加工坐标系创建。	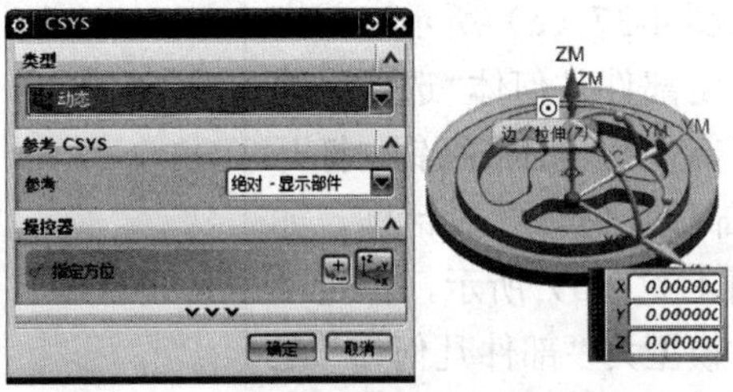CSYS 类型 动态 参考 CSYS 参考 绝对 - 显示部件 操控器 指定方位 确定 取消 ZM YM X 0.000000 Y 0.000000 Z 0.000000 （c）设置加工坐标系 **图 4-35 建立加工坐标系**

5. 创建几何体

1）指定毛坯几何体

<table>
<tr><th colspan="2">实施步骤 5：指定毛坯</th></tr>
<tr><th>说　明</th><th>图　解</th></tr>
<tr><td>在“工序导航器-几何”导航栏中，双击“WORKPIECE”命令，打开如图 4-36（a）所示的“工件”对话框，单击指定毛坯几何体“选择或编辑毛坯几何体”按钮，打开“毛坯几何体”对话框，如图 4-36（b）所示，指定毛坯模型为“毛坯几何体”，其余默认，单击“确定”按钮，返回“工件”对话框，完成毛坯创建。</td><td>
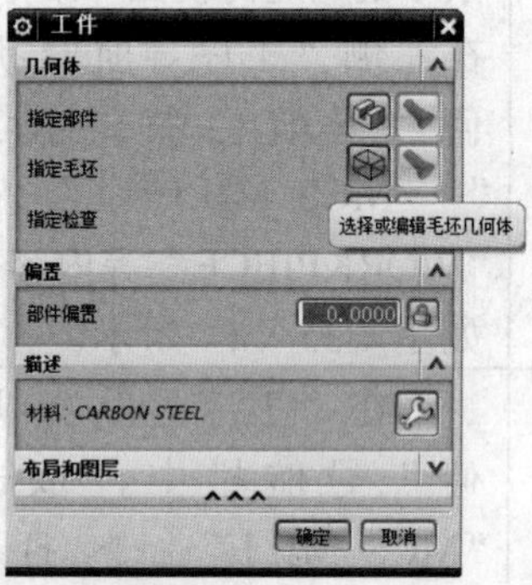
工件
几何体
指定部件
指定毛坯
指定检查
选择或编辑毛坯几何体
偏置
部件偏置
0.0000
描述
材料: CARBON STEEL
布局和图层
确定
取消
（a）“工件”对话框
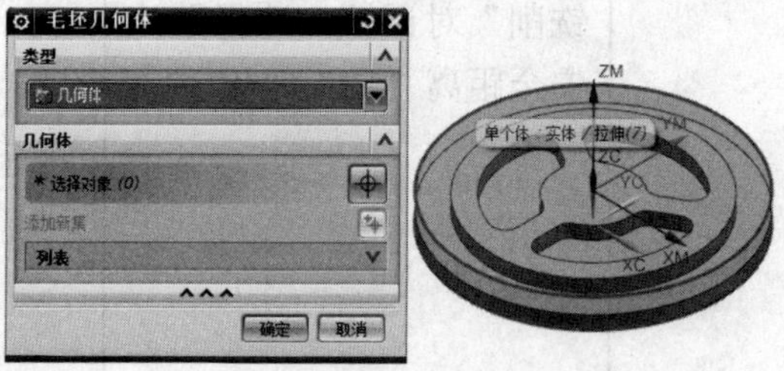
毛坯几何体
类型
几何体
几何体
* 选择对象 (0)
添加新集
列表
确定
取消
ZM
YM
ZC
YC
XC
XM
（b）选择毛坯几何体

图 4-36　指定毛坯几何体</td></tr>
</table>

2）指定部件几何体

<table>
<tr><th colspan="2">实施步骤 6：指定部件</th></tr>
<tr><th>说　明</th><th>图　解</th></tr>
<tr><td>在“工件”对话框中，如图 4-37（a）所示，单击指定部件几何体“选择或编辑部件几何体”按钮，打开“部件几何体”对话框，如图 4-37（b）所示，指定部件模型为“部件几何体”毛坯模型隐藏即可），其余默认，单击“确定”按钮，完成如图 4-37（c）所示部件</td><td>
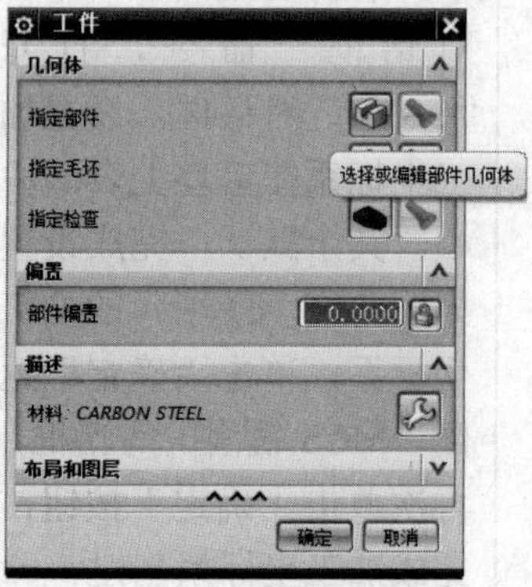
工件
几何体
指定部件
指定毛坯
选择或编辑部件几何体
指定检查
偏置
部件偏置
0.0000
描述
材料: CARBON STEEL
布局和图层
确定
取消
（a）“工件”对话框</td></tr>
</table>

说　明	图　解
指定，可以单击“显示”按钮，观察创建的模型。 最后，单击“确定”按钮，完成毛坯与部件的指定。	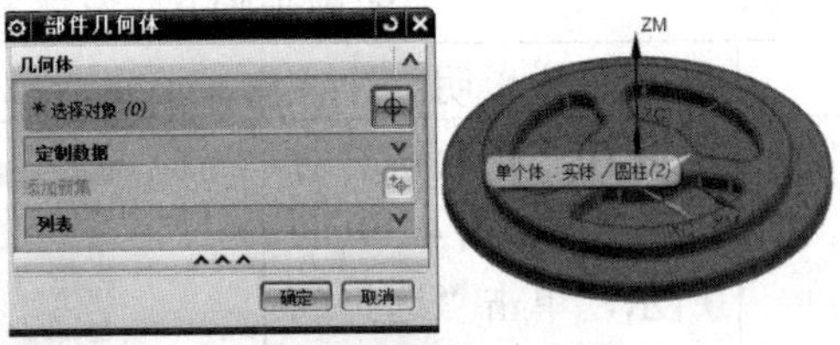部件几何体 几何体 * 选择对象 (0) 定制数据 添加新集 列表 确定 取消 ZM 单个体：实体 / 圆柱(2) （b）选择部件几何体 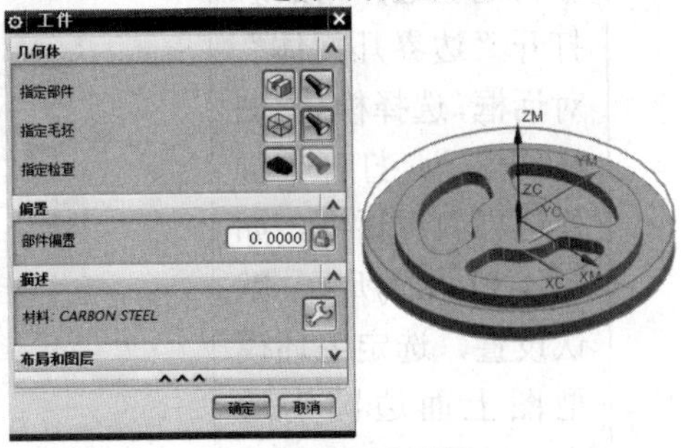工件 几何体 指定部件 指定毛坯 指定检查 偏置 部件偏置 0.0000 描述 材料: CARBON STEEL 布局和图层 确定 取消 ZM （c）显示部件 图 4-37　指定部件几何体

6. 创建粗加工工序

1）设置[创建工序]参数

实施步骤 7：设置工序参数	
说　明	图　解
单击“刀片”工具条中的“创建工序”命令，如图 4-38（a）所示，打开其对话框，依次设置类型“mill_planar”、工序子类型“平面铣”、程序“NC_PROGRAM”、刀具“T1D12（铣刀-5 参数）”、几何体“WORKPIECE”、方法“MILL_ROUGH”，命名为“PLANAR_MILL_ROUGH”，完成操作参数设置，单击“确定”按钮，弹出如图 4-38（b）所示“平面铣”对话框。	创建工序 类型 mill_planar 工序子类型 位置 程序 NC_PROGRAM 刀具 T1D12 (铣刀-5 参数) 几何体 WORKPIECE 方法 MILL_ROUGH 名称 PLANAR_MILL_rough 确定 应用 取消 （a）“创建工序”对话框 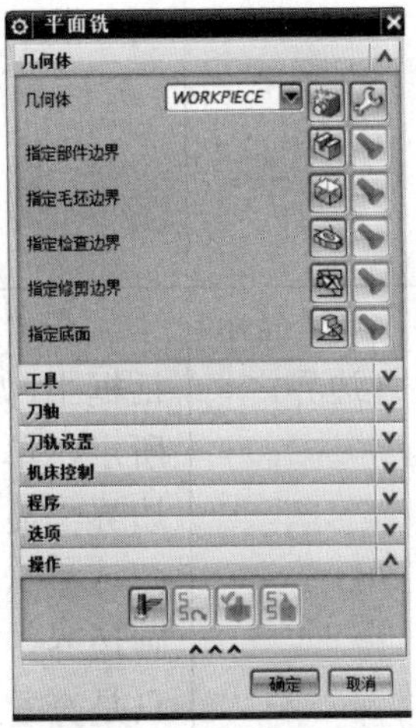平面铣 几何体 几何体 WORKPIECE 指定部件边界 指定毛坯边界 指定检查边界 指定修剪边界 指定底面 工具 刀轴 刀轨设置 机床控制 程序 选项 操作 确定 取消 （b）“平面铣”对话框 图 4-38　设置“创建工序”参数

2）指定毛坯边界

实施步骤 8：指定毛坯边界		
步骤	说　明	图　解
（1）指定毛坯边界。	在“平面铣”对话框中，如图 4-39（a）所示，单击“选择或编辑毛坯边界”按钮，打开“边界几何体”对话框，选择模式“曲线/边…”，打开“创建边界”对话框，如图 4-39（b）所示，默认设置，选定毛坯模型图上面边圆为边界，如图 4-39（c）所示，单击“确定”按钮，返回“边界几何体”对话框，再次单击“确定”按钮返回“平面铣”对话框，完成指定毛坯边界。	平面铣 几何体 WORKPIECE 指定部件边界 指定毛坯边界 指定检查边界 指定修剪边界 指定底面 选择或编辑毛坯边界 边界几何体 模式 名称 材料侧 凸边 凹边 确定 返回 取消 （a）打开“边界几何体”对话框 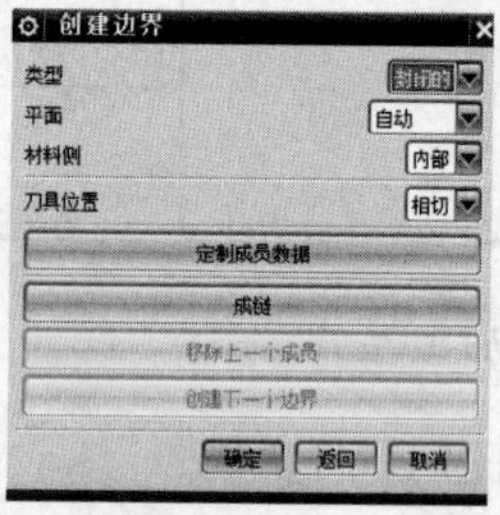创建边界 类型 封闭的 平面 自动 材料侧 内部 刀具位置 相切 定制成员数据 成链 移除上一个成员 创建下一个边界 确定 返回 取消 （b）“创建边界”对话框 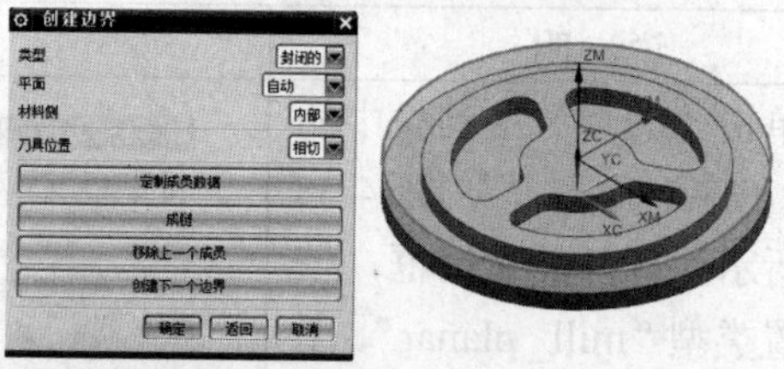创建边界 类型 平面 材料侧 刀具位置 定制成员数据 成链 移除上一个成员 创建下一个边界 确定 返回 取消 ZM ZC YC XC XM （c）指定毛坯边界
（2）显示毛坯边界。	在“平面铣”对话框中，如图 4-39（d）所示，单击指定毛坯边界“显示”按钮，即可显示毛坯模型的圆边界。显示的作用只是查看一下，也可以省略。	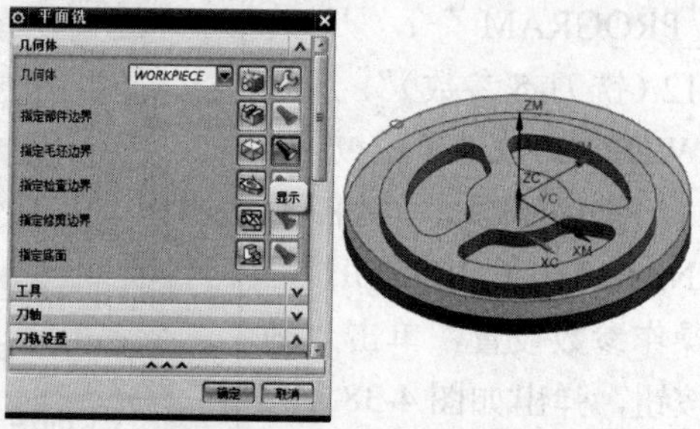平面铣 几何体 WORKPIECE 指定部件边界 指定毛坯边界 指定检查边界 指定修剪边界 指定底面 显示 工具 刀轴 刀轨设置 确定 取消 ZM ZC YC XC XM （d）显示毛坯边界
		图 4-39　指定毛坯边界

3）指定部件边界

<table>
<tr><th colspan="2">实施步骤 9：指定部件边界</th></tr>
<tr><th>说　明</th><th>图　解</th></tr>
<tr><td>在“平面铣”对话框中，如图 4-40（a）所示，单击“选择或编辑部件边界”按钮，打开“边界几何体”对话框，如图 4-40（b）所示，默认设置，指定部件模型上表面与所有底面，单击“确定”按钮返回“平面铣”对话框。</td><td>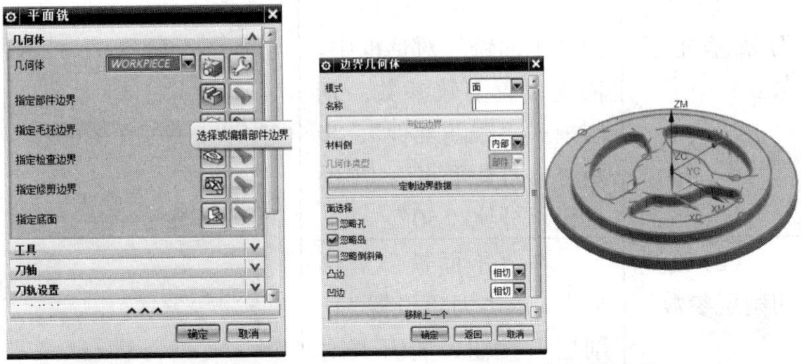
平面铣
几何体
几何体
WORKPIECE
指定部件边界
指定毛坯边界
选择或编辑部件边界
指定检查边界
指定修剪边界
指定底面
工具
刀轴
刀轨设置
确定
取消
边界几何体
模式
面
名称
材料侧
内部
几何体类型
部件
定制边界数据
面选择
忽略孔
忽略岛
忽略倒斜角
凸边
相切
凹边
相切
移除上一个
确定
返回
取消
ZM
YM
ZC
YC
XM
XC
（a）“平面铣”对话框　　（b）选定部件边界
图 4-40　指定部件边界</td></tr>
</table>

4）指定底面

<table>
<tr><th colspan="2">实施步骤 10：指定底面</th></tr>
<tr><th>说　明</th><th>图　解</th></tr>
<tr><td>在“平面铣”对话框中，如图 4-41（a）所示，单击“选择或编辑底面几何体”按钮，打开“平面”对话框，如图 4-41（b）所示，默认设置，指定部件任意一个底面即可，单击“确定”按钮返回“平面铣”对话框。</td><td>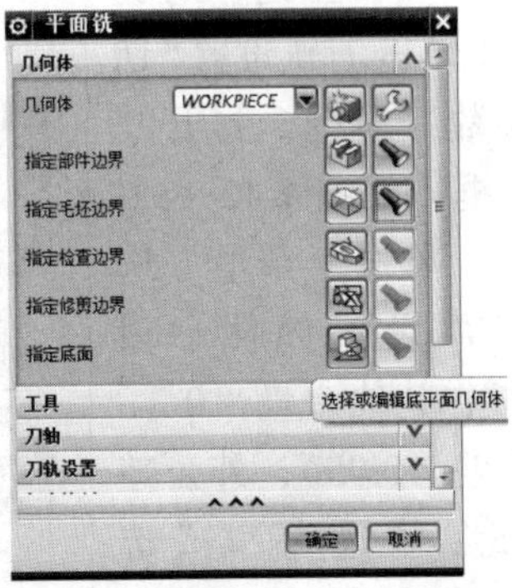
平面铣
几何体
几何体
WORKPIECE
指定部件边界
指定毛坯边界
指定检查边界
指定修剪边界
指定底面
工具
选择或编辑底平面几何体
刀轴
刀轨设置
确定
取消
（a）“创建工序”对话框
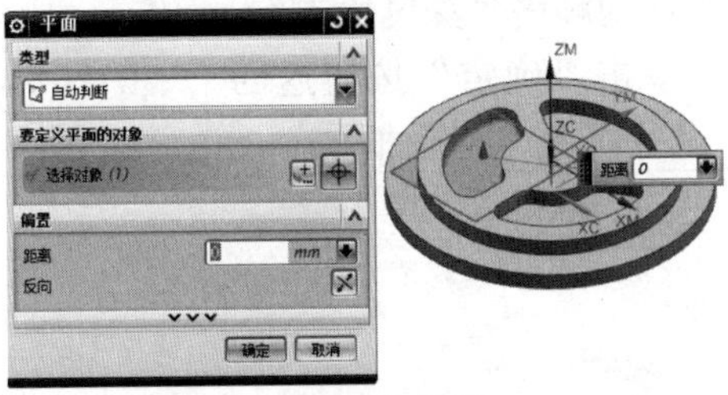
平面
类型
自动判断
要定义平面的对象
选择对象（1）
偏置
距离
mm
反向
确定
取消
ZM
ZC
YM
XC
XM
距离
0
（b）指定底面
图 4-41　指定底面</td></tr>
</table>

5）设置刀轨参数

实施步骤 11：设置刀轨参数		
步骤	说　明	图　解
（1）设置刀轨基本参数。	如图 4-42（a）所示，在“平面铣”对话框中，依次设置刀轨参数：切削模式“跟随部件”、步距“%刀具平直”、平面直径百分比“50”。	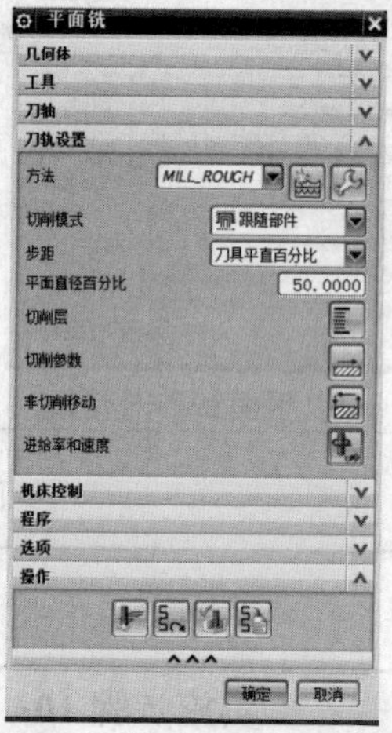平面铣 几何体 工具 刀轴 刀轨设置 方法 MILL_ROUGH 切削模式 跟随部件 步距 刀具平直百分比 平面直径百分比 50.0000 切削层 切削参数 非切削移动 进给率和速度 机床控制 程序 选项 操作 确定 取消 （a）“平面铣”对话框 切削层 类型 恒定 每刀深度 公共 1.0000 刀颈安全距离 增量侧面余量 0.0000 临界深度 临界深度顶面切削 确定 取消 （b）“切削层”对话框
（2）设置切削层参数。	在“平面铣”对话框中，单击刀轨设置“切削层”按钮，打开其对话框，如图 4-42（b）所示，设置类型“恒定”，每刀公共深度“1”，其余默认，单击“确定”按钮返回“平面铣”对话框。	
（3）设置切削参数。	在“平面铣”对话框中，单击刀轨设置“切削参数”命令，打开其对话框，如图 4-42（c）所示，单击“余量”选项卡，设置部件余量“0.5”、其他余量“0”，内公差“0.05”、外公差“0.05”；设置“策略”选项卡：切削方向“顺铣”、切削顺序“深度优先”。单击“确定”按钮返回“平面铣”对话框。	切削参数 连接 空间范围 更多 策略 余量 拐角 余量 部件余量 0.5000 最终底面余量 0.0000 毛坯余量 0.0000 检查余量 0.0000 修剪余量 0.0000 公差 内公差 0.0500 外公差 0.0500 确定 取消 切削参数 连接 空间范围 更多 策略 余量 拐角 切削 切削方向 顺铣 切削顺序 深度优先 精加工刀路 添加精加工刀路 合并 合并距离 0.0000 mm 毛坯 毛坯距离 0.0000 确定 取消 （c）“切削参数”对话框

步骤	说　明	图　解
（4）设置非切削移动参数。	在“平面铣”对话框中，单击“非切削移动参数”按钮，打开“非切削移动”对话框，单击“进刀”选项卡设置：设置封闭区域进刀类型“螺旋”、开放区域进刀类型“圆弧”；“转移/快速”选项卡设置：区域之间转移类型“最小安全值 Z”，安全距离为“3”，其余参数默认，如图 4-42（d）所示。	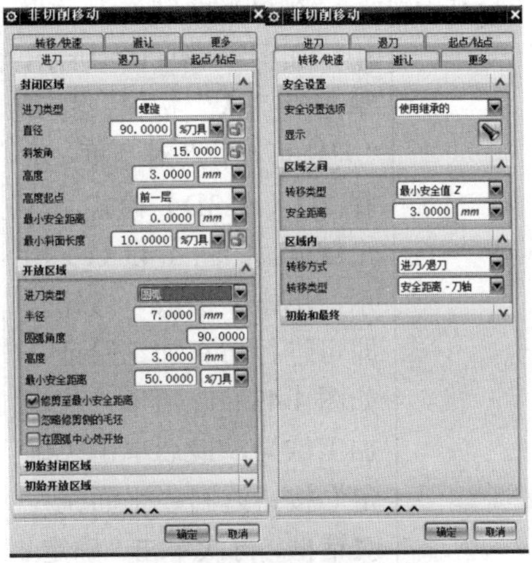非切削移动 进刀 退刀 起点/钻点 转移/快速 避让 更多 封闭区域 进刀类型 螺旋 直径 90.0000 %刀具 斜坡角 15.0000 高度 3.0000 mm 高度起点 前一层 最小安全距离 0.0000 最小斜面长度 10.0000 开放区域 圆弧 半径 7.0000 圆弧角度 90.0000 50.0000 修剪至最小安全距离 忽略修剪侧的毛坯 在圆弧中心处开始 初始封闭区域 初始开放区域 确定 取消 安全设置 安全设置选项 使用继承的 显示 区域之间 转移类型 最小安全值 Z 安全距离 区域内 转移方式 进刀/退刀 安全距离 - 刀轴 初始和最终 （d）“非切削移动”对话框
（5）设置进给和速度。	在“平面铣”对话框中，单击“进给和速度”按钮，打开“进给和速度”对话框，如图 4-42（e）所示，勾选“主轴速度（rpm）”复选框，设置主轴速度“1500”、进给率切削“250”(mmpm)，单击“确定”按钮返回“平面铣”对话框。	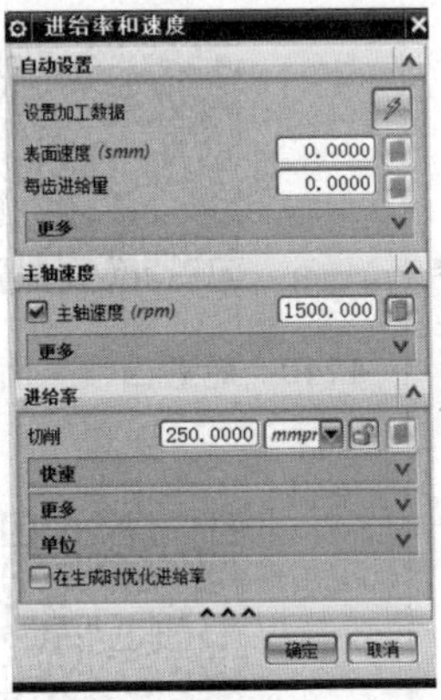进给率和速度 自动设置 设置加工数据 表面速度 (smm) 0.0000 每齿进给量 0.0000 更多 主轴速度 主轴速度 (rpm) 1500.000 进给率 切削 250.0000 快速 单位 在生成时优化进给率 确定 取消 （e）“进给率和速度”对话框
		图 4-42　设置刀轨参数

6）仿真加工

实施步骤 12：仿真加工		
步骤	说　明	图　解
（1）生成刀轨。	在“平面铣”对话框中，单击“生成”按钮，显示刀轨如图 4-43（a）所示。	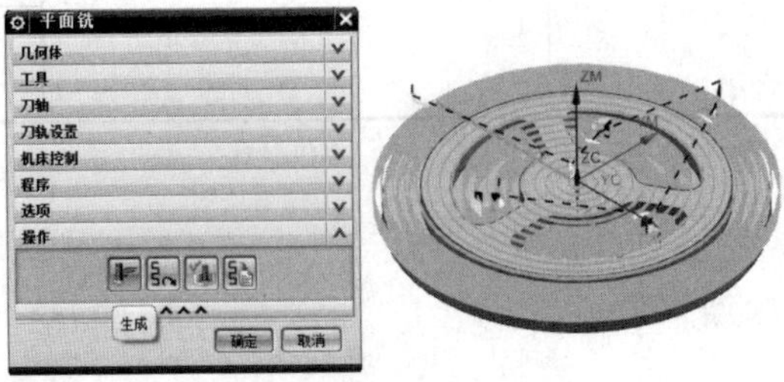平面铣 几何体 工具 刀轴 刀轨设置 机床控制 程序 选项 操作 生成 确定 取消 ZM ZC YC （a）生成刀轨

步骤	说　明	图　解
（2）仿真加工。	在“平面铣”对话框中，如图 4-43（b）所示，单击“确认”按钮，打开“刀轨可视化”对话框。选择 2D（或 3D）模式，其余默认，如图 4-43（c）所示，单击“播放”按钮，即可进行仿真加工验证，如图 4-43（d）所示为仿真加工结果，最后单击“确定”按钮返回“平面铣”对话框，再次单击“确定”按钮，完成仿真加工。 4140　轮毂凸模平面铣制作视频 4141　轮毂凸模二维图	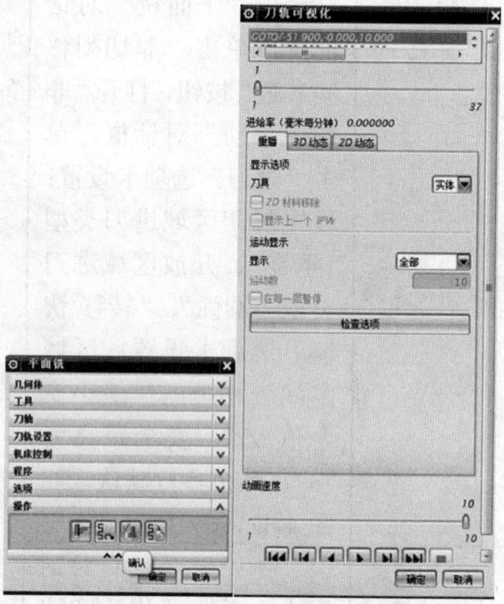刀轨可视化 进给率（毫米每分钟） 0.000000 重播 3D 动态 2D 动态 显示选项 刀具 实体 运动显示 显示 全部 检查选项 动画速度 平面铣 几何体 工具 刀轴 刀轨设置 机床控制 程序 选项 操作 确认 确定 取消 （b）打开“刀轨可视化”对话框 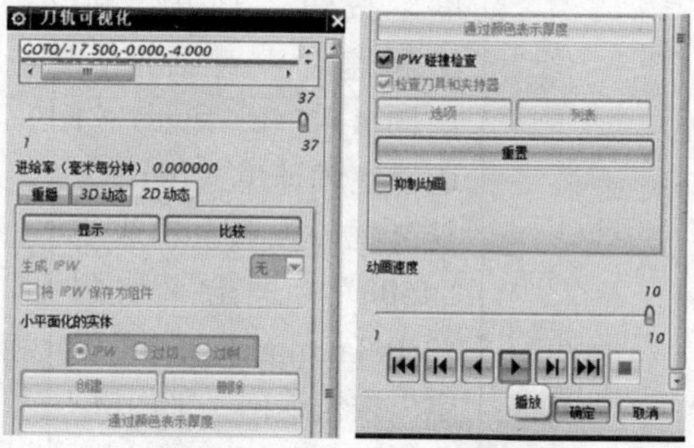刀轨可视化 GOTO/-17.500,-0.000,-4.000 进给率（毫米每分钟） 0.000000 重播 3D 动态 2D 动态 显示 比较 小平面化的实体 创建 删除 通过颜色表示厚度 IPW 碰撞检查 检查刀具和夹持器 选项 列表 重置 抑制动画 动画速度 播放 确定 取消 （c）“2D 动态”选项卡选项 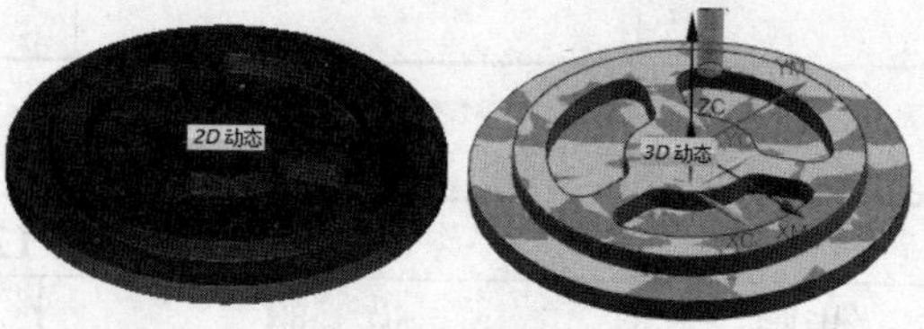2D 动态 3D 动态 （d）2D/3D 仿真加工结果 图 4-43　仿真加工

4.1.5　任务延伸——加工文字

任务描述：加工文字零件，如图 4-44 所示，零件尺寸为ϕ80mm×20mm，毛坯尺寸为ϕ81mm×21mm，材料为 45 号钢，要加工圆柱上表面、圆柱外圆表面与文字，要求创建平面铣削加工。

南京交通
职业技术学院

图 4-44　加工文字

任务实施如下：

1. 工艺分析

实施步骤 1：工艺分析

（1）加工毛坯：ϕ81mm×21mm。

（2）文字加工工序见表 4-3。

表 4-3　加工工序

工序	内容	选用刀具	加工方式
1	铣削上表面	T1D16	面铣（FACE_MILLING）
2	铣削外圆表面	T1D16	轮廓铣（PLANAR_PROFILE）
3	文本铣削	T2D2R1	平面铣（PLANAR_TEXT）

2. 建模

实施步骤 2：建模

说　明	图　解
创建直径 80mm、高度 20mm 的圆柱部件，同时创建直径 81mm、高度 21mm 的 80%透明模型毛坯，如图 4-45 所示。	 图 4-45　文本零件与毛坯模型

3. 进入平面铣加工环境

<table>
<tr><th colspan="2">实施步骤 3：进入平面铣加工环境</th></tr>
<tr><th>说　明</th><th>图　解</th></tr>
<tr><td>单击“标准”工具条中的“开始”→“加工”命令即可进入“加工环境”对话框，如图 4-46 所示。选择要创建的 CAM 设置为“mill_ planar”选项后，单击“确定”按钮，即可进入加工环境，界面如图 4-47 所示。</td><td>
加工环境
要创建的 CAM 设置
mill_planar
mill_contour
mill_multi-axis
mill_multi_blade
drill
hole_making
turning
wire_edm
确定
取消
图 4-46　设置加工环境</td></tr>
<tr><td colspan="2">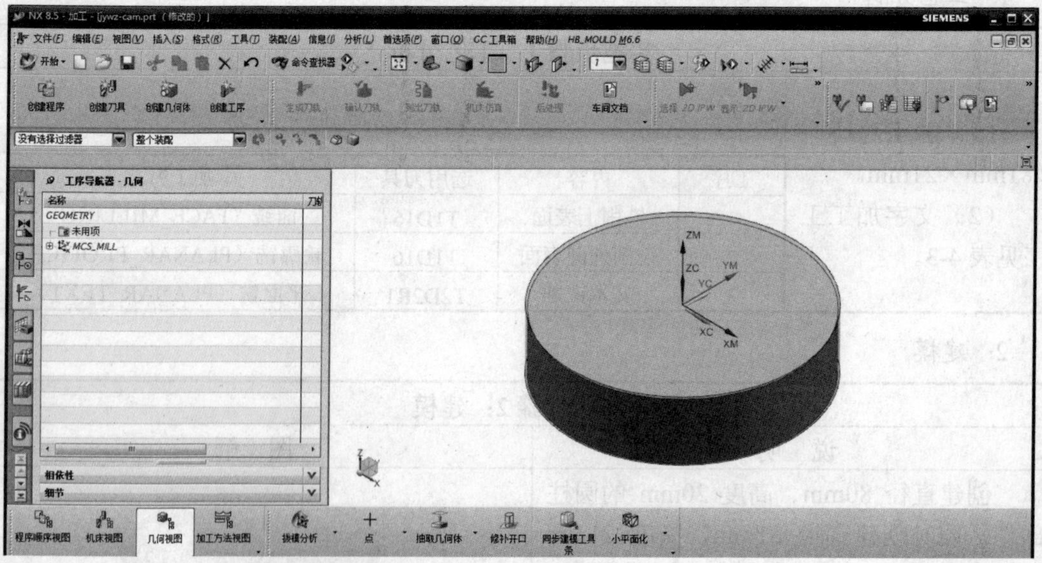
SIEMENS
工序导航器 - 几何
名称
GEOMETRY
未用项
MCS_MILL
相依性
细节
ZM
ZC
YM
YC
XC
XM
图 4-47　平面铣加工环境界面</td></tr>
</table>

4. 创建刀具

<table>
<tr><th colspan="2">实施步骤 4：创建刀具</th></tr>
<tr><th>说　明</th><th>图　解</th></tr>
<tr><td>选择“刀片”工具条中的“创建刀具”命令，打开其对话框，选择刀具子类型“MILL”，输入刀具名称“T1D16”，其余默认，如图 4-48（a）所示，单击“确定”按钮，打开“铣刀-5 参数”对话框，如图 4-48（b）所示。在“铣刀-5 参数”对话框中，输入直径尺寸“16”、刀具号“1”、补偿寄存器“1”、刀具补偿寄存器“1”，其余默认，单击“确定”按钮，完成 1 号刀具创建。
用同样的方法创建 2 号刀具“T2D2R1”。
单击“导航器”工具条中的“机床视图”命令，可以在“工序导航器-机床”导航栏中看到创建好的两把刀具，如图 4-48（c）所示。</td><td>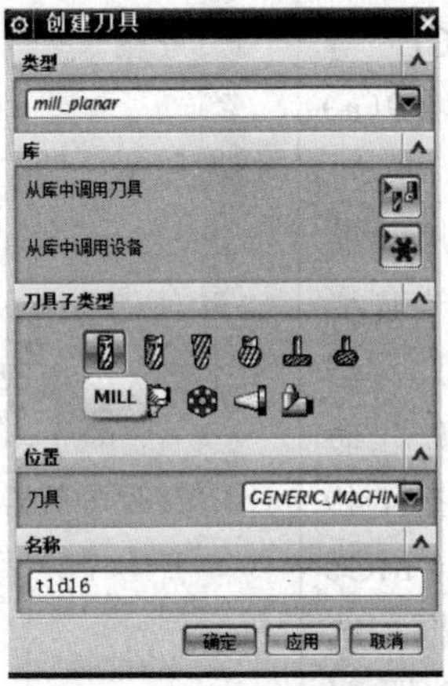
创建刀具
类型
mill_planar
库
从库中调用刀具
从库中调用设备
刀具子类型
MILL
位置
刀具
GENERIC_MACHIN
名称
t1d16
确定
应用
取消
（a）“创建刀具”对话框
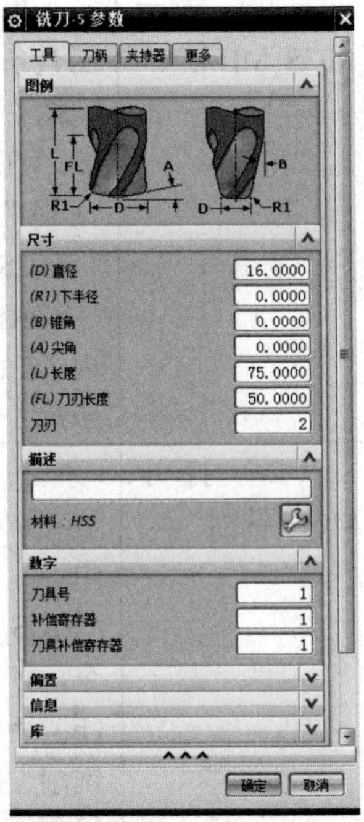
铣刀-5 参数
工具
刀柄
夹持器
更多
图例
尺寸
(D) 直径 16.0000
(R1) 下半径 0.0000
(B) 锥角 0.0000
(A) 尖角 0.0000
(L) 长度 75.0000
(FL) 刀刃长度 50.0000
刀刃 2
描述
材料：HSS
数字
刀具号 1
补偿寄存器 1
刀具补偿寄存器 1
偏置
信息
库
确定
取消
（b）“铣刀-5 参数”对话框
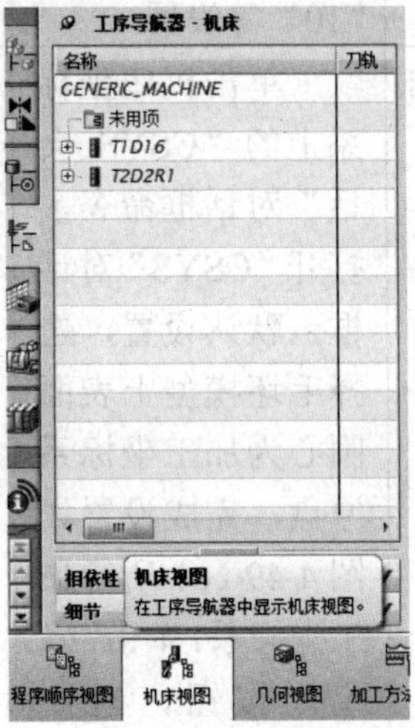
工序导航器 - 机床
名称
刀轨
GENERIC_MACHINE
未用项
T1D16
T2D2R1
相依性
细节
机床视图
在工序导航器中显示机床视图。
程序顺序视图
机床视图
几何视图
加工方法
（c）显示刀具</td></tr>
<tr><td></td><td>图 4-48　创建刀具</td></tr>
</table>

5. 建立加工坐标系

实施步骤 5：建立加工坐标系		
步骤	说　明	图　解
（1）显示“MCS_MILL”。	单击“导航器”工具条中的“几何视图”命令，在左侧“工序导航器-几何”中显示了“MCS_MILL”、“WORKPIECE”等内容，如图 4-49（a）所示。	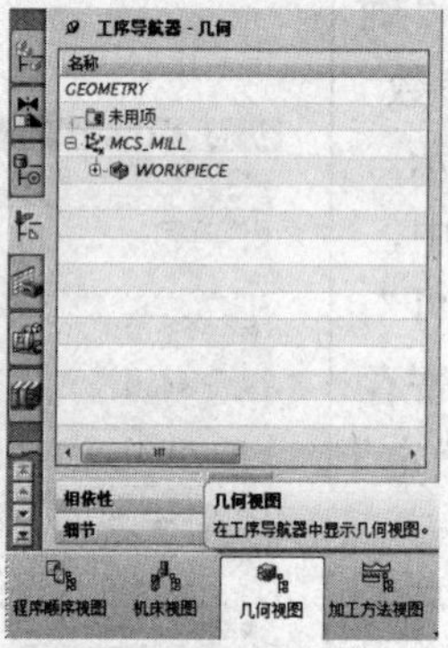 （a）“工序导航器-几何”显示 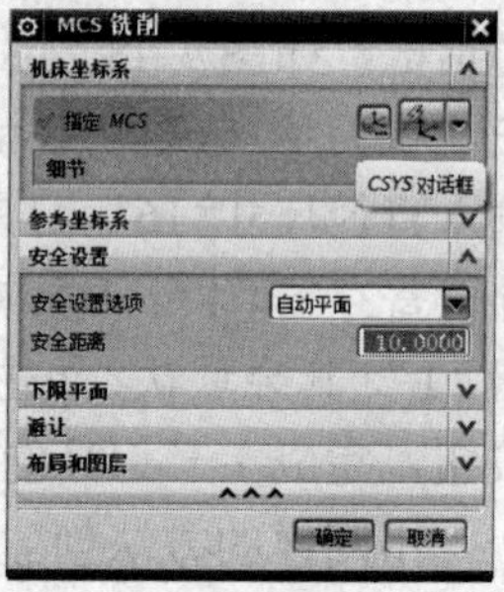 （b）“MCS 铣削”对话框
（2）打开“MCS 铣削”对话框。	在“工序导航器-几何”导航栏中，双击“MCS_MILL”命令，打开如图 4-49（b）所示的“MCS 铣削”对话框，选择默认安全距离“10”等设置。	
（3）设置加工坐标系。	单击机床坐标系上的“CSYS 会话”对话框命令，打开“CSYS”对话框，默认设置，选择毛坯模型上表面圆心为加工坐标系原点，完成设置如图 4-49（c）所示加工坐标系，单击“确定”按钮，返回“MCS 铣削”对话框，再次单击“确定”按钮，完成加工坐标系的创建。	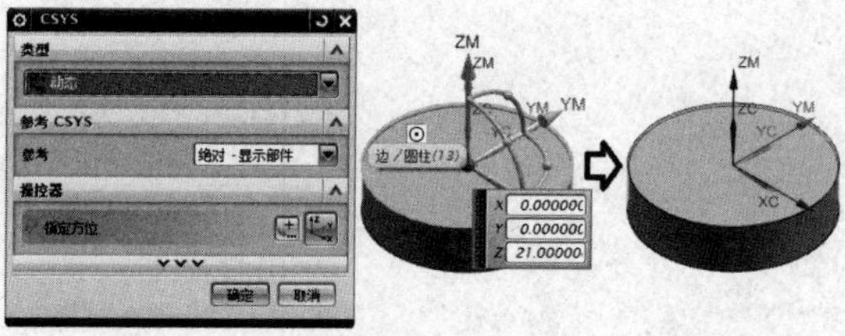 （c）设置加工坐标系 图 4-49　建立加工坐标系

6. 创建文字

实施步骤 6：创建文字	
说　明	图　解
隐藏毛坯模型（选择毛坯模型，按 Ctrl+B 快捷键即可），单击“实用工具条”中的“动态坐标系”命令，移动坐标系工件上表面中心；单击菜单栏中的“插入”→“注释”命令，如图 4-50 所示，创建雕刻文本，设置文字样式及字高，同时在工件上表面合适位置，完成文字创建。	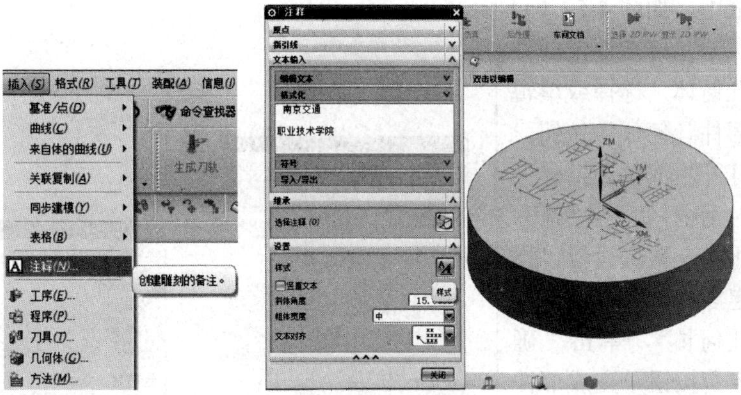插入(S) 格式(R) 工具(T) 装配(A) 信息(I) 基准/点(D) 曲线(C) 来自体的曲线(U) 关联复制(A) 同步建模(Y) 表格(B) 注释(N)... 创建雕刻的备注。 工序(E)... 程序(P)... 刀具(T)... 几何体(G)... 方法(M)... 命令查找器 生成刀轨 注释 原点 指引线 文本输入 编辑文本 格式化 南京交通 职业技术学院 符号 导入/导出 继承 设置 样式 竖直文本 中 文本对齐 关闭 双击以编辑 ZM YM XM 南京交通 职业技术学院 图 4-50　创建雕刻文本

7. 创建几何体

1）指定毛坯几何体

实施步骤 7：指定毛坯	
说　明	图　解
在“工序导航器-几何”导航栏中，双击“WORKPIECE”命令，打开如图 4-51（a）所示的“工件”对话框，单击指定毛坯几何体“选择或编辑毛坯几何体”按钮，打开“毛坯几何体”对话框，如图 4-51（b）所示，指定毛坯模型为“毛坯几何体”，其余默认，单击“确定”按钮，返回“工件”对话框，完成毛坯创建。	工件 几何体 指定部件 指定毛坯 指定检查 选择或编辑毛坯几何体 偏置 部件偏置 0.0000 描述 材料: CARBON STEEL 布局和图层 确定 取消 毛坯几何体 类型 几何体 选择对象 (1) 添加新集 列表 拓扑结构 确定 取消 ZM YM XM 南京交通 职业技术学院 （a）“工件”对话框　　（b）选择毛坯几何体 图 4-51　指定毛坯几何体

2）指定部件几何体

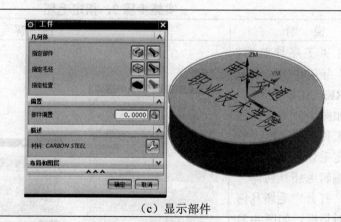

<table>
<tr><th colspan="2">实施步骤 8：指定部件</th></tr>
<tr><th>说　明</th><th>图　解</th></tr>
<tr><td>在“工件”对话框中，如图 4-52（a）所示，单击指定部件几何体“选择或编辑部件几何体”按钮，打开“部件几何体”对话框，如图 4-52(b）所示，默认设置，指定零件模型为“部件几何体”，单击“确定”按钮，完成部件指定。
注意：指定部件几何体时，需隐藏毛坯模型（选择毛坯模型，按 Ctrl+B 快捷键即可）。</td><td>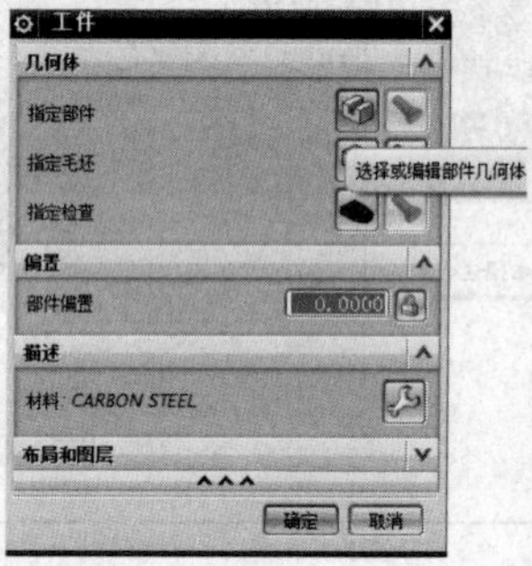
工件
几何体
指定部件
指定毛坯
指定检查
选择或编辑部件几何体
偏置
部件偏置
0.0000
描述
材料: CARBON STEEL
布局和图层
确定
取消
（a）“工件”对话框

部件几何体
几何体
选择对象 (1)
定制数据
添加新集
列表
拓扑结构
确定
取消
ZM
ZC
YM
职业技术学院
（b）选择部件几何体</td></tr>
<tr><td>在“工件”对话框中，单击部件与毛坯几何体“显示”按钮，如图 4-52（c）所示，即可显示创建的模型。最后，单击“确定”按钮，完成毛坯与部件的指定。</td><td>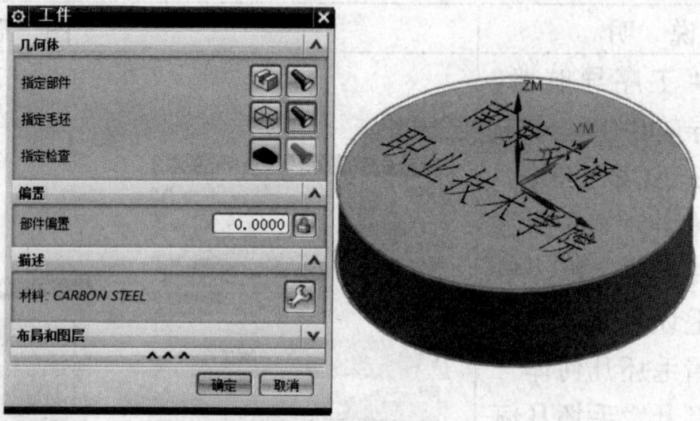
工件
几何体
指定部件
指定毛坯
指定检查
偏置
部件偏置
0.0000
描述
材料: CARBON STEEL
布局和图层
确定
取消
ZM
YM
南京交通
职业技术学院
（c）显示部件
图 4-52　指定部件几何体</td></tr>
</table>

8. 创建面铣加工工序

1）设置面铣工序参数

实施步骤 9：设置工序参数	
说　明	图　解
单击“刀片”工具条中的“创建工序”命令，如图 4-53（a）所示，打开其对话框，依次设置类型“mill_ planar”、工序子类型“使用边界面铣削”、程序“ NC_PROGRAM ”、刀具“T1D16（铣刀-5 参数）”、几何体“ WORKPIECE ”、方法“ METHOD ”，命名为“FACE_MILLING”，完成操作参数设置，单击“确定”按钮，弹出如图 4-53（b）所示“面铣”对话框。	创建工序 类型 mill_planar 工序子类型 位置 程序 NC_PROGRAM 刀具 T1D16 (铣刀-5 参数 几何体 WORKPIECE 方法 METHOD 名称 FACE_MILLING 确定 应用 取消 面铣 几何体 几何体 WORKPIECE 指定部件 指定面边界 指定检查体 指定检查边界 选择或编辑面几何体 工具 刀轴 刀轨设置 机床控制 程序 选项 操作 确定 取消 （a）“创建工序”对话框　（b）“面铣”对话框 图 4-53　设置面铣工序参数

2）指定面边界

实施步骤 10：指定面边界	
说　明	图　解
在“平面铣”对话框中，单击指定面边界“选择或编辑毛坯边界”按钮，打开“指定面几何体”对话框，默认过滤器类型“面边界”等设置，选定部件模型图上面为面边界，如图 4-54 所示，单击“确定”按钮，返回“面铣”对话框，完成指定面边界。	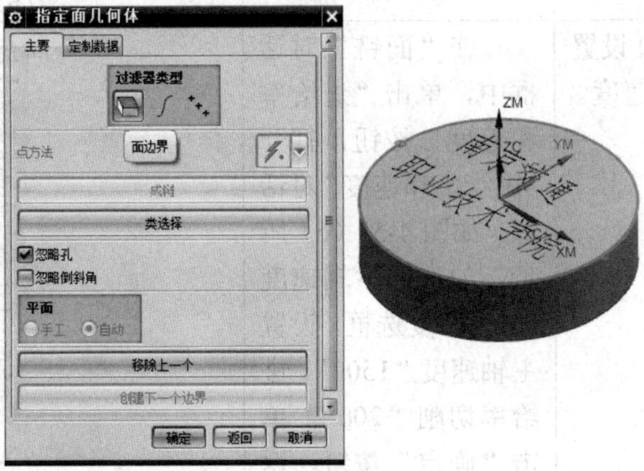指定面几何体 主要 定制数据 过滤器类型 点方法 面边界 成链 类选择 忽略孔 忽略倒斜角 平面 手工 自动 移除上一个 创建下一个边界 确定 返回 取消 ZM YM XM 图 4-54　指定面边界

3）设置刀轨参数

实施步骤 11：设置刀轨参数		
步骤	说 明	图 解
（1）设置刀轨基本参数。	如图 4-55（a）所示，在“面铣”对话框中，依次设置刀轨参数：切削模式“往复”、步距“%刀具平直”、平面直径百分比“50”、毛坯距离“3”、每刀深度“0”，最终底部面余量“0”。	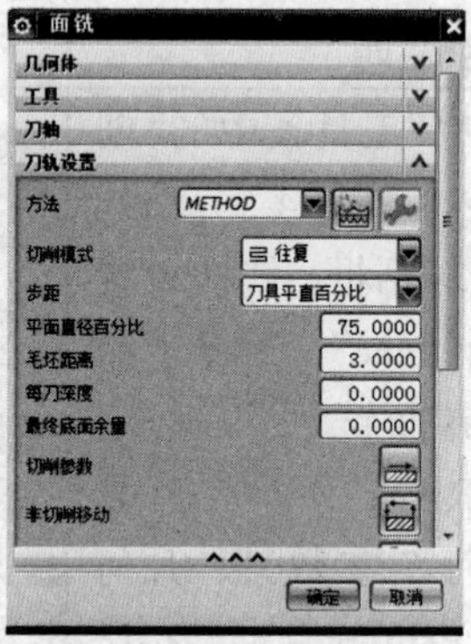面铣 几何体 工具 刀轴 刀轨设置 方法 METHOD 切削模式 往复 步距 刀具平直百分比 平面直径百分比 75.0000 毛坯距离 3.0000 每刀深度 0.0000 最终底面余量 0.0000 切削参数 非切削移动 确定 取消 （a）“面铣”对话框
（2）设置切削参数。	在“面铣”对话框中，单击“切削参数”命令，设置“策略”选项卡中切削方向“顺铣”、切削角“最长的线”、毛坯简化形状“凸包”，其余参数默认，如图 4-55（b）所示。	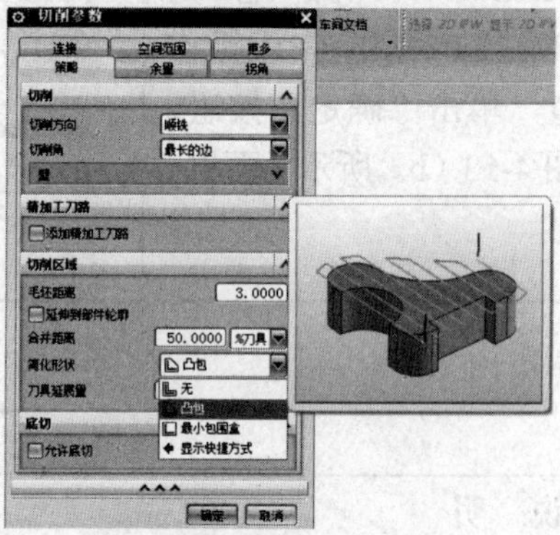切削参数 连接 空间范围 更多 策略 余量 拐角 切削 切削方向 顺铣 切削角 最长的边 精加工刀路 添加精加工刀路 切削区域 毛坯距离 3.0000 合并距离 50.0000 %刀具 简化形状 凸包 刀具延展量 无 凸包 最小包围盒 显示快捷方式 底切 允许底切 确定 取消 （b）“切削参数”对话框
（3）设置进给和速度。	在“面铣”对话框中，单击“进给率和速度”按钮，打开“进给率和速度”对话框，如图 4-55（c）所示，勾选“主轴速度（rpm）”复选框，设置主轴速度“1500”、进给率切削“200”，单击“确定”按钮，返回“面铣”对话框。	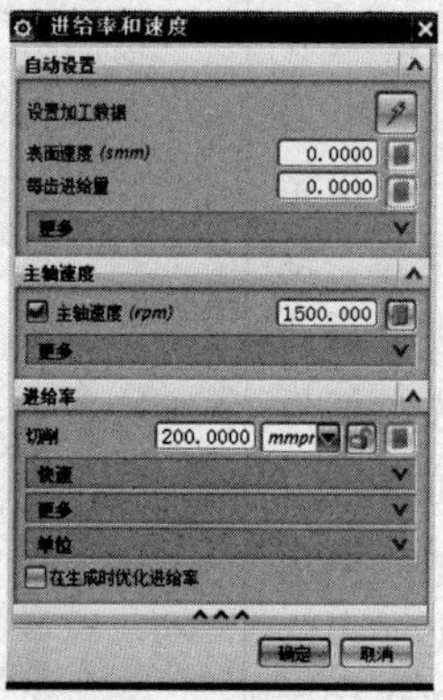进给率和速度 自动设置 设置加工数据 表面速度 (smm) 0.0000 每齿进给量 0.0000 更多 主轴速度 主轴速度 (rpm) 1500.000 更多 进给率 切削 200.0000 mmpm 快速 更多 单位 在生成时优化进给率 确定 取消 （c）“进给率和速度”对话框 **图 4-55　设置刀轨参数**

4）仿真加工

实施步骤 12：仿真加工		
步骤	说　明	图　解
（1）生成刀轨。	在“面铣”对话框中，单击“生成”按钮，显示刀轨，如图 4-56（a）所示。	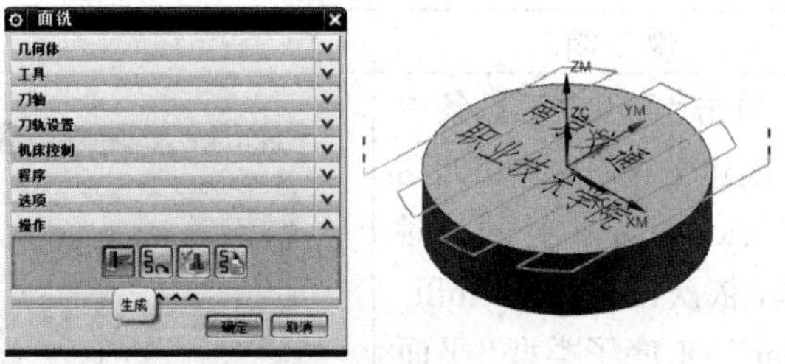 （a）生成刀轨
（2）仿真加工。	在“面铣”对话框中，如图 4-56（b）所示，单击“确认”按钮，打开“刀轨可视化”对话框。选择 2D（或 3D）模式，其余默认，如图 4-56（c）所示，单击“播放”按钮，即可进行仿真加工验证，最后单击“确定”按钮，返回“面铣”对话框，再次单击“确定”按钮，完成面铣仿真加工。 4151　面铣	 （b）打开“刀轨可视化”对话框 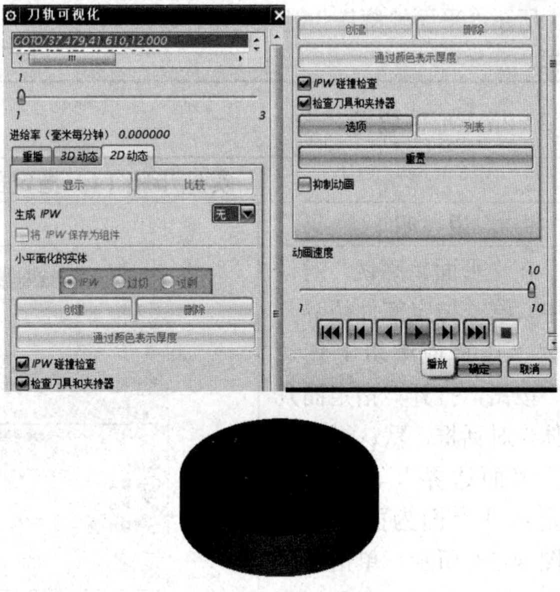 （c）2D 仿真加工结果 图 4-56　仿真加工

9. 创建周边铣加工工序

1）设置周边铣工序参数

<table>
<tr><th colspan="2">实施步骤 13：设置周边铣工序参数</th></tr>
<tr><th>说　明</th><th>图　解</th></tr>
<tr><td>单击“刀片”工具条中的“创建工序”命令，如图 4-57（a）所示，打开其对话框，依次设置类型“mill_planar”、工序子类型“平面轮廓铣”、程序“NC_PROGRAM”、刀具“T1D16（铣刀-5 参数）”、几何体“WORKPIECE”、方法“METHOD”，命名为“PLANAR_PROFILE”，完成操作参数设置，单击“确定”按钮，打开如图 4-57（b）所示“平面轮廓铣”对话框。</td><td>
创建工序
类型
mill_planar
工序子类型
位置
程序
NC_PROGRAM
刀具
T1D16 (铣刀)-5 参数
几何体
WORKPIECE
方法
METHOD
名称
PLANAR_PROFILE
确定
应用
取消
平面轮廓铣
几何体
几何体
WORKPIECE
指定部件边界
选择或编辑部件边界
指定毛坯边界
指定检查边界
指定修剪边界
指定底面
工具
刀轴
刀轨设置
机床控制
程序
选项
操作
确定
取消
（a）“创建工序”对话框　（b）“平面轮廓铣”对话框
图 4-57　设置周边铣工序参数</td></tr>
</table>

2）指定部件边界

<table>
<tr><th colspan="2">实施步骤 14：指定部件边界</th></tr>
<tr><th>说　明</th><th>图　解</th></tr>
<tr><td>在“平面轮廓铣”对话框中，单击指定部件边界几何体“选择或编辑毛坯边界”按钮，打开“指定面几何体”对话框，默认过滤器类型“面边界”等设置，选定部件上面为面边界，如图 4-58 所示，单击“确定”按钮，返回“平面轮廓铣”对话框，完成指定部件边界。</td><td>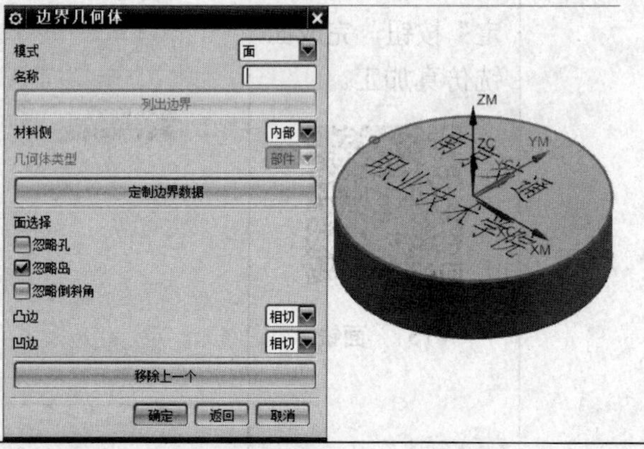
边界几何体
模式
面
名称
列出边界
材料侧
内部
几何体类型
部件
定制边界数据
面选择
忽略孔
忽略岛
忽略倒斜角
凸边
相切
凹边
相切
移除上一个
确定
返回
取消
ZM
YM
XM
图 4-58　指定部件边界</td></tr>
</table>

3）指定底面

实施步骤 15：指定底面	
说　明	图　解
在“平面轮廓铣”对话框中，单击几何体指定底面“选择或编辑底平面几何体”按钮，打开“平面”对话框，选择工件下表面为“底面”，如图 4-59 所示，单击“确定”按钮，返回“平面轮廓铣”对话框。	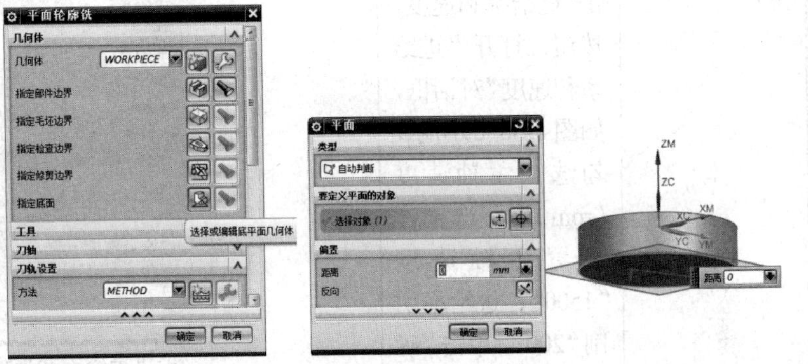平面轮廓铣 几何体 几何体 WORKPIECE 指定部件边界 指定毛坯边界 指定检查边界 指定修剪边界 指定底面 选择或编辑底平面几何体 工具 刀轴 刀轨设置 方法 METHOD 确定 取消 平面 类型 自动判断 要定义平面的对象 选择对象 (1) 偏置 距离 mm 反向 确定 取消 ZM ZC XC XM YC YM 距离 0 图 4-59　指定底面

4）设置刀轨参数

实施步骤 16：设置刀轨参数		
步骤	说　明	图　解
（1）设置刀轨基本参数。	在“平面轮廓铣”对话框中，如图 4-60（a）所示，依次设置刀轨参数：切削进给“300”、切削深度“恒定”、公共“1”。	平面轮廓铣 几何体 工具 刀轴 刀轨设置 方法 METHOD 部件余量 0.0000 切削进给 300.0000 mmpr 切削深度 恒定 公共 1.0000 切削参数 非切削移动 进给率和速度 机床控制 程序 选项 操作 确定 取消 非切削移动 转移/快速 避让 更多 进刀 退刀 起点/钻点 封闭区域 开放区域 进刀类型 圆弧 半径 3.0000 mm 圆弧角度 90.0000 高度 3.0000 mm 最小安全距离 3.0000 mm 修剪至最小安全距离 忽略修剪侧的毛坯 在圆弧中心处开始 确定 取消 （a）“平面轮廓铣”对话框　（b）“非切削移动”对话框
（2）设置非切削移动参数。	在“平面轮廓铣”对话框中，单击“非切削移动”命令，设置“策略”选项卡：开放区域进刀类型“圆弧”、半径“3”，其余参数默认，如图 4-60（b）所示。	

步骤	说　明	图　解
（3）设置进给率和速度。	在“平面轮廓铣”对话框中，单击“进给率和速度”按钮，打开“进给率和速度”对话框，如图 4-60（c）所示，勾选“主轴速度（rpm）”复选框，设置主轴速度“1500”、进给率切削“200”，单击“确定”按钮，返回“平面轮廓铣”对话框。	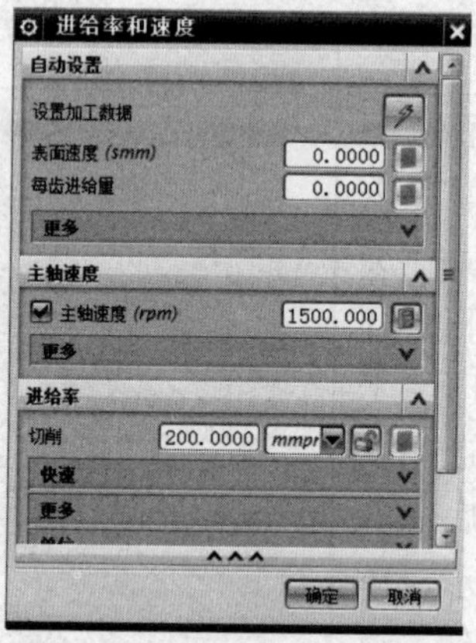进给率和速度 自动设置 设置加工数据 表面速度 (smm) 0.0000 每齿进给量 0.0000 更多 主轴速度 主轴速度 (rpm) 1500.000 更多 进给率 切削 200.0000 mmpr 快速 更多 确定 取消 （c）“进给率和速度”对话框 图 4-60　设置刀轨参数

5）仿真加工

实施步骤 17：仿真加工		
步骤	说　明	图　解
（1）生成刀轨。	在“平面轮廓铣”对话框中，单击“生成”按钮，显示刀轨如图 4-61（a）所示。	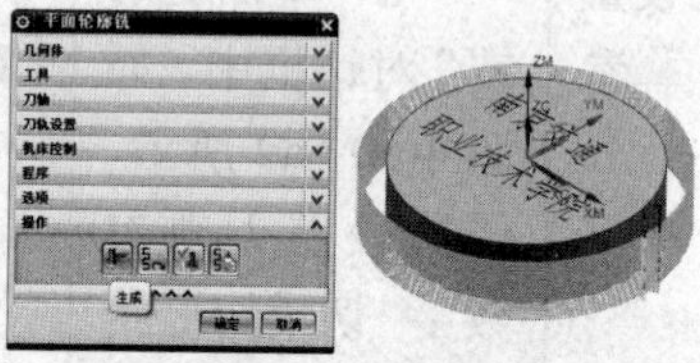 （a）生成刀轨
（2）仿真加工。	在“平面轮廓铣”对话框中，单击“确认”按钮，打开“刀轨可视化”对话框。选择 2D（或 3D）模式，其余默认，如图 4-61（b）所示，单击“播放”按钮，即可进行仿真加工，最后单击“确定”按钮，返回到“平面轮廓铣”对话框，再次单击“确定”按钮，完成平面轮廓铣仿真加工。	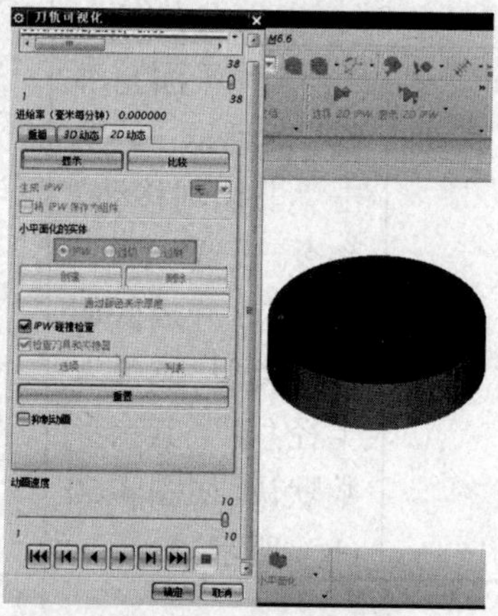 （b）2D 仿真加工结果 图 4-61　仿真加工

4152　周边轮廓铣

10. 创建文字加工工序

1）设置文字加工工序参数

实施步骤 18：设置文字加工工序参数	
说　明	图　解
单击“刀片”工具条中的“创建工序”命令，如图 4-62（a）所示，打开其对话框，依次设置类型“mill_ planar”、工序子类型“平面文本”、程序“NC_PROGRAM”、刀具“T2D2R1（Milling Tool-5 parameters）”、几何体“WORKPIECE”、方法“METHOD”，命名为“PLANAR_TEXT”，完成操作参数设置，单击“确定”按钮，打开如图 4-62（b）所示的“平面文本”对话框。	 创建工序 类型 mill_planar 工序子类型 位置 程序 NC_PROGRAM 刀具 T2D2R1 (铣刀-5 参 几何体 WORKPIECE 方法 METHOD 名称 PLANAR_TEXT 确定 应用 取消 平面文本 几何体 几何体 WORKPIECE 指定制图文本 指定底面 选择或编辑制图文本几何体 工具 刀轨设置 机床控制 程序 选项 操作 确定 取消 （a）“创建工序”对话框　（b）“平面文本”对话框 图 4-62　设置文字加工工序参数

2）指定制图文本

实施步骤 19：指定制图文本	
说　明	图　解
如图 4-62（b）所示，在“平面文本”对话框中，单击指定制图文本几何体“选择或编辑制图文本几何体”按钮，打开“文本几何体”对话框，默认设置，选择零件模型上的文字，如图 4-63 所示。单击“确定”按钮，返回“平面文本”对话框。	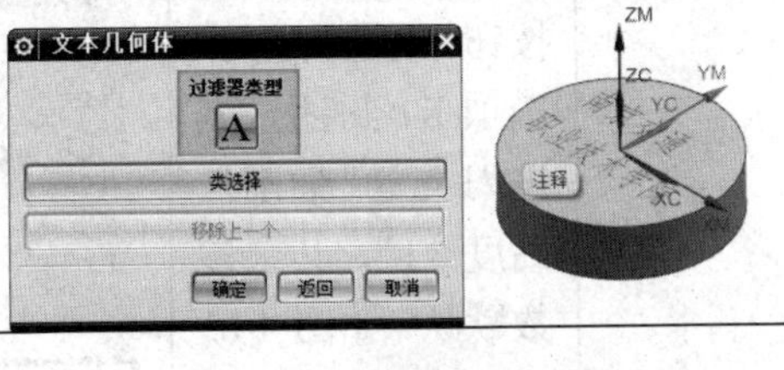 文本几何体 过滤器类型 类选择 移除上一个 确定 返回 取消 ZM ZC YM YC XC 注释 图 4-63　指定制图文本

3）指定底面

实施步骤 20：指定底面	
说　明	图　解
在“平面文本”对话框中，单击几何体指定底面“选择或编辑底平面几何体”命令，打开“平面”对话框，选择工件上表面为“指定底面”，如图 4-64 所示，单击“确定”按钮，返回“平面文本”对话框。	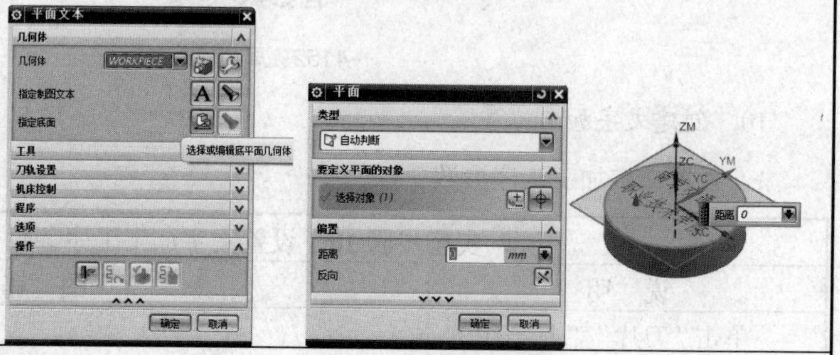平面文本 几何体 WORKPIECE 指定制图文本 指定底面 选择或编辑底平面几何体 工具 刀轨设置 机床控制 程序 选项 操作 确定 取消 平面 类型 自动判断 要定义平面的对象 选择对象 (1) 偏置 距离 mm 反向 ZM ZC YM YC XC 距离 图 4-64　指定底面

4）设置刀轨参数

实施步骤 21：设置刀轨参数		
步骤	说　明	图　解
（1）设置刀轨基本参数。	在“平面文本”对话框中，如图 4-65（a）所示，依次设置刀轨参数：文本深度“0.3”、每刀深度“0”、毛坯距离“0”、最终底部面余量“0”。	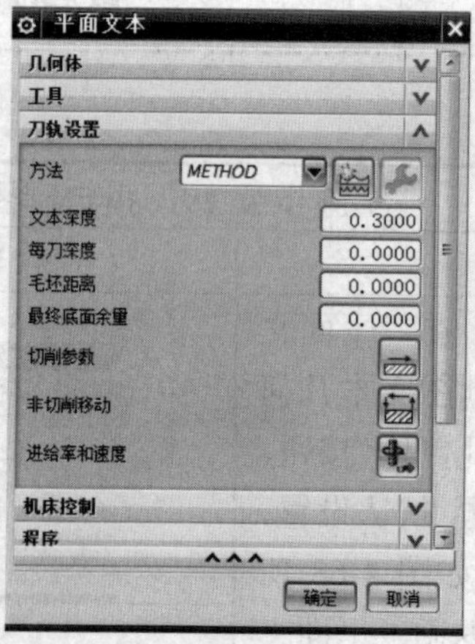平面文本 几何体 工具 刀轨设置 方法 METHOD 文本深度 0.3000 每刀深度 0.0000 毛坯距离 0.0000 最终底面余量 0.0000 切削参数 非切削移动 进给率和速度 机床控制 程序 确定 取消 （a）“平面文本”对话框 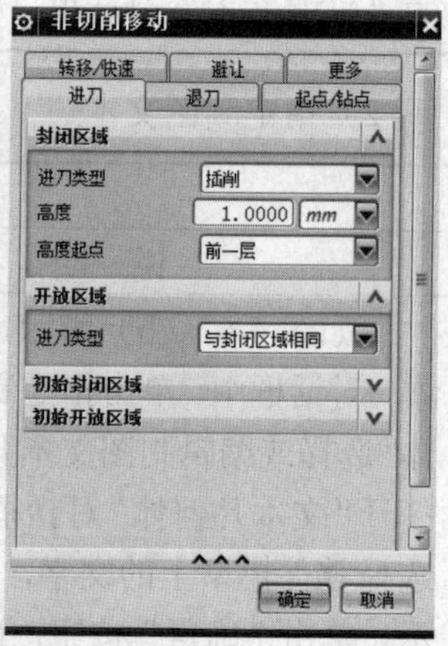非切削移动 转移/快速 避让 更多 进刀 退刀 起点/钻点 封闭区域 进刀类型 插削 高度 1.0000 mm 高度起点 前一层 开放区域 进刀类型 与封闭区域相同 初始封闭区域 初始开放区域 确定 取消 （b）“非切削移动”对话框
（2）设置非切削移动参数。	在“平面文本”对话框中，单击“非切削移动”按钮，设置“进刀”选项卡：封闭区域进刀类型“插削”、高度“1”，其余参数默认，如图 4-65（b）所示。	

步骤	说　明	图　解
（3）设置进给率和速度。	在“平面文本”对话框中，单击“进给率和速度”按钮，打开其对话框，如图 4-65（c）所示，勾选“主轴速度（rpm）”复选框，设置主轴速度“1500”、进给率切削“100”，单击“确定”按钮，返回“平面文本”对话框。	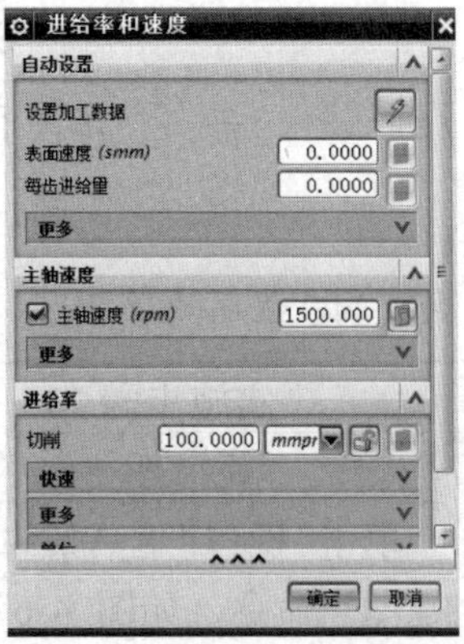进给率和速度 自动设置 设置加工数据 表面速度 (smm) 0.0000 每齿进给量 0.0000 更多 主轴速度 主轴速度 (rpm) 1500.000 更多 进给率 切削 100.0000 mmpr 快速 更多 确定 取消 （c）“进给率和速度”对话框 **图 4-65　设置刀轨参数**

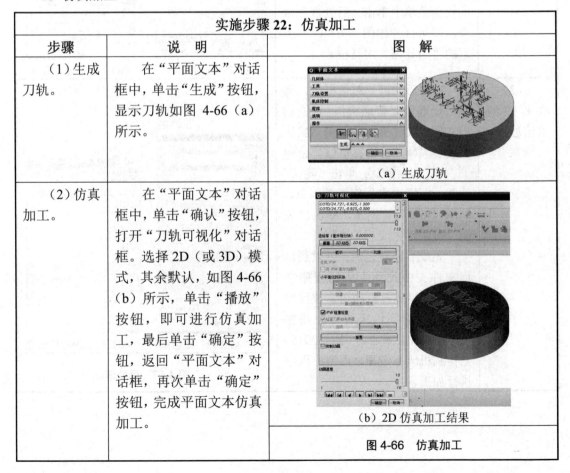

5）仿真加工

实施步骤 22：仿真加工		
步骤	说　明	图　解
（1）生成刀轨。	在“平面文本”对话框中，单击“生成”按钮，显示刀轨如图 4-66（a）所示。	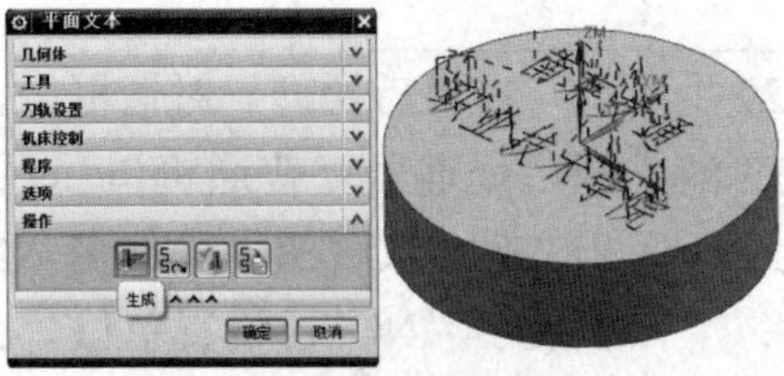平面文本 几何体 工具 刀轨设置 机床控制 程序 选项 操作 生成 确定 取消 （a）生成刀轨
（2）仿真加工。	在“平面文本”对话框中，单击“确认”按钮，打开“刀轨可视化”对话框。选择 2D（或 3D）模式，其余默认，如图 4-66（b）所示，单击“播放”按钮，即可进行仿真加工，最后单击“确定”按钮，返回“平面文本”对话框，再次单击“确定”按钮，完成平面文本仿真加工。	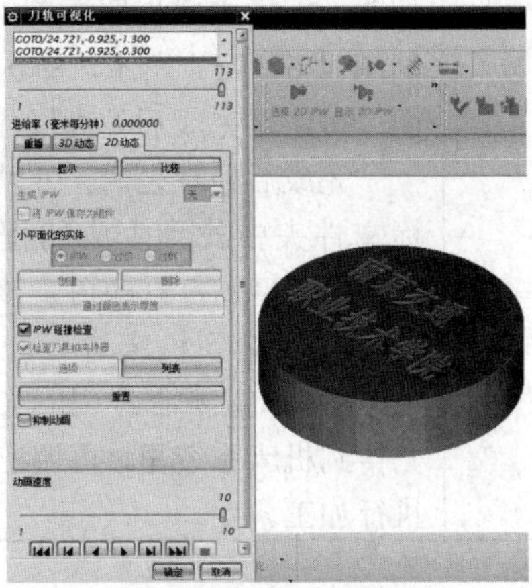刀轨可视化 重播 3D 动态 2D 动态 确定 取消 （b）2D 仿真加工结果 **图 4-66　仿真加工**

4153　加工文字

11. 后处理生成 NC 程序清单

实施步骤 23：后处理生成 NC 程序清单		
步骤	**说　明**	**图　解**
（1）打开后处理命令。	单击“操作”工具条中的“几何视图”命令，如图 4-67（a）所示，在左侧“工序导航器-几何”导航栏中显示了创建完成的所有工序。如图 4-67（b）所示，右击工序 PLANAR_TEXT 在弹出的快捷菜单中单击“后处理”命令，即可打开如图 4-67（c）所示的“后处理”对话框。	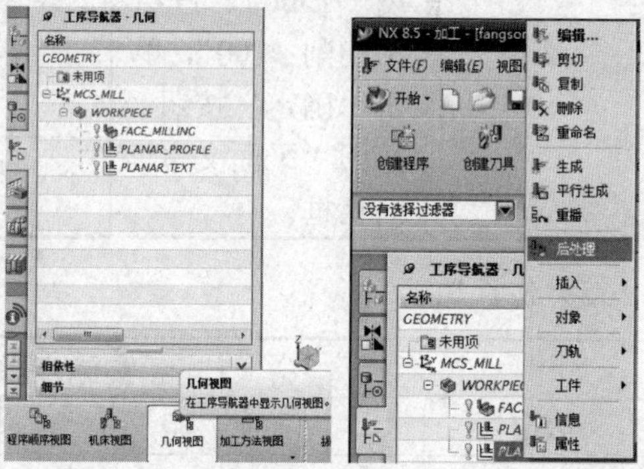 （a）显示所有工序　（b）“后处理”命令
（2）生成程序清单信息。	在“后处理”对话框中，选择后处理器“普通机”，设置输出文件的文件夹、文件名，默认扩展名“NC”，设置单位“公制/部件”，其余默认，单击“确认”按钮，即可生成程序清单信息，如图 4-67（d）所示，单击“关闭”按钮，完成后处理操作。 完成后处理之后，可以到目标文件夹中找到生成的程序文件，用记事本打开即可，该程序可直接传输到机床进行在线加工，也可以重新命名（如 O0015）先传到机床系统里，再调出程序执行加工。	 （c）“后处理”对话框　（d）后处理程序信息 图 4-67　后处理

任务 4.2　UG 型腔铣

知识目标	能力目标
（1）掌握 UG CAM 数控铣削加工方法、基本操作步骤、铣削参数的设置及应用； （2）熟练掌握型腔铣零件加工编程方法与步骤； （5）掌握后处理生成程序应用到实际机床加工的方法与步骤。	（1）会设置型腔加工环境； （2）具备 UG CAM 型腔铣削基本操作能力； （3)具备 UG CAM 型腔铣削参数设置及应用能力； （4）具备型腔铣零件编程操作及仿真加工能力； （5）具备应用后处理程序实际机床加工能力。

4.2.1　任务导入——加工烟灰缸

任务描述：铣削烟灰缸零件，尺寸如图 4-68 所示，毛坯为ϕ95mm×22mm，材料为 45 号钢，要加工内外等表面，要求创建型腔铣加工。

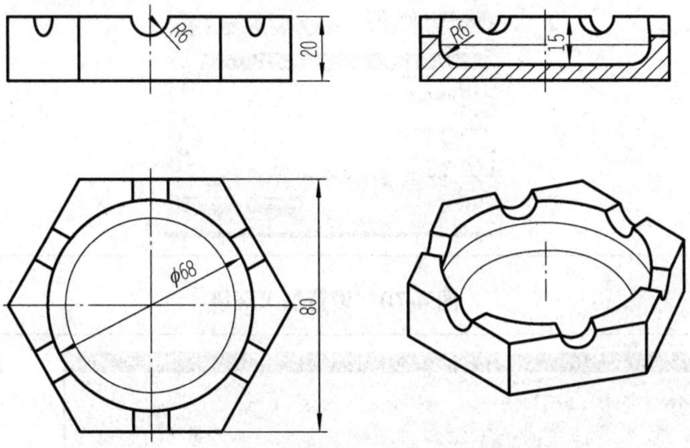
R6
20
R6
15
ϕ68
80

图 4-68　烟灰缸

4221　烟灰缸二维图

4.2.2　任务实施

1. 工艺分析

实施步骤 1：工艺分析

（1）加工毛坯。

（2）加工工序见表 4-4。

表 4-4　加工工序

工序	内容	选用刀具	加工方式	加工余量 mm
1	粗铣	T1D20	型腔铣	0.5
2	精铣	T2D6R3	型腔铣	0

2. 建模

<table>
<tr><th colspan="2">实施步骤 2：建模</th></tr>
<tr><th>说　明</th><th>图　解</th></tr>
<tr><td>按图示尺寸完成烟灰缸部件建模，同时完成毛坯φ95mm×22mm 造型，并把毛坯设计成 80%透明模型，如图 4-69 所示。</td><td>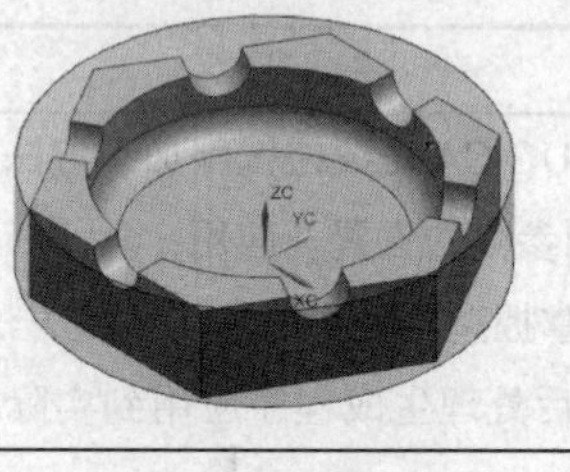
图 4-69　烟灰缸零件与毛坯模型</td></tr>
</table>

3. 进入型腔铣加工环境

<table>
<tr><th colspan="2">实施步骤 3：进入型腔铣加工环境</th></tr>
<tr><th>说　明</th><th>图　解</th></tr>
<tr><td>选择“标准”工具条“开始”→“加工”命令，即可进入“加工环境”对话框，如图 4-70 所示。选择要创建的 CAM 设置为“mill_contour”选项后，单击“确定”按钮，即可进入加工环境，界面如图 4-71 所示。</td><td>
加工环境
要创建的 CAM 设置
mill_planar
mill_contour
mill_multi-axis
mill_multi_blade
drill
hole_making
turning
wire_edm
确定
取消
图 4-70　设置加工环境</td></tr>
<tr><td colspan="2">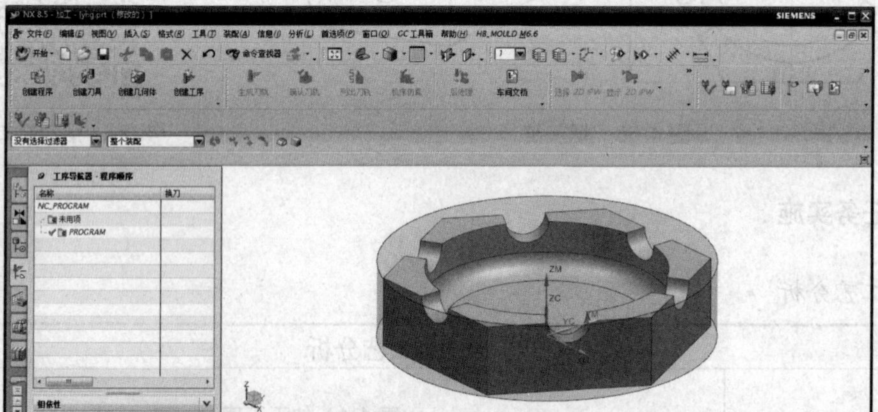
图 4-71　型腔铣加工环境界面</td></tr>
</table>

4. 创建刀具

<table>
<tr><th colspan="2">实施步骤4：创建刀具</th></tr>
<tr><th>说 明</th><th>图 解</th></tr>
<tr><td>选择“刀片”工具条中的“创建刀具”命令，打开其对话框，选择刀具子类型“MILL”、输入刀具名称“T1D10”，其余默认，如图4-72（a）所示，单击“应用”按钮，打开“铣刀-5参数”对话框，如图4-72（b）所示。在“铣刀-5参数”对话框中，输入直径尺寸“10”、刀具号“1”、补偿寄存器“1”、刀具补偿寄存器“1”，其余默认，单击“确定”按钮，完成1号刀具创建。
用同样的方法，创建2号刀具“T2D6R3”，在“铣刀-5参数”对话框中，输入下半径“3”即可。
单击“导航器”工具条中的“机床视图”命令，可以在“工序导航器-机床”导航栏中看到创建好的两把刀具，如图4-72（c）所示。</td><td>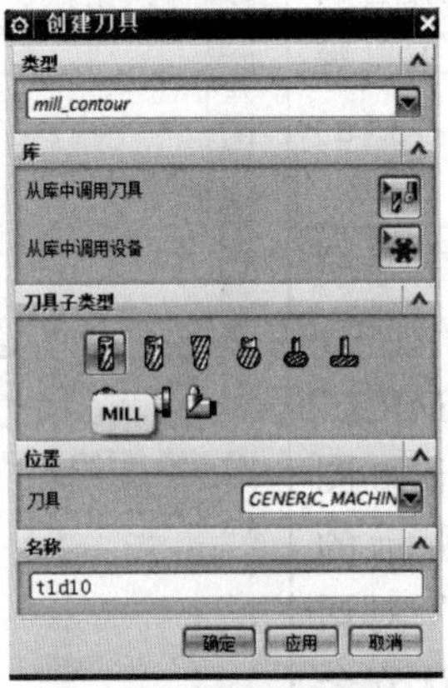
创建刀具
类型
mill_contour
库
从库中调用刀具
从库中调用设备
刀具子类型
MILL
位置
刀具
GENERIC_MACHINE
名称
t1d10
确定
应用
取消
（a）“创建刀具”对话框
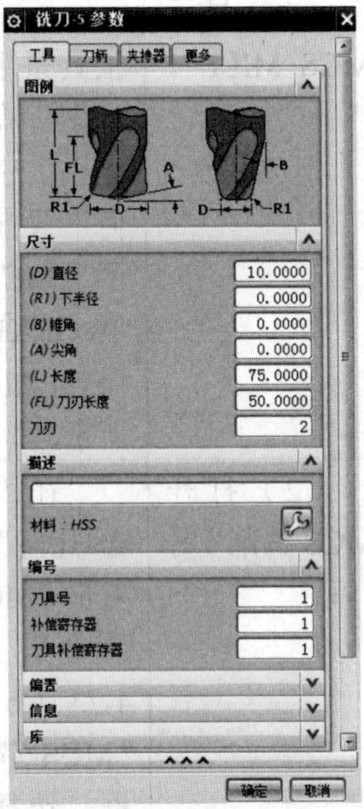
铣刀-5参数
工具
刀柄
夹持器
更多
图例
尺寸
(D) 直径 10.0000
(R1) 下半径 0.0000
(B) 锥角 0.0000
(A) 尖角 0.0000
(L) 长度 75.0000
(FL) 刀刃长度 50.0000
刀刃 2
描述
材料：HSS
编号
刀具号 1
补偿寄存器 1
刀具补偿寄存器 1
偏置
信息
库
确定
取消
（b）“铣刀-5参数”对话框
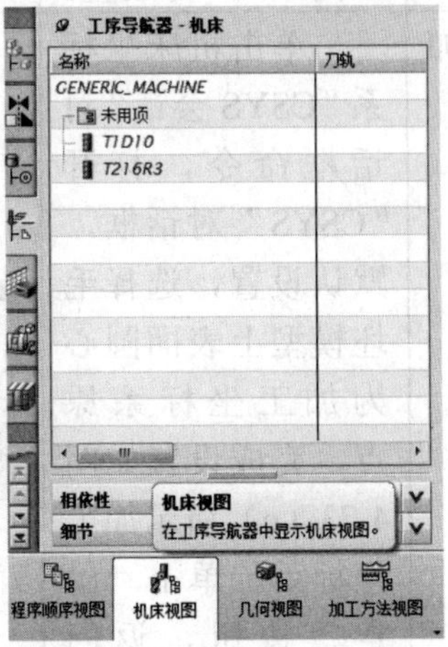
工序导航器 - 机床
名称
刀轨
GENERIC_MACHINE
未用项
T1D10
T2I6R3
相依性
细节
机床视图
在工序导航器中显示机床视图。
程序顺序视图
机床视图
几何视图
加工方法视图
（c）显示刀具

图4-72 创建刀具</td></tr>
</table>

5. 建立加工坐标系

实施步骤 5：建立加工坐标系		
步骤	说 明	图 解
（1）显示“MCS_MILL”。	单击“导航器”工具条中的“几何视图”命令，在左侧“工序导航器-几何”导航栏中显示了“MCS_MILL”、“WORKPIECE”等内容，如图 4-73（a）所示。	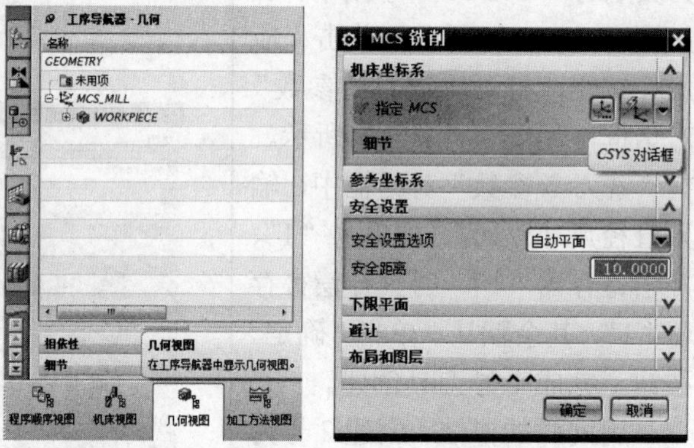 工序导航器 - 几何 名称 GEOMETRY 未用项 MCS_MILL WORKPIECE 相依性 细节 几何视图 在工序导航器中显示几何视图。 程序顺序视图 机床视图 几何视图 加工方法视图 MCS 铣削 机床坐标系 指定 MCS 细节 CSYS 对话框 参考坐标系 安全设置 安全设置选项 自动平面 安全距离 10.0000 下限平面 避让 布局和图层 确定 取消 （a）“工序导航器-几何”显示 （b）“MCS 铣削”对话框
（2）打开“MCS 铣削”对话框。	在“工序导航器-几何”导航栏中，双击“MCS_MILL”命令，打开如图 4-73（b）所示的“MCS 铣削”对话框，选择默认安全距离“10”等设置。	
（3）设置加工坐标系。	单击机床坐标系“CSYS 会话”对话框命令，打开“CSYS”对话框，默认设置，选择毛坯模型上表面圆心为加工坐标系原点，完成设置如图 4-73（c）所示加工坐标系，单击“确定”按钮，返回“MCS 铣削”对话框，再次单击“确定”按钮，完成加工坐标系创建。	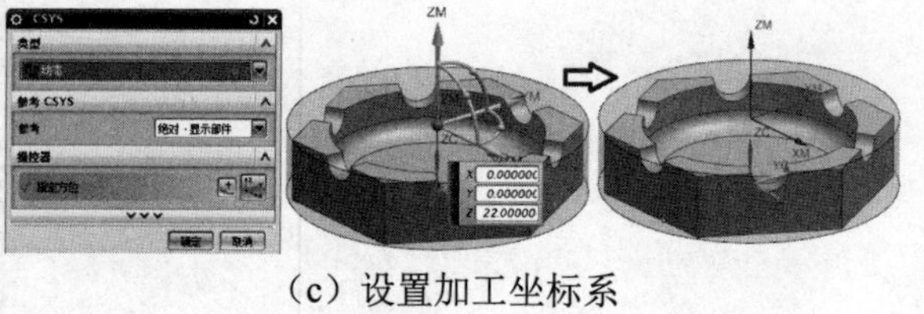 CSYS 类型 参考 CSYS 绝对 - 显示部件 操控器 确定 取消 ZM X 0.00000 Y 0.00000 Z 22.00000 ZM （c）设置加工坐标系 图 4-73 建立加工坐标系

6. 创建几何体

1）指定毛坯几何体

实施步骤 6：指定毛坯	
说　明	**图　解**
在“工序导航器-几何”导航栏中，双击“WORKPIECE”命令，打开如图 4-74（a）所示“工件”对话框，单击指定毛坯几何体“选择或编辑毛坯几何体”按钮，打开“毛坯几何体”对话框，如图 4-74（b）所示，指定毛坯模型为“毛坯几何体”，其余默认，单击“确定”按钮，返回“工件”对话框，完成毛坯创建。	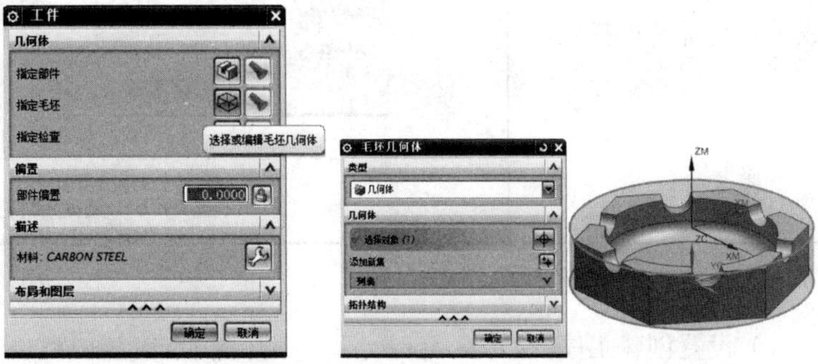工件 几何体 指定部件 指定毛坯 指定检查 选择或编辑毛坯几何体 偏置 部件偏置 0.0000 描述 材料: CARBON STEEL 布局和图层 确定 取消 毛坯几何体 类型 几何体 选择对象 (1) 添加新集 列表 拓扑结构 ZM（a）“工件”对话框　（b）选择毛坯几何体 **图 4-74　指定毛坯几何体**

2）指定部件几何体

实施步骤 7：指定部件	
说　明	**图　解**
选择毛坯模型，按 Ctrl+B 快捷键隐藏毛坯模型。在“工件”对话框中，如图 4-75（a）所示，单击指定部件几何体“选择或编辑部件几何体”按钮，打开“部件几何体”对话框，如图 4-75（b）所示，默认设置，指定零件模型为“部件几何体”，单击“确定”按钮，完成部件指定。	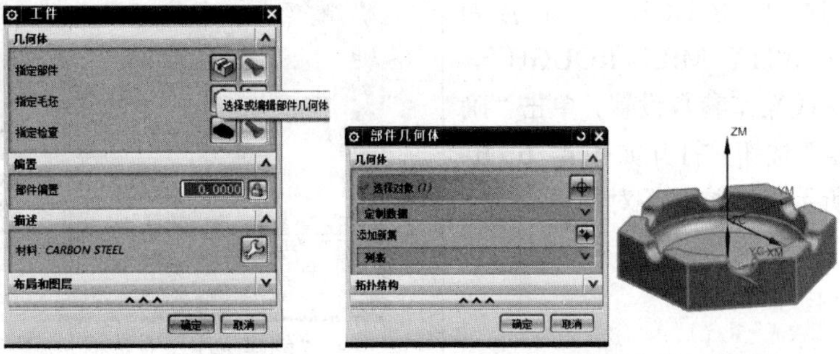工件 几何体 指定部件 指定毛坯 指定检查 选择或编辑部件几何体 偏置 部件偏置 0.0000 描述 材料: CARBON STEEL 布局和图层 确定 取消 部件几何体 几何体 选择对象 (1) 定制数据 添加新集 列表 拓扑结构 ZM（a）“工件”对话框　（b）选择部件几何体

说　明	图　解
在“工件”对话框中，单击部件与毛坯几何体“显示”按钮，如图 4-75（c）所示，即可显示创建的模型。最后，单击“确定”按钮，完成毛坯与部件的指定。	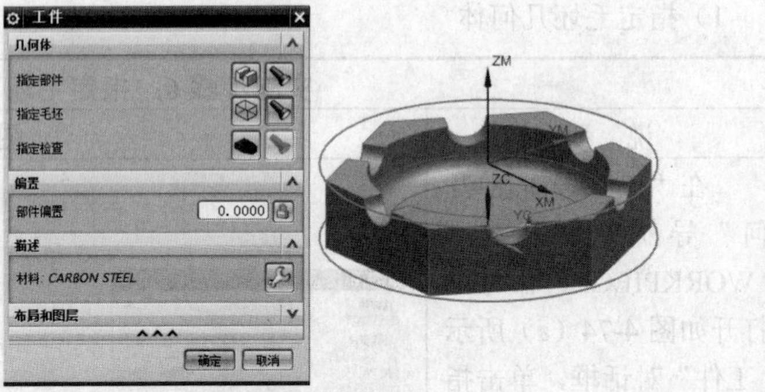工件 几何体 指定部件 指定毛坯 指定检查 偏置 部件偏置 0.0000 描述 材料：CARBON STEEL 布局和图层 确定 取消 ZM ZC XM YC （c）显示部件 图 4-75　指定部件几何体

7. 创建粗加工工序

1）设置创建工序参数

实施步骤 8：设置创建工序参数	
说　明	图　解
单击“刀片”工具条中的“创建工序”命令，如图 4-76（a）所示，打开其对话框，依次设置类型“mill_contour”、工序子类型“型腔铣”、程序“NC_PROGRAM”、刀具“T1D110（铣刀-5 参数）”、几何体“WORKPIECE”、方法“MILL_ROUGH”，命名为“CAVITY_MILL_ROUGH”，完成操作参数设置，单击“确定”按钮，打开如图 4-76（b）所示“型腔铣”对话框。	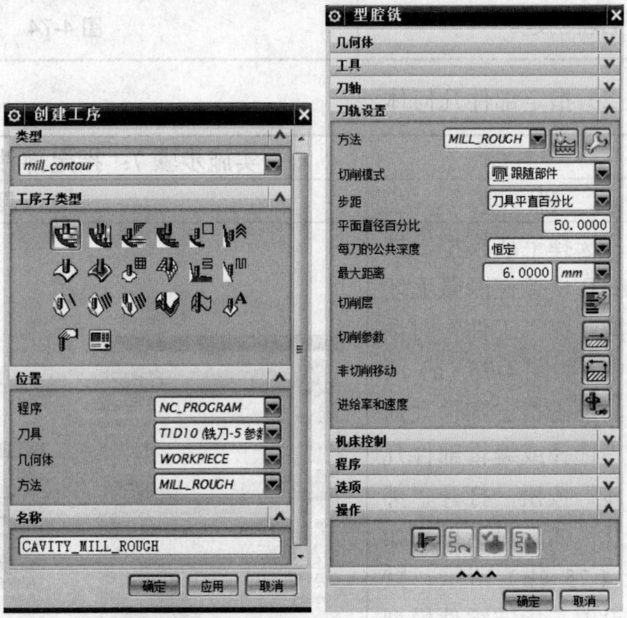创建工序 类型 mill_contour 工序子类型 位置 程序 NC_PROGRAM 刀具 T1D10 (铣刀-5 参数) 几何体 WORKPIECE 方法 MILL_ROUGH 名称 CAVITY_MILL_ROUGH 确定 应用 取消 型腔铣 几何体 工具 刀轴 刀轨设置 方法 MILL_ROUGH 切削模式 跟随部件 步距 刀具平直百分比 平面直径百分比 50.0000 每刀的公共深度 恒定 最大距离 6.0000 mm 切削层 切削参数 非切削移动 进给率和速度 机床控制 程序 选项 操作 确定 取消 （a）“创建工序”对话框　（b）“型腔铣”对话框 图 4-76　设置创建工序参数

2）设置刀轨参数

实施步骤 9：设置刀轨参数		
步骤	说　明	图　解
（1）设置刀轨基本参数。	如图 4-77（a）所示，在“型腔铣”对话框中，依次设置刀轨基本参数：切削模式“跟随部件”、步距“%刀具平直”、平面直径百分比“50”、全局每刀深度“0.4”。	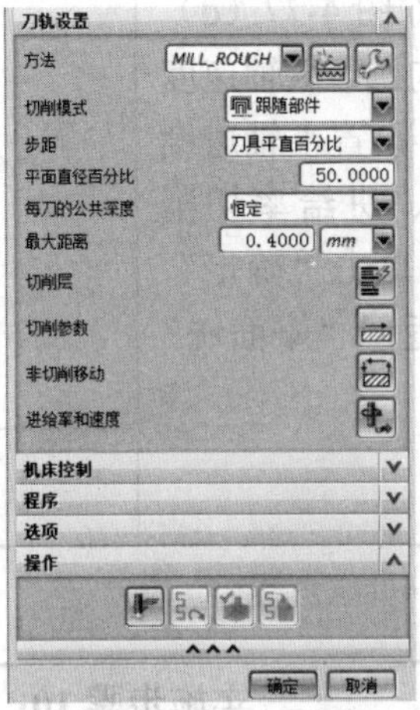 （a）“型腔铣”对话框 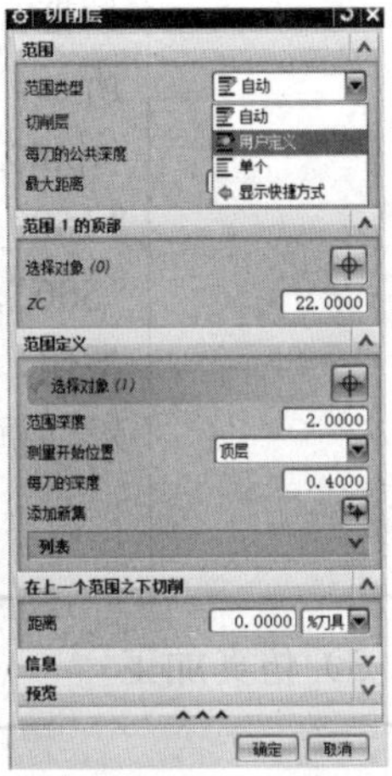 （b）“切削层”对话框
（2）设置切削层参数。	在“型腔铣”对话框中，单击刀轨设置“切削层”按钮，打开其对话框，如图 4-77（b）所示，选择范围类型“用户定义”，选择测量开始部位“当前范围底部”，输入范围深度“25”并按 Enter 键（目的是加工深度超过工件底部 3mm，为精加工做准备，因精加工刀具半径 3mm），其余参数默认，单击“确定”按钮，返回“平面铣”对话框。	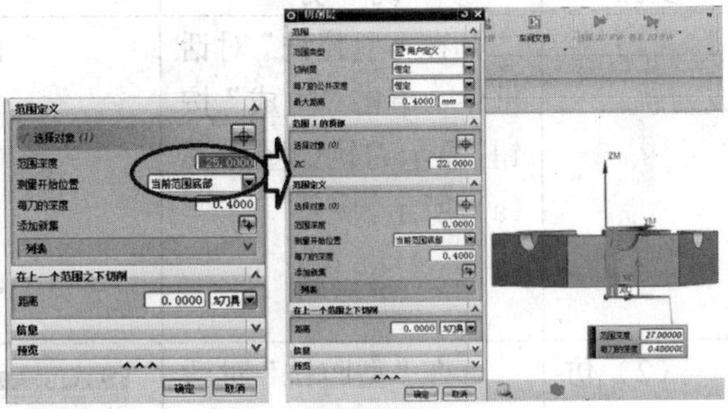 （c）输入切削层范围深度
（3）设置切削参数。	在“型腔铣”对话框中，单击刀轨设置“切削参数”按钮，打开其对话框，如图 4-77（c）所示，单击“余量”选项卡，设置部件余量“0.4”、其他余量“0”、内公差“0.05”、外公差“0.05”，单击“确定”按钮，返回“型腔铣”对话框。	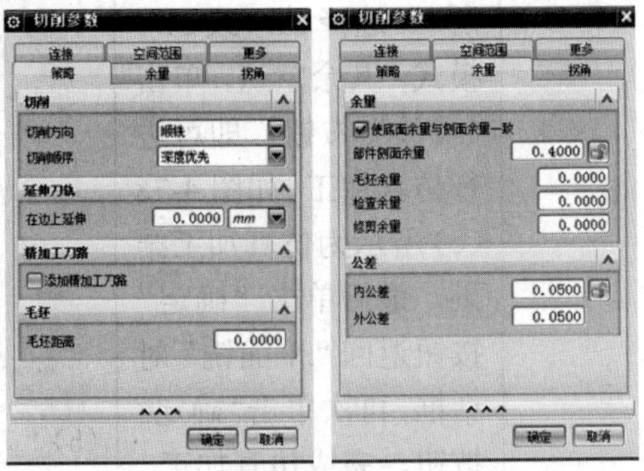 （c）“切削参数”对话框

步骤	说 明	图 解
（4）设置进给和速度。	在“型腔铣”对话框中，单击“进给率和速度”按钮，打开其对话框，如图 4-77（d）所示，勾选“主轴速度（rpm）”，设置主轴速度“1500”、进给率切削“500”，单击“确定”按钮，返回“平面铣”对话框。	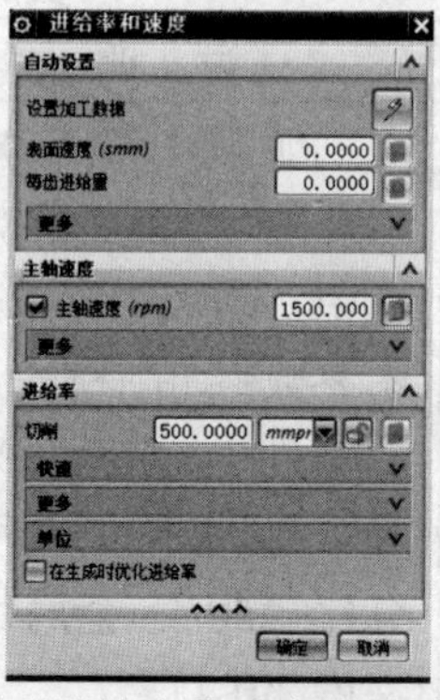 进给率和速度 自动设置 设置加工数据 表面速度 (smm) 0.0000 每齿进给量 0.0000 更多 主轴速度 主轴速度 (rpm) 1500.000 更多 进给率 切削 500.0000 mmpm 快速 更多 单位 在生成时优化进给率 确定 取消 （d）“进给率和速度”对话框 **图 4-77　设置刀轨参数**

3）仿真加工

实施步骤 10：仿真加工		
步骤	说 明	图 解
（1）生成刀轨。	在“型腔铣”对话框中，单击“生成”按钮，显示刀轨如图 4-78（a）所示。	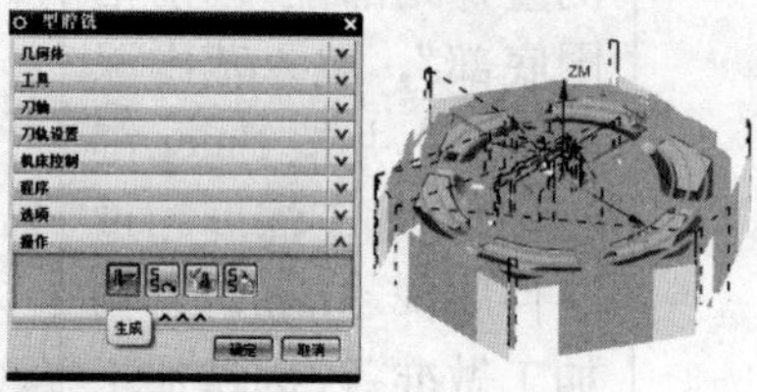 型腔铣 几何体 工具 刀轴 刀轨设置 机床控制 程序 选项 操作 生成 确定 取消 （a）生成刀轨
（2）仿真加工。	在“型腔铣”对话框中，单击“确认”按钮，打开“刀轨可视化”对话框，如图 4-78（b）所示。选择 2D（或 3D）模式，其余默认，单击“播放”按钮，即可进行仿真加工，如图 4-78（c）所示为仿真加工结果，最后单击“确定”按钮返回“平面铣”对话框，再次单击“确定”按钮，完成仿真加工。	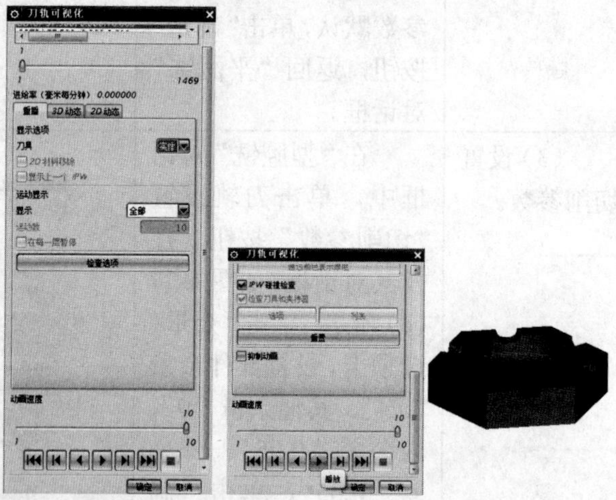 刀轨可视化 重播 3D 动态 2D 动态 动画速度 确定 取消 （b）“刀轨可视化”对话框　　（c）2D 仿真加工结果 **图 4-78　仿真加工**

8. 创建精加工工序

1）复制工序

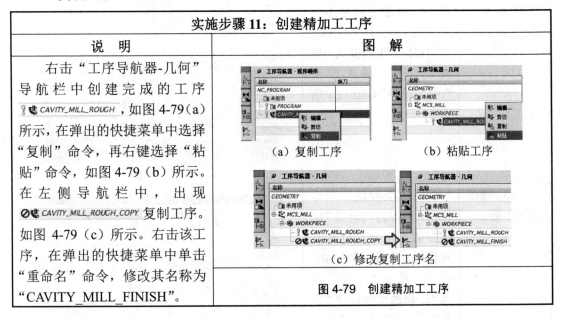

实施步骤 11：创建精加工工序	
说　明	图　解
右击“工序导航器-几何”导航栏中创建完成的工序 CAVITY_MILL_ROUGH，如图 4-79（a）所示，在弹出的快捷菜单中选择“复制”命令，再右键选择“粘贴”命令，如图 4-79（b）所示。在左侧导航栏中，出现 CAVITY_MILL_ROUGH_COPY 复制工序。如图 4-79（c）所示。右击该工序，在弹出的快捷菜单中单击“重命名”命令，修改其名称为“CAVITY_MILL_FINISH”。	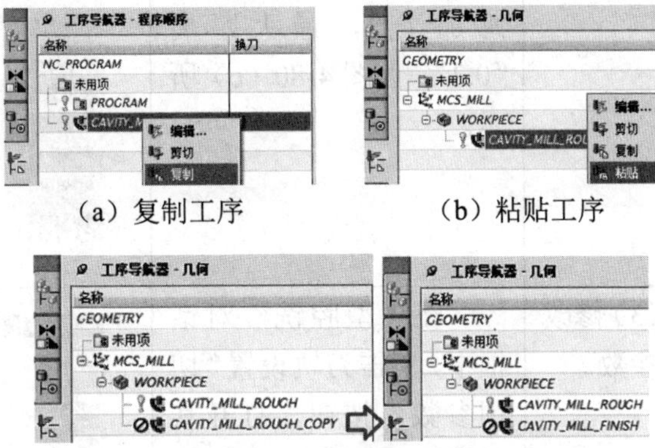 （a）复制工序　（b）粘贴工序 （c）修改复制工序名 图 4-79　创建精加工工序

2）修改工序刀轨参数

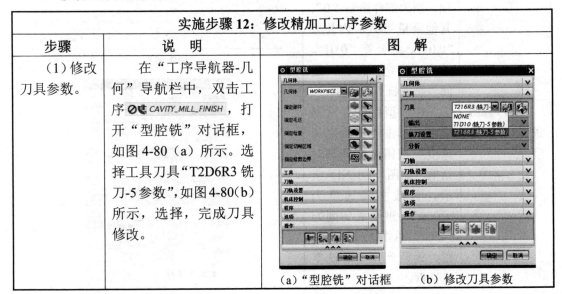

实施步骤 12：修改精加工工序参数		
步骤	说　明	图　解
（1）修改刀具参数。	在“工序导航器-几何”导航栏中，双击工序 CAVITY_MILL_FINISH，打开“型腔铣”对话框，如图 4-80（a）所示。选择工具刀具“T2D6R3 铣刀-5 参数”，如图 4-80（b）所示，选择，完成刀具修改。	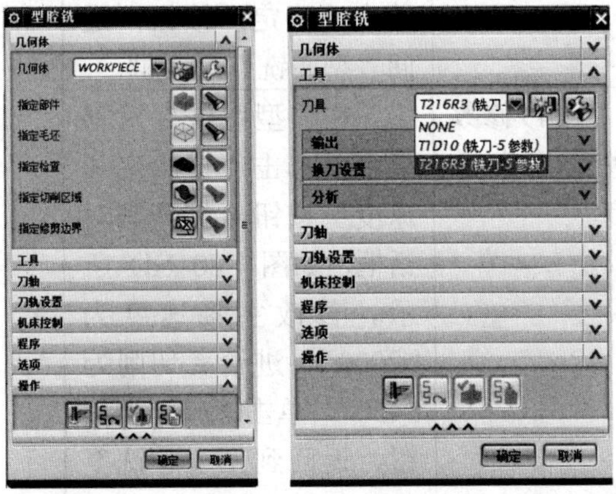 （a）“型腔铣”对话框　（b）修改刀具参数

<table>
<tr><th>步骤</th><th>说 明</th><th>图 解</th></tr>
<tr><td>（2）修改刀轨基本参数。</td><td>在“型腔铣”对话框中，修改刀轨基本参数设置：方法“MILL_FINISH”、切削模式“轮廓加工”，最大距离“0.2”，如图 4-80（c）所示。</td><td>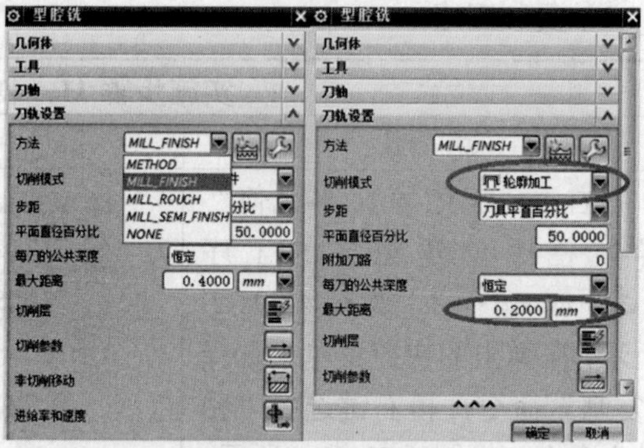
型腔铣
几何体
工具
刀轴
刀轨设置
方法
MILL_FINISH
METHOD
MILL_ROUGH
MILL_SEMI_FINISH
NONE
切削模式
轮廓加工
步距
刀具平直百分比
平面直径百分比
50.0000
附加刀路
每刀的公共深度
恒定
最大距离
0.4000
0.2000
mm
切削层
切削参数
非切削移动
进给率和速度
确定
取消
（c）修改刀轨基本参数</td></tr>
<tr><td>（3）修改切削参数。</td><td>在“型腔铣”对话框中，单击刀轨设置“切削参数”按钮，打开其对话框，如图 4-80（d）所示。单击“策略”选项卡，修改切削顺序“层优先”；单击“余量”选项，修改部件余量“0”、其他余量“0”、内公差“0.01”、外公差“0.01”。单击“确定”按钮，返回“型腔铣”对话框。</td><td>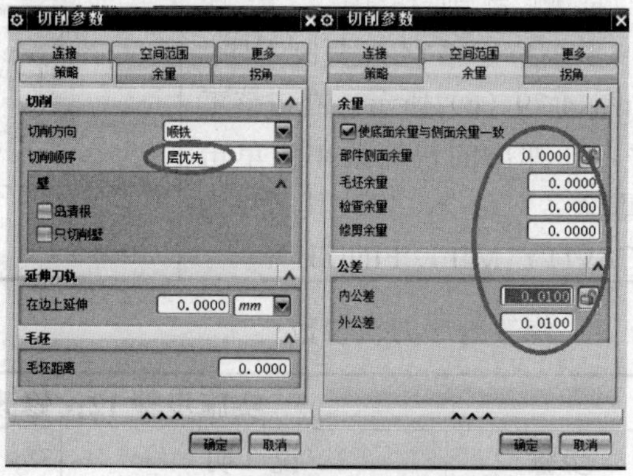
切削参数
连接
空间范围
更多
策略
余量
拐角
切削
切削方向
顺铣
切削顺序
层优先
壁
岛清根
只切削壁
延伸刀轨
在边上延伸
0.0000
mm
毛坯
毛坯距离
0.0000
余量
使底面余量与侧面余量一致
部件侧面余量
0.0000
毛坯余量
检查余量
修剪余量
公差
内公差
0.0100
外公差
0.0100
确定
取消
（d）“切削参数”对话框</td></tr>
<tr><td>（4）修改进给率和速度。</td><td>在“型腔铣”对话框中，单击“进给率和速度”按钮，打开其对话框，如图 4-80（d）所示，修改主轴速度为“2000”、进给率切削为“450”，单击“确定”按钮，返回到“型腔铣”对话框。</td><td>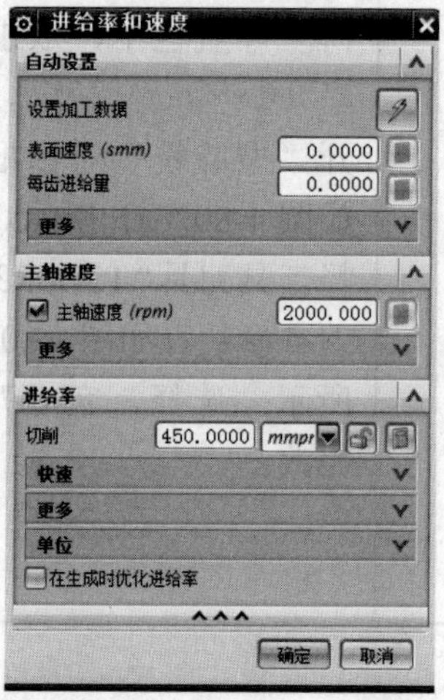
进给率和速度
自动设置
设置加工数据
表面速度 (smm)
0.0000
每齿进给量
0.0000
更多
主轴速度
主轴速度 (rpm)
2000.000
进给率
切削
450.0000
mmpr
快速
单位
在生成时优化进给率
确定
取消
（e）“进给率和速度”对话框</td></tr>
<tr><td></td><td></td><td>图 4-80　修改精加工工序参数</td></tr>
</table>

3）仿真加工

实施步骤 13：仿真加工		
步骤	说　明	图　解
（1）生成刀轨。	在“型腔铣”对话框中，单击“生成”按钮，显示刀轨如图 4-81（a）所示。	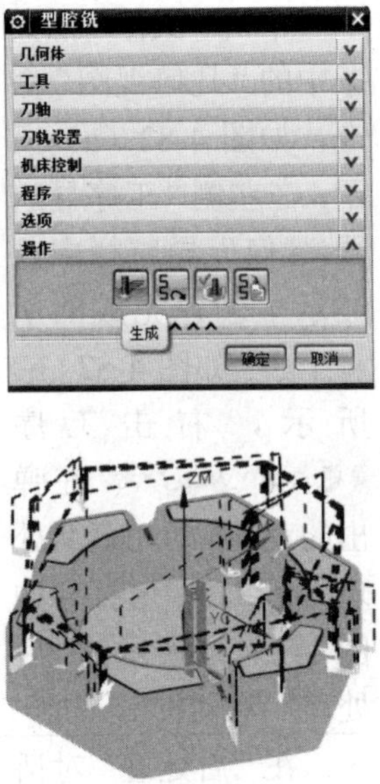型腔铣 几何体 工具 刀轴 刀轨设置 机床控制 程序 选项 操作 生成 确定 取消 ZM YC （a）生成刀轨
（2）仿真加工。	在“型腔铣”对话框中，如图 4-81（b）所示，单击“确认”按钮，打开“刀轨可视化”对话框。选择 2D（或 3D）模式，其余默认，如图 4-81（c）所示，单击“播放”按钮，即可进行仿真加工验证，如图 4-81（c）右侧所示，最后单击“确定”按钮返回“型腔铣”对话框，再次单击“确定”按钮，完成仿真加工。	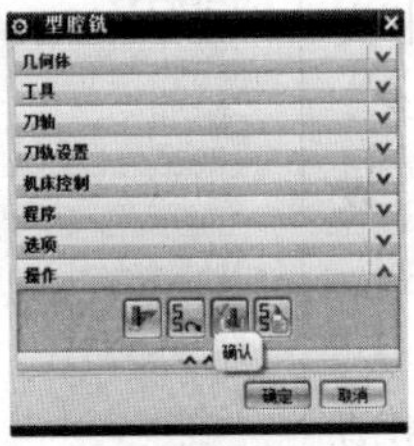型腔铣 几何体 工具 刀轴 刀轨设置 机床控制 程序 选项 操作 确认 确定 取消 （b）打开“刀轨可视化”对话框 4220　烟灰缸粗精加工 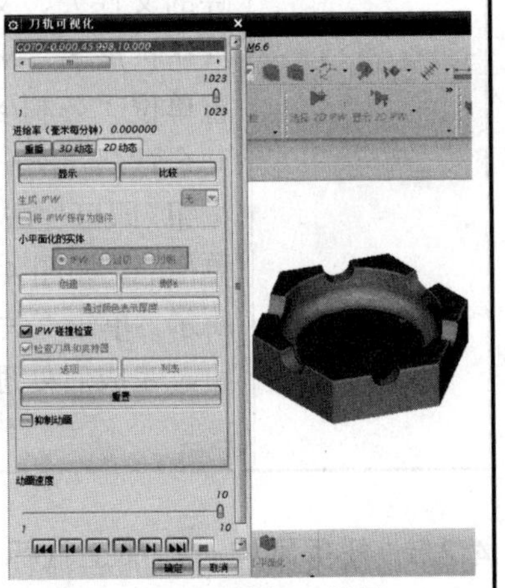刀轨可视化 重播 3D 动态 2D 动态 显示 比较 IPW 碰撞检查 动画速度 确定 取消 （c）2D 仿真加工结果 图 4-81　仿真加工

9. 后处理生成 NC 程序清单

实施步骤 14：后处理生成 NC 程序清单		
步骤	说　明	图　解
（1）打开后处理命令。	单击“操作”工具条中的“几何视图”命令，如图 4-82（a）所示，在左侧“工序导航器-几何”导航栏中，显示了创建完成的所有工序。如图 4-82（b）所示，右击工序 CAVITY_MILL_FINISH 在弹出的菜单中单击“后处理”命令，即可打开如图 4-82（c）所示的“后处理”对话框。	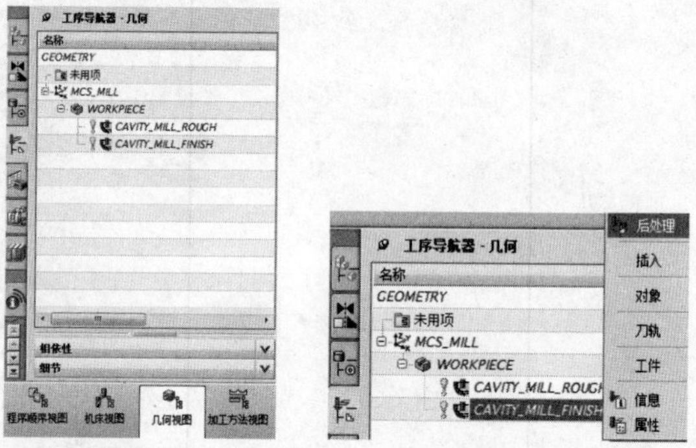工序导航器 - 几何 名称 GEOMETRY 未用项 MCS_MILL WORKPIECE CAVITY_MILL_ROUGH CAVITY_MILL_FINISH 相依性 细节 程序顺序视图 机床视图 几何视图 加工方法视图 后处理 插入 对象 刀轨 工件 信息 属性 （a）显示所有工序　（b）打开后处理命令
（2）生成程序清单信息。	在“后处理”对话框中，如图 4-82（c）所示，选择后处理器“普通机”，设置输出文件的文件夹、文件名，默认扩展名“NC”，设置单位“公制/部件”，其余默认，单击“确认”按钮，即可生成程序清单信息，如图 4-82（d）所示，单击“关闭”按钮，完成后处理操作。	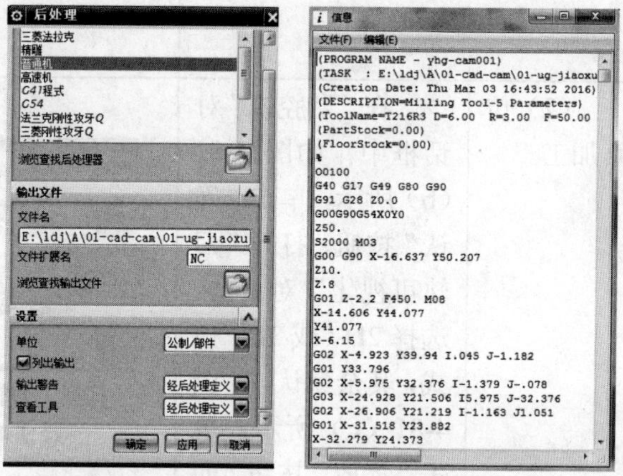后处理 三菱法拉克 精雕 普通机 高速机 C47程式 C54 法兰克刚性攻牙Q 三菱刚性攻牙Q 浏览查找后处理器 输出文件 文件名 E:\ldj\A\01-cad-cam\01-ug-jiaoxu 文件扩展名 NC 浏览查找输出文件 设置 单位 公制/部件 列出输出 输出警告 经后处理定义 查看工具 经后处理定义 确定 应用 取消 信息 文件(F) 编辑(E) (PROGRAM NAME - yhg-cam001) (TASK : E:\ldj\A\01-cad-cam\01-ug-jiaoxu (Creation Date: Thu Mar 03 16:43:52 2016) (DESCRIPTION=Milling Tool-5 Parameters) (ToolName=T216R3 D=6.00 R=3.00 F=50.00 (PartStock=0.00) (FloorStock=0.00) % O0100 G40 G17 G49 G80 G90 G91 G28 Z0.0 G00G90G54X0Y0 Z50. S2000 M03 G00 G90 X-16.637 Y50.207 Z10. Z.8 G01 Z-2.2 F450. M08 X-14.606 Y44.077 Y41.077 X-6.15 G02 X-4.923 Y39.94 I.045 J-1.182 G01 Y33.796 G02 X-5.975 Y32.376 I-1.379 J-.078 G03 X-24.928 Y21.506 I5.975 J-32.376 G02 X-26.906 Y21.219 I-1.163 J1.051 G01 X-31.518 Y23.882 X-32.279 Y24.373 （c）“后处理”对话框　（d）后处理程序信息 图 4-82　后处理

4.2.3　任务延伸——加工鼠标凸模

任务描述：铣削鼠标凸模零件，尺寸如图 4-83 所示，毛坯为 120mm×80mm×45mm，材料为 45 号钢，要求加工鼠标凸模型面。

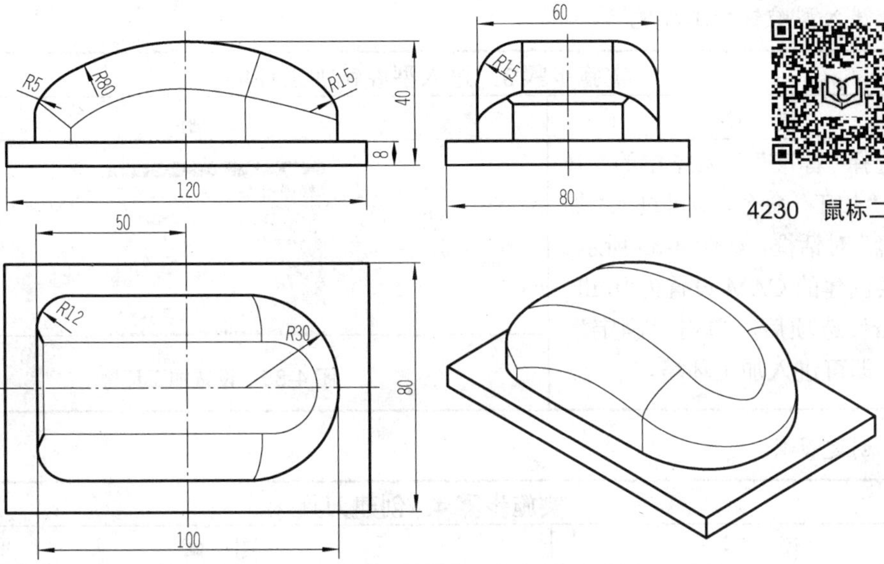
R5
R80
R15
40
8
120
60
R15
80
50
R12
R30
80
100

4230 鼠标二维图

图 4-83 鼠标凸模

任务实施如下：

1. 工艺分析

实施步骤 1：工艺分析

（1）加工毛坯：120mm × 80mm × 45mm。

（2）鼠标凸模加工工序见表 4-5。

表 4-5 加工工序

工序	内容	选用刀具	加工方式	加工余量/mm
1	粗铣外表面	T1D12R1	型腔铣	0.5
2	半精铣外表面	T2D12R2	深度轮廓铣	0.3
3	精铣底座平面	T3D12	平面铣	0
4	精铣外表面	T2D12R2	深度轮廓铣	0

2. 建模

实施步骤 2：建模

说 明	图 解
按如图 4-83 所示尺寸完成鼠标凸模建模，同时完成毛坯 120mm×80mm×42mm 造型，并把毛坯设计成 80%透明模型，如图 4-84 所示。	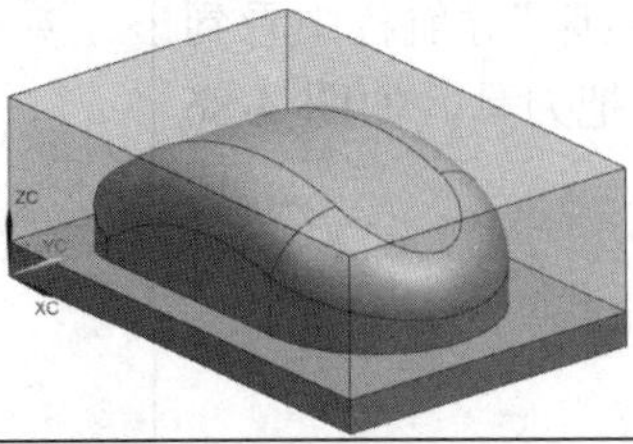 ZC YC XC 图 4-84 鼠标凸模零件与毛坯模型

3. 进入型腔铣加工环境

<table>
<tr><th colspan="2">实施步骤 3：进入型腔铣加工环境</th></tr>
<tr><th>说 明</th><th>图 解</th></tr>
<tr><td>选择“标准”工具条中的“开始”→“加工”命令，即可进入“加工环境”对话框，如图 4-85 所示。选择要创建的 CAM 设置为“mill_contour”选项后，单击“确定”按钮，即可进入加工环境。</td><td>
加工环境
要创建的 CAM 设置
mill_planar
mill_contour
mill_multi-axis
mill_multi_blade
drill
hole_making
turning
wire_edm
确定
取消
图 4-85 设置加工环境</td></tr>
</table>

4. 创建刀具

<table>
<tr><th colspan="2">实施步骤 4：创建刀具</th></tr>
<tr><th>说 明</th><th>图 解</th></tr>
<tr><td>选择“刀片”工具条中的“创建刀具”命令，打开其对话框，选择刀具子类型“MILL”，输入刀具名称“T1D12R1”，其余默认，如图 4-86（a）所示，单击“应用”按钮，打开“铣刀-5 参数”对话框，如图 4-86（b）所示。在“铣刀-5 参数”对话框中，输入直径尺寸“12”、下半径“1”、刀具号“1”、补偿寄存器“1”、刀具补偿寄存器“1”，其余默认，单击“确定”按钮，完成 1 号刀具创建。

用同样的方法，创建 2 号刀具“T2D12R2”、3 号刀具“T3D12”。单击“导航器”工具条中的“机床视图”命令，可以在“工序导航器-机床”导航栏中看到创建完成的 3 把刀具，如图 4-86（c）所示。</td><td>
创建刀具
类型
mill_contour
库
从库中调用刀具
从库中调用设备
刀具子类型
MILL
位置
刀具
GENERIC_MACHINE
名称
t1d12r1
确定
应用
取消
（a）“创建刀具”对话框
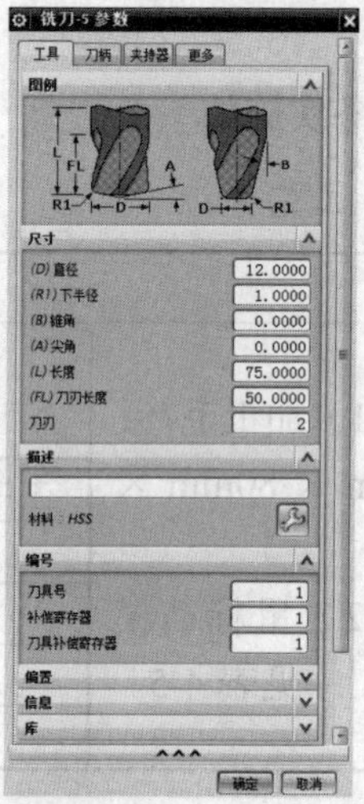
铣刀-5 参数
工具
刀柄
夹持器
更多
图例
尺寸
(D) 直径 12.0000
(R1) 下半径 1.0000
(B) 锥角 0.0000
(A) 尖角 0.0000
(L) 长度 75.0000
(FL) 刀刃长度 50.0000
刀刃 2
描述
材料：HSS
编号
刀具号 1
补偿寄存器 1
刀具补偿寄存器 1
偏置
信息
库
确定
取消
（b）“铣刀-5 参数”对话框
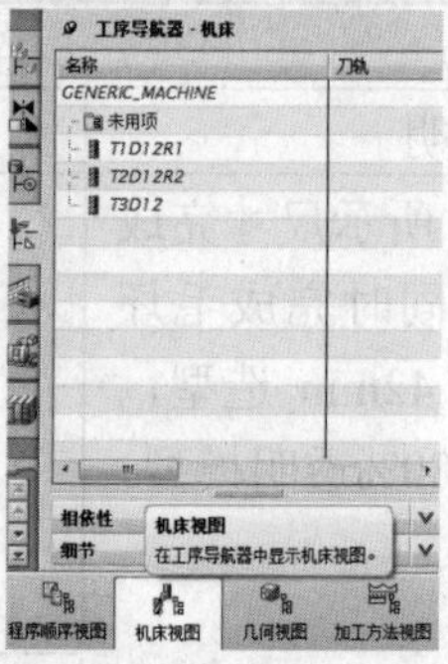
工序导航器 - 机床
名称
刀轨
GENERIC_MACHINE
未用项
T1D12R1
T2D12R2
T3D12
相依性
细节
机床视图
在工序导航器中显示机床视图。
程序顺序视图
机床视图
几何视图
加工方法视图
（c）显示刀具
图 4-86 创建刀具</td></tr>
</table>

5. 建立加工坐标系

<table>
<tr><th colspan="3">实施步骤 5：建立加工坐标系</th></tr>
<tr><th>步骤</th><th>说　明</th><th>图　解</th></tr>
<tr><td>（1）显示“MCS_MILL”</td><td>单击“导航器”工具条中的“几何视图”命令，在左侧“工序导航器-几何”导航栏中显示了“MCS_MILL”、“WORKPIECE”等内容，如图 4-87（a）所示。</td><td rowspan="2">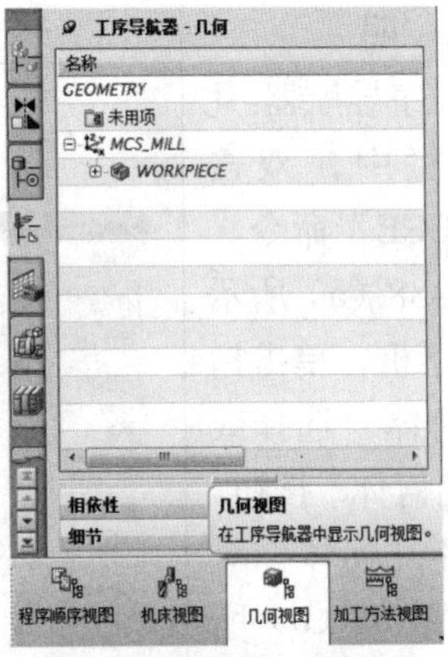
工序导航器 - 几何
名称
GEOMETRY
未用项
MCS_MILL
WORKPIECE
相依性
细节
几何视图
在工序导航器中显示几何视图。
程序顺序视图
机床视图
几何视图
加工方法视图
（a）“工序导航器-几何”显示
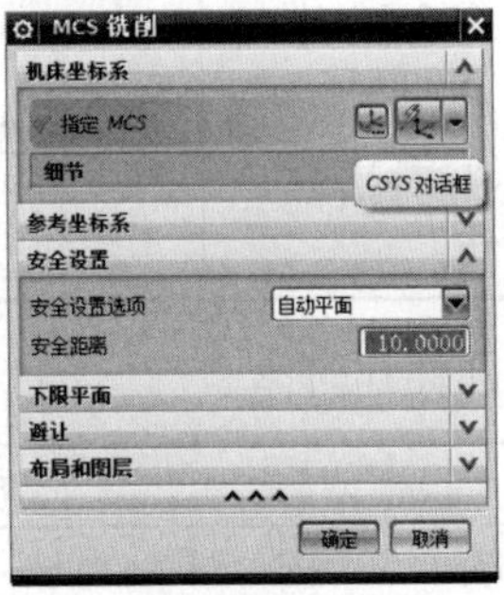
MCS 铣削
机床坐标系
指定 MCS
细节
CSYS 对话框
参考坐标系
安全设置
安全设置选项
自动平面
安全距离
10.0000
下限平面
避让
布局和图层
确定
取消
（b）“MCS 铣削”对话框</td></tr>
<tr><td>（2）打开“MCS 铣削”对话框。</td><td>在“工序导航器-几何”导航栏中，双击“MCS_MILL”命令，打开如图 4-87（b）所示的“MCS 铣削”对话框，选择默认安全距离“10”等设置。</td></tr>
<tr><td rowspan="2">（3）设置加工坐标系。</td><td rowspan="2">单击机床坐标系“CSYS 对话框”命令，打开“CSYS”对话框，默认设置，选择毛坯模型上表面中心为加工坐标系原点，完成设置如图 4-87（c）所示加工坐标系，单击“确定”按钮，返回“MCS 铣削”对话框，再次单击“确定”按钮，完成加工坐标系创建。</td><td>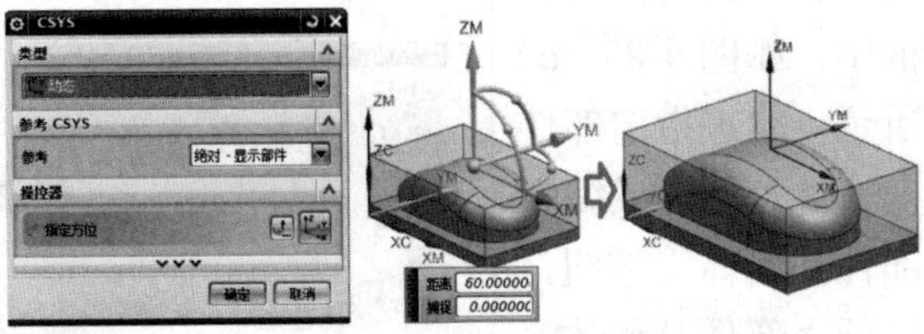
CSYS
类型
参考 CSYS
参考
绝对 - 显示部件
操控器
指定方位
确定
取消
ZM
YM
XM
ZC
XC
60.00000
0.00000
（c）设置加工坐标系</td></tr>
<tr><td>图 4-87　建立加工坐标系</td></tr>
</table>

6. 创建几何体

1）指定毛坯几何体

实施步骤 6：指定毛坯	
说　明	图　解
在“工序导航器-几何”导航栏中，双击“WORKPIECE”命令，打开如图 4-88（a）所示“工件”对话框，单击指定毛坯几何体“选择或编辑毛坯几何体”按钮，打开“毛坯几何体”对话框，如图 4-88（b）所示，默认设置，指定毛坯模型为“毛坯几何体”，单击“确定”按钮，返回“工件”对话框，完成毛坯创建。	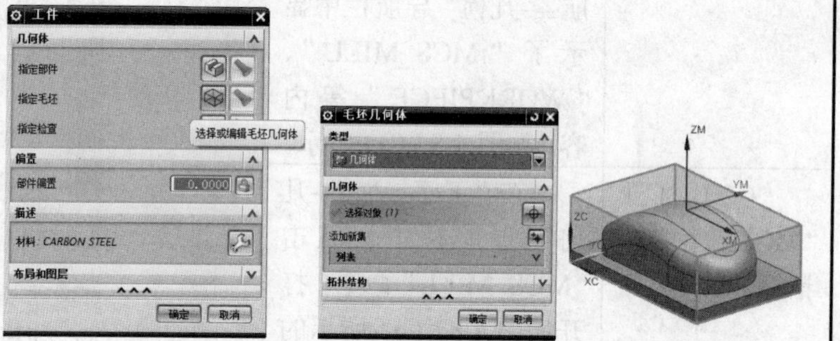工件 几何体 指定部件 指定毛坯 指定检查 选择或编辑毛坯几何体 偏置 部件偏置 0.0000 描述 材料：CARBON STEEL 布局和图层 确定 取消 毛坯几何体 类型 几何体 选择对象 (1) 添加新集 列表 拓扑结构 ZM YM XM ZC XC（a）“工件”对话框　（b）选择毛坯几何体 图 4-88　指定毛坯几何体

2）指定部件几何体

实施步骤 7：指定部件	
说　明	图　解
按 Ctrl+B 快捷键，选择毛坯模型隐藏。在“工件”对话框中，如图 4-89（a）所示，单击指定部件几何体“选择或编辑部件几何体”按钮，打开“部件几何体”对话框，如图 4-89（b）所示，默认设置，指定部件模型为“部件几何体”，单击“确定”按钮，完成部件指定。	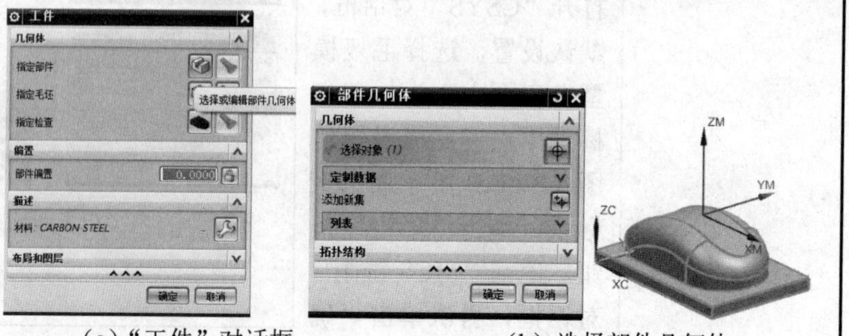工件 几何体 指定部件 指定毛坯 指定检查 选择或编辑部件几何体 偏置 部件偏置 0.0000 描述 材料：CARBON STEEL 布局和图层 确定 取消 部件几何体 几何体 选择对象 (1) 定制数据 添加新集 列表 拓扑结构 ZM YM XM ZC XC（a）“工件”对话框　（b）选择部件几何体

说　明	图　解
在“工件”对话框中，单击部件与毛坯几何体“显示”按钮，如图 4-89（c）所示，即可显示创建的模型。最后，单击“确定”按钮，完成毛坯与部件的指定。	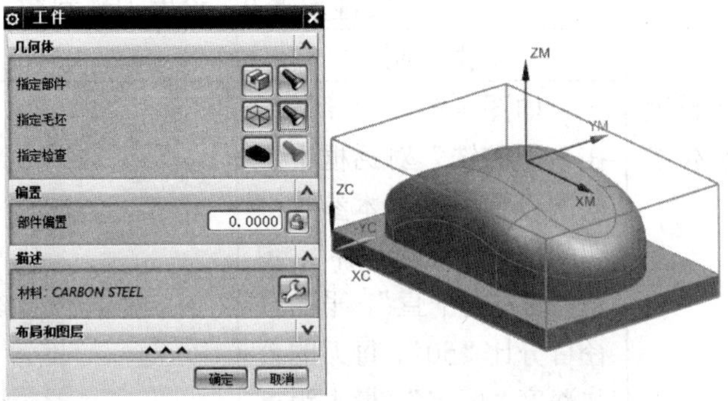工件 几何体 指定部件 指定毛坯 指定检查 偏置 部件偏置 0.0000 描述 材料: CARBON STEEL 布局和图层 确定 取消 ZM YM XM ZC YC XC （c）显示部件
	图 4-89　指定部件几何体

7. 创建粗铣外表面工序

1）设置创建工序参数

实施步骤 8：设置创建工序参数	
说　明	图　解
单击“刀片”工具条中的“创建工序”命令，如图 4-90（a）所示，打开其对话框，依次设置类型“mill_contour”、工序子类型“型腔铣”、程序“NC_PROGRAM”、刀具“T1D12R1（铣刀-5 参数）”、几何体“WORKPIECE”、方法“MILL_ROUGH”，命名为“CAVITY_MILL_ROUGH”，完成操作参数设置，单击“确定”按钮，打开如图 4-90（b）所示“型腔铣”对话框。	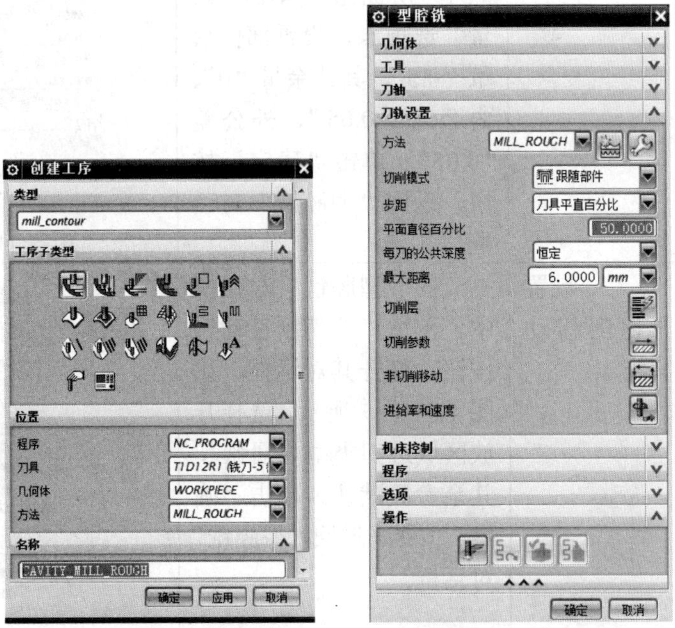创建工序 类型 mill_contour 工序子类型 位置 程序 NC_PROGRAM 刀具 T1D12R1 (铣刀-5 几何体 WORKPIECE 方法 MILL_ROUGH 名称 CAVITY_MILL_ROUGH 确定 应用 取消 型腔铣 几何体 工具 刀轴 刀轨设置 方法 MILL_ROUGH 切削模式 跟随部件 步距 刀具平直百分比 平面直径百分比 50.0000 每刀的公共深度 恒定 最大距离 6.0000 mm 切削层 切削参数 非切削移动 进给率和速度 机床控制 程序 选项 操作 确定 取消 （a）“创建工序”对话框　（b）“型腔铣”对话框
	图 4-90　设置创建工序参数

2）设置刀轨参数

实施步骤 9：设置刀轨参数		
步骤	说 明	图 解
（1）设置刀轨基本参数。	如图 4-91（a）所示，在“型腔铣”对话框中，依次设置刀轨基本参数：切削模式“跟随部件”、步距“%刀具平直”、平面直径百分比“50”、每刀的公共深度“恒定”、最大距离“0.5”。	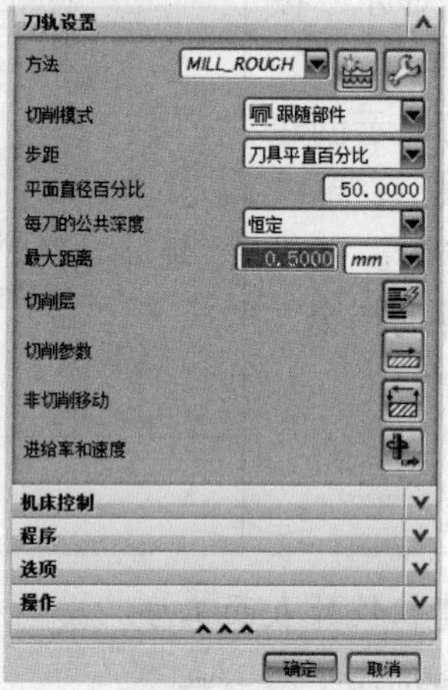 （a）“型腔铣”对话框
（2）设置切削层参数。	在“型腔铣”对话框中，单击刀轨设置“切削参数”按钮，打开其对话框，如图 4-91（b）所示，单击“策略”选项卡：设置切削方向“顺铣”、切削顺序“层优先”；单击“余量”选项卡，设置部件余量“0.5”、其他余量“0”、内公差“0.05”、外公差“0.05”。单击“确定”按钮，返回“型腔铣”对话框。	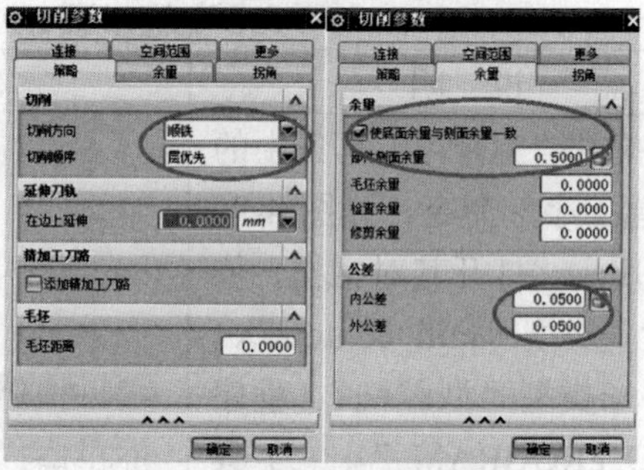 （b）“切削参数”对话框
（3）设置非切削移动参数。	在“型腔铣”对话框中，单击“非切削移动”按钮，打开其对话框，如图 4-91（c）所示，选择开放区域进刀类型“圆弧”，其余参数默认，单击“确定”按钮，返回“型腔铣”对话框。	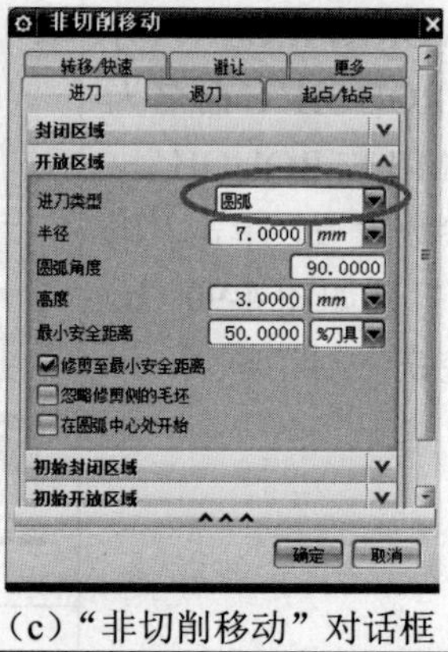 （c）“非切削移动”对话框

步骤	说　明	图　解
（4）设置进给和速度。	在“型腔铣”对话框中，单击“进给率和速度”按钮，打开其对话框，如图 4-91（d）所示，勾选“主轴速度（rpm）”复选框，设置主轴度“1500”、进给率切削“500”，单击“确定”按钮，返回“平面铣”对话框。	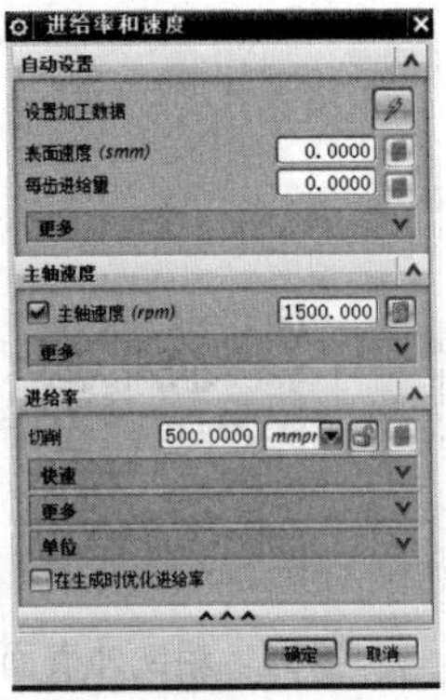 （d）“进给率和速度”对话框
		图 4-91　设置刀轨参数

3）仿真加工

实施步骤 10：仿真加工		
步骤	说　明	图　解
（1）生成刀轨。	在“型腔铣”对话框中，单击“生成”按钮，显示刀轨如图 4-92（a）所示。	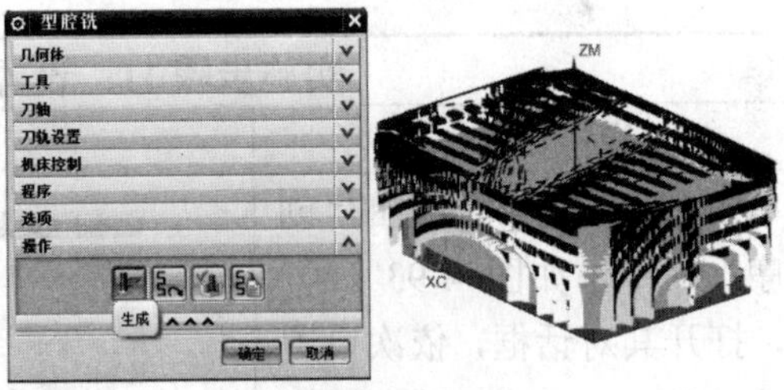 （a）生成刀轨
（2）仿真加工。	在“型腔铣”对话框中，单击“确认”按钮，打开“刀轨可视化”对话框，如图 4-92（b）所示。选择 2D（或 3D）模式，其余默认，单击“播放”按钮，即可进行仿真加工，如图 4-92（c）所示为仿真加工结果，最后单击“确定”按钮返回“平面铣”对话框，再次单击“确定”按钮，完成仿真加工。	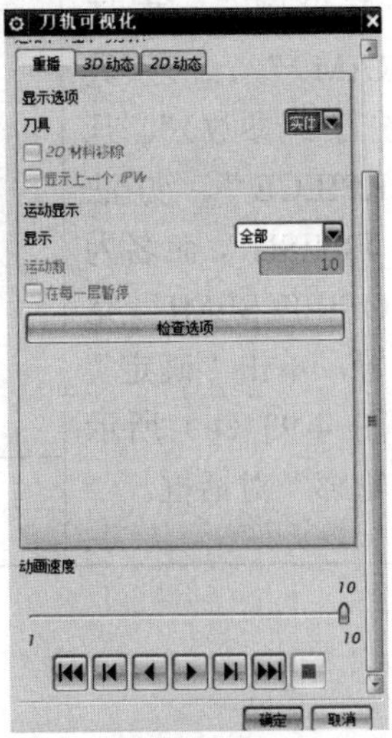 （b）“刀轨可视化”对话框

步骤	说　明	图　解
	4231　粗铣外表面	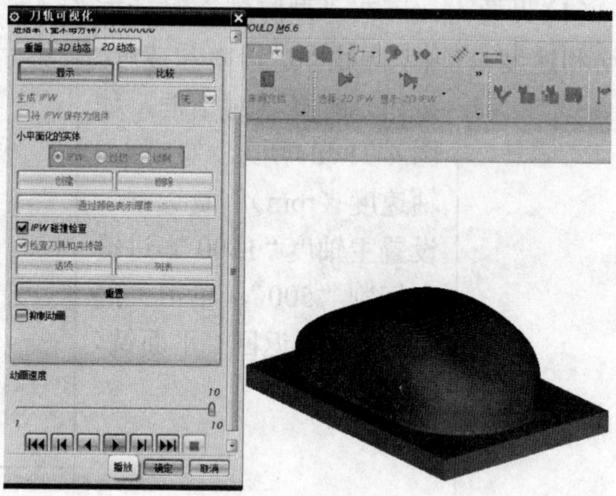 （c）2D 仿真加工结果 图 4-92　仿真加工

8. 创建半精铣外表面加工工序

1）设置创建工序参数

实施步骤 11：设置创建工序参数	
说　明	图　解
单击“刀片”工具条中的“创建工序”命令，如图 4-93（a）所示，打开其对话框，依次设置类型“mill_contour”、工序子类型“深度加工轮廓”、程序“NC_PROGRAM”、刀具“T1D12R2（铣刀-5 参数）”、几何体“WORKPIECE”、方法“MILL_SEMI_FINISH”，命名为“ZLEVEL_PROFILE_SEMI”，完成操作参数设置，单击“确定”按钮，打开如图 4-93（b）所示的“深度加工轮廓”对话框。	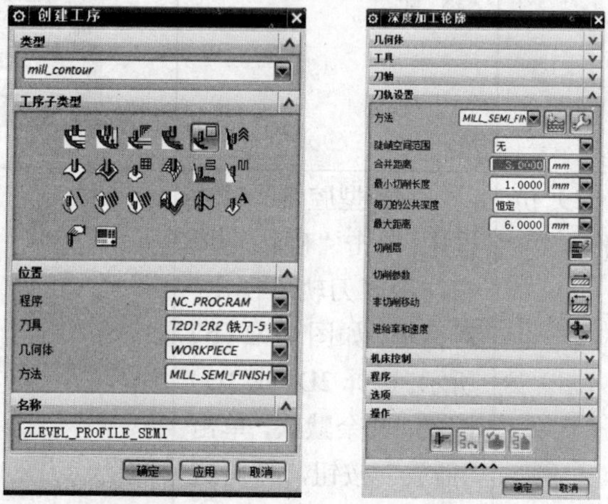 （a）“创建工序”对话框　（b）“型腔铣”对话框 图 4-93　设置创建工序参数

2）设置刀轨参数

实施步骤 12：设置刀轨参数		
步骤	**说　明**	**图　解**
（1）设置刀轨基本参数。	如图 4-94（a）所示，在“深度加工轮廓”对话框中，依次设置刀轨基本参数：合并距离“3”，最小切削长度“0.5”、每刀公共深度“恒定”、最大距离“0.3”。	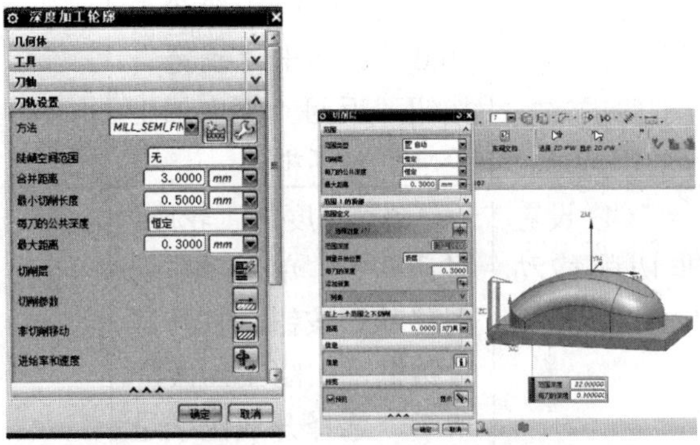 （a）“型腔铣”对话框　（b）“切削层”对话框
（2）设置切削层参数。	在“深度加工轮廓”对话框中，单击刀轨设置“切削层”按钮，打开其对话框，如图 4-94（b）所示。 在“切削层”对话框中，如图 4-94（c）所示，选择范围类型“用户定义”、在“列表”中选中范围“2”，输入范围深度 “32”，并按 Enter 键，完成用户范围定义。效果如图 4-94（d）所示，单击“确定”按钮，返回“深度加工轮廓”对话框。	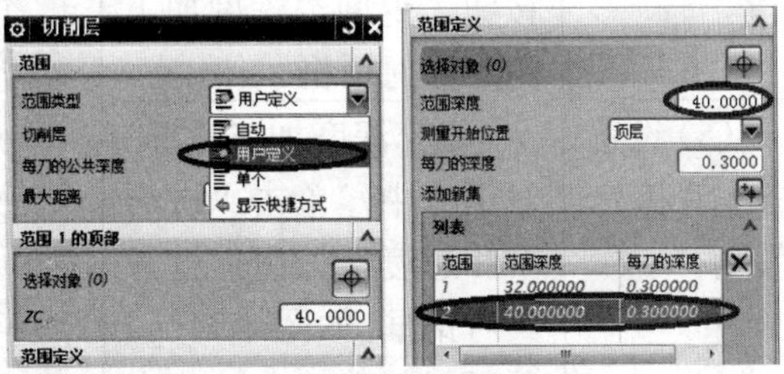 （c）选择用户范围 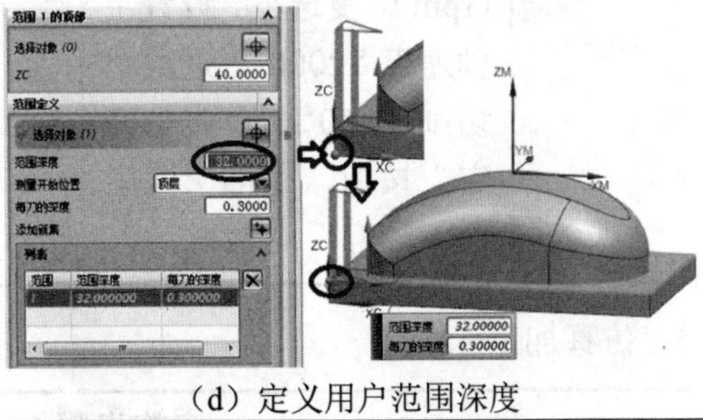 （d）定义用户范围深度
（3）设置切削层参数。	在“深度加工轮廓”对话框中，单击刀轨设置“切削参数”按钮，打开其对话框，如图 4-94（e）所示，单击“策略”选项卡：设置切削方向“顺铣”、切削顺序“层优先”；单击“余量”	 （e）“切削参数”对话框

步骤	说 明	图 解
	选项卡，设置部件余量“0.25”、其他余量“0”、内公差“0.03”、外公差“0.03”。单击“确定”按钮，返回“深度加工轮廓”对话框。	
（4）设置非切削移动参数。	在“深度加工轮廓”对话框中，单击“非切削移动”按钮，打开其对话框，如图 4-94（f）所示，选择开放区域进刀类型“圆弧”，其余参数默认，单击“确定”按钮，返回“深度加工轮廓”对话框。	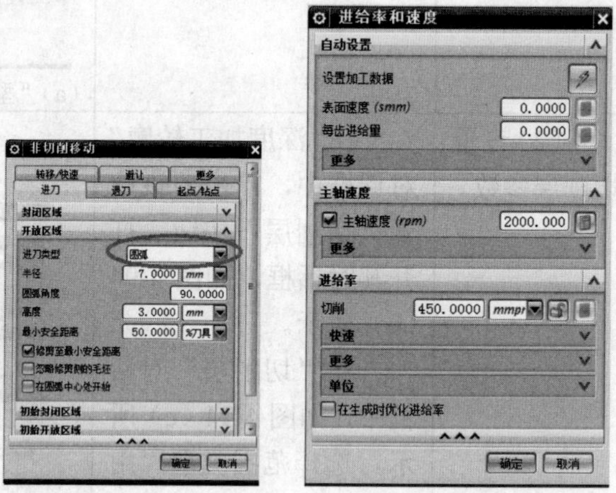 （f）“非切削移动”对话框（g）“进给率和速度”对话框
（5）设置进给率和速度。	在“深度加工轮廓”对话框中，单击“进给率和速度”按钮，打开其对话框，如图 4-94（g）所示，勾选“主轴速度（rpm）”复选框，设置主轴速度“2000”、进给率切削“450”，单击“确定”按钮，返回“深度加工轮廓”对话框。	图 4-94　设置刀轨参数

3）仿真加工

实施步骤 13：仿真加工		
步骤	说 明	图 解
（1）生成刀轨。	在“深度加工轮廓”对话框中，单击“生成”按钮，显示刀轨如图 4-95（a）所示。	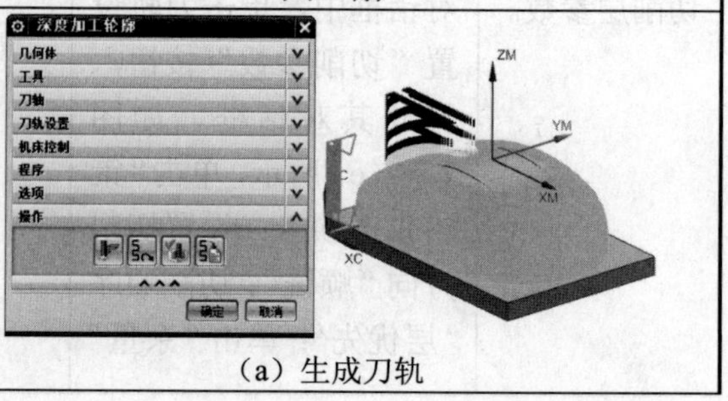 （a）生成刀轨

步骤	说　明	图　解
（2）仿真加工。	在“深度加工轮廓”对话框中，单击“确认”按钮，打开“刀轨可视化”对话框，如图 4-95（b）所示。选择 2D（或 3D）模式，其余默认，单击“播放”按钮，即可进行仿真加工，如图 4-95（c）所示为仿真加工结果，最后单击“确定”按钮返回“深度加工轮廓”对话框，再次单击“确定”按钮，完成仿真加工。	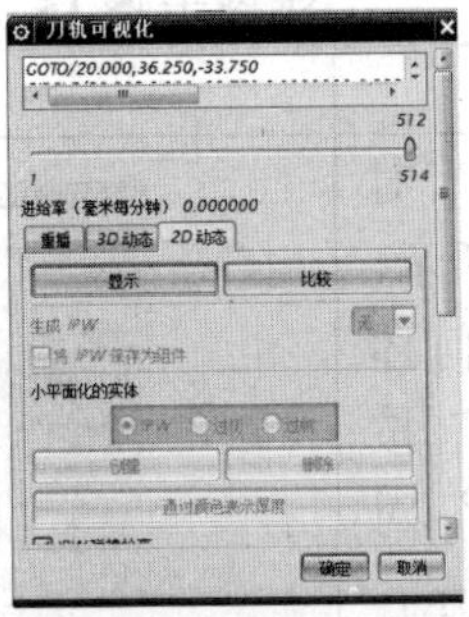 （b）“刀轨可视化”对话框　4232　半精铣外表面 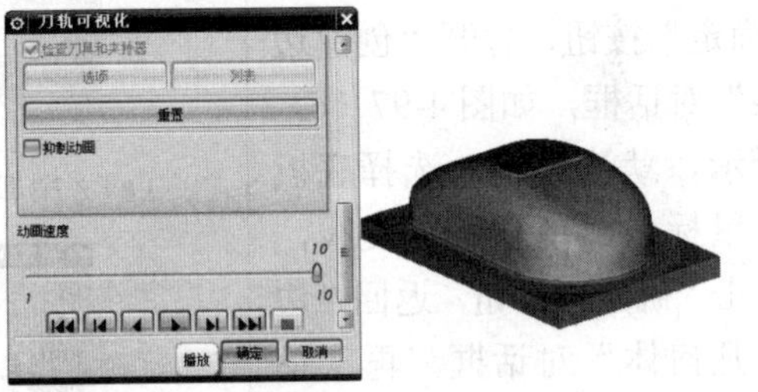 （c）2D 仿真加工结果
		图 4-95　仿真加工

9. 创建精铣底座平面加工工序

1）设置创建工序参数

实施步骤 14：设置创建工序参数	
说　明	图　解
单击“刀片”工具条中的“创建工序”命令，如图 4-96（a）所示，打开其对话框，依次设置类型“mill_planar”、工序子类型“精加工底面”、程序“NC_PROGRAM”、刀具“T1D12R（铣刀-5 参数）”、几何体“WORKPIECE”、方法“MILL_FINISH”，命名为“FINISH_FLOOR”，完成操作参数设置，单击“确定”，打开如图 4-96（b）所示“精加工底面”对话框。	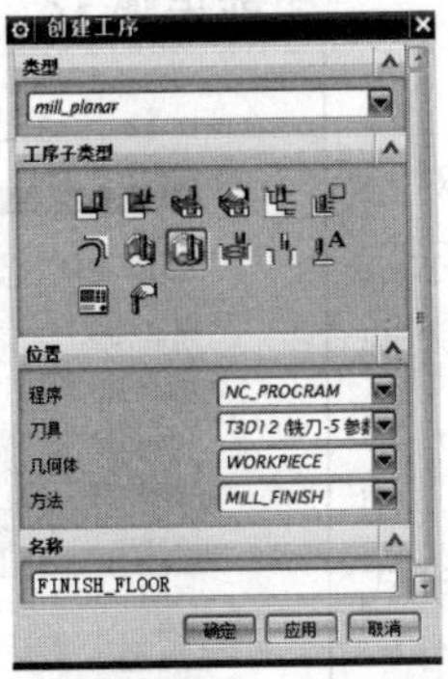 （a）“创建工序”对话框 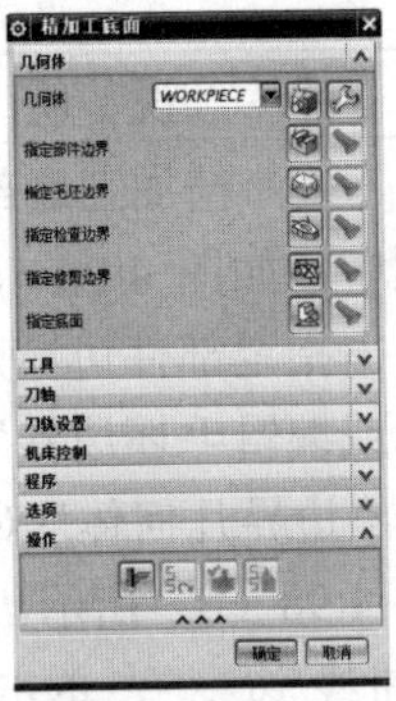 （b）“型腔铣”对话框
	图 4-96　设置创建工序参数

2）指定部件边界

实施步骤 15：指定部件边界	
说明	图解
在“精加工底部面”对话框中，如图 4-97（a）所示，单击指定部件边界几何体“选择或编辑部件边界”按钮，打开“边界几何体”对话框，如图 4-97（b）所示，选择模式“曲线/边...”，单击“确定”按钮，打开“创建边界”对话框，如图 4-97（c）所示，默认设置，选择底板与鼠标凸出部分所有交线，单击“确定”按钮，返回“边界几何体”对话框，再次单击“确定”按钮，返回“精加工底部面”对话框，完成部件边界创建。	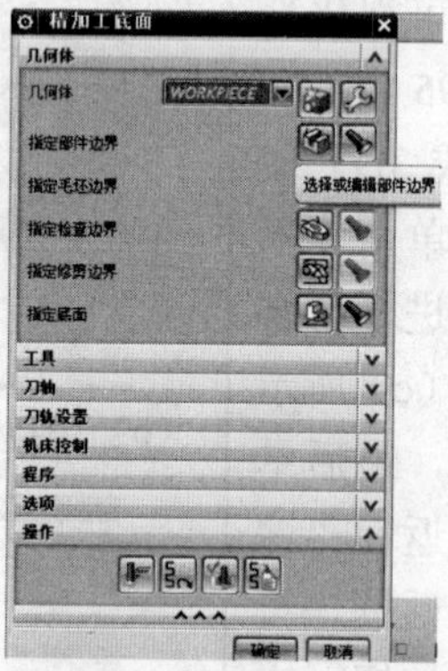 （a）“精加工底部面”对话框 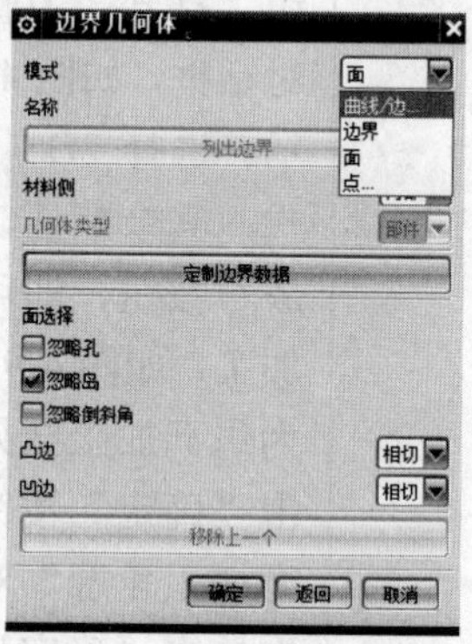 （b）“边界几何体”对话框 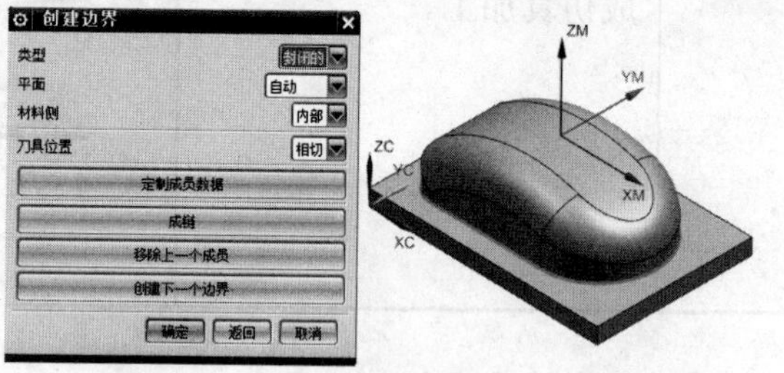 （c）创建边界 图 4-97　指定部件边界

3）指定毛坯边界

实施步骤 16：指定毛坯边界	
说明	图解
在“精加工底部面”对话框中，如图 4-98（a）所示，单击指定部件边界几何体“选择或编辑毛坯边界”按钮，打开“边界几何体”对话框，如图 4-98（b）所示，选择模式“曲线/边...”，单击“确定”按钮，打开“创建边界”对话框，如图 4-98（c）所示，默认设置，顺次选择底板上面 4 条边线，单击“确定”按钮，	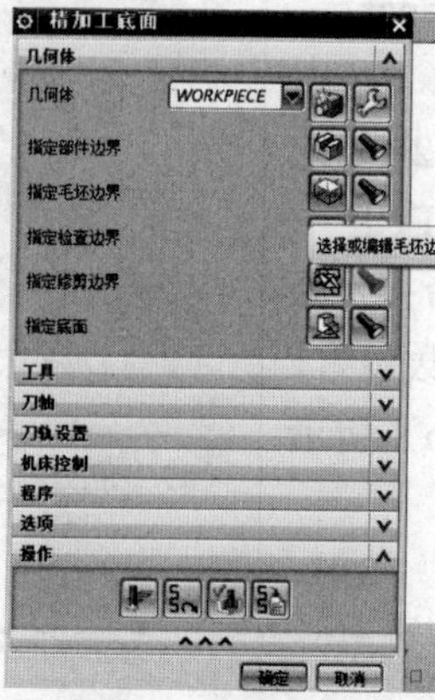 （a）“精加工底部面”对话框 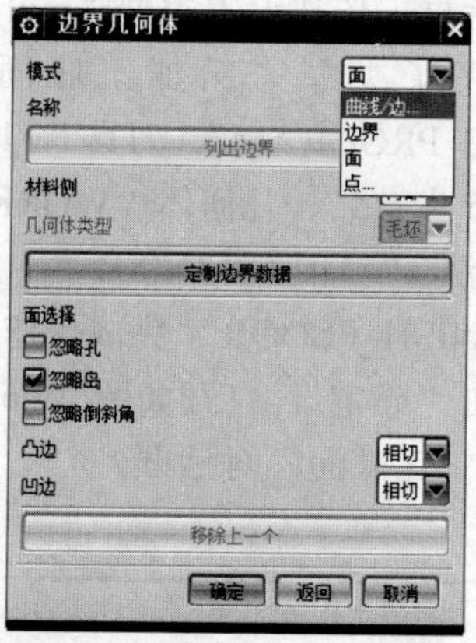 （b）“边界几何体”对话框

说　明	图　解
返回“边界几何体”对话框，再次单击“确定”按钮，返回“精加工底部面”对话框，完成部件边界创建。	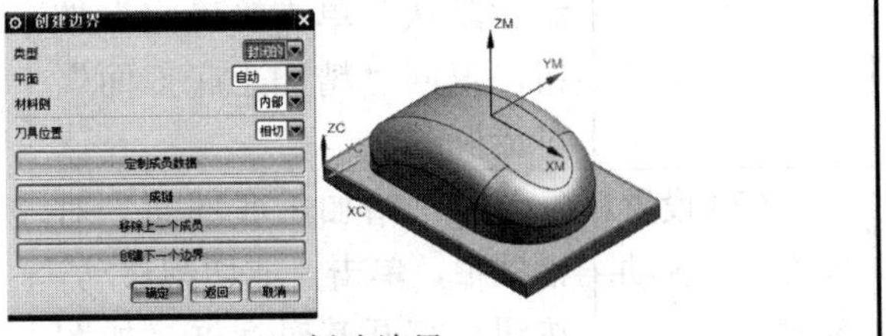 （c）创建边界
	图 4-98　指定毛坯边界

4）指定底面

实施步骤 17：指定底面	
说　明	图　解
在“精加工底部面”对话框中，如图 4-99（a）所示，单击“选择或编辑底面几何体”按钮，打开“平面”对话框，如图 4-99（b）所示，默认设置，选中底板上表面，单击“确定”按钮，返回“精加工底部面”对话框。	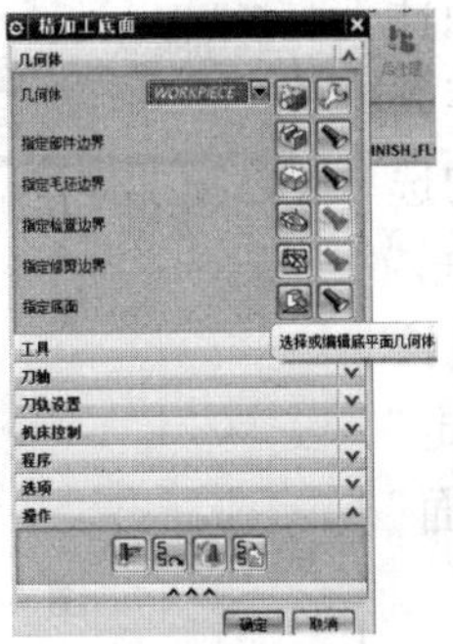 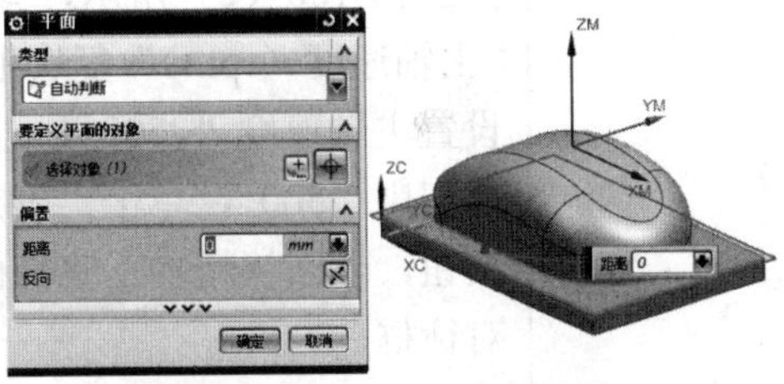 （a）“创建工序”对话框　（b）选定对象
	图 4-99　指定底面

5）设置刀轨参数

实施步骤 18：设置刀轨参数		
步骤	说　明	图　解
（1）设置切削层参数。	在“精加工底部面”对话框中，单击刀轨设置“切削参数”按钮，打开其对话框，如图 4-100（a）所示。单击“策略”选项卡，设置切削方向“顺铣”、切削顺序“层优先”；单击“余量”选项卡，设置所有余量“0”、内公差“0.01”、外公差“0.01”，其余	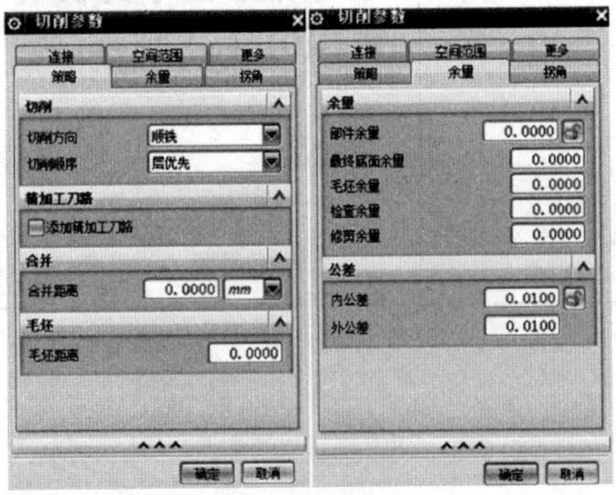 （a）“切削参数”对话框

步骤	说 明	图 解
	参数默认，单击“确定”按钮，返回“精加工底部面”对话框。	
（2）设置非切削移动参数。	在“精加工底部面”对话框中，单击“非切削移动”按钮，打开其对话框，如图 4-100（b）所示，选择开放区域进刀类型“圆弧”，其余参数默认，单击“确定”按钮，返回“精加工底部面”对话框。	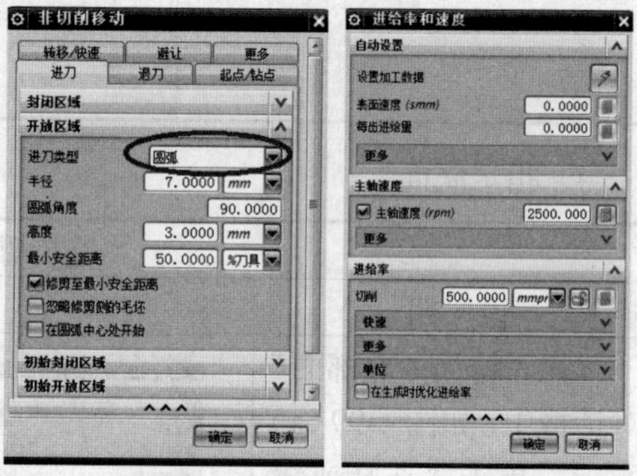非切削移动 转移/快速 避让 更多 进刀 退刀 起点/钻点 封闭区域 开放区域 进刀类型 圆弧 半径 7.0000 mm 圆弧角度 90.0000 高度 3.0000 最小安全距离 50.0000 %刀具 修剪至最小安全距离 忽略修剪侧的毛坯 在圆弧中心处开始 初始封闭区域 初始开放区域 确定 取消 进给率和速度 自动设置 设置加工数据 表面速度 (smm) 0.0000 每齿进给量 0.0000 更多 主轴速度 主轴速度 (rpm) 2500.000 进给率 切削 500.0000 快速 单位 在生成时优化进给率（b）“非切削移动”对话框（c）“进给率和速度”对话框
（3）设置进给率和速度。	在“精加工底部面”对话框中，单击“进给率和速度”按钮，打开其对话框，如图 4-100（c）所示，勾选“主轴速度（rpm）”复选框，设置主轴速度“2500”、进给率切削“500”，单击“确定”按钮，返回“精加工底部面”对话框。	图 4-100　设置刀轨参数

6）仿真加工

实施步骤 19：仿真加工		
步骤	说 明	图 解
（1）生成刀轨。	在“精加工底部面”对话框中，单击“生成”按钮，显示刀轨如图 4-101（a）所示。	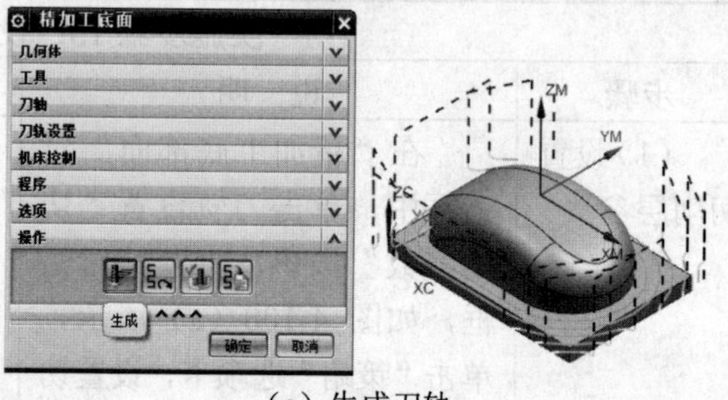精加工底面 几何体 工具 刀轴 刀轨设置 机床控制 程序 选项 操作 生成 确定 取消 ZM YM XC ZC（a）生成刀轨

步骤	说　明	图　解
（2）仿真加工。	在“精加工底部面”对话框中，单击“确认”按钮，打开“刀轨可视化”对话框，如图 4-101（b）所示。选择 2D 或 3D 模式，其余默认，单击“播放”按钮，即可进行仿真加工，最后单击“确定”按钮，返回“精加工底部面”对话框，再次单击“确定”按钮，完成仿真加工。	 刀轨可视化 重播 3D 动态 2D 动态 显示 比较 确定 取消 （b）2D 可视化加工 4233　精铣底面
		图 4-101　仿真加工

10. 创建精铣外表面加工工序

1）复制工序

实施步 20：创建精加工工序	
说　明	图　解
在“工序导航器-几何”导航栏中，右击创建完成的工序 ZLEVEL_PROFILE_SEMI，如图 4-102（a）所示，在弹出的快捷菜单中单击“复制”命令，再右击选择“粘贴”命令，如图 4-102（b）所示。在左侧导航栏中，出现 ZLEVEL_PROFILE_SEMI_COPY 复制工序。右击该工序，在弹出的快捷菜单中单击“重命名”命令，修改其名称为 ZLEVEL_PROFILE_FINISH，如图 4-102（c）所示，并左键按住该工序，拖到最后一行。	 （a）复制工序 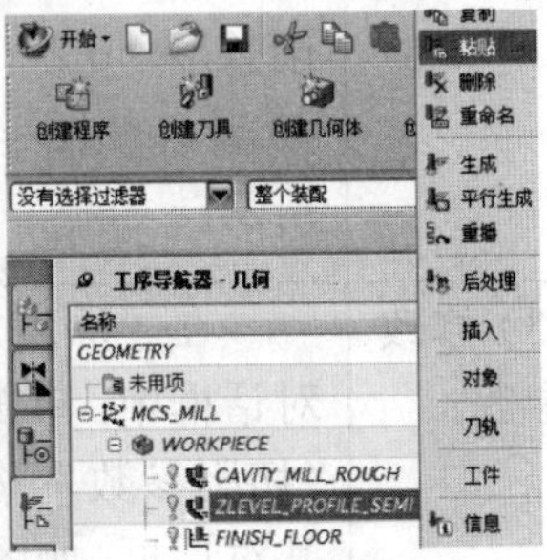 （b）粘贴工序 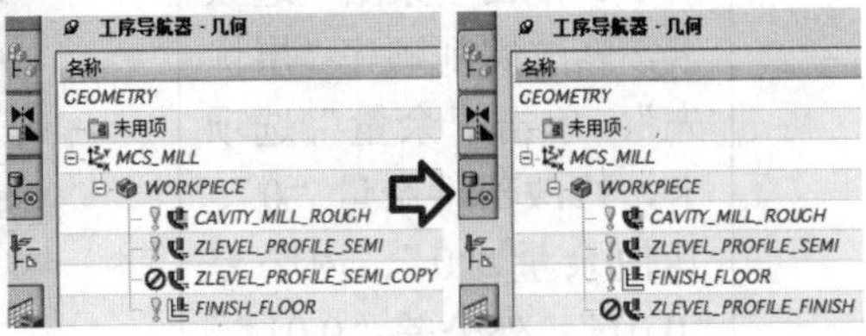 工序导航器 - 几何 名称 GEOMETRY 未用项 MCS_MILL WORKPIECE CAVITY_MILL_ROUGH ZLEVEL_PROFILE_SEMI ZLEVEL_PROFILE_SEMI_COPY FINISH_FLOOR ZLEVEL_PROFILE_FINISH （c）修改复制工序名
	图 4-102　创建精加工工序

2）修改工序刀轨参数

<table>
<tr><th colspan="3">实施步骤 21：修改精加工工序参数</th></tr>
<tr><th>步骤</th><th>说　明</th><th>图　解</th></tr>
<tr><td>（1）指定切削区域。</td><td>在“工序导航器-几何”导航栏中，双击工序 ZLEVEL_PROFILE_FINISH，打开“深度加工轮廓”对话框，如图 4-103（a）所示。单击指定切削区域“选择或编辑切削区域几何体”按钮，打开“切削区域”对话框，如图 4-103（b）所示，选择选择凸模底板以上所有外表面，单击“确定”按钮，返回“深度加工轮廓”对话框。</td><td>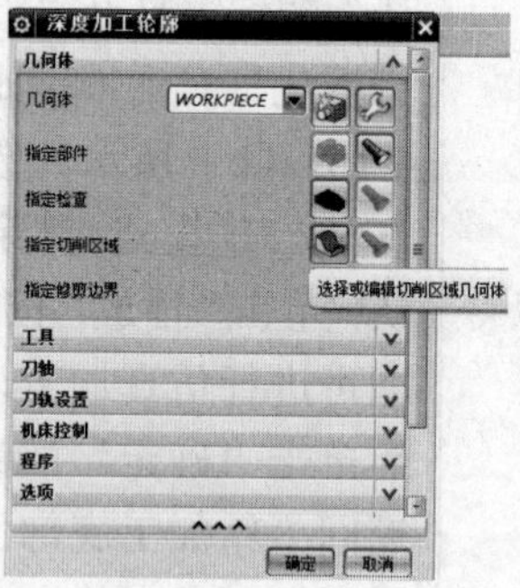
深度加工轮廓
几何体
几何体 WORKPIECE
指定部件
指定检查
指定切削区域
指定修剪边界
选择或编辑切削区域几何体
工具
刀轴
刀轨设置
机床控制
程序
选项
确定 取消
（a）“深度加工轮廓”对话框
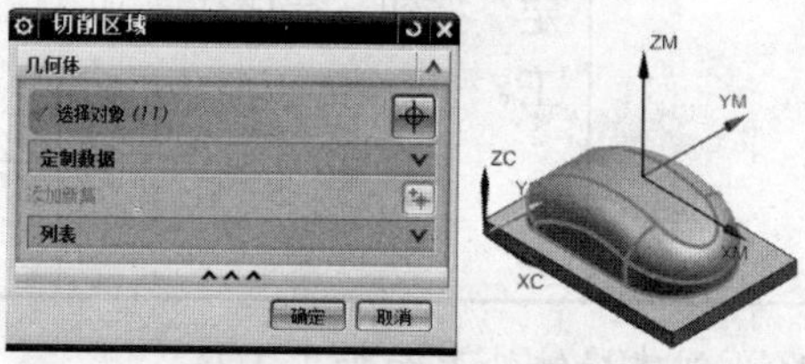
切削区域
几何体
选择对象 (11)
定制数据
列表
确定 取消
ZM
YM
ZC
XC
（b）修改刀具参数</td></tr>
<tr><td>（2）修改刀轨基本参数。</td><td>在“深度加工轮廓”对话框中，修改刀轨基本参数设置：方法“MILL_FINISH”、最小切削长度“0.2”，最大距离“0.1”，如图 4-103（c）所示。</td><td>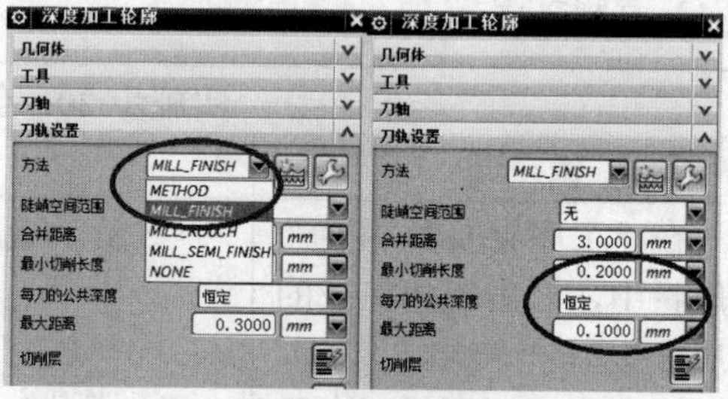
深度加工轮廓
几何体
工具
刀轴
刀轨设置
方法 MILL_FINISH
METHOD
MILL_FINISH
MILL_ROUGH
MILL_SEMI_FINISH
NONE
陡峭空间范围
合并距离
最小切削长度
每刀的公共深度 恒定
最大距离 0.3000 mm
切削层
深度加工轮廓
几何体
工具
刀轴
刀轨设置
方法 MILL_FINISH
陡峭空间范围 无
合并距离 3.0000 mm
最小切削长度 0.2000 mm
每刀的公共深度 恒定
最大距离 0.1000 mm
切削层
（c）修改刀轨基本参数</td></tr>
<tr><td>（3）修改切削参数。</td><td>在“深度加工轮廓”对话框中，单击刀轨设置“切削参数”按钮，打开其对话框，如图 4-103（d）所示。单击“策略”选项卡，修改切削顺序“层优先”；单击“余量”选项卡，修改部件余量“0”、其他余量“0”、内公差“0.01”、外公差“0.01”。单击“确定”按钮，返回“深度加工轮廓”对话框。</td><td>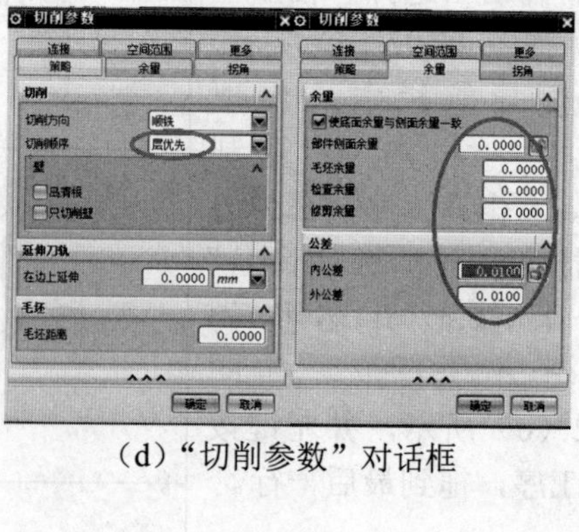
切削参数
连接 空间范围 更多
策略 余量 拐角
切削
切削方向 顺铣
切削顺序 层优先
延伸刀轨
在边上延伸 0.0000 mm
毛坯
毛坯距离 0.0000
确定 取消
切削参数
余量
使底面余量与侧面余量一致
部件侧面余量 0.0000
毛坯余量 0.0000
检查余量 0.0000
修剪余量 0.0000
公差
内公差 0.0100
外公差 0.0100
确定 取消
（d）“切削参数”对话框</td></tr>
</table>

步骤	说　明	图　解
（4）修改进给率和速度。	在“深度加工轮廓”对话框中，单击“进给率和速度”按钮，打开其对话框，如图 4-103（d）所示，修改主轴速度为“2500”、进给率切削为“500”，单击“确定”按钮，返回“深度加工轮廓”对话框。	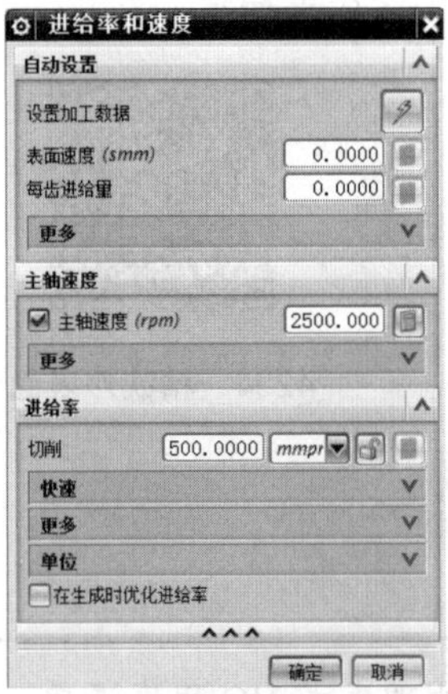进给率和速度 自动设置 设置加工数据 表面速度 (smm) 0.0000 每齿进给量 0.0000 更多 主轴速度 主轴速度 (rpm) 2500.000 更多 进给率 切削 500.0000 mmpm 快速 更多 单位 在生成时优化进给率 确定 取消 （e）“进给率和速度”对话框 图 4-103　修改精加工工序参数

3）仿真加工

实施步骤 22：仿真加工		
步骤	说　明	图　解
（1）生成刀轨。	在“深度加工轮廓”对话框中，单击“生成”按钮，显示刀轨如图 4-104（a）所示。	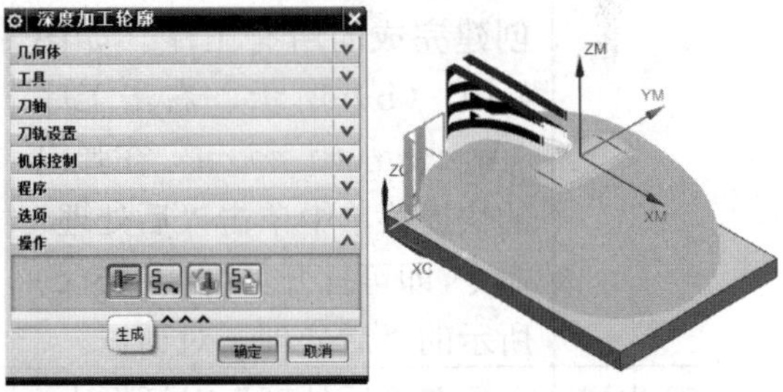深度加工轮廓 几何体 工具 刀轴 刀轨设置 机床控制 程序 选项 操作 生成 确定 取消 ZM YM XM XC （a）生成刀轨
（2）仿真加工。	在“深度加工轮廓”对话框中，单击“确认”按钮，打开“刀轨可视化”对话框，如图 4-104（b）所示。选择 2D（或 3D）模式，其余默认，单击“播放”按钮，即可进行仿真加工，如图 4-104（c）所示为仿真加工结果，最后单击“确定”按钮，返回“平面铣”对话框，再次单击“确定”按钮，完	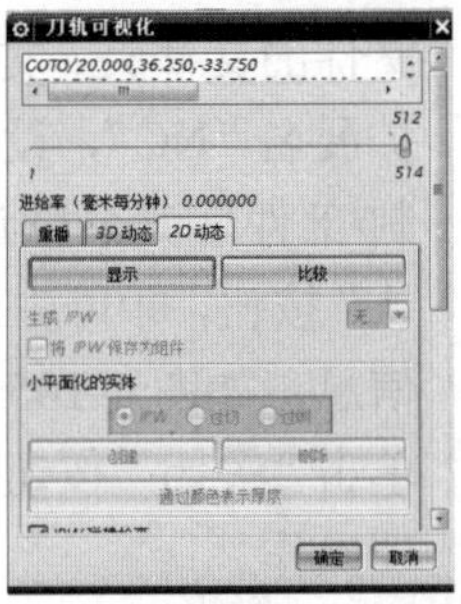刀轨可视化 GOTO/20.000,36.250,-33.750 重播 3D 动态 2D 动态 显示 比较 确定 取消 （b）“刀轨可视化”对话框

步骤	说　明	图　解
	成仿真加工。 4234　精铣外表面	 （c）2D 仿真加工结果 图 4-104　仿真加工

11．后处理生成 NC 程序清单

实施步骤 23：后处理生成 NC 程序清单		
步骤	说　明	图　解
（1）打开后处理命令。	单击“操作”工具条中的“几何视图”命令，如图 4-105（a）所示，在左侧“工序导航器-几何”导航栏中，显示了创建完成的所有工序。如图 4-105（b）所示，右击工序 CAVITY_MILL_ROUGH，在弹出的快捷菜单中单击“后处理”命令，即可打开如图 4-105（c）所示的“后处理”对话框。	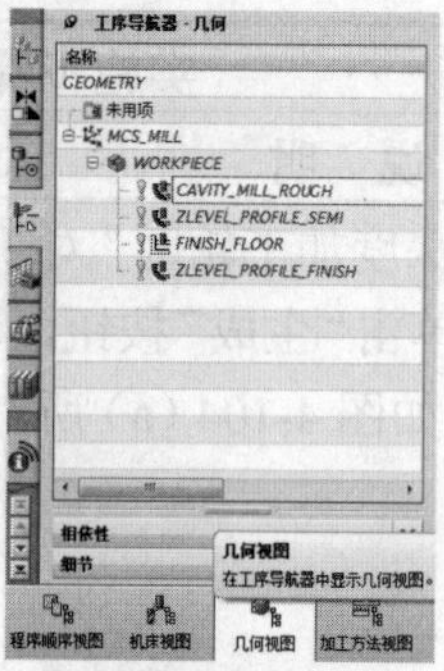 （a）显示所有工序 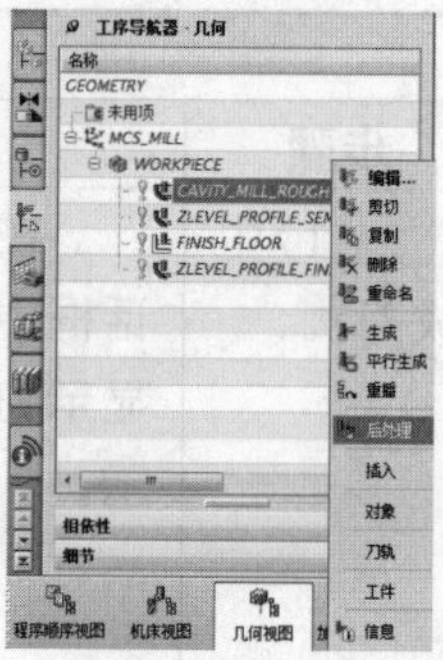 （b）打开后处理命令
（2）生成程序清单信息。	在“后处理”对话框中，如图 4-105（c）所示，选择后处理器“普通机”，设置输出文件的文件夹、文件名，默认扩展名“NC”，设置单位“公制/部件”，其余默认，单击“确认”按钮，即可生成程序清单信息，如图 4-105（d）所示，单击“关闭”按钮，完成后处理操作。	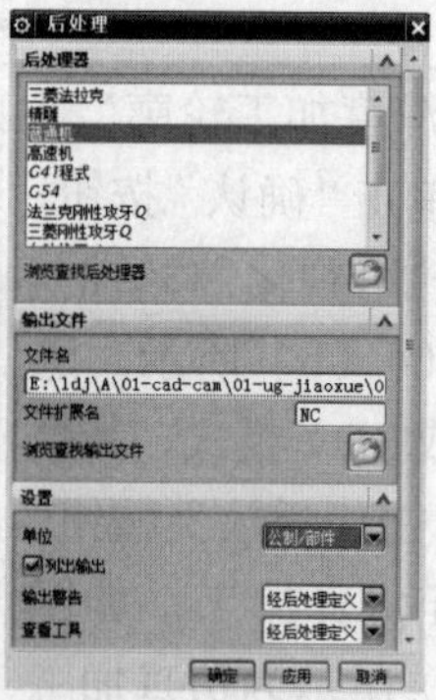 （c）“后处理”对话框 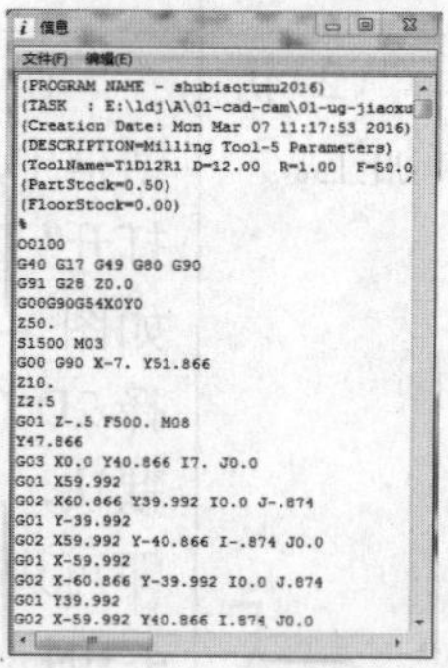 （d）后处理程序信息 图 4-105　后处理

任务 4.3　UG 数控车

知识目标	能力目标
（1）了解数控车削加工编程流程和加工环境； （2）掌握 UG CAM 数控车削加工基本操作步骤； （3）掌握 UG CAM 数控车削加工工序创建方法与参数的设置； （4）掌握数控车工序的后处理基本方法。	（1）会设置数控车削加工基本环境； （2）具备 UG CAM 数控车削加工工序操作能力； （3）具备 UG CAM 数控车削参数设置及应用能力； （4）具备数控车削零件编程操作、仿真加工及后处理能力。

4.1.1　任务导入——车削阶梯轴

任务描述：车削阶梯轴零件，尺寸如图 4-106 所示，材料 45 号钢，要求对零件进行粗加工。

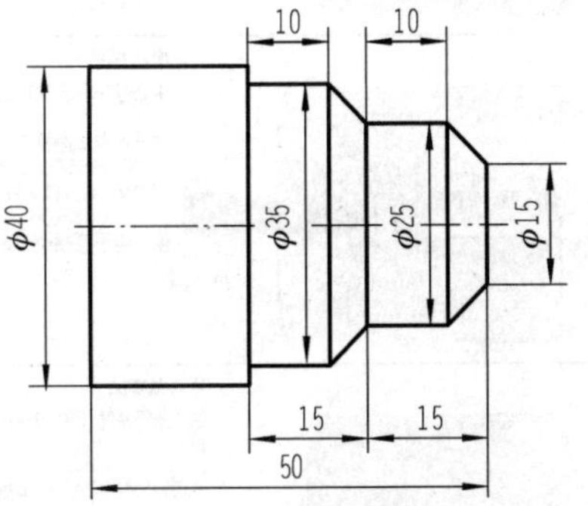
10
10
φ40
φ35
φ25
φ15
15
15
50

图 4-106　阶梯轴零件图

4.1.2　知识链接

1. UG 数控车削加工的操作流程

UG 数控车削加工的操作流程与数控铣削加工流程基本一致，见表 4-6。但操作过程中有一定的区别，需慎重对待。

表 4-6　UG 数控车削加工操作流程

步骤	说明
1	部件建模（一般不需毛坯建模）
2	进入车削加工环境
3	创建刀具

续表

步骤	说明
4	设置加工坐标系、创建部件与毛坯几何体、创建避让
5	创建粗加工操作与精加工操作
6	后处理与创建车间文档

2. 数控车削加工主要子类型

数控车削子类型见表 4-7。

表 4-7 数控车削子类型

序号	子类型	图 解	说明
1	钻中心孔	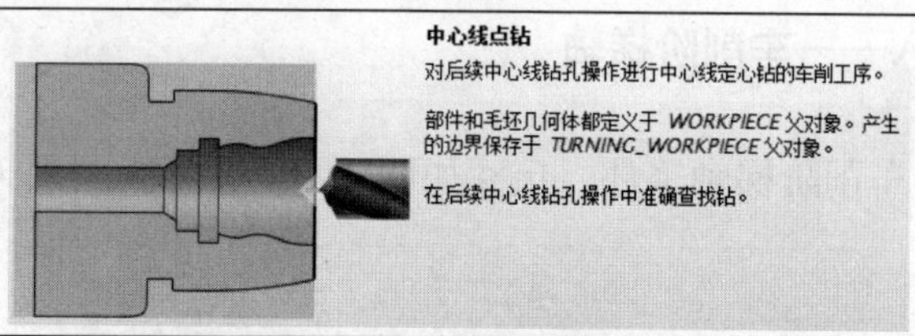中心线点钻 对后续中心线钻孔操作进行中心线定心钻的车削工序。 部件和毛坯几何体都定义于 WORKPIECE 父对象。产生的边界保存于 TURNING_WORKPIECE 父对象。 在后续中心线钻孔操作中准确查找钻。	带驻留的浅钻循环
2	深孔钻循环	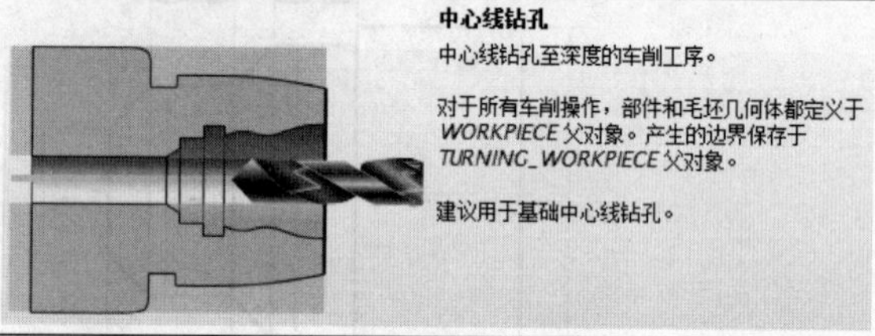中心线钻孔 中心线钻孔至深度的车削工序。 对于所有车削操作，部件和毛坯几何体都定义于 WORKPIECE 父对象。产生的边界保存于 TURNING_WORKPIECE 父对象。 建议用于基础中心线钻孔。	带驻留的钻循环
3	啄孔式深孔钻循环	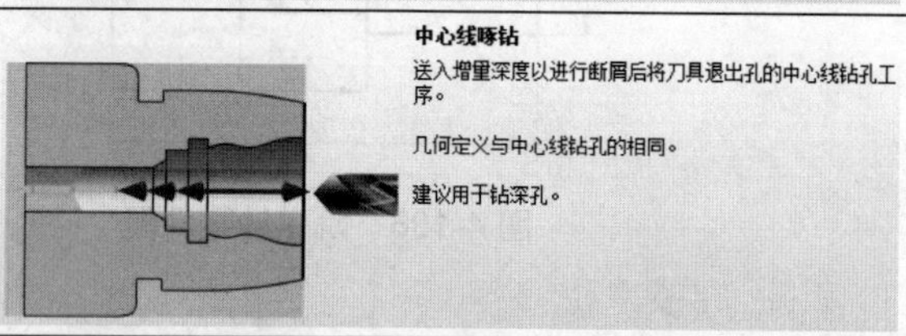中心线啄钻 送入增量深度以进行断屑后将刀具退出孔的中心线钻孔工序。 几何定义与中心线钻孔的相同。 建议用于钻深孔。	每次啄钻后完全退刀的钻循环
4	啄孔式深孔钻循环	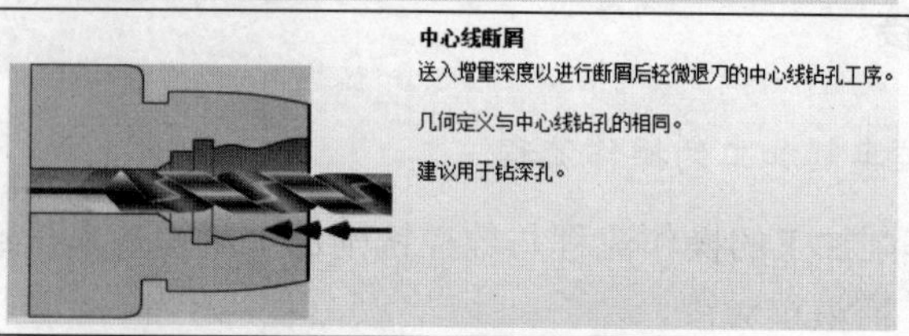中心线断屑 送入增量深度以进行断屑后轻微退刀的中心线钻孔工序。 几何定义与中心线钻孔的相同。 建议用于钻深孔。	每次啄钻后短退刀驻留的钻循环
5	铰孔	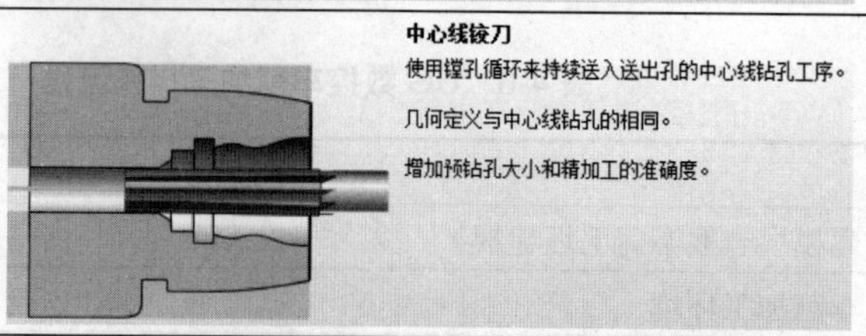中心线铰刀 使用镗孔循环来持续送入送出孔的中心线钻孔工序。 几何定义与中心线钻孔的相同。 增加预钻孔大小和精加工的准确度。	铰孔循环

续表

序号	子类型	图 解	说明
6	攻螺纹	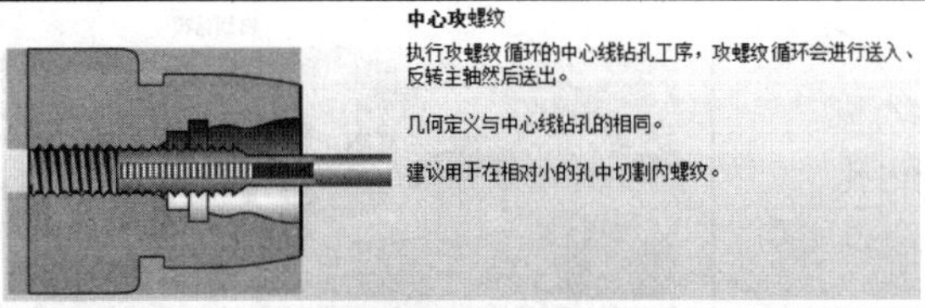中心攻螺纹 执行攻螺纹循环的中心线钻孔工序，攻螺纹循环会进行送入、反转主轴然后送出。 几何定义与中心线钻孔的相同。 建议用于在相对小的孔中切割内螺纹。	攻螺纹循环
7	粗车端面	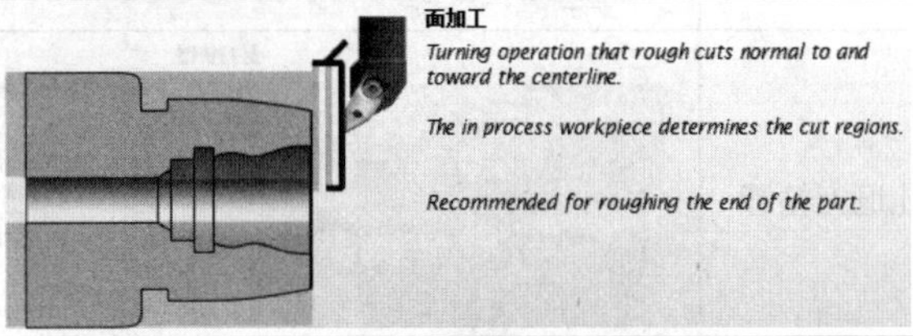面加工 Turning operation that rough cuts normal to and toward the centerline. The in process workpiece determines the cut regions. Recommended for roughing the end of the part.	粗车端面（外圆 → 中心进刀）
8	粗车外圆	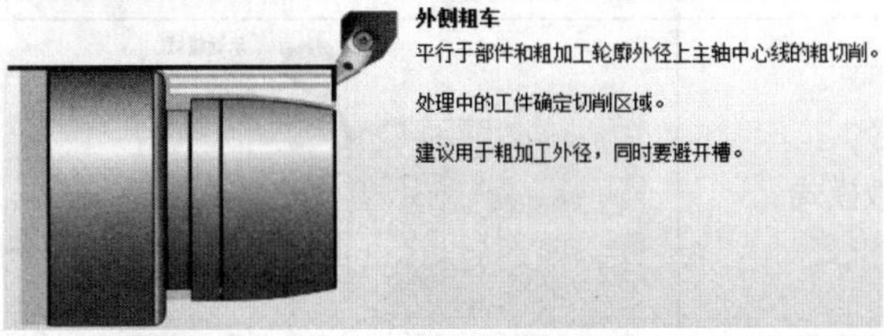外侧粗车 平行于部件和粗加工轮廓外径上主轴中心线的粗切削。 处理中的工件确定切削区域。 建议用于粗加工外径，同时要避开槽。	粗车外圆，与主轴轴线平行的外侧（OD）
9	外圆退刀粗车	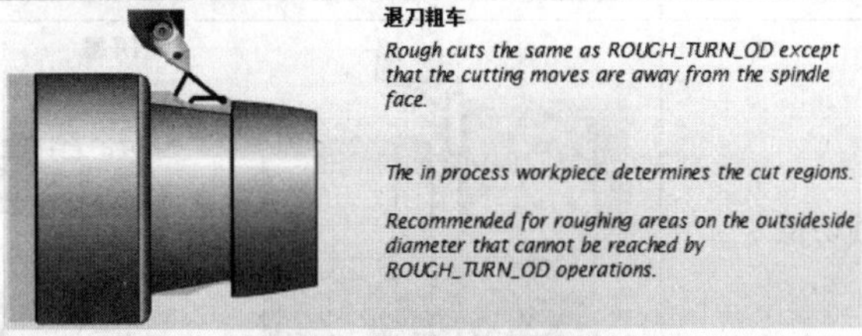退刀粗车 Rough cuts the same as ROUGH_TURN_OD except that the cutting moves are away from the spindle face. The in process workpiece determines the cut regions. Recommended for roughing areas on the outsideside diameter that cannot be reached by ROUGH_TURN_OD operations.	与外侧粗车相同，只不过移动是远离主轴面
10	内孔粗镗	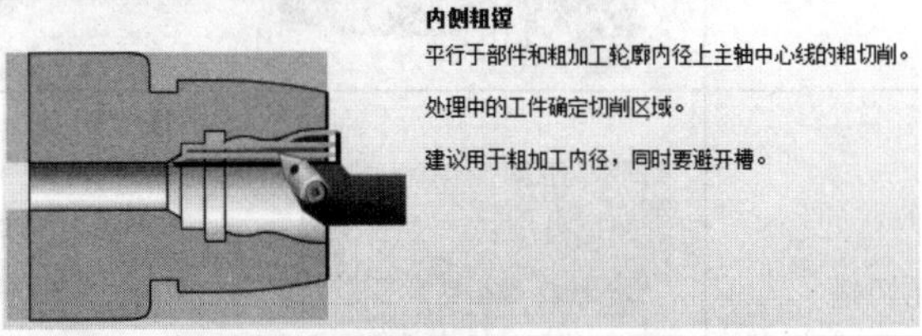内侧粗镗 平行于部件和粗加工轮廓内径上主轴中心线的粗切削。 处理中的工件确定切削区域。 建议用于粗加工内径，同时要避开槽。	内孔粗镗，与主轴轴线平行的内侧（ID）
11	内孔退刀粗镗	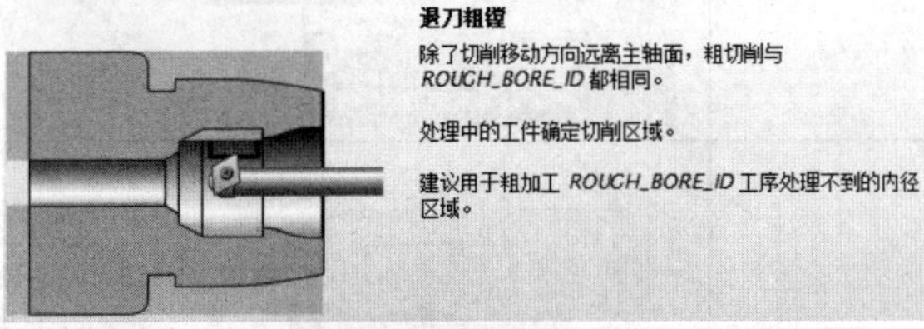退刀粗镗 除了切削移动方向远离主轴面，粗切削与 ROUGH_BORE_ID 都相同。 处理中的工件确定切削区域。 建议用于粗加工 ROUGH_BORE_ID 工序处理不到的内径区域。	与内侧粗镗相同，只不过移动是靠近主轴面
12	精车外圆	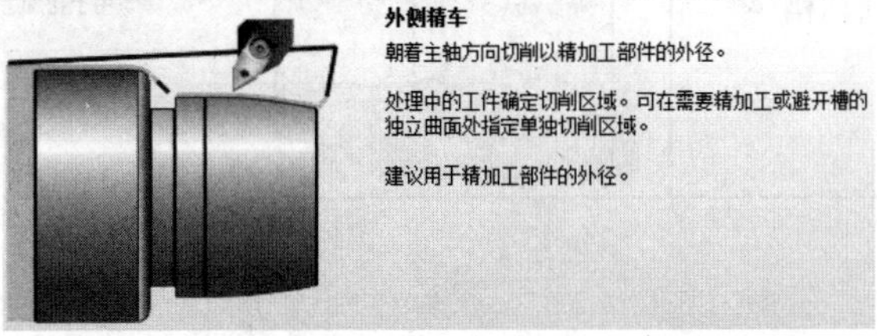外侧精车 朝着主轴方向切削以精加工部件的外径。 处理中的工件确定切削区域。可在需要精加工或避开槽的独立曲面处指定单独切削区域。 建议用于精加工部件的外径。	部件外侧（OD）精车

续表

序号	子类型	图解	说明
13	精镗内孔	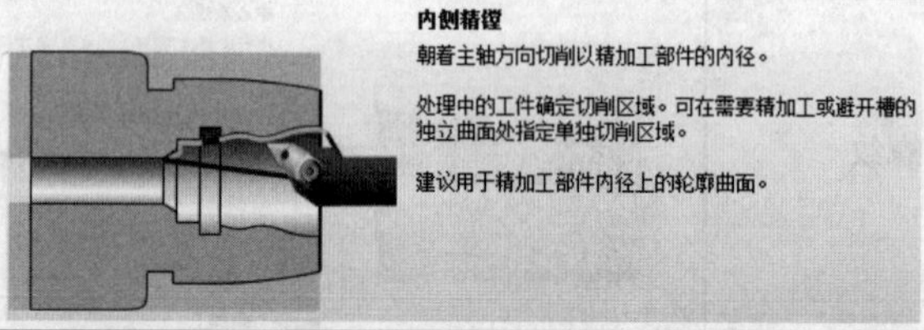内侧精镗 朝着主轴方向切削以精加工部件的内径。 处理中的工件确定切削区域。可在需要精加工或避开槽的独立曲面处指定单独切削区域。 建议用于精加工部件内径上的轮廓曲面。	部件内侧（ID）精镗
14	内孔退刀精镗	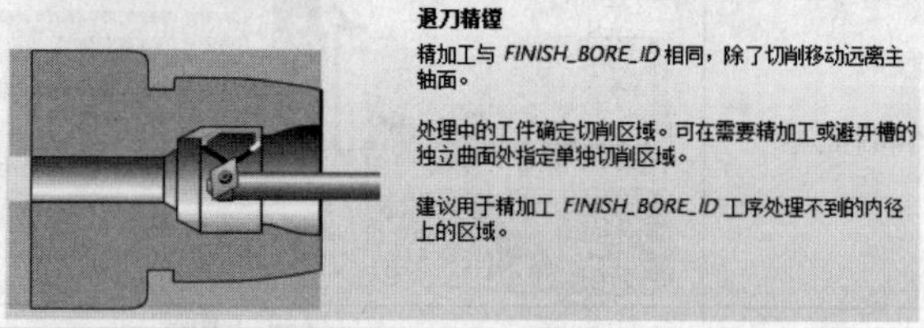退刀精镗 精加工与 FINISH_BORE_ID 相同，除了切削移动远离主轴面。 处理中的工件确定切削区域。可在需要精加工或避开槽的独立曲面处指定单独切削区域。 建议用于精加工 FINISH_BORE_ID 工序处理不到的内径上的区域。	与内侧精镗相同，只是切削移动靠近主轴面
15	示教模式	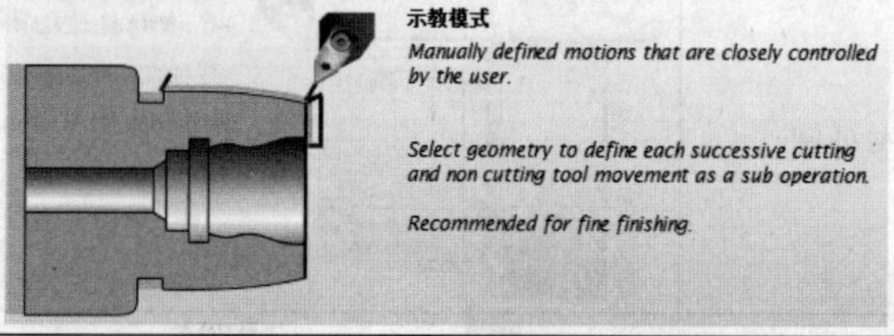示教模式 Manually defined motions that are closely controlled by the user. Select geometry to define each successive cutting and non cutting tool movement as a sub operation. Recommended for fine finishing.	生成由用户密切控制的精加工切削，对精细加工格外有效
16	外圆切槽	外侧开槽 使用各种插削策略切削部件外径上的槽。 处理中的工件确定切削区域。 建议用于粗加工和精加工槽。	粗加工，切削或插削切削模式的外侧（OD）割槽
17	内孔切槽	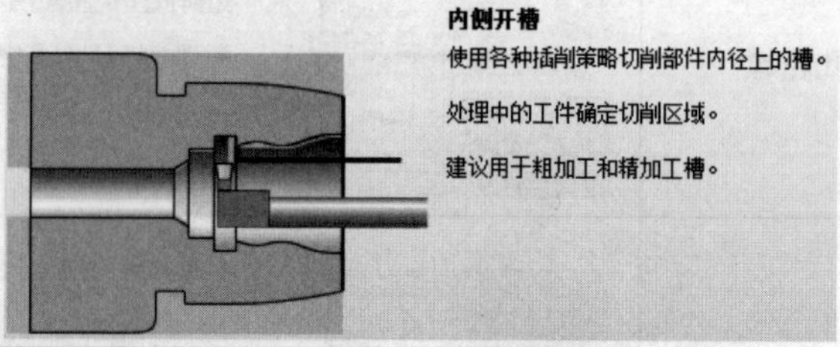内侧开槽 使用各种插削策略切削部件内径上的槽。 处理中的工件确定切削区域。 建议用于粗加工和精加工槽。	粗加工，切削或插削切削模式的内侧（ID）割槽
18	端面切槽	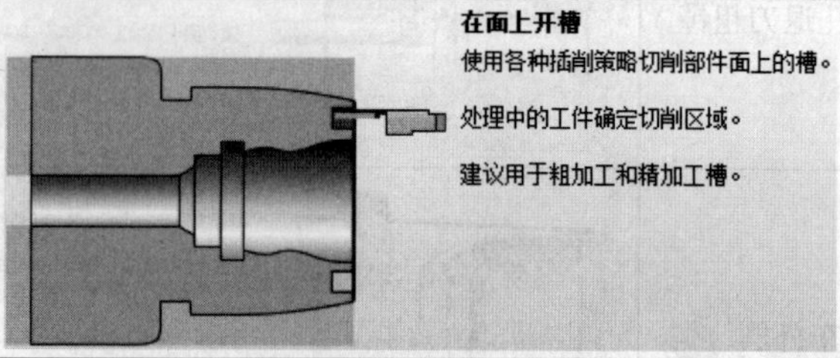在面上开槽 使用各种插削策略切削部件面上的槽。 处理中的工件确定切削区域。 建议用于粗加工和精加工槽。	粗加工，切削或插削切削模式的端面割槽

续表

序号	子类型	图　解	说明
19	外螺纹加工	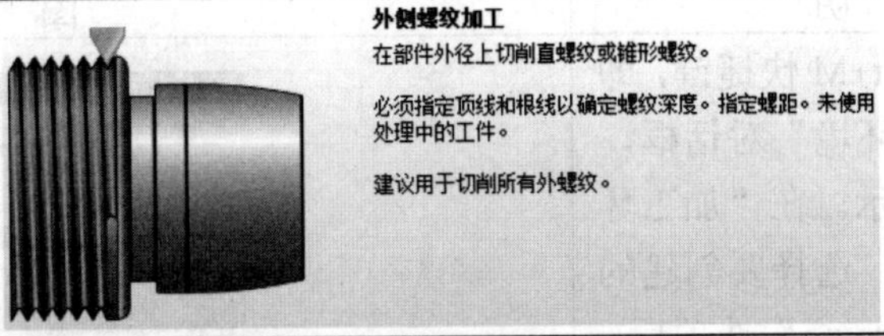外侧螺纹加工 在部件外径上切削直螺纹或锥形螺纹。 必须指定顶线和根线以确定螺纹深度。指定螺距。未使用处理中的工件。 建议用于切削所有外螺纹。	外侧直螺纹或锥螺纹加工
20	内螺纹加工	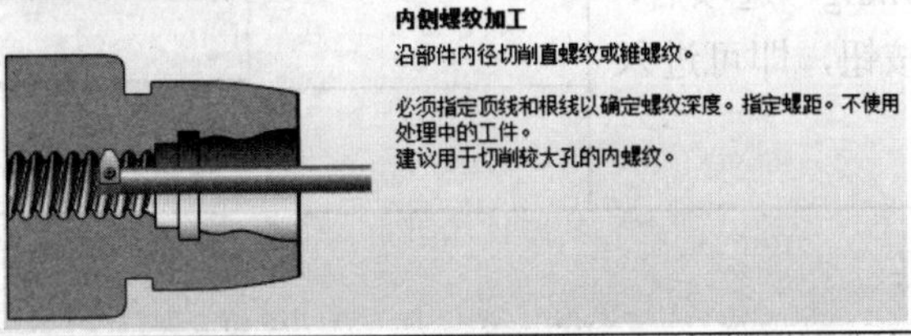内侧螺纹加工 沿部件内径切削直螺纹或锥螺纹。 必须指定顶线和根线以确定螺纹深度。指定螺距。不使用处理中的工件。 建议用于切削较大孔的内螺纹。	内侧直螺纹或锥螺纹加工
21	部件关闭	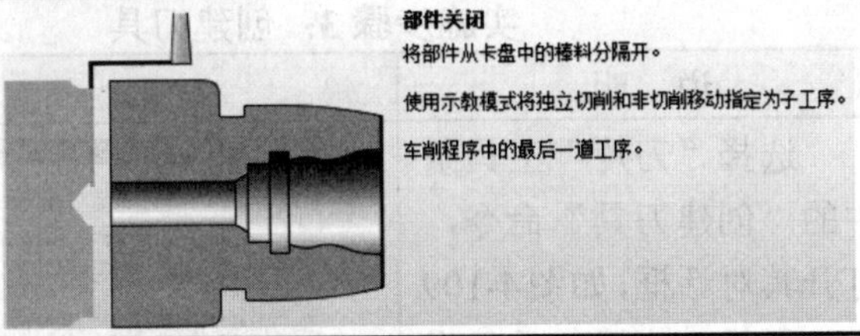部件关闭 将部件从卡盘中的棒料分隔开。 使用示教模式将独立切削和非切削移动指定为子工序。 车削程序中的最后一道工序。	切断工件

4.1.3　任务实施

任务实施如下：

1. 建模

实施步骤 1：建模	
说　明	图　解
在建模环境下，完成阶梯轴零件三维模型创建，如图 4-107 所示。	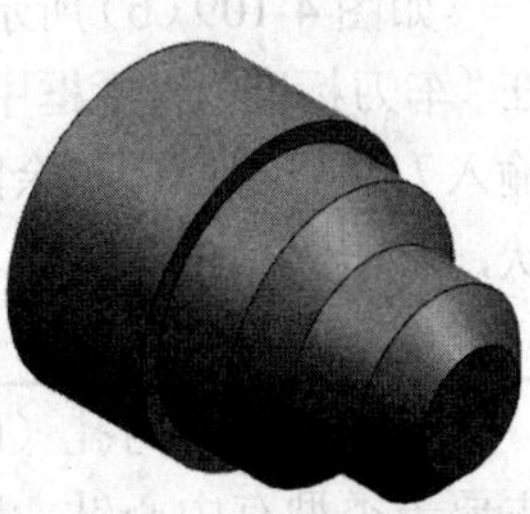 图 4-107　阶梯轴三维模型

2. 进入平面铣加工环境

<table>
<tr><th colspan="2">实施步骤 2：进入平面铣加工环境</th></tr>
<tr><th>说 明</th><th>图 解</th></tr>
<tr><td>按 Ctrl+Alt+M 快捷键，即可进入“加工环境”对话框，如图 4-108 所示。在“加工环境”对话框中，选择要创建的 CAM 设置“turning”选项后，单击“确定”按钮，即可进入加工环境。</td><td>
加工环境
要创建的 CAM 设置
mill_multi_blade
drill
hole_making
turning
wire_edm
probing
solid_tool
machining_knowledge
确定
取消
图 4-108 设置加工环境</td></tr>
</table>

3. 创建刀具

<table>
<tr><th colspan="3">实施步骤 3：创建刀具</th></tr>
<tr><th>步骤</th><th>说 明</th><th>图 解</th></tr>
<tr><td>（1）设置“创建刀具”参数。</td><td>选择“刀片”工具条中的“创建刀具”命令，打开其对话框，如图 4-109（a）所示，选择刀具子类型“OD_80_L”，输入刀具名称“T1_OD_80_L”（不区分大小写），其余默认，单击“确定”按钮，打开“车刀标准”对话框，如图 4-109（b）所示。</td><td rowspan="2">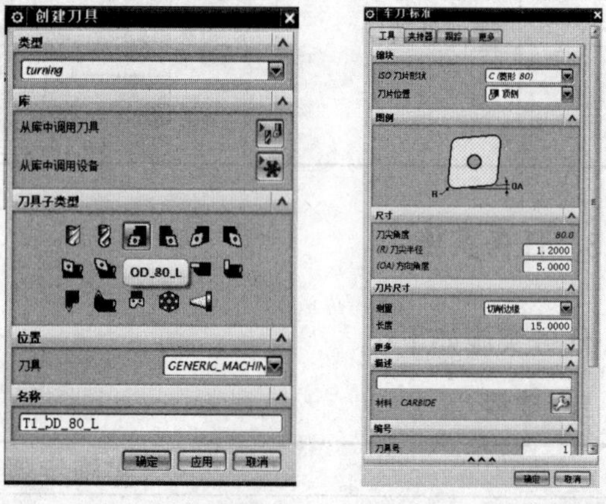
创建刀具
类型
turning
库
从库中调用刀具
从库中调用设备
刀具子类型
OD_80_L
位置
刀具
GENERIC_MACHIN
名称
T1_OD_80_L
确定
应用
取消
车刀标准
ISO 刀片形状
刀片位置
图例
尺寸
刀尖角度
80.0
(R) 刀尖半径
1.2000
(OA) 方向角度
5.0000
刀片尺寸
长度
15.0000
材料
CARBIDE
刀具号
1
（a）“创建刀具”对话框　（b）“车刀标准”对话框

图 4-109 创建刀具</td></tr>
<tr><td>（2）设置车刀标准参数。</td><td>如图 4-109（b）所示，在“车刀标准”对话框中，输入刀具号“1”，其余默认，单击“确定”按钮，完成 1 号刀具创建。</td></tr>
<tr><td>注意</td><td colspan="2">车削刀具有内孔（I）与外圆（O）、左偏（L）与右偏（R）区别，刀具主要子类型有中心钻、麻花钻、左右偏刀、内外槽刀、内外螺纹刀、成形刀等。车刀标准中，ISO 刀片形状有平行四边形、菱形、矩形、圆形等，跟踪点有 P1～P9 共 9 中编号等。选用时需根据实际需要进行合理选择，若没有合适的刀具，还可以在创建刀具时，从刀库中调用。</td></tr>
</table>

4. 建立加工坐标系

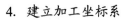

<table>
<tr><th colspan="3">实施步骤 4：建立加工坐标系</th></tr>
<tr><th>步骤</th><th>说　明</th><th>图　解</th></tr>
<tr><td>（1）显示“MCS_SPINDLE”</td><td>单击“导航器”工具条中的“几何视图”命令，在左侧“工序导航器-几何”导航栏显示了“MCS_SPINDLE”、“WORKPIECE”等内容，如图 4-110（a）所示。</td><td rowspan="2">
工序导航器 - 几何
名称
GEOMETRY
未用项
MCS_SPINDLE
WORKPIECE
相依性
细节
几何视图
在工序导航器中显示几何视图。
程序顺序视图
机床视图
几何视图
加工方法视图
（a）“工序导航器-几何” 显示

MCS 主轴
机床坐标系
指定 MCS
细节
参考坐标系
车床工作平面
指定平面
ZM-XM
工作坐标系
布局和图层
确定
取消
（b）“MCS 铣削” 对话框</td></tr>
<tr><td>（2）打开“MCS 主轴” 对话框。</td><td>在“工序导航器-几何”中，双击“MCS_SPINDLE”命令，打开如图 4-110（b）所示“MCS 主轴”对话框，默认设置。</td></tr>
<tr><td>（3）设置加工坐标系。</td><td>单击机床坐标系“CSYS 会话”按钮，打开“CSYS”对话框，设置加工坐标系在工件右端面中心，其余默认，完成设置如图 4-110（c）所示加工坐标系，单击“确定”按钮，返回“MCS_SPINDLE”对话框，再次单击“确定”按钮，完成加工坐标系创建。</td><td>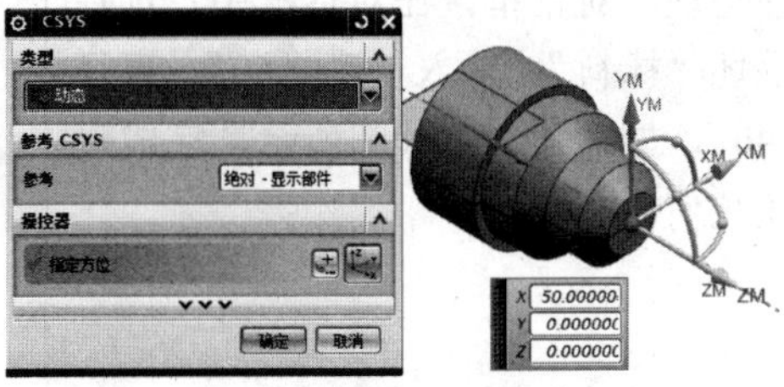
CSYS
类型
动态
参考 CSYS
参考
绝对 - 显示部件
操控器
指定方位
确定
取消
YM
XM
ZM
X 50.00000
Y 0.00000
Z 0.00000
（c）设置加工坐标系
图 4-110　建立加工坐标系</td></tr>
</table>

5. 创建几何体

1）指定部件几何体

实施步骤 5：指定部件	
说　明	图　解
在“工序导航器-几何”导航栏中，双击“WORKPIECE”命令，打开如图 4-111 所示“部件几何体”对话框，指定部件模型为“部件几何体”，其余默认，单击“确定”按钮，完成部件几何体创建。	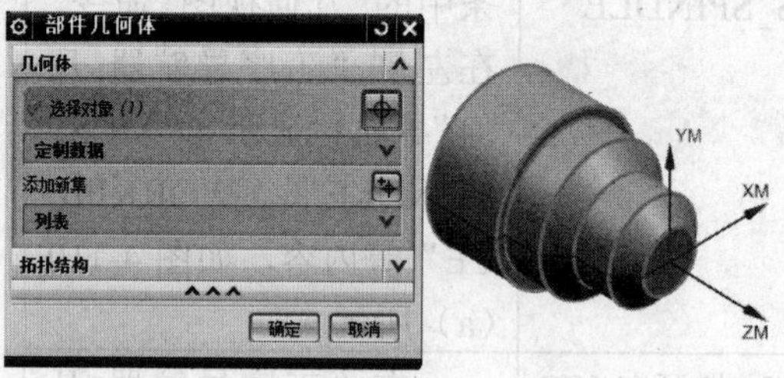部件几何体 几何体 选择对象 (1) 定制数据 添加新集 列表 拓扑结构 确定 取消 YM XM ZM 图 4-111　指定部件几何体

2）指定毛坯几何体

实施步骤 6：指定毛坯	
说　明	图　解
在“工序导航器-几何”导航栏中，双击“TURNING_WORKPIECE”命令，打开如图 4-112（a）所示“车削工件”对话框，单击指定毛坯边界几何体“选择或编辑毛坯边界”按钮，打开“点”对话框，如图 4-112（b）所示，指定部件模型左端面中心，其余默认，单击“确定”按钮，打开“选择毛坯”对话框，在对话框中，选择毛坯“棒料”，输入长度“50”、直径“40”，如图 4-112（c）所示，完成毛坯几何体指定。	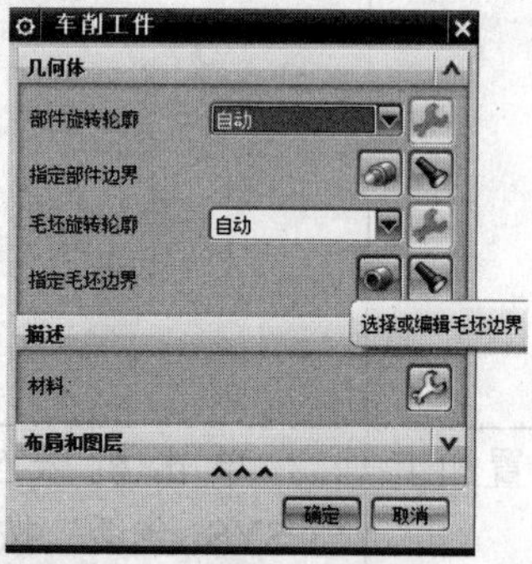车削工件 几何体 部件旋转轮廓 自动 指定部件边界 毛坯旋转轮廓 自动 指定毛坯边界 选择或编辑毛坯边界 描述 材料: 布局和图层 确定 取消 （a）“工件”对话框 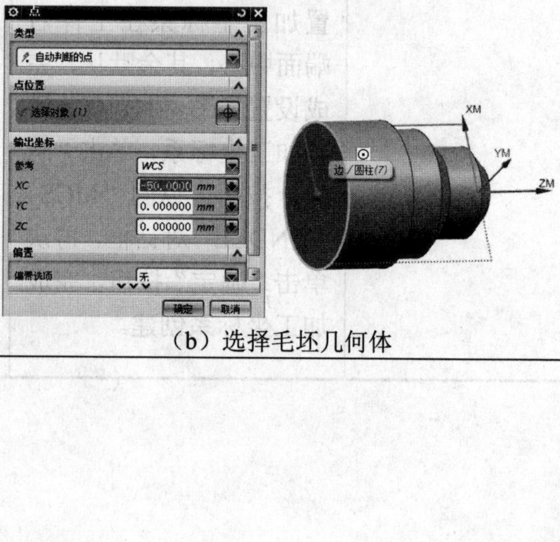点 类型 自动判断的点 点位置 选择对象 (1) 输出坐标 参考 WCS XC -50.0000 mm YC 0.000000 mm ZC 0.000000 mm 偏置 偏置选项 无 确定 取消 XM YM ZM 边/圆柱(7) （b）选择毛坯几何体

说　明	图　解
	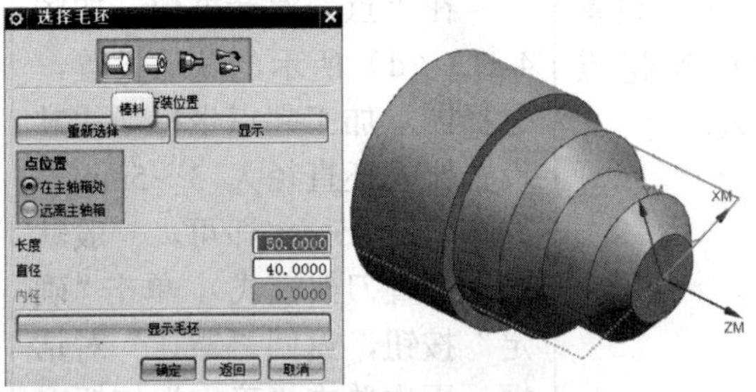 （c）显示毛坯 图 4-112　指定毛坯几何体

3）创建避让

实施步骤 7：创建避让		
步骤	说　明	图　解
（1）设置“创建几何体”参数。	单击“刀片”工具条中的“创建几何体”命令，打开其对话框，如图 4-113（a）所示，依次选择类型“turning”、几何体子类型“AVOIDANCE”、几何体位置“TURNING_WORKPIECE”，命名为“AVOIDAN CE”，完成设置。单击“确定”按钮，打开“避让”对话框，如图 4-113（b）所示。	 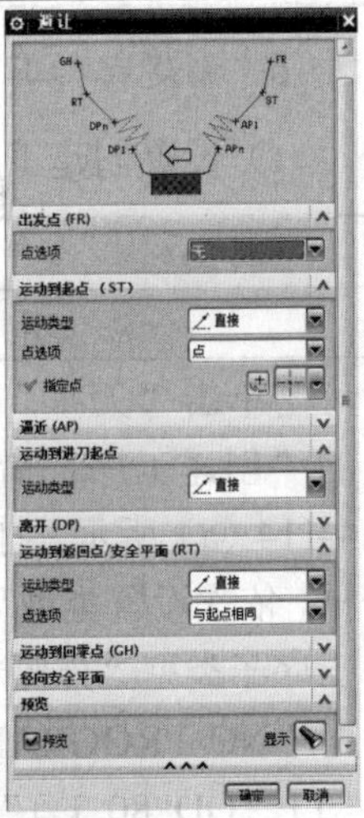 （a）“创建几何体”对话框　（b）“避让”对话框
（2）设置避让参数。	在“避让”对话框中，如图 4-113（c）所示，选择运动到起点（ST）类型“直线”、点选项“点”、运动到返回点/安全平面（RT）类型“直线”、点选项“与起点相同”，然后单击运动到起点“指定点”“点对话框”按钮，打开“点”对话框，如图 4-113（d）所示。	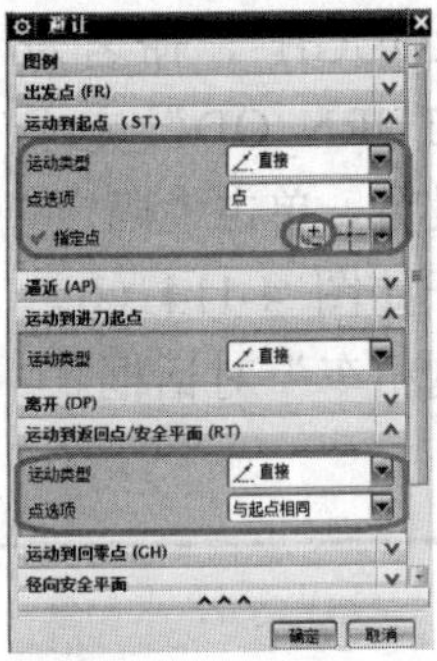 （c）设置避让参数

步骤	说　明	图　解
（3）设置运动到起点参数。	在“点”对话框中，如图 4-113（d）所示，默认设置，选择图示加工起点坐标（通常设置比毛坯直径大 3～5mm，离端面 3～5mm 即可，一般默认是后置刀架模式），单击“确定”按钮，返回“避让”对话框，再次单击“确定”按钮，完成避让设置。	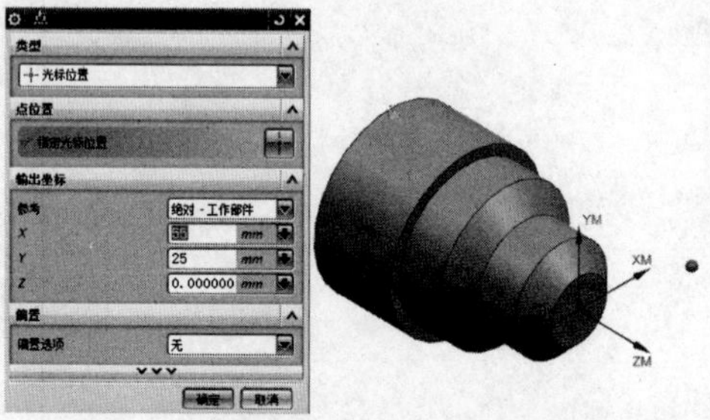 （d）“毛坯边界”对话框 图 4-113　指定毛坯边界
注意	创建避让的目的是防止零件、夹具等与刀具发生碰撞，主要针对运动到起点、运动到返回点等进行相关参数的设置，运动类型主要有：直线、径向→轴向、轴向→径向、径向→轴向、纯径向→直接、纯轴向→直接等。	

6. 创建粗加工工序

1）设置创建工序参数

实施步骤 8：设置创建工序参数	
说　明	图　解
单击“刀片”工具条中的“创建工序”命令，如图 4-114（a）所示，打开其对话框，依次设置类型“turning”、工序子类型“外侧粗车”、程序“NC_PROGRAM”、刀具“T1_ OD_80_L）”、几何体“ AVOIDANCE ”、方法“LATHE_ROUGH”，命名为“ROUGH_TURN_OD”，完成操作参数设置，单击“确定”按钮，打开如图 4-114（b）所示“外侧粗车”对话框。	 （a）“创建工序”对话框  （b）“外侧粗车”对话框 图 4-114　设置创建工序参数

2）设置刀轨参数

<table>
<tr><th colspan="3">实施步骤 9：设置刀轨参数</th></tr>
<tr><th>步骤</th><th>说　明</th><th>图　解</th></tr>
<tr><td>（1）设置刀轨基本参数。</td><td>如图 4-115（a）所示，在“平面铣”对话框中，设置刀轨参数：最大值“2”其余默认。</td><td rowspan="2">
（a）“外侧粗车”对话框　（b）“切削层”对话框
图 4-115　设置刀轨参数</td></tr>
<tr><td>（2）设置进给率和速度。</td><td>在“外侧粗车”对话框中，单击“进给率和速度”按钮，打开“进给率和速度”对话框，如图 4-115（d）所示，勾选“主轴速度（rpm）”，设置主轴转速输出模式“1500”、进给率切削“0.2”，单击“确定”按钮，返回“外侧粗车”对话框。</td></tr>
</table>

3）仿真加工

<table>
<tr><th colspan="3">实施步骤 10：仿真加工</th></tr>
<tr><th>步骤</th><th>说　明</th><th>图　解</th></tr>
<tr><td>（1）生成刀轨。</td><td>在“外侧粗车”对话框中，单击“生成”按钮，显示刀轨如图 4-116（a）所示。</td><td>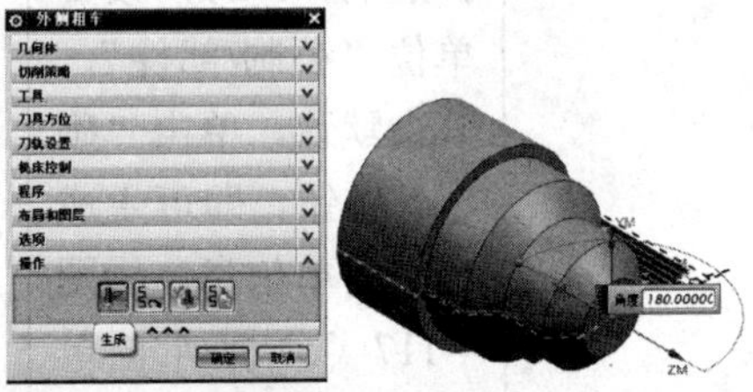
（a）生成刀轨</td></tr>
<tr><td>（2）仿真加工。</td><td>在“外侧粗车”对话框中，单击“确认”按钮，打开“刀轨可视化”对话框。选择 3D 模式，其余默认，如图 4-116（b）所示，单击“播放”按钮，即可进行仿真加工验证，最后单击“确定”按钮，返回“外侧粗车”对话框，再次单击“确定”按钮，完成仿真加工。</td><td>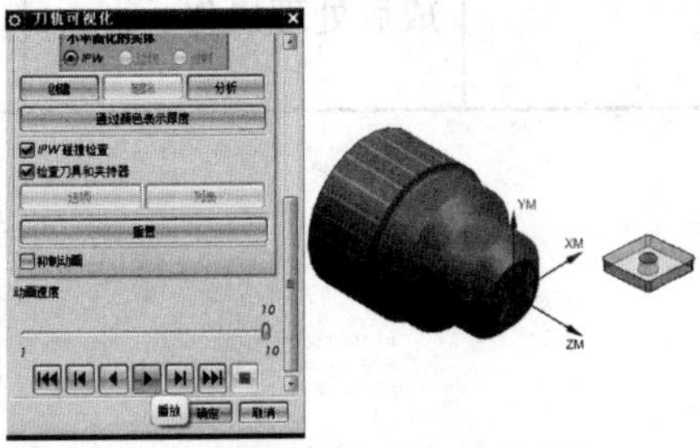
（b）3D 动态仿真加工结果
图 4-116　仿真加工</td></tr>
</table>

7. 后处理生成 NC 程序清单

实施步骤 11：后处理生成 NC 程序清单		
步骤	说　明	图　解
（1）打开后处理命令。	如图 4-117（a）所示，或者在左侧“工序导航器-几何”导航栏中，右击工序 ROUGH_TURN_OD，在弹出的快捷菜单中单击“后处理”命令，即可打开如图 4-117（b）所示的“后处理”对话框。	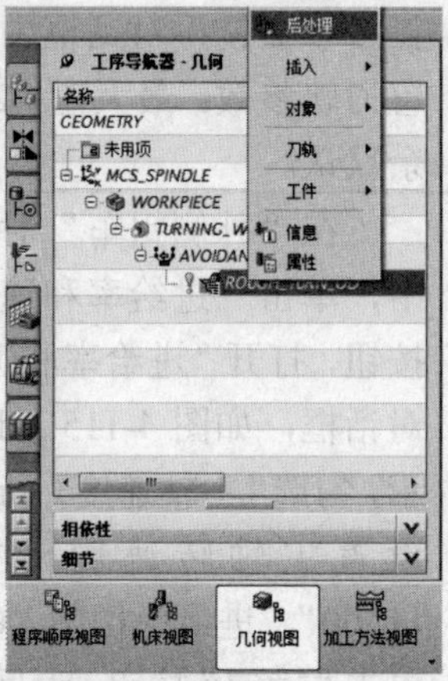 后处理 工序导航器 - 几何 名称 GEOMETRY 未用项 MCS_SPINDLE WORKPIECE 插入 对象 刀轨 工件 信息 属性 相依性 细节 程序顺序视图 机床视图 几何视图 加工方法视图 （a）通过“操作导航器”打开后处理命令
（2）生成程序清单信息。	在“后处理”对话框中，选择后处理器“三菱法拉克”，设置输出文件的文件夹、文件名，默认扩展名“NC”，设置单位“公制/部件”，其余默认，单击“确认”按钮，即可生成程序清单信息，如图 4-117（c）所示，单击“关闭”按钮，完成后处理操作。	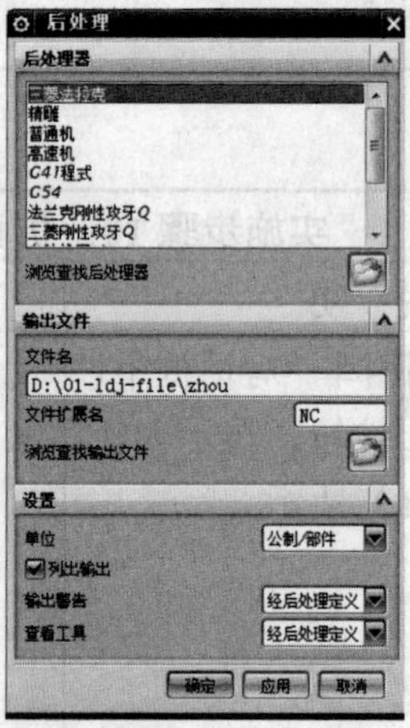 后处理 后处理器 三菱法拉克 精磨 普通机 高速机 G41程式 G54 浏览查找后处理器 输出文件 文件名 D:\01-ldj-file\zhou 文件扩展名 NC 浏览查找输出文件 设置 单位 公制/部件 列出输出 输出警告 经后处理定义 查看工具 确定 应用 取消 （b）“后处理”对话框 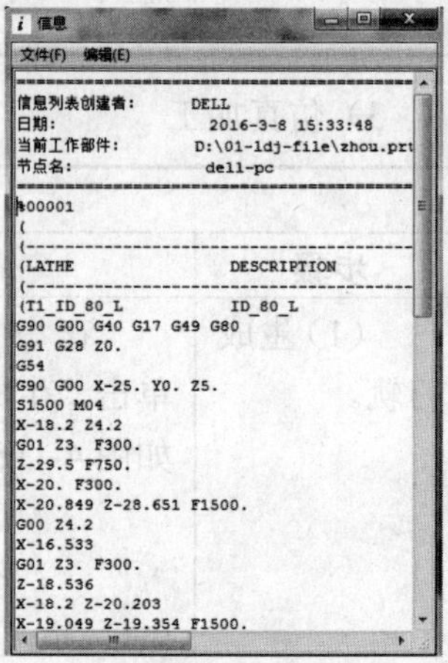 信息 文件(F)　编辑(E) 信息列表创建者：　DELL 日期：　2016-3-8 15:33:48 当前工作部件：　D:\01-ldj-file\zhou.prt 节点名：　dell-pc %00001 (LATHE　DESCRIPTION (T1_ID_80_L　ID_80_L G90 G00 G40 G17 G49 G80 G91 G28 Z0. G54 G90 G00 X-25. Y0. Z5. S1500 M04 X-18.2 Z4.2 G01 Z3. F300. Z-29.5 F750. X-20. F300. X-20.849 Z-28.651 F1500. G00 Z4.2 X-16.533 G01 Z3. F300. Z-18.536 X-18.2 Z-20.203 X-19.049 Z-19.354 F1500. （c）后处理程序信息 图 4-117　后处理

433　轴的车床编程

项目 4 小结

本项目主要介绍了 UG CAM 数控铣削加工方法、基本操作步骤、铣削加工环境、铣削加工参数的设置及应用；介绍了 UG 数控车削加工操作流程，并结合典型案例详细分析了数控加工工序的操作；结合任务知识与能力目标要求，优选多个企业加工典型案例并进行拓展训练，步骤翔实，方便读者对典型零件编程操作及仿真加工能力训练。

技能训练

1. 平面铣

任务描述：要求完成图 4-118（a）零件平面铣的粗精加工程序创建。

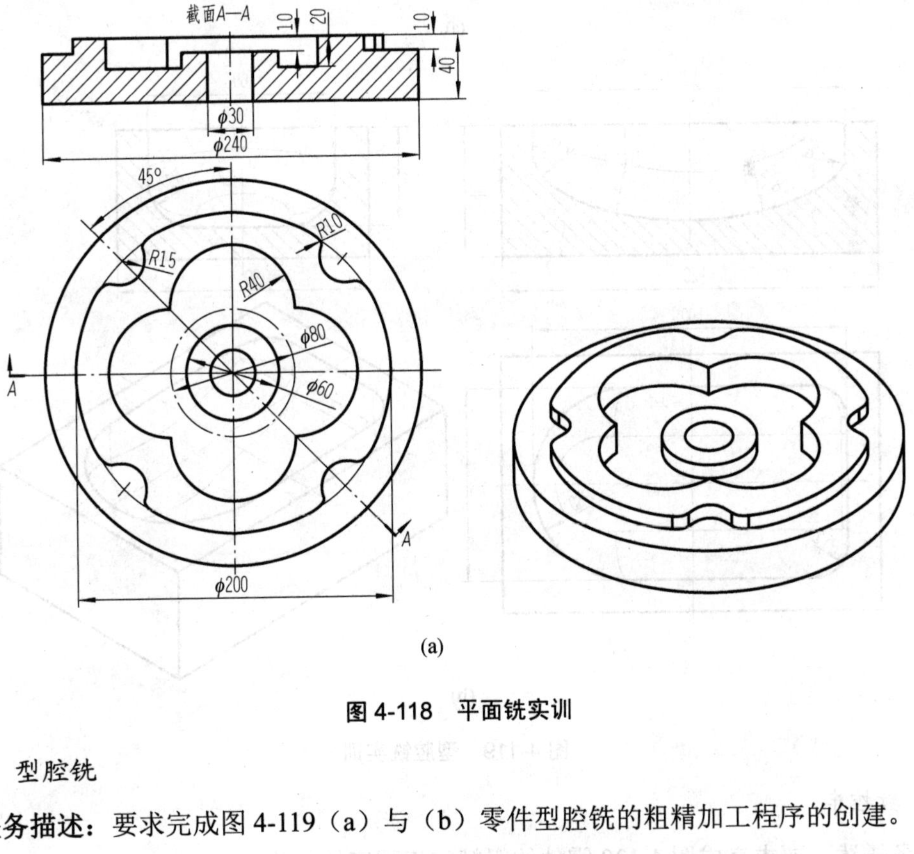
截面A—A
10
20
10
40
ϕ30
ϕ240
45°
R10
R15
R40
ϕ80
ϕ60
A
A
ϕ200

(a)

图 4-118　平面铣实训

2. 型腔铣

任务描述：要求完成图 4-119（a）与（b）零件型腔铣的粗精加工程序的创建。

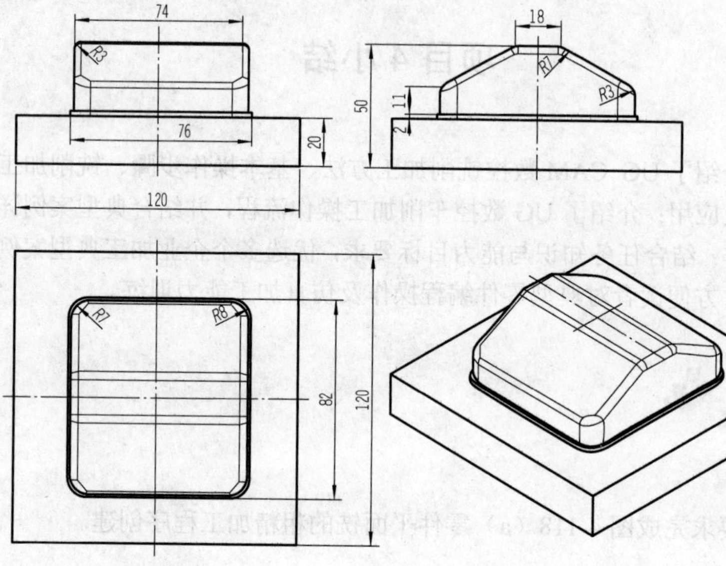
74
R3
76
120
20
18
R7
R3
50
11
2
R7
R8
82
120

(a)

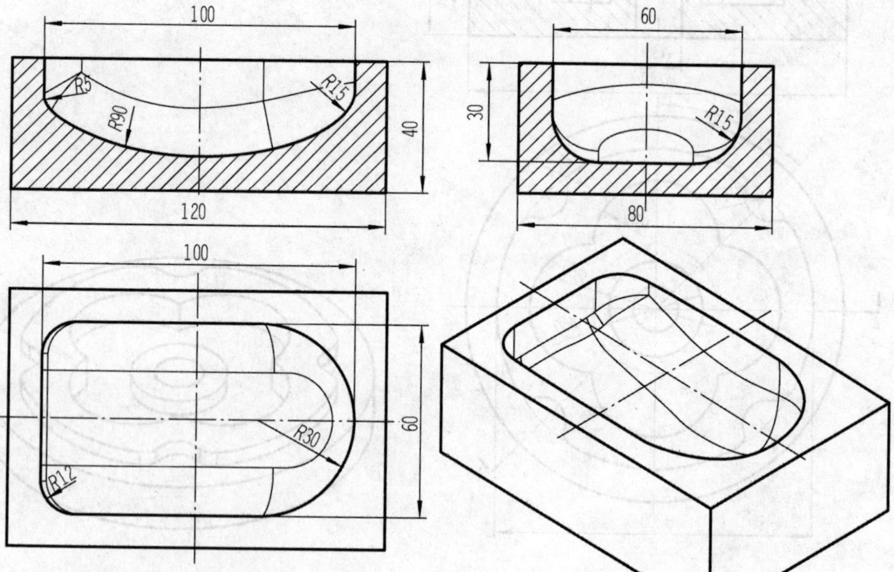
100
R5
R15
R90
40
120
60
30
R15
80
100
R30
R12
60

(b)

图 4-119 型腔铣实训

3. 数控车

任务描述：要求完成图 4-120 零件的粗精加工程序的创建。

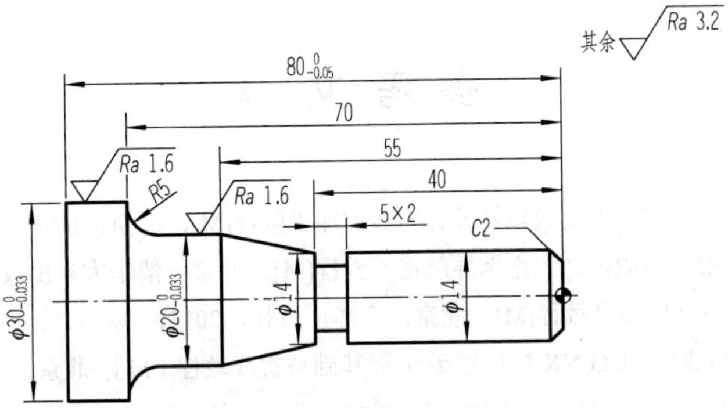
其余 Ra 3.2
80 0 -0.05
70
55
40
Ra 1.6
R5
Ra 1.6
5×2
C2
φ30 0 -0.033
φ20 0 -0.033
φ14
φ14

图 4-120　车床编程训练

参 考 文 献

[1] 张云静，张云杰．UG NX 9 中文版模具设计和数控加工教程[M]．北京：清华大学出版社，2014.
[2] 王卫兵．UG NX 5 中文版数控加工案例导航视频教程[M]．北京：清华大学出版社，2007.
[3] 李东君．数控编程与操作项目教程[M]．北京：海洋出版社，2013.
[4] 韩思明，郑福康，赵战峰．UG NX 5 中文版 编程基础与实践教程［M］．北京：清华大学出版社，2008.
[5] 张士军，韩学军．UG 设计与加工[M]．北京：机械工业出版社，2009.
[6] 杨德辉．UG NX 6.0 实用教程[M]．北京：北京理工大学出版社，2011.
[7] 林琳．UG NX 5.0 中文版机械设计典型范例[M]．北京：电子工业出版社，2008.
[8] 张幼军．UGCAD/CAM 基础教程[M]．北京：清华大学出版社，2006.
[9] 展迪优．UG NX 4.0 产品设计实例教程[M]．北京：机械工业出版社，2008.
[10] 张丽萍，程新．UG NX 5 基础教程与上机指导[M]．北京：清华大学出版社，2008.
[11] 郑贞平，哈德，张小红．UG NX 5.0 中文版数控加工典型范例[M]．北京：电子工业出版社，2008.
[12] 杜智敏，韩慧伶．UG NX 5 中文版数控编程实例精讲[M]．北京：人民邮电出版社，2008.
[13] 薛智勇，师艳侠．CAD/CAM 软件应用技术：UG[M]．北京：北京理工大学出版社，2012.
[14] 袁锋．UG CAD/CAM 项目案例实训教程[M]．北京：北京师范大学出版社，2012.
[15] 赵东福．UG NX 数控编程技术基础[M]．南京：南京大学出版社，2007.
[16] 高长银，臧稳通，赵汶．UG NX 6.0 数控五轴加工实例教程［M］．北京：化学工业出版社，2009.
[17] 梁文辉．数控车工[M]．江西省职业技能鉴定指导中心，2013.
[18] 李东君．数控加工技术项目教程［M］．北京：北京大学出版社，2010.